工业和信息化部“十四五”规划教材
普通高等教育智慧海洋技术系列教材

惯性导航系统原理

赵玉新　奔粤阳　李　倩　周红进　编著

科学出版社
北　京

内 容 简 介

本书系统全面地介绍惯性导航技术相关概念、惯性导航系统工作原理以及关键技术。全书分为两部分，共 9 章：第一部分(基础篇)包括 4 章，分别是惯性导航简介、惯性导航基础知识、平台式惯性导航系统工作原理以及捷联式惯性导航系统工作原理；第二部分(提高篇)包括 5 章，分别是惯性导航系统初始对准技术、惯性导航系统标定技术、阻尼惯性导航系统分析、旋转调制型惯性导航系统分析以及极区惯性导航技术。基础篇注重惯性导航技术基本概念、基础知识以及基本原理的学习，提高篇涵盖了可以提高惯性导航系统性能的关键技术，能满足更高层次的学习需求。书中附有丰富的演示动画、程序代码以及思考题与实践题，可以帮助读者更好地理解本书内容。

本书可作为高等学校导航、制导与控制，测控技术与仪器等相关专业高年级本科生、研究生的教材和参考书，也可以供从事相关专业领域科研的工程技术人员阅读参考。

图书在版编目（CIP）数据

惯性导航系统原理 / 赵玉新等编著. —北京：科学出版社，2024.5

工业和信息化部"十四五"规划教材　普通高等教育智慧海洋技术系列教材

ISBN 978-7-03-078628-9

Ⅰ. ①惯…　Ⅱ. ①赵…　Ⅲ. ①惯性导航系统–高等学校–教材　Ⅳ. ①TN966

中国国家版本馆 CIP 数据核字（2024）第 109202 号

责任编辑：余　江 / 责任校对：王　瑞

责任印制：赵　博 / 封面设计：迷底书装

科学出版社 出版

北京东黄城根北街 16 号

邮政编码：100717

http://www.sciencep.com

三河市骏杰印刷有限公司印刷

科学出版社发行　各地新华书店经销

*

2024 年 5 月第　一　版　开本：787×1092　1/16

2025 年 4 月第二次印刷　印张：16 3/4　插页：1

字数：408 000

定价：79.00 元

（如有印装质量问题，我社负责调换）

前　言

自 1908 年第一台摆式陀螺罗经被研制出来，惯性导航技术已历经 100 余年的研究以及发展。作为水面/水下运载体的核心导航技术，惯性导航技术具有无源、自主以及隐蔽性强等特点，因此在船海导航领域得到广泛应用。

党的二十大报告指出，我们要“全面提高人才自主培养质量，着力造就拔尖创新人才”。作为哈尔滨工程大学“测控技术与仪器”专业核心课程，“惯性导航系统原理”在课程组前辈黄德鸣教授以及孙枫教授多年的建设下已成为一门极具船海特色的导航类课程，同时也为我国船海导航领域人才培养做出了贡献。2023 年，该课程获评黑龙江省一流本科课程(线上线下混合式)。作者总结了多年“惯性导航系统原理”课程的教学经验，结合团队在海洋运载器导航技术领域的相关科研成果，同时参阅了国内外大量同类优秀教材与文献资料编写完成本书。同时，本书也是国家级线上一流本科课程“导航定位系统”的配套教材。

惯性导航技术历史悠久，已有很多同类优秀教材出版，其中大部分教材以捷联式惯性导航系统为主要对象，这主要是因为目前平台式惯性导航系统相对捷联式惯性导航系统在中低精度民用领域应用较少。考虑到平台式惯性导航系统在国防领域具有应用前景，很多本专业毕业生进入科研院所后接触的仍然是平台式惯性导航系统，并且平台式惯性导航系统的物理概念更加清晰，利于读者理解惯性导航系统工作原理，作者在本书编写过程中兼顾了两种系统工作原理的分析，同时注重讲授两类系统的异同。为方便读者理解重要定义与定理，书中提供了若干工作原理演示动画，读者扫码即可查看。另外，在本书提高篇中涵盖了惯性导航系统的关键技术，配合大量程序代码、仿真实验与工程案例，旨在使读者可以将理论知识与实际工程应用相结合。书中还穿插了思政小故事供读者阅读，使读者了解导航技术背后的家国情怀；同时建议读者结合国家级线上一流本科课程“导航定位系统”进行拓展延伸学习。除此之外，作者还依托“智慧树”平台构建“惯性导航系统原理”AI 课程(免登录网址 http://t.zhihuishu.com/JyBkY5Nv)，提供课程图谱、问题图谱与能力图谱等，供读者从多维度、多层面理解知识点。

课程图谱
学习演示

在本书编写过程中，参阅了大量国内同类优秀教材，包括但不限于《惯性导航系统》(1986)、《惯性导航》(2008)、《捷联惯导算法与组合导航原理》(2019)以及《惯性导航系统技术》(2012)等，感谢相关教材的作者。同时，在本书编写与校对的过程中，哈尔滨工程大学海洋运载器导航技术研究所相关博士与硕士参与了大量工作，在此一并表示感谢。

由于作者水平有限，书中难免有疏漏之处，请各位读者批评指正。

作　者

2023 年 10 月

目　　录

基础篇

提　高　篇

基 础 篇

第 1 章 惯性导航简介

■ **学习导言** 本章将介绍导航技术的前世今生，包括导航的基本概念、导航技术的由来以及常用导航定位方法的基本原理，本章内容有助于后续章节学习。

■ **学习目标** 了解导航的基本概念；掌握导航定位几何原理；掌握常用导航定位方法的基本原理；初步了解惯性导航技术的原理。

导航，英文为 navigation，源自拉丁文 navigationem(navigare 词干，其中 navis 表示船，agere 表示指引)，原意为“引导船舶航行”，现代引申为引导包括舰船、飞机、航天器、车辆等在内的运载体以及个体自出发地准确、高效、安全地到达目的地的过程。

1.1 导航概念与导航定位方法简介

狭义上讲，导航指通过监视与控制运载体的位置、速度、姿态与航向等运动信息，并与目标点比对进而引导运载体到达指定目标点的过程。广义上讲，一切和确定位置及方向有关的科学与技术都可以归于导航的范畴。导航可以分为定位与引导两个过程，定位的基本要素是确定运载体的位置、速度、姿态以及航向等信息。本书所讨论的惯性导航技术主要涉及定位问题。

导航的历史可以追溯到人类新石器时代晚期。社会文明进步的两大驱动力——商业的利益与征服的欲望，一直是导航技术发展的原动力，导航是人类从事政治、经济与军事活动必不可少的信息技术。纵观导航的发展历史可以毫不夸张地说，导航发展史就是人类文明发展史的写照。一方面，很多科学发现与技术发明是由于人类导航的需要而产生的；另一方面，大量科学技术的新进展，如数学、地理学、天文学、气象学、海洋学、制图学、无线电技术、计算机技术、卫星技术、微机电技术等都率先在导航领域得到成功应用，这极大地促进了导航技术的发展。

人类的航海活动始终既深刻反映着又严格地受制约于一定历史时期的政治、经济、文化、贸易等状况，航海的历史始终与人类的文明活动紧密联系在一起。导航在历史上可以明显地分为两个阶段，即传统导航阶段与近现代导航阶段。

1. 传统导航阶段(20 世纪之前)

这个阶段主要是为了满足人类航海的需求。人类活动的主要范围从远古的黄河流域、地中海与波斯湾沿岸、印度河流域逐步向邻近区域扩展，14 世纪末，随着新大陆的发现、从欧洲绕过好望角到东方的海上航路的开辟，人类活动从陆路、内河、近海交通发展延伸到几乎全世界的海上交通。直到 19 世纪中叶，交通运输总体来说还主要依靠人力、畜力与风力，因此导航技术的发展也是较为缓慢的。19 世纪初，蒸汽动力在火车与轮船上的成功应用，使铁路运输与海上运输得到了极大的发展。这一阶段的导航技术采用较为粗放的古典导航方式，以传统的地标定位与天文导航为主，辅之以较为粗糙的推算定位，依赖的最重要的导航信息是航向。在这一阶段，人类发明的指南针、六分仪、天象仪、计时器等仪器与许多经典导航方法都是人类认识自然环境、探索科学奥秘的重要成就，一直沿用至今。

2. 近现代导航阶段(20 世纪初至今)

19 世纪末汽车的大量使用使陆路运输进一步繁荣起来，20 世纪初航空运输的兴起大大加快了人类经济与军事活动的节奏。时至今日，人类活动的领域不仅包括陆上、空中，还包括水下和外层空间，导航需求也扩展至为各式各样的运载体(如车辆、舰船、飞机、火箭、卫星、航天器及各种武器)提供相应的导航服务。这一阶段导航的功能从主要向运载体提供航向信息，转变为提供实时、高精度、连续的位置信息，甚至包括运载体姿态信息、速度信息以及时间信息。

20 世纪初无线电导航技术的发明，使导航系统成为航行中真正可以依赖的工具，具有划时代的历史意义，也标志着近代导航史的开端。这一阶段的两个标志性导航技术成就是惯性导航技术与卫星导航技术，它们都为导航技术史无前例的革命奠定了基础。当前，集高精度全天候导航、定位、授时、测速、测姿于一体，导航、测绘与交通技术呈现出极大的融合态势，导航技术已成为名副其实的跨学科、跨行业、广用途、高效益的综合性高新技术。

1.1.1　导航定位几何原理

导航定位的目的是要确定运载体与参考点之间的几何关系参量，如方位、距离等。根据测定几何关系参量的不同，可以将导航定位几何原理分为测向法、测距法、测距和法、测距差法及测向-测距法。导航定位几何原理是许多导航定位方法的基本原理。

1. 测向法

测向法指通过测定运载体相对已知参考点的方向进行定位，通常用真方位表示相对方向关系。真方位是以真北方向为基准，沿顺时针方向从真北方向到运载体与参考点之间连线的角度。

图 1-1 为两标测向法的定位原理示意图。A 与 B 为两个参考点，N 所指示的方向为北向。若在运载体上测得运载体相对 A 点的真方位 α，则在海图上由 A 点可以绘制出 AM 直线，AM 上各点相对 A 点的真方位均为 α。AM 称为位置线，即某种几何关系参量相等点所形成的轨迹，有些教材也将位置线称为船位线。显然，测向法中的位置线是以参考点为起点的一条射线。由于一条位置线无法确定运载体的准确位置，考虑以 B 为参考点，利用在运载体上测得的相对 B 点的真方位 β 绘制出另外一条位置线 BM。两条位置线 AM、BM 相交于一点 M，而 M 点就是运载体所在位置。

除利用真方位进行测向定位以外，还可以利用多个参考点之间的夹角实现测向定位。如图 1-2 所示，三标两角测向法是通过利用六分仪在运载体上同时测定三个参考点 A、B、C 之间的两个水平角 α、β 来实现定位的。由于用六分仪观测两参考点之间的夹角精度可以达到 $1'$，所以三标两角测向定位法的定位精度较高。将六分仪所测得的两水平角装定在三杆定位仪上，然后在海图上使定位仪的三根尺杆的边缘分别通过所测得的三个参考点，则圆盘中心即为运载体位置 M，也可以利用透明纸上某点的三条射线代替三根尺杆在海图上进行定位。

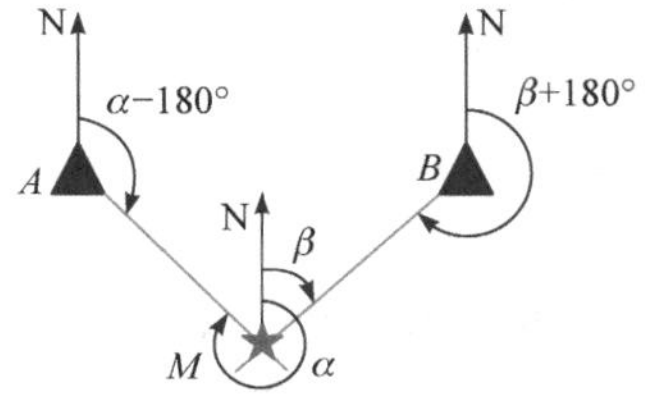

图 1-1　两标测向法定位原理

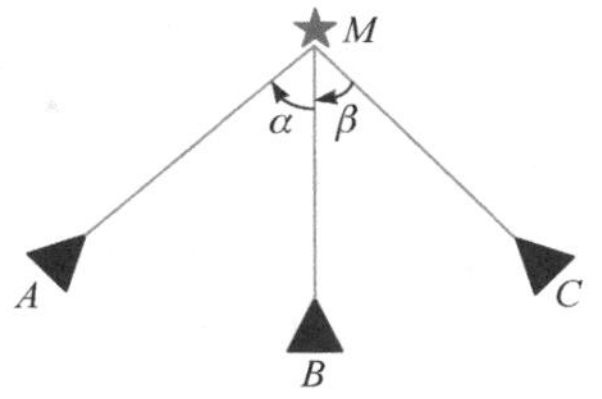

图 1-2　三标两角测向法定位原理

2. 测距法

测距法是通过测定运载体与已知参考点之间的距离来达到定位的目的。根据几何学可知，与某定点距离为常数的点所形成的轨迹是以该定点为圆心、距离值为半径的圆，所以，测距法中的位置线是圆。

如图 1-3 所示，在运载体上测得距离两个已知参考点 A 与 B 的距离分别为 R_1 与 R_2，便可以在海图上分别以 A 与 B 为圆心，以 R_1 与 R_2 为半径绘制得到两条圆位置线，两条圆位置线的交点即为运载体所在位置。需要注意的是，由于两条圆位置线通常存在两个交点，所以需要将伪交点剔除从而确定运载体的准确位置。

3. 测距和法

测距和法指通过测定运载体与两个已知参考点之间的距离和来达到定位的目的。根据几何学可知，一个动点到两个定点的距离和为常数的点所形成的轨迹是一个椭圆。其中，两个定点称为焦点，焦点之间的连线称为基线。

如图 1-4 所示，在运载体上分别测定相对两组已知参考点 A、B 与 C、D 的距离和，便可以在海图上以 A、B 以及 C、D 为焦点绘制得到两条椭圆位置线，两条椭圆位置线的交点即为运载体所在位置。同样，在剔除伪交点以后就可以确定运载体的准确位置。

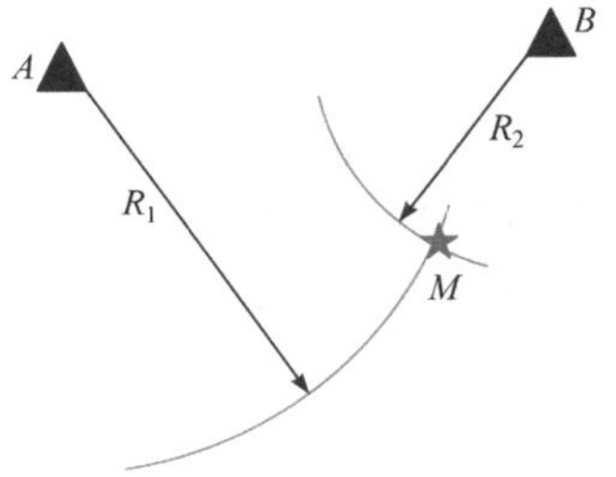

图 1-3　测距法定位原理

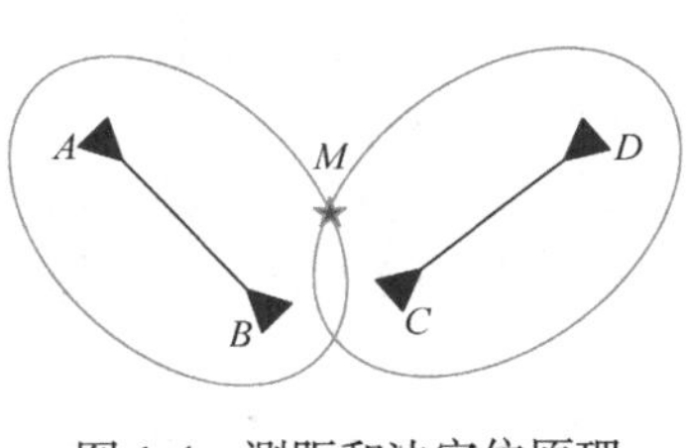

图 1-4　测距和法定位原理

4. 测距差法

测距差法指通过测定运载体与两个已知参考点之间的距离差来达到定位的目的。根据几何学可知，一个动点到两定点的距离差为常数的点所形成的轨迹是双曲线。

如图 1-5 所示，在运载体上分别测定相对两组已知参考点 A、B 与 C、D 的距离差，便可以在海图上以 A、B 以及 C、D 为焦点绘制得到两条双曲线位置线，两条双曲线位置线的交点即为运载体所在位置。

5. 测向-测距法

严格来说，测向-测距法并不是一种新的导航定位几何原理，它只是将测向法与测距法结合应用，即同时利用与已知参考点之间的真方位与距离这两个几何关系参量来达到定位的目的。

如图 1-6 所示，在运载体上同时测定相对已知参考点 A 的真方位 θ 以及距离 R，则可以在海图上绘制出以参考点 A 为起点的一条直线位置线，以及以 A 为圆心、R 为半径的一条圆位置线，两条位置线的交点 M 即运载体所在位置。根据测向-测距法的定位原理不难看出，相对于测向定位法与测距定位法，这种定位方法只需要一个已知参考点即可实现定位功能。

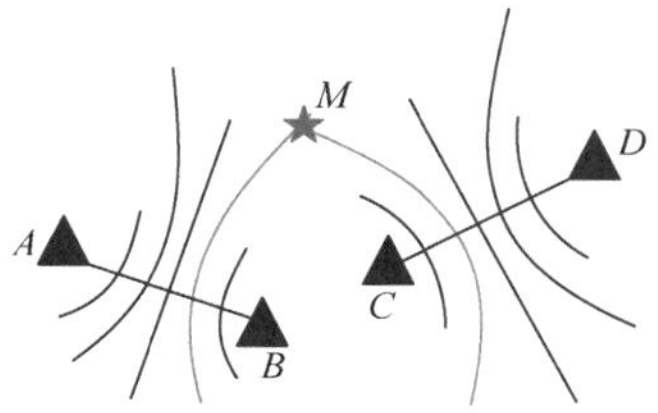

图 1-5　测距差法定位原理

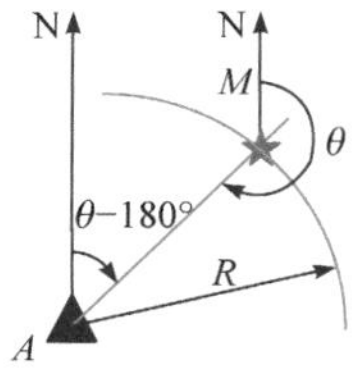

图 1-6　测向-测距法定位原理

需要注意的是，上述几种导航定位几何原理涉及的几何关系参量，即方位、距离等均限于在平面中测量所及的范围，都是近似的结果。

● **小思考：**在两标测向法中，由于一般情况下两条位置线总会交于一点，因此很难判断所测位置线是否有差错，请思考如何有效地检测位置线的测量误差。

1.1.2　常用导航定位方法

常用导航定位方法大致可以分为直接定位导航方法、推算定位导航方法以及组合导航方法三大类。

1. 直接定位导航方法

顾名思义，直接定位导航方法是通过直接测量运载体相对已知参考点的方位、距离、距离差等几何关系参量，并利用这些几何关系参量来确定运载体位置信息的一类方法。不难看出，直接定位导航方法是导航定位几何原理的直接应用。属于此类导航方法的有地标定位、无线电导航以及卫星导航等。

1) 地标定位

地标定位也称为地文导航，指利用地面上存在的地物、地标(岛屿、航标、特殊建筑物等)实现定位的方法，这些地物、地标在地图或海图上已标明准确位置。在运载体上利用光学等方法，测量得到相对这些地物、地标的距离和方位等几何关系参量，从而利用测向法、测距法等导航定位几何原理确定运载体的瞬时地理位置。地标定位法是一种较为简单且可靠的导航方法，但该方法易受气象条件与地域的限制。在一般能见度情况下，能见距离为 10n mile(1n mile = 1.852km)左右，所以一般只适于近海导航定位使用。

地标定位中常用来测定几何关系参量的仪器有六分仪、罗经等。

(1) 六分仪：一种可以测量远方两个目标之间夹角的光学仪器。通常用它测量太阳或其他天体与海平线或地平线之间的夹角，以便迅速获得运载体所在纬度。六分仪的特点是轻便，且可以在晃动的运载体如舰船上观测，缺点是阴雨天不能使用。虽然自 20 世纪 40 年代以后出现了各种导航定位方法，但六分仪由于其简便性仍在广泛应用。

(2) 罗经：用于确定舰船航向与观测物标方位的仪器，广泛应用于航海导航中。目前，《国内航行海船法定检验技术规则》认可的船载罗经主要有磁罗经与陀螺罗经两种。两者工作原理不同，在航海运用中互为补充。磁罗经对外界依赖小，成本低廉，但易受地磁与船体、货物磁场影响。陀螺罗经的优点是抗干扰能力强，精度高，但其缺点是需要较长时间启动稳定，且结构复杂，占用空间大。其中，陀螺球工作时处于高速旋转状态，机械磨损消耗大，需要定期进行维护保养。随着光学陀螺仪以及捷联技术的快速发展，近年来光学陀螺罗经等新型罗经在航海领域正逐渐得到广泛应用。

需要注意的是，无论基于何种导航定位几何原理进行地标定位，在测定位置线时必须满足两个条件：其一，必须测得两条或两条以上的位置线；其二，两条或两条以上的位置线必须是同一时刻测定的。但在实际工作中，通常只由一人进行观测，而观测物标时总有先后次序。为了尽可能满足同一时刻测得两条位置线的要求，必须要求观测者在观测时的动作既准确，又迅速。

2) 无线电导航

无线电导航系统的发展主要经历了三个典型阶段：①以定向为主的早期阶段；②全面展开、日趋完善的发展阶段；③卫星导航应用普及、多导航手段并举的成熟阶段。无线电导航的应用范围，也从最初的单功能引导发展到全方位引导，从单领域应用发展到多领域普及。

无线电导航是基于无线电技术发展起来的一种导航技术，其本身属于无线电系统。一般来讲，把频率 1～10^9kHz 范围内的电磁波称为无线电波。电波在一个振荡周期内传播的距离称为波长。波长 λ 、频率 f 以及传播速度 V 之间的关系为

$$\lambda = \frac{V}{f} \tag{1-1}$$

在无线电信号传播过程中，不同频段的无线电传播损耗有所差异，在其他相同条件下的作用距离也不同。也就是说，无线电波波段选择对于无线电导航系统的性能有很大影响。因此，各频段无线电波在导航中的应用有所不同。

无线电波的传播是一种电磁能量的传播，不需要依赖于介质，可以在真空中进行传播，具有如下传播特性：

(1) 在理想均匀介质中，无线电波是沿直线传播的；

(2) 在理想均匀介质中，无线电波传播速度是常值；

(3) 无线电波在任何两种介质的边界面上必然产生反射，反射的场强与两种介质电性能差异程度有关。

无线电导航正是利用无线电波传输的上述特性，通过无线电波的接收、发射与处理测量得到无线电波的某些电参量，进一步测定运载体相对于无线电发射台的方向、距离、距离差等几何关系参量(即位置线)，从而根据导航定位几何原理确定运载体位置信息。根据所测电参量的不同，无线电导航系统可以分为振幅系统(如无线电测向系统)、相位系统(如奥米伽系统)、脉冲系统(如罗兰 A)、频率系统(如无线电高度表)以及混合系统(如罗兰 B、罗兰 C、罗兰 D)。除此之外，还可以根据作用距离[近程(100～500km)、中程(500～1000km)、

远程(1000～3000km)、超远程(10000km 以上)]、无线电发射台安装地点(陆基、星基)以及位置线形式(测向系统、测距系统、测距差系统、测距和系统以及混合系统)进行分类。

通常来说，将罗兰 A、罗兰 B、罗兰 C 以及罗兰 D 系统统称为罗兰系族，罗兰系族在无线电导航系统中占有重要地位，如表 1-1 所示。“罗兰”一词是远程导航(Long Range Navigation，Loran)的缩写音译。最初的罗兰 A 系统也称为标准罗兰，是美国在第二次世界大战中研制成功并投入使用的海用中程无线电导航系统。罗兰系统先后有 A、B、C、D 等多种类型，目前主要使用罗兰 C 系统。

表 1-1　罗兰系族

系统名称	测量方式	作用距离/n mile	频率	精度	输出功率
罗兰 A	时间差	500～700	2MHz	1～2n mile	100kW
罗兰 B	时间/相位	25	2MHz	15～100m	1kW
罗兰 C	时间/相位	1200	100kHz	50～360m	1MW
罗兰 D	时间/相位	400	100MHz	50m	40～60kW

罗兰 A 系统虽然能解决一般导航问题，但存在作用距离不够远、定位精度不理想以及信号在陆地上衰减大等缺点。基于当时的军事需求，迫切需要一种比罗兰 A 覆盖范围更大、定位精度更高，而且可以在陆地上应用的新型导航系统。1957 年，美国海岸警卫队建成了世界上第一个罗兰 C 台链。到 1970 年，罗兰 C 扩大到 30 个发射台，作用范围覆盖了北半球的广大地区。1974 年 5 月，美国政府正式确定罗兰 C 系统为美国海岸汇流区的官方导航手段，规定进入美国海域的船只必须装备罗兰 C 接收设备。随着全球卫星导航系统的投入使用，美国政府于 1994 年放弃了对设在境外的罗兰 C 系统的管理权限。我国对罗兰 C 技术的研究始于 20 世纪 60 年代，1979 年正式批准在我国建立罗兰 C 系统，即“长河二号”工程，目前有“北海链”、“东海链”和“南海链”三个罗兰 C 台链，覆盖范围北至日本海，东至西太平洋，南达南海诸岛。

相比罗兰 A 系统，罗兰 C 系统的优点主要表现在：

(1) 工作频率为 100kHz 的低频波段，作用距离较远；

(2) 通过测量主台与副台脉冲包络的时间间隔，可粗测距离差，无多值性；通过比较载波相位，可精测时间差，提高了测量精度；

(3) 采用脉冲相位编码，消除天波干扰，抑制其他干扰，其可用来区分主、副台信号和实现自动化测量。

罗兰 C 系统的基本工作原理为：假设 A 为主台，B 为副台。主副台之间的基线长度为 d，接收点 M 与主副台 A、B 之间的距离分别为 R_A 与 R_B。主台发射的脉冲信号表达式为

$$u_A(t) = U(t)\cos\omega t \tag{1-2}$$

式中，$U(t)$ 为脉冲包络函数；ω 为载波角频率。

副台 B 发射的脉冲信号受主台控制，在收到主台 A 信号以后，延迟 Δt (编码延迟)时间才发射与主台一样形状的脉冲信号。主台信号在基线上的传播时间为 $t_d = d/c$，c 为电波传播速度，故副台 B 发射信号比主台 A 滞后 $\Delta t + t_d$ 时间，即副台 B 发射的信号应为

$$u_B(t) = U(t - t_d - \Delta t)\cos[\omega(t - t_d - \Delta t)] \tag{1-3}$$

接收点 M 接收到的主、副台信号分别为

$$\begin{cases} e_A(t) = U(t - t_A)\cos[\omega(t - t_A)] \\ e_B(t) = U(t - t_d - \Delta t - t_B)\cos[\omega(t - t_d - \Delta t - t_B)] \end{cases} \tag{1-4}$$

式中，$t_A = R_A/c$，$t_B = R_B/c$ 分别为主、副台脉冲信号传播到 M 点所经过的时间。

接收点 M 把接收到的主、副台脉冲信号加以放大，并按包络与载波分离。接收到的主、副台脉冲信号包络前沿时间差为

$$t_N = t_B - t_A + t_d + \Delta t = \frac{R_B - R_A}{c} + t_d + \Delta t \tag{1-5}$$

接收到的主、副台脉冲载波相位差为

$$\phi = \phi_A - \phi_B = \omega(t_B - t_A + t_d + \Delta t) = \frac{2\pi}{T}\left(\frac{R_B - R_A}{c} + t_d + \Delta t\right) = \frac{2\pi}{T} t_N \tag{1-6}$$

由式(1-5)、式(1-6)可得

$$t_N = \frac{T}{2\pi}\phi \tag{1-7}$$

式中，T 为载波周期。

时间差反映相位差，同时时间差又与距离差成比例，所以相位差也与距离差成比例，故可通过相位差测得距离差。假如距离差为常值，即可得到一条双曲线。如果再增设一副台 C，同样可获得另一条双曲线，两条双曲线的交点就是运载体所在地理位置。

必须注意，脉冲相位系统具有多值性，这就要求脉冲法测量时间差值误差必须小于载波周期的一半；同时，要求地面台所发射的脉冲信号包络与包络内载波信号的相位之间必须保持严格固定的关系。

无线电导航的优点是不受时间、天气限制，精度高，作用距离远，定位时间短，设备简单可靠，但是，无线电导航因为必须辐射与接收无线电波而易被发现和干扰，而且需要导航台支持，一旦导航台失效，与之对应的导航设备将无法使用且易发生故障。

3) 卫星导航

目前，世界上主要有四大全球卫星导航系统(Global Navigation Satellite System，GNSS)，分别为全球定位系统(GPS)、格洛纳斯(GLONASS)、伽利略(Galileo)卫星导航系统以及中国北斗卫星导航系统(BDS)。

GPS 起始于 1958 年美国军方研制的美国海军导航卫星系统(Navy Navigation Satellite System，NNSS)，又称为子午仪系统，1964 年投入使用。到 1994 年，耗资 300 亿美元，由 24 颗卫星组成的 GPS 卫星星座已经布设完成，全球覆盖率高达 98%。1995 年 4 月 27 日，GPS 宣布投入完全工作状态以后，翌年便启动 GPS 现代化计划，对系统进行全面的升级和更新。计划分为三步：第一步自 2003 年开始发射 12 颗 BLOCK-ⅡR 型卫星进行星座更新；第二步发射 BLOCK-ⅡF 型卫星替换 GPS 星座中的老旧卫星，提升系统性能；第三步发射 BLOCK-Ⅲ型卫星。GPS 现代化实现后，在很大程度上提高了 GPS 的安全性、连续性、可靠性和测量精度。

GLONASS 是苏联在 1976 年正式启动研发的，虽然中途发展坎坷，但最终还是完成了 GLONASS 现代化建设，实现了全球导航功能。GLONASS 空间段现代化主要包括三个阶段：第一阶段，维持 GLONASS 卫星“最低需求水平”的轨道星座；第二阶段，开发 GLONASS-M 卫星，基于 GLONASS 卫星和 GLONASS-M 卫星实现 18 颗卫星的星座部署；第三阶段，开发 GLONASS-K 卫星，基于 GLONASS-M 卫星和 GLONASS-K 卫星实现 24 颗卫星的星座部署。其信号从 1 个 L 频段开始向 3 个 L 频段扩展，调制方式从 FDMA 向 CDMA 扩展，信号功率也大幅提升，至此 GLONASS 已可提供 5 个民用导航信号。

2002 年 3 月，欧盟首脑会议批准了建设 Galileo 卫星导航系统的实施计划。在此次欧盟首脑会议之后，分别发射了带激光后向反射镜阵列的实验(Galileo-IOV)卫星 GIOVE-A 和 GIOVE-B，并于 2011 年 10 月 21 日发射了两颗 Galileo 在轨验证卫星。GIOVE-A 卫星发射 146 天后，欧洲航天局(ESA)便首次公布了 Galileo 开放服务(OS)在空间信号的接口控制文档草案；2010 年 4 月 13 日，正式发布了 Galileo 开放服务空间信号接口控制文档(Galileo OS SIS ICD)；2010 年 9 月，再次发布了 Galileo 开放服务空间信号接口控制文档 1.1 版本。截至 2024 年 6 月，“伽利略”系统在轨卫星数量达到 30 颗，其中包括 3 颗备用卫星。

中国北斗卫星导航系统的建设分为三个阶段：2000 年年底，建成北斗一号系统，向中国提供服务；2012 年年底，建成北斗二号系统，向亚太地区提供服务；2020 年，建成北斗三号系统，向全球提供服务。在 2035 年前，北斗卫星导航系统计划建设更加泛在、更加融合、更加智能的综合时空体系。北斗卫星导航系统是中国着眼于国家安全和经济社会发展需要，自主建设运行的全球卫星导航系统，是为全球用户提供全天候、全天时、高精度的定位、导航和授时服务的国家重要时空基础设施。自北斗卫星导航系统提供服务以来，它已在交通运输、农林渔业、水文监测、气象测报、通信授时、电力调度、救灾减灾、公共安全等领域得到广泛应用，服务国家重要基础设施，产生了显著的经济效益和社会效益。基于北斗卫星导航系统的导航服务已被电子商务、移动智能终端制造、位置服务等厂商采用，广泛进入中国大众消费、共享经济和民生领域，应用的新模式、新业态、新经济不断涌现，深刻改变着人们的生产生活方式。

卫星导航定位方法多种多样，但不管用何种方法实现定位，都必须获取测站与卫星之间的距离或距离差，从而求解得到用户的导航定位信息。其中，通过伪随机码测定传播时间实现定位的方法，称为测码伪距法定位；通过测量载波相位实现定位的方法，称为测相位伪距法定位(又称载波相位法定位)；通过测量信号中的多普勒频移实现定位的方法，称为多普勒法定位。其中，多普勒法定位最早应用于子午仪系统，由于其实时性能较差，且实现高精度定位所需的观测时间较长，所以目前的卫星导航接收机广泛采用伪距定位或载波相位定位，多普勒频移常用于测定用户速度。下面以 GPS 测码伪距法定位为例，简述其基本工作原理。

图 1-7 是伪随机码相位测量原理示意图。由卫星钟控制的伪随机码 $x_s(t)$ 从卫星天线播发，经传播延迟 τ 以后到达接收机，因此 t 时刻接收到的卫星信号为 $x_s(t-\tau)$。由接收机时钟控制的本地码发生器产生一个与卫星伪随机码相同的本地码 $x(t+\delta t)$，其中 δt 为接收机时钟与卫星时钟的钟差。经码移位电路将本地码移位(延迟) τ' 得到 $x(t+\delta t-\tau')$，将其送至相关器与接收到的卫星信号 $x_s(t-\tau)$ 进行相关运算，经积分器可得相关输出为

$$R(\Delta\tau)=\int x_s(t-\tau)x(t+\delta t-\tau')\mathrm{d}t \tag{1-8}$$

式中，$\Delta\tau=(t+\delta t-\tau')-(t-\tau)$。

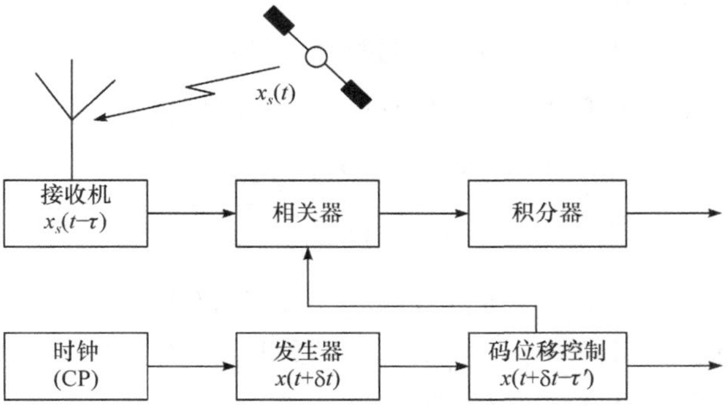

图 1-7　伪随机码相位测量

如果调整本地码延迟 τ' 使相关输出达到最大值，根据伪随机码的自相关特性可知：

$$R(\Delta\tau)=\max\ ,\quad \Delta\tau=nT\,(n=0,1,2,\cdots) \tag{1-9}$$

则由式(1-9)可得

$$\tau'=\tau+\delta t-nT \tag{1-10}$$

式中，T 为伪随机码周期；$n=0,1,2,\cdots$ 为整周期数；τ' 为所测定的本地码延迟。

因此，当测得本地码延迟 τ' 后，即可得到

$$\rho'=R+c\delta t-n\lambda \tag{1-11}$$

式中，$\rho'=c\tau'$ 为所测定的距离观测值；$R=c\tau$ 为卫星信号传播真实距离；$\lambda=cT$ 为伪随机码的波长。

式(1-11)为伪随机码测距基本方程，其中 $n\lambda$ 称为测距模糊度。在使用单一周期信号测距时，如果信号波长小于所测距离，则存在模糊度问题。利用 GPS 的 P 码测距时，由于其波长远大于所测距离，此时 $n=0$，则式(1-11)进一步表示为

$$\rho'=R+c\delta t \tag{1-12}$$

式(1-12)中的 ρ' 称为无模糊测距。利用 C/A 码测距时，其波长 $\lambda=300\text{km}$。只要将卫星至接收机的概略距离精确至 300km 以内，即可确定 n 值，此时也就没有模糊度问题。

由式(1-12)可知，由于存在接收机时钟与卫星时钟的钟差 δt，所测定的距离 ρ' 并不等于卫星至接收机间信号传播的真实距离，因此将 ρ' 称为伪距(pseudo-range)。若可以精确获得接收机时钟与卫星时钟相对 GPS 基准时的钟差，则可求得 δt 予以修正，从而由 ρ' 求得 R。实际上，卫星时钟钟差在导航电文中已给出，而接收机时钟钟差无法获得，只能在定位解算中将其作为一个待定参数求得。因此，观测伪距定位至少需要同步观测 4 颗 GPS 卫星的伪距才能求得用户三维位置。

为简化起见，假设电离层、对流层的大气延时已经得到修正，卫星钟差由导航电文提供的参数予以补偿，其他未补偿完全或由卫星星历、多径误差等造成的等效距离误差记作

ε_k，则式(1-12)可以扩展为如下形式：

$$\rho_k^j = c\tau' + \varepsilon_k^j = c(\tau + \delta t_k) + \varepsilon_k^j = R_k^j + c\delta t_k + \varepsilon_k^j \tag{1-13}$$

式中，ρ_k^j 为接收机测定的用户 k 至卫星 j 距离的观测值，即伪距；$R_k^j = c\tau$ 为卫星 j 到用户 k 的真实距离；δt_k 为接收机相对于系统时的时钟误差；ε_k^j 为与测量误差等效的距离误差。

设 (X^j, Y^j, Z^j) 表示第 j 颗卫星在地心地固坐标系的位置，(x_k, y_k, z_k) 为用户 k 在地心地固坐标系的位置，则卫星 j 到用户 k 的真实距离 R_k^j 可表示为

$$R_k^j = \sqrt{(X^j - x_k)^2 + (Y^j - y_k)^2 + (Z^j - z_k)^2} \tag{1-14}$$

如图 1-8 所示，为求解用户三维位置 (x_k, y_k, z_k) 与接收机时钟偏差 δt_k 四个未知数，至少需要 4 个伪距观测量，即需要同时观测至少 4 颗卫星并建立 4 个如式(1-13)所示的观测方程组。将式(1-14)代入式(1-13)，可以得到

$$\rho_k^j = R_k^j + c\delta t_k + \varepsilon_k^j = \sqrt{(X^j - x_k)^2 + (Y^j - y_k)^2 + (Z^j - z_k)^2} + c\delta t_k + \varepsilon_k^j \tag{1-15}$$

式中，$j = 1,2,3,4$ 表示 4 个不同的卫星编号。

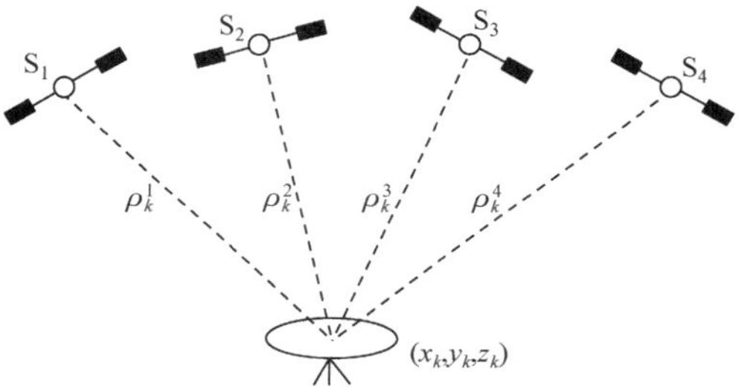

图 1-8 卫星单点定位原理

方程(1-15)可以展开为以 x_k、y_k、z_k 和 δt_k 为未知数的联立方程，即

$$\begin{cases} \rho_k^1 = \sqrt{(X^1 - x_k)^2 + (Y^1 - y_k)^2 + (Z^1 - z_k)^2} + c\delta t_k + \varepsilon_k^1 \\ \rho_k^2 = \sqrt{(X^2 - x_k)^2 + (Y^2 - y_k)^2 + (Z^2 - z_k)^2} + c\delta t_k + \varepsilon_k^2 \\ \rho_k^3 = \sqrt{(X^3 - x_k)^2 + (Y^3 - y_k)^2 + (Z^3 - z_k)^2} + c\delta t_k + \varepsilon_k^3 \\ \rho_k^4 = \sqrt{(X^4 - x_k)^2 + (Y^4 - y_k)^2 + (Z^4 - z_k)^2} + c\delta t_k + \varepsilon_k^4 \end{cases} \tag{1-16}$$

由以上分析可知，由于将接收机钟差等效距离参数 $c\delta t_k$ 作为一个未知数求解，可放宽对接收机时钟的要求，降低接收机成本。

2. 推算定位导航方法

推算定位指通过测取运载体自身运动速度或加速度信息，并在一定参考坐标系中进行解算，从而得到运载体所在地理位置。航位推算与惯性导航是两种典型的推算定位导航方法。

1) 航位推算

利用运载体上的测速设备，如舰船上的电磁计程仪或多普勒计程仪(Doppler Velocity

Log，DVL)测得运载体运动速度 V。同时，利用运载体上安装的航向基准，如磁罗经、陀螺罗经等测得运载体航向 θ。除此之外，利用时钟记录时间 t。根据上述 3 个参量，利用航位推算原理即可得到运载体相对起始时刻位置点的方位(航向)、距离(速度与时间的乘积)的位置线来定位。

如图 1-9 所示，n 时刻运载体所在位置(x_n, y_n)可以表示为

$$\begin{cases} x_n = x_0 + \sum_{i=0}^{n-1} d_i \sin\theta_i \\ y_n = y_0 + \sum_{i=0}^{n-1} d_i \cos\theta_i \end{cases} \tag{1-17}$$

式中，(x_0, y_0)为初始时刻运载体所在位置；d_i 为 i 时刻运载体航行步长，可由运载体速度与时间获得。

在船用航位推算系统中，常用测速设备主要包括水压计程仪、电磁计程仪、多普勒计程仪以及声相关计程仪等。下面重点介绍电磁计程仪与多普勒计程仪的基本工作原理。

电磁计程仪是根据电磁感应原理，将非电量的航速转换成电量的航速信号，从而实现舰船瞬时速度与累计航程测量的相对计程仪。如图 1-10 所示，当舰船航行时，水流以与舰船航速相反的方向流过船底，则两电极之间的海水流动切割传感器磁力线，从而使两个电极产生感应电势，具体表达式为

$$E = BLV \tag{1-18}$$

式中，B 为磁感应强度；L 为两电极间距；V 为舰船相对于水的航行速度。

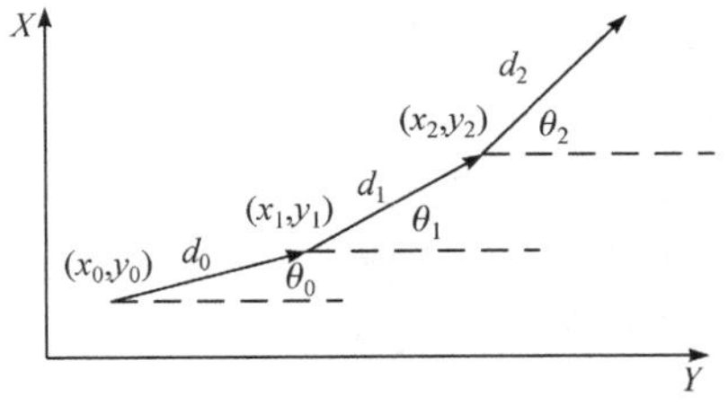

图 1-9　航位推算原理

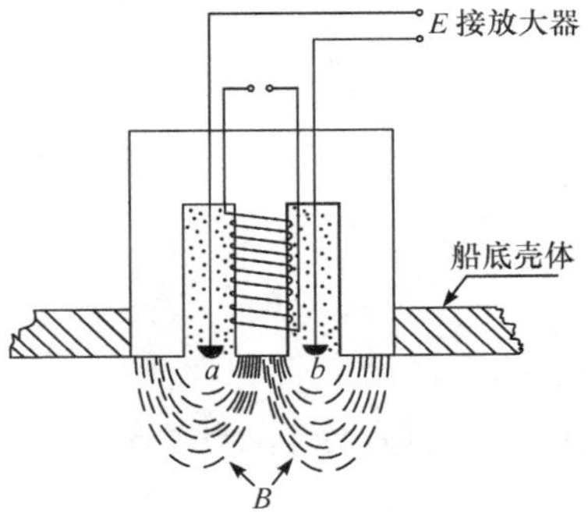

图 1-10　电磁计程仪工作原理

根据式(1-18)可以得到

$$V = \frac{E}{BL} \tag{1-19}$$

根据式(1-19)可知，通过测量得到感应电势 E 可以确定舰船相对于水的航行速度。

根据电磁计程仪工作原理可知，电磁计程仪属于一种相对计程仪，即测量相对于水的速度，而非相对于地的绝对速度。因此，电磁计程仪测速精度相对较低，洋流误差是影响其测速精度的主要因素。除此之外，船首尾线误差、刻度因数误差也是影响电磁计程仪测速精度的主要因素。具体分析如下：

(1) 洋流误差。考虑到不同海域洋流大小不同，且季节、盐度与天气状况等外界因素都会对洋流大小产生一定影响，这使得建立一个精确的洋流模型较为困难。实际工程应用中，可以根据实际情况忽略某些影响洋流大小的因素，将海洋看作一个不可压缩的流场，从而利用马尔可夫过程描述随机变化的洋流。

(2) 船首尾线误差。为减少测速误差、消除干扰信号，电磁计程仪传感器必须平行安装于船体首尾线，其误差应不大于±3°。同时，电磁计程仪传感器正前方 5m 内不能有任何凸出物体，电极板上不得有任何涂料或油脂等污物。

(3) 刻度因数误差。计程仪设计与生产过程中，传感器电势输出应以标准电势为基准，输出随流经传感器两电极之间水的速度成正比例变化的电势。但是，由于生产工艺等原因，传感器输出电势比例系数存在一定非标准性，且其灵敏度等都会存在一定误差。刻度因数误差可以在电磁计程仪出厂之前标定并补偿，但仍有部分残留刻度因数误差无法被补偿。因此，一般将该项误差建模到电磁计程仪测量输出误差模型中并进行补偿。

与电磁计程仪不同，多普勒计程仪是利用多普勒效应进行测速与累计航程的一种绝对计程仪。多普勒效应是奥地利物理学家多普勒在 1842 年发现的一种物理现象：当声源与接收点存在相对运动时，接收点所接收到的声波频率与声源频率不相同。当两者相互靠近时，接收到的频率将升高；两者相互远离时，接收到的频率将降低。接收频率与声源频率两者之间的差值 Δf 称为多普勒频移。

多普勒频移 Δf 的大小与声源频率 f_0、声波在介质中的传播速度 c 以及声源与接收点之间的相对速度 V 有关，它们之间的关系可以表示为

$$\Delta f = \frac{V}{c} f_0 \tag{1-20}$$

根据式(1-20)可知，当声源频率 f_0 与传播速度 c 已知时，可通过测定多普勒频移 Δf 来确定速度。

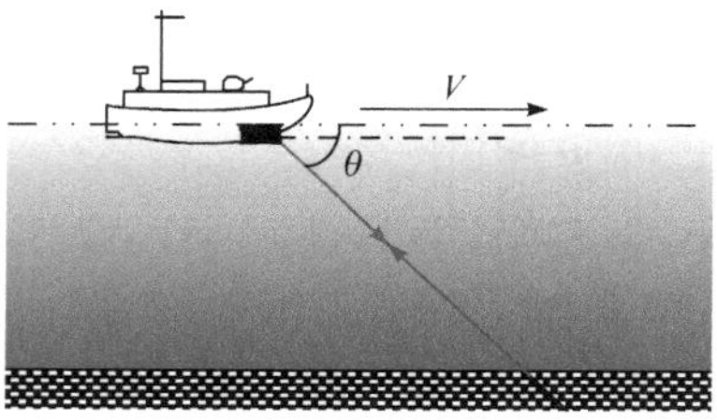

图 1-11　多普勒计程仪测速原理图

如图 1-11 所示，在船底安装一个发射与接收兼用的换能器，换能器以频率 f_0 向海底发射声波束，声波束发射方向与舰船航行方向之间的夹角为 θ。

当舰船以速度 V 航行时，换能器发出的声波束经海底反射，此时换能器接收到的反射回波相当于经历了二次多普勒频移(海底可视为二次发射的声源)。因此，所测得的多普勒频移 Δf 可以表示为

$$\Delta f = \frac{2 f_0 V \cos\theta}{c} \tag{1-21}$$

根据式(1-21)可以得到舰船航行速度为

$$V = \frac{c}{2 f_0 \cos\theta} \cdot \Delta f \tag{1-22}$$

上述介绍的计程仪只有一个向前发射的声波束，此类计程仪称为单波束多普勒计程仪。实际使用过程中，舰船由于受海浪作用会产生垂荡运动(此运动造成短周期变化的垂向速度 u)，从而导致这种单波束多普勒计程仪在波束发射方向上的合成速度变为 $V\cos\theta - u\sin\theta$，此

时单波束多普勒频移公式变为

$$\Delta f=\frac{2f_0}{c}(V\cos\theta-u\sin\theta) \tag{1-23}$$

根据式(1-23)可知，在存在垂向速度的情况下，多普勒计程仪测得速度为

$$V=\frac{1}{2}\cdot\frac{c}{f_0\cos\theta}\cdot\Delta f+u\tan\theta \tag{1-24}$$

根据式(1-24)可知，在舰船存在垂向速度的情况下，多普勒计程仪所测速度中存在速度误差项 $u\tan\theta$ 。为消除舰船垂向速度所产生的测速误差，可以采用双波束系统、四波束系统及六波束系统。

双波束系统又称为一元多普勒计程仪，如图 1-12 所示，它以相同的发射俯角同时向船首和船尾发射前后对称的两个声波束，可以测量舰船纵向速度并累计航程，完全消除由于舰船垂向运动引入的测量误差。

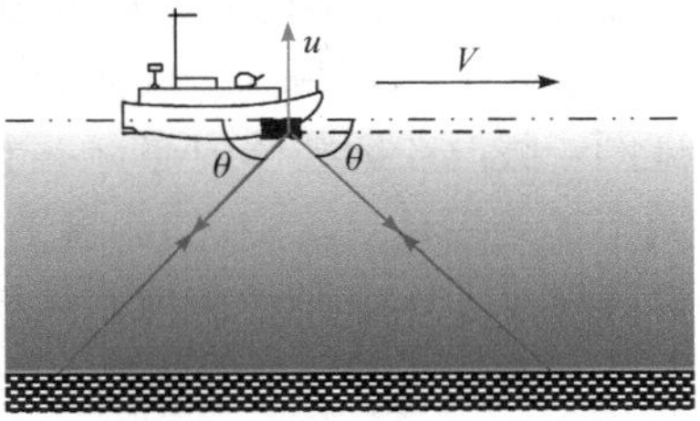

图 1-12　双波束多普勒计程仪测速原理图

朝船首向波束的多普勒频移可以表示为

$$\Delta f_1=\frac{2f_0}{c}(V\cos\theta-u\sin\theta) \tag{1-25}$$

朝船尾向波束的多普勒频移可以表示为

$$\Delta f_2=\frac{2f_0}{c}(-V\cos\theta-u\sin\theta) \tag{1-26}$$

两者的频移差为

$$\Delta f=\Delta f_1-\Delta f_2=\frac{4f_0}{c}V\cos\theta \tag{1-27}$$

根据式(1-27)可知，通过两个波束可以将垂向速度误差项消掉，从而提高舰船测速精度。

四波束系统又称为二元多普勒计程仪，其换能器能够向 4 个方向发射波束，可以测量舰船纵向速度与横向速度。4 个波束的取向可以有不同的配置方式，即如图 1-13 所示的十字形波束配置和图 1-14 所示的 X 形波束配置。在实际应用中，十字形波束配置对纵向速度分量较敏感，对横向速度分量不敏感，会导致舰船横向速度较小时难以准确测量。X 形波束配置可测的纵向速度范围较十字形波束配置大，因此实际使用时常采用 X 形波束配置。

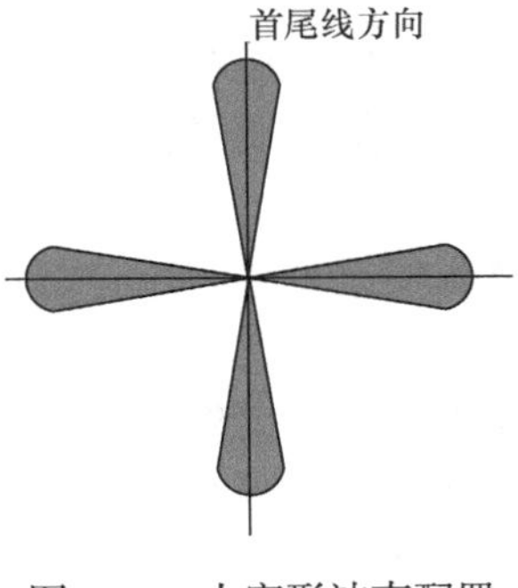

图 1-13　十字形波束配置

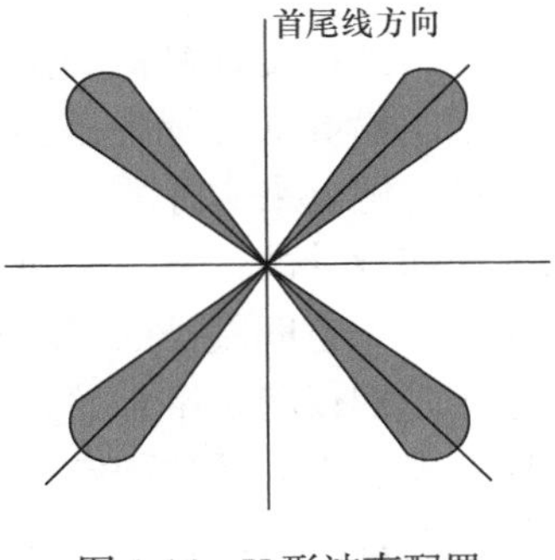

图 1-14　X 形波束配置

六波束系统又称为三元多普勒计程仪，即在船首部配置四波束换能器的基础上，在船尾部增设一对向左、右方向发射波束的换能器。六波束系统既能测量舰船纵向速度，又能测量船首部与尾部的横向速度。

多普勒计程仪准确性好、灵敏度高，可测纵向与横向速度，但价格昂贵。同时，需要注意的是，多普勒计程仪受作用深度限制，在超过作用深度以后只能利用水层中的水团质点作反射层，此时变成相对计程仪，即测量得到的是舰船相对于水的速度。

2) 惯性导航

惯性导航系统(Inertial Navigation System，INS)通过加速度计实时测量运载体运动的加速度，经积分运算得到运载体的实时速度与位置信息。图 1-15 是二维平面上惯性导航系统原理图。假设在运载体内部有一个导航平台(物理平台或数学平台)，取 OXY 为导航坐标系，将两个加速度计 A_X、A_Y 的测量轴分别稳定在 OX 轴与 OY 轴方向上，分别测量沿两个轴向的加速度 a_X、a_Y，则运载体的运动速度与位置分别计算如下：

$$\begin{cases} v_X = v_{X_0} + \int_0^t a_X \mathrm{d}t \\ v_Y = v_{Y_0} + \int_0^t a_Y \mathrm{d}t \end{cases} \tag{1-28}$$

$$\begin{cases} X = X_0 + \int_0^t v_X \mathrm{d}t \\ Y = Y_0 + \int_0^t v_Y \mathrm{d}t \end{cases} \tag{1-29}$$

式中，v_{X_0}、v_{Y_0} 与 X_0、Y_0 分别为运载体的初始速度与初始位置。

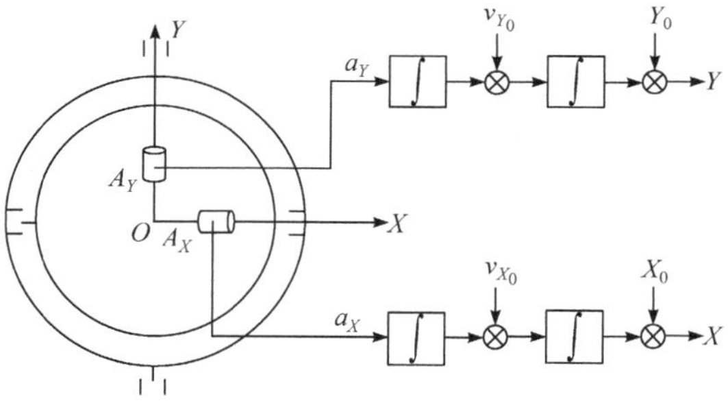

图 1-15　二维平面上惯性导航系统原理图

严格来说，加速度计测量的是其敏感轴向的比力信息，如何在运载体运动过程中保证加速度计的输出沿导航坐标系是实现准确导航定位的基础。这就需要建立坐标基准，而这一过程是通过陀螺仪来实现的。

要保证加速度计的输出沿导航坐标系有两种途径。第一种途径是利用陀螺仪稳定平台建立一个相对某一空间基准的三维空间导航坐标系，以解决加速度计输出信号测量基准的问题，即采用陀螺仪稳定平台始终跟踪所需要的导航坐标系，陀螺仪稳定平台由陀螺仪控制，加速度计安装在陀螺仪稳定平台上；第二种途径是通过不同坐标系之间的变换，解决加速度计输出的指向问题，即将加速度计与陀螺仪都直接固联安装在运载体上，陀螺仪输出的角速度信息用来解算运载体相对导航坐标系的姿态变换矩阵，经姿态变换矩阵将加速度计的输出变换至导航坐标系，相当于建立了一个数学平台。因此，惯性导航系统是以陀螺仪与加速度计为敏感元件，根据陀螺仪的输出建立导航坐标系，根据加速度计的输出并结合初始运动状态，推算出运载体的瞬时速度与瞬时位置等导航参数的解算系统。由此可见，陀螺仪与加速度计是惯性导航系统的“心脏”。

由惯性导航系统的工作原理可以看出，惯性导航系统是一种具有自主性、隐蔽性的系统，工作中既不接收也不发射任何电磁波。同时，系统输出信息具有连续性与普遍存在性，从而使运载体可以在任何地点连续工作，不论山区、水下、隧道、森林均无障碍。

将利用陀螺仪稳定平台保证加速度计输出信号测量基准的惯性导航系统称为平台式惯性导航系统(Platform Inertial Navigation System，PINS)；将加速度计与陀螺仪直接固联安装在运载体上，通过坐标系变换提供加速度计测量基准的惯性导航系统称为捷联式惯性导航系统(Strap-down Inertial Navigation System，SINS)。与平台式惯性导航系统相比，捷联式惯性导航系统具有如下特点：

(1) 捷联式惯性导航系统除可以直接输出姿态、航向、速度以及位置等导航参数，还可以输出运载体角速度、加速度信息。

(2) 捷联式惯性导航系统的惯性器件易于重复布置，从而在惯性器件级别上实现冗余技术，这对提高系统性能与可靠性十分有利。

(3) 捷联式惯性导航系统去掉了物理平台，可以减小系统体积、重量以及成本等。

(4) 捷联式惯性导航系统把惯性器件直接固联在运载体上，导致惯性器件工作环境恶化，系统动态误差较大，因此必须采取误差补偿措施。

基于上述原因，同时随着光学陀螺仪精度的不断提高，捷联式惯性导航系统在实际应用中正占据越来越重要的地位。

3. 组合导航方法

惯性导航系统由于具有自主性、无源性等优点，因此常作为运载体的主导航设备而为运载体提供中心导航信息。但是，根据惯性导航系统原理可知，其存在导航定位误差累积的缺陷，所以一般需要其他导航信息对其进行校正。无线电导航、卫星导航以及天文导航等导航定位方式虽然不存在误差累积的问题，但需要依赖于外界条件而不具有完全自主性。因此，可以说到目前为止没有任何一种导航系统同时兼备所有优点(自主、隐蔽、误差不累积)。基于以上分析，充分利用各导航系统资源，发挥各导航系统优势，弥补单个导航系统的不足，将各导航信息有机组合在一起构建组合导航系统，通过数字滤波等信号处理技术为用户提供更加精确、可靠的导航信息是目前常用的一种导航方式。

在组合导航系统中，惯性导航系统常作为主导航设备，再辅以其他导航信息构建惯性基组合导航系统，基本组成模式如图 1-16 所示。

1) SINS/DVL 组合导航

在 SINS/DVL 组合导航系统中，通常将捷联式惯性导航系统与多普勒计程仪输出的速度信息差值作为卡尔曼滤波器观测量，经过滤波估计算法估计出惯性导航系统的导航参数误差，然后进行反馈校正或输出校正来获得精度更高的导航定位信息。

图 1-17 为 AUV 应用典型 SINS/DVL 组合导航系统原理示意图，以多普勒计程仪速度输出与捷联式惯性导航系统速度输出作为观测信息，通过卡尔曼滤波器构建松组合导航系统。

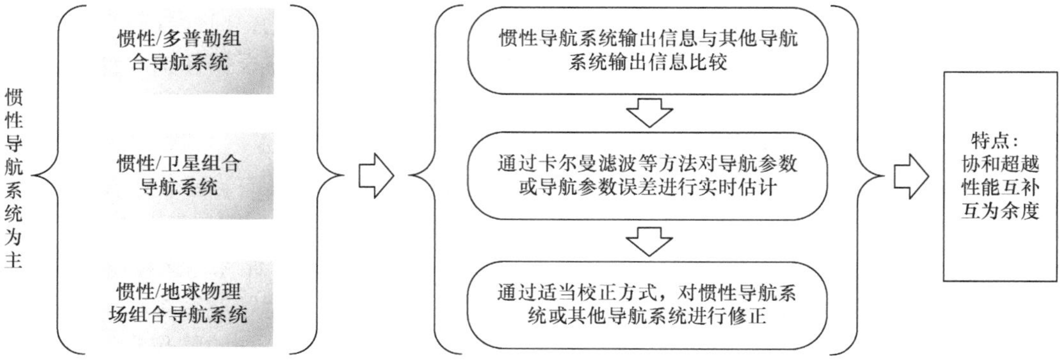

图 1-16　惯性基组合导航基本模式

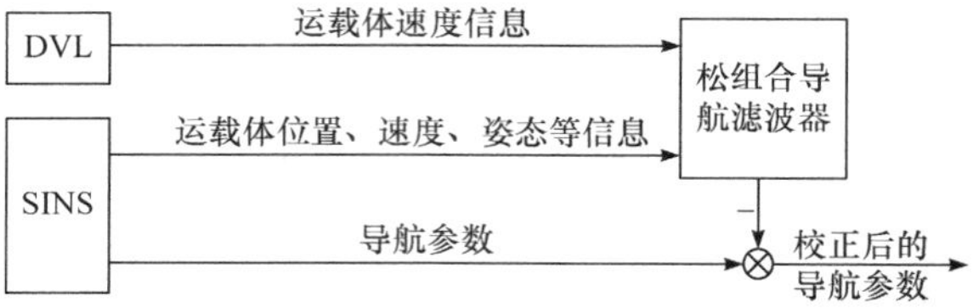

图 1-17　SINS/DVL 组合导航系统原理示意图

当前水下组合导航系统设计的主流是 SINS/DVL 组合导航，美国 Woods Hole 海洋研究所、美国海军研究生院、美国 Bluefin Robotics 公司、加拿大 International Submarine Engineering 公司、英国国家海洋中心、挪威 Kongsberg Maritime 公司以及丹麦 Maridan A/S 公司等 AUV 研究机构都已将 SINS/DVL 组合导航技术应用于 AUV 设计中。

2) SINS/GNSS 组合导航

在 SINS/GNSS 组合导航系统中，通常将捷联式惯性导航系统与全球卫星导航系统输出的位置信息、速度信息差值作为卡尔曼滤波器的观测量，经过滤波估计算法估计出惯性导航系统的导航参数误差，然后进行反馈校正或输出校正来获得精度更高的导航定位信息。

这种组合方式既发挥了全球卫星导航系统的高精度优势，弥补了其输出频率较低的缺点；又发挥了惯性导航系统输出频率高、短时精度高的优点，弥补了其误差随时间累积的缺点，使二者达到完美组合，系统原理示意图如图 1-18 所示。

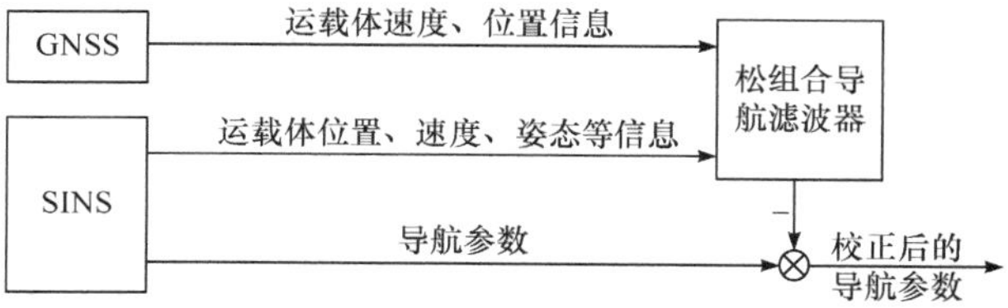

图 1-18　SINS/GNSS 组合导航系统原理示意图

3) SINS/地球物理场组合导航

基于地形以及重力/地磁的地球物理场匹配辅助导航技术具有很强的相似性，都是利用实时测量数据(如地形的高程特征、重力、重力异常、重力异常梯度、磁场强度、磁异常、磁异常梯度等)与先验地图(或数据库)进行匹配，实现运载体导航定位，而区别主要在于匹配特征场、特征量的不同以及测量方式的不同。

地球物理场匹配辅助导航的前提是导航平台需要配备足够精度与分辨率的先验地图(或数据库)，并能够利用高性能传感器对相应地球物理场特征信息进行实时测量，关键技术手段则是借助有效的匹配算法实现精确匹配定位。在地球物理场匹配辅助导航过程中，可以通过特征匹配获取无累积误差的位置估计，因此这种导航方式通常作为惯性导航系统的辅助导航方式存在。具体地说，利用惯性导航系统解算输出的粗略位置信息为特征匹配提供区域约束，可以有效提高匹配效率；另外，准确的匹配定位结果又可以为惯性导航系统累积误差提供校正观测量。

地形辅助导航是一种自主性强、隐蔽性好的水下导航方法，其基本原理图如图 1-19 所示。该方法的实现首先需要对任务海域的水下地形进行勘测，并依据测绘标准构建出该海域的水下三维基准数字地形图数据库。在执行任务时，将运载体获得的当前海域实时地形信息与数据库中的基准数字地形图进行匹配运算，从而确定出运载体当前的位置，并利用获得的位置信息对惯性导航解算误差进行修正与补偿。

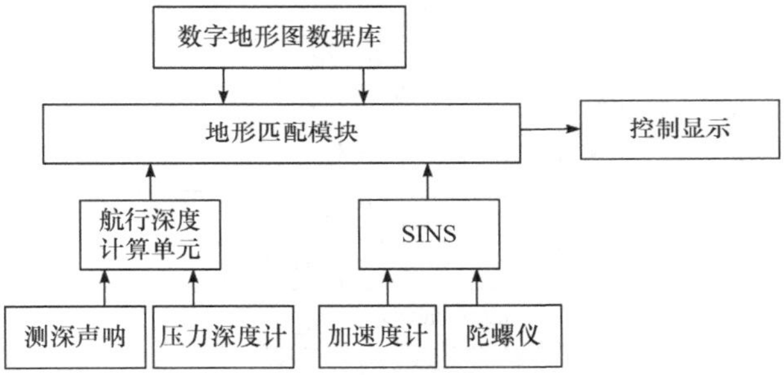

图 1-19　地形辅助导航系统原理图

地磁辅助导航与地形辅助导航类似，水下地磁导航首先需要获取任务海域的地磁场数据并提取出磁场特征值，绘制成参考图存储在导航计算机中。当运载体经过任务海域时，根据惯性导航系统实时输出的位置信息，对预先存储在导航计算机中的参考地磁图进行索引，得到当前位置处的地磁参考值，并通过地磁辅助匹配算法将该地磁参考值与实际地磁场数值进行匹配，得到准确位置信息，进而对惯性导航解算误差进行实时修正。地磁辅助导航系统原理图如图 1-20 所示。

重力辅助导航是利用地球重力特征信息匹配出运载体位置，并对惯性导航解算误差进行修正，从而实现自主导航的技术。它具有自主性强、隐蔽性好、不受地域和时间限制、定位精度高等特点。

如图 1-21 所示，重力辅助导航系统由捷联式惯性导航系统、重力参考数据库、重力测量传感器、匹配算法以及卡尔曼滤波器 5 部分组成。在运载体航行过程中，首先利用惯性导航系统提供的位置信息在重力基准图上搜索重力参考值，同时重力测量传感器实时提供重力测量值，然后将重力参考值和测量值输送给匹配算法，确定出运载体位置，利用获得的运载体位置和卡尔曼滤波器估计信息对惯性导航系统输出的导航信息进行修正。

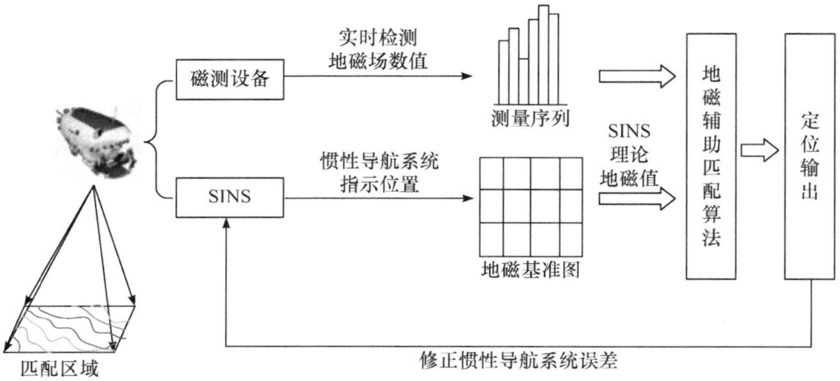

图 1-20　地磁辅助导航系统原理图

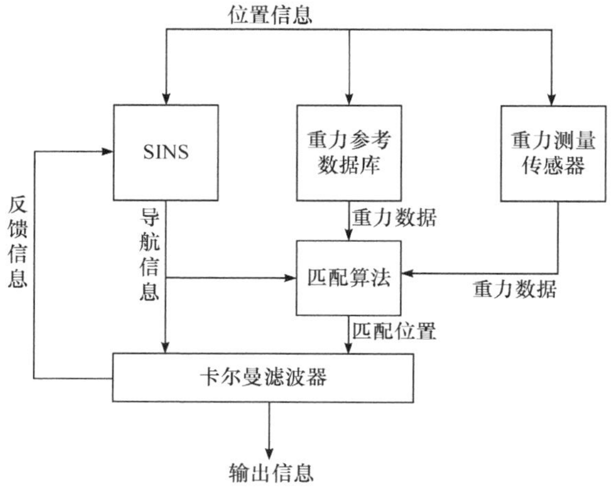

图 1-21　重力辅助导航系统原理图

◆　**小实践：**除上述常用导航定位方法以外，目前一些新型智能导航方法也层出不穷，如协同导航、类脑导航等，请尝试通过文献检索了解一些最新导航定位方法。

1.2　惯性技术简介

一般来说，惯性技术指惯性导航技术、惯性制导技术、惯性器件技术、惯性系统与器件的测试技术的总称。本节主要从惯性技术的发展角度侧重讨论惯性导航技术的重要发展历程。

1.2.1　惯性技术的由来

300 多年前，英国物理学家艾萨克 · 牛顿提出了著名的“力学三大定律”，阐述了经典力学中基本的运动规律。牛顿第一定律是关于惯性的定律，即世上万物在无外力作用时，静者恒静，动者恒动。牛顿将物体的这种总是保持自身原来状态的性质称为“惯性”。

任何物体都有惯性，所以就有了惯性力。这种惯性力只有在物体运动状态改变时，才会表现出来，这就是牛顿第二定律的解释，即

$$F = ma \tag{1-30}$$

式中，F 为惯性力；m 为物体质量；a 为运动加速度。

牛顿第二运动定律，是指物体加速度的大小与力的大小成正比，跟物体的质量成反比，加速度的方向与力的方向相同。从式(1-30)可以看出，物体的质量和加速度是产生牛顿惯性力的充分必要条件。

地球在不停地自转，这已是公认的常识，但是 19 世纪以前，不少学者曾为此学说的成立呕心沥血。1851 年，法国物理学家傅科在巴黎做了一次实验，即利用“单摆的振动在惯性空间保持不变”的原理，证实了地球的自转现象，这就是著名的傅科摆实验，如图 1-22 所示。1852 年，傅科利用高速旋转刚体的空间稳定性，设计了一个仪表装置，并按“转动”与“观察”的希腊文给它取名为 Gyroscope，这就是实用陀螺仪的鼻祖，而且“陀螺仪”这个术语也一直沿用至今。傅科利用这个装置做了三个实验：证明地球在昼夜旋转，确定当地的地理纬度，找出地球上的南北方向。傅科的陀螺仪实验在理论上是正确的，他将陀螺仪用于实践的思想对于后来陀螺仪的发展影响很大。可以说，傅科陀螺仪使惯性导航技术的发展跨出了第一步。

图 1-22　傅科摆实验

1901 年，29 岁的德国青年探险家海尔曼·安休茨在维也纳皇家地质协会报告了自己想乘潜水艇去北极冰层下探险的考察方案，但遭到了权威的一致反对。因为，当时所使用的航向指示设备——磁罗经在北极地区无法使用。为了解决这个问题，安休茨放弃了考察计划，立即以充沛的精力去埋头研究对自己来说完全陌生的一门科学技术——惯性导航技术。1905 年，他制作出世界上第一台陀螺罗经样机，但试航结果令人失望。原因是当舰船加速时，装在船上的陀螺罗经所产生的误差非常大。后来经过 3 年的努力，借用当时刚刚出现的异步电动机与滚珠轴承技术，安休茨终于在 1908 年制造出了世界上第一台能自动找北并稳定指示舰船航向的陀螺罗经。这是按周期 84.4min 舒勒摆原理设计的一种单转子液浮航海陀螺罗经。德国皇家海军成批订货，将其用于潜艇与水面舰艇上。至此，世界上第一台船用陀螺罗经诞生。这种不依赖任何外界信息，自动建立子午线方向的精密航海仪器，是陀螺仪技术应用中最精巧也是最重大的成就之一。

自从陀螺仪发明以后，人们产生了一个想法，即能否借助陀螺仪的特性为航行在波涛汹涌的大海中的舰船建造一个人工地平面？这一想法真正取得成功是在航海陀螺罗经发明以后。制造陀螺地平仪最早的尝试为法国海军上将弗勒里埃的发明。为了在天文导航中测量天体高度，需要建立一个人工地平面。他用一个主轴垂直的陀螺转子作为稳定水平的装置，但弗勒里埃的装置从严格意义上来说，还不能称为真正的陀螺地平仪。因为它不能自动给出一个稳定的水平基准，并把水平基准的信号输出来。这种简单的装置还不能抵抗舰船的摇摆与加速度运动引起的干扰。在安休茨与美国发明家斯佩里发明航海陀螺罗经以后，他们开始潜心研究陀螺地平仪，并先后设计制造出了安休茨航海陀螺地平仪和航空地平仪以及斯佩里航空地平仪。这些早期的地平仪都是用一个陀螺仪构成的，在运载体机动时有较大误差，因此日后逐渐被多陀螺动力稳定平台所取代。

人们将能够提供水平基准的陀螺罗经称为平台罗经，平台罗经实质上是人工建立的模拟水平指北地理坐标系的装置。平台罗经可以由两个二自由度陀螺仪或三个单自由度陀螺仪构成。若采用两个二自由度陀螺仪，则主陀螺仪的两个稳定轴沿地垂线与东西水平方向，而另一个陀螺仪的两个稳定轴沿地垂线与南北方向。显然，其中存在一个冗余的垂直轴，还需要增加附加的跟踪回路来加以锁定。

与此同时，另一种利用摆的原理测量运动物体加速度的仪表——加速度计也诞生了。在平台罗经的基础上，利用加速度计测量运载体的比力信息，进而通过积分解算可以得到运载体的速度以及位置信息。自此，平台式惯性导航系统逐渐得到应用。到了 20 世纪 70 年代，随着计算机、微电子以及控制等新技术在惯性技术领域的应用，捷联式惯性导航系统应运而生，平台系统受到了强有力的挑战。

1.2.2 惯性技术应用上的重大历史事件

1. 第二次世界大战期间德国 V-2 导弹袭击英国

V-2 导弹是德国火箭专家冯·布劳恩为首的研究小组在 1942 年研制的一种弹道导弹，意为“报复性武器-2”，这是一种无人驾驶的、依靠惯性制导的弹道导弹。它是第一枚大型火箭导弹，也是世界上最早投入实战使用的弹道导弹。导弹是依靠自身动力装置推进，由制导系统引向目标的武器。

1944 年 9 月 8 日傍晚，伦敦市区传出一声巨响，世界上真正投入战争的第一枚弹道导弹 V-2 爆炸了。仅这一天内，德军就向伦敦发射了数百枚 V-2 导弹。据统计，从 1944 年 9 月 8 日到 1945 年 3 月 27 日，德军在近 7 个月中共对英国发射了 1402 枚导弹，其中 1054 枚落到了英国本土，348 枚落到了大海里。其中，占总发射量 37%，约 517 枚导弹发射到了伦敦。V-2 导弹的射程只有 320km，弹着点误差达 5km，理论误差相当于射程的 1.56%。

为什么 V-2 导弹可以实现对目标的精准打击？和火箭筒等武器不同，V-2 导弹采用了最原始的捷联式惯性导航系统，即在导弹上安装了两个位置陀螺仪和一个积分加速度计，这两个陀螺仪一个用来控制偏航角，另一个用来控制俯仰角，陀螺仪在发射前被启动，其敏感轴被调整到对准目标的方向。因此，陀螺仪的主轴就成为导弹飞行过程中的方向基准，而导弹的飞行速度则通过与导弹轴线平行安装的加速度计测出。导弹达到预定速度的时候，推力停止，这种自主式惯性制导保证了导弹主动段的飞行姿态，因此导弹可以实现对目标较为精准的打击。

V-2 导弹上的惯性导航系统是世界上第一套实用的惯性导航系统，也是捷联式惯性导航系统的雏形，尽管它的精度还很低，但却被视为惯性导航技术发展史上的一座里程碑。

2. 1958 年美国核潜艇北极冰下探险成功

1958 年 7 月 23 日，美国第一艘装备有惯性导航系统的试验型核动力潜艇“鹦鹉螺号”从夏威夷珍珠港出发，开始了名为“以核动力前进”的北极之旅。8 月 3 日，“鹦鹉螺号”抵达北极，成为世界上第一艘从太平洋驶入大西洋并抵达北极点的潜艇。随后，“鹦鹉螺号”又从北极点开始，继续在冰下航行 96h，行程 1830n mile，在格陵兰外海浮出水面时，艇位误差仅为 20n mile，取得了令世界震惊的成功。

核潜艇的导航能力是限制潜艇潜航能力的主要障碍。众所周知，海底地形与陆地一样，十分复杂，特别是到极点时，强大的磁场使普通仪表完全不能正常工作。但这艘潜艇依靠自身携带的惯性导航系统顺利通过了极点，而且是在如此复杂的水下条件航行，这足以证明惯性导航系统的能力，说明当时的惯性导航系统已达到了很高的精度。

3. 1969 年“阿波罗 11 号”使人类首次登上月球

“阿波罗 11 号”(Apollo 11)是美国国家航空航天局阿波罗计划中的第五次载人任务，是人类第一次登月任务，历时 8 天 13 小时 18 分 35 秒，绕行月球 30 周，在月表停留 21 小时 36 分 20 秒。

1969 年 7 月 16 日的清晨，“阿波罗 11 号”飞船搭载着三位宇航员——尼尔 · 阿姆斯特朗、巴兹 · 奥尔德林和迈克尔 · 科林斯乘坐“土星 5 号”超级火箭准备发射升空。这枚高度超过 110m，一次发射将消耗超过 750 万磅(1 磅=0.453592 千克)燃料的巨型火箭托举着“阿波罗 11 号”飞向了太空，也飞进了历史。

1969 年 7 月 21 日格林尼治时间 3 时 51 分，指令长阿姆斯特朗首先走出舱门；4 时 07 分，他的左脚小心翼翼地触及月面，这是人类留在月球上的第一个脚印。正如阿姆斯特朗事后所说：“这是个人迈出的一小步，但却是人类迈出的一大步！”在载人飞船的整个飞行过程中，有以下一系列任务需要完成：飞船入轨、飞船与火箭分离、飞船变轨、环月飞行、登月舱与轨道飞船分离、月面着陆、登月舱与轨道飞船对接、返回地球轨道、通过大气层溅落地球预定水面。这期间的每一项任务必须依赖精确的飞行控制和姿态控制来进行，而由惯性导航系统提供的飞船位置、速度、航向、姿态等飞行器运动信息，就是向控制系统的执行机构所发出的一系列控制指令的基础。为此，在飞船上装备有 3 套惯性导航系统，即指挥舱和登月舱各安装一套平台式惯性导航系统，登月舱还另外装备一套应急的捷联式惯性导航系统。

4. “神舟八号”与“天宫一号”两次成功交会对接

两个或两个以上的航天器通过轨道参数的协调，在同一时间到达太空同一位置的过程称为交会。在交会的基础上，通过专门的对接机构将两个航天器连接成一个整体。实现两个航天器在太空交会对接的系统，称为交会对接系统。2011 年 11 月 3 日与 11 月 14 日，“神舟八号”与“天宫一号”两次成功完成了交会对接任务。

交会对接本身相当于一个“穿针引线”的过程，“神舟八号”可看作“线”，“天宫一号”可看作“针”，在高速运动条件下“用线穿针”，就要求“线”对得准，“针”控得稳。而实现飞行器“对得准、控得稳”的关键在于高精度、高灵敏度的惯性导航系统。保证“天宫一号”姿态稳定的核心装置是一种采用我国自行研制的光纤陀螺仪构成的双备份惯性导航系统。除了达到高精度、高灵敏度的性能外，它还满足抗振动、抗冲击、质量控制等一系列特殊要求。尤其要指出的是，光纤陀螺仪在我国目标飞行器上获得成功应用，开创了世界范围内空间站姿控系统应用光纤陀螺仪的先河。

拓展延伸：请配套学习国家级线上一流本科课程“导航定位系统”(https://coursehome.zhihuishu.com/courseHome/1000007108#teachTeam)第一章“绪论”以及第六章“惯性导航系统基本原理”6.1 节、6.2 节，并完成线上测试题。

思政小故事——时代楷模陆元九院士

陆元九是我国著名陀螺及惯性导航专家，我国自动化科学技术开拓者之一。他 1920 年出生于安徽来安，1941 年毕业于重庆中央大学航空工程系。1945 年考取赴美公费留学生，被分配进麻省理工学院航空工程系。当时，著名的自动控制专家德雷伯教授刚刚设立“仪器学”博士学位，学习内容主要就是惯性导航。喜欢尝试挑战的陆元九选择了这一难度很大的新专业，成为德雷伯教授的首位惯性导航博士生，一步跨进了世界前沿技术的新领域。

1949 年，29 岁的陆元九获博士学位，他是世界上第一位惯性导航学科的博士，随即他被麻省理工学院聘为副研究员、研究工程师，在导师的科研小组中继续从事研究工作。这时，新生的祖国百废待兴，陆元九积极地为回国做准备，但他所从事的研究属于美国国家重要机密，归国之路困难重重。后来，陆元九屡经波折终于在 1956 年回到了祖国。

陆元九回国后被分配到正在筹建的中国科学院自动化研究所，进行惯性导航技术研发工作。20 世纪 60 年代初，陆元九在中国科学院、中国科学技术大学同时负责多项工作，每天都要工作十几个小时。这期间，他还坚持撰写专著。1964 年，他的著作《陀螺及惯性导航原理(上册)》出版，这是我国惯性导航技术方面最早的专著之一。1965 年，陆元九主持组建了中国科学院液浮惯性技术研究室并兼任研究室主任。他主持开展了我国单自由度液浮陀螺仪、液浮摆式加速度计和液浮陀螺仪稳定平台的研制。1978 年，陆元九被调往北京控制器件研究所任所长。他积极参与航天型号方案的论证工作，指导新一代运载火箭惯性制导方案的论证，确定采用以新型支承技术为基础的单自由度陀螺仪构成平台—计算机方案。陆元九一直倡导要跟踪世界尖端技术，在型号工作中贯彻“完善一代、研制一代、探索一代”的精神。在陆元九的领导下，中国航天先后开展了静压液浮支承技术等预先研究课题以及各种测试设备的研制工作。

第 2 章 惯性导航基础知识

■ **学习导言** 本章将介绍惯性导航的基础知识，主要包括地球形状与重力场特征、坐标系及其转换关系以及惯性导航系统基本构成，本章内容是后续惯性导航系统原理学习的重要理论基础。

■ **学习目标** 了解地球形状与重力场相关基本概念；掌握惯性导航常用坐标系及其转换关系；了解惯性器件主要分类与特点；掌握惯性导航系统的基本构成。

对于舰船这类近地面航行的运载体来说，导航是相对地球而言的，因此地球形状与重力场相关参数均会参与到导航解算过程中。除此之外，导航参量往往需要在各种坐标系中进行表示，因此导航解算过程涉及多种坐标系以及不同坐标系之间的转换。同时，对于惯性导航系统来说，陀螺仪与加速度计是其核心元器件，因此有必要了解常用惯性器件的分类与特点，并在此基础上掌握惯性导航系统的基本构成。

2.1 地球形状与重力场特征

大多数运载体，如舰船、车辆以及飞机等都是在地球表面附近应用惯性导航技术进行导航定位，也就是说，这些运载体的导航定位是相对于地球的。因此，有必要了解与运载体导航定位存在密切关系的某些地球特性，如地球的形状、地球的自转运动以及地球重力场等。

2.1.1 地球的形状

人类所居住的地球表面有山脉、河流、陆地以及海洋，地球上的最高山峰——珠穆朗玛峰海拔达到八千米以上，人类已知最深处——马里亚纳海沟深达一万余米，所以，真实的地球形状是一个表面高低起伏、形状复杂的不规则物理实体。

在惯性导航定位过程中，如果将地球按照真实形状进行处理将很难进行量化描述。针对导航定位需求，实际应用中希望利用比较简单的数学方程近似拟合地球的几何形状，即把地球近似为一个能用简单数学公式描述的几何球体。

对于精度要求不高的一般工程问题，可以利用圆球体近似描述地球形状，这种地球圆球模型统称为地球形状的第一近似，可以表示为

$$x^2 + y^2 + z^2 = R_e^2 \tag{2-1}$$

式中，$R_e = (6371.02 \pm 0.05)\text{km}$ 为地球平均半径，该数据由 1954 年国际天文学联合会通过。

第一近似虽然简单，但是与地球的真实形状存在较大差异。实际上，地球形状整体上来看更接近一个对称于自转轴的扁平旋转椭球体，这个旋转椭球体的自转轴就是地球的极轴。这种形状的形成与地球的自转有着密切的关系。地球上的每一个质点，一方面受到地心引

力的作用，另一方面又受到地球自转所造成的离心力作用。越靠近赤道，离心力作用越强，正是此离心力的作用导致地球靠近赤道的部分向外膨胀，所以地球最终就形成了扁平形状。

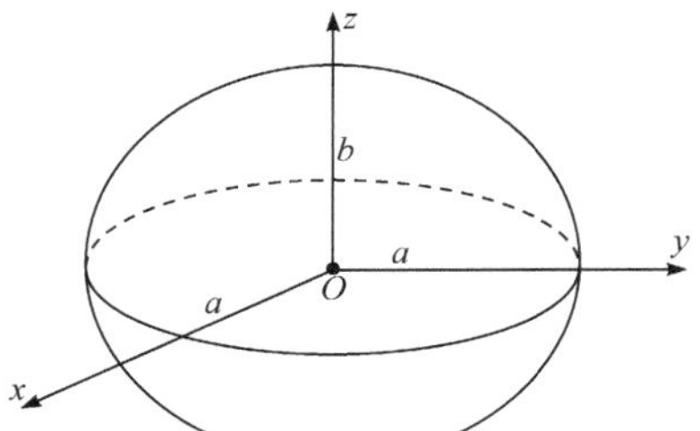

图 2-1　旋转椭球体

如图 2-1 所示，旋转椭球体的纵向截面轮廓近似为一个扁平椭圆形，横向截面轮廓为圆形。沿赤道方向为长轴，用 a 表示；沿极轴方向为短轴，用 b 表示。

这种旋转椭球体通常称为地球参考椭球体，并将这种利用旋转椭球体近似描述地球形状的模型统称为地球形状的第二近似。旋转椭球体可以表示为

$$\frac{x^2}{a^2}+\frac{y^2}{a^2}+\frac{z^2}{b^2}=1 \tag{2-2}$$

式中，a 为长轴半径，在赤道平面内；b 为短轴半径，与地球自转轴重合。

除利用长轴半径 a 与短轴半径 b 描述旋转椭球体以外，还可以利用椭球扁率对其进行描述。椭球扁率也称为椭球度，定义为

$$e=\frac{a-b}{a} \tag{2-3}$$

由于所在地区不同，各国所选用的参考椭球体也大都不相同，选取标准是使当地大地水准面与参考椭球体表面之间的差异尽量小。大地水准面指假设地球表面全部被海水包围，则在风平浪静、没有潮汐的情况下由海水面所组成的曲面。大地水准面不像真正的地表那样有明显起伏，虽然也不规则，但光滑。需要注意的是，地球真实表面、参考椭球体表面以及大地水准面三者之间存在一定差异性。表 2-1 给出目前世界上常用的几种地球参考椭球体参数。

表 2-1　常用地球参考椭球体参数

名称(年份)	长轴半轴 a/m	扁率 $e=(a-b)/a$	使用国家或地区
克拉索夫斯基(1940)	6378245	1/298.3	俄罗斯
克拉克(1866)	6378096	1/294.98	北美
海福特(1909)	6378388	1/297.00	欧洲及近中东
1975 年国际会议推荐的参考椭球	6378140	1/298.257	中国
WGS-84(1984)	6378137	1/298.257	全球

除长轴半径 a、短轴半径 b 以及扁率 e 以外，第一偏心率 e_1 与第二偏心率 e_2 也常用来描述旋转椭球体，具体定义如下。

$$\text{第一偏心率}\qquad e_1=\frac{\sqrt{a^2-b^2}}{a} \tag{2-4}$$

$$\text{第二偏心率}\qquad e_2=\frac{\sqrt{a^2-b^2}}{b} \tag{2-5}$$

第一偏心率与第二偏心率之间具有如下转换关系：

$$e_2^2 = \frac{e_1^2}{1 - e_1^2} \tag{2-6}$$

除地球形状的第一近似与第二近似以外，实际工程应用中还有精度更高的第三近似，即将地球形状近似为三轴椭球体。与第二近似不同，三轴椭球体的横向截面轮廓不再是圆形，而是一个椭圆。一般来说，这个横向截面所形成的椭圆扁率约为 1/100000，长短轴半径相差约为 60m，所以与第二近似相差不大。需要注意的是，目前在导航定位计算中通常采用第二近似即可满足精度需求。

2.1.2　地球参考椭球的曲率半径

在惯性导航解算过程中，经常需要根据运载体相对地球的位移或速度求解经纬度的变化率，因此当把地球近似为参考椭球体时必须研究参考椭球表面各点的曲率半径。显而易见，椭球体表面上不同点处的曲率半径不同，同一点处沿不同方向的曲率半径也不同。

如图 2-2 所示，子午圈指的是过地球极轴与地球表面一点 P 的平面与椭球体表面的交线。可以发现，子午圈即为经线圈。卯酉圈指的是过 P 点和子午面垂直的法线平面与椭球体表面的交线。

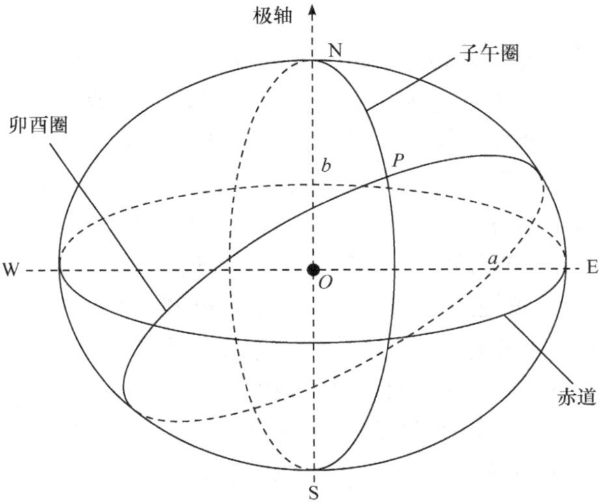

图 2-2　子午圈与卯酉圈

地球表面一点 P 处子午圈曲率半径计算公式为

$$R_M = \frac{a\left(1 - e_1^2\right)}{\left(1 - e_1^2 \sin^2 L\right)^{3/2}} \tag{2-7}$$

式中，L 为地理纬度。

一般将子午圈曲率半径称为主曲率半径。可以看出，子午圈曲率半径与地理纬度有直接关系。在赤道上 $L = 0°$ ，子午圈曲率半径为

$$R_M = a\left(1 - e_1^2\right) \tag{2-8}$$

在地球南北两极 $L = \pm 90°$ ，子午圈曲率半径为

$$R_M = \frac{a}{\sqrt{1-e_1^2}} \tag{2-9}$$

很显然，在两极处子午圈曲率半径最大，在赤道附近子午圈曲率半径最小。

地球表面一点 P 处卯酉圈曲率半径计算公式为

$$R_N = \frac{a}{\sqrt{1-e_1^2 \sin^2 L}} \tag{2-10}$$

需要注意的是，在地球赤道上，卯酉圈就是赤道圆，此时卯酉圈曲率半径最小。在南北两极卯酉圈就是子午圈，此时卯酉圈曲率半径最大，且满足：

$$R_M = R_N \tag{2-11}$$

在其他纬度处，总有

$$R_M < R_N \tag{2-12}$$

实际上，在椭球表面上 R_M 对应的是曲率半径最短(曲率最大)的方向，而 R_N 对应的是曲率半径最长(曲率最小)的方向。

2.1.3　地球自转角速度

由于地球绕其自转轴发生自转，所以对于近地航行的运载体来说也需要考虑地球自转对其导航定位的影响。人类生活在地球上而无法直接观察到地球自转，所以想要观察地球自转就需要跳出地球，以地外星体为参考系，通常可以选择太阳或系外恒星为参考系。

当以系外恒星作为参考系观察地球自转时，地球自转一周所需要的时间称为一个恒星日。若将恒星日 24 等分，则每过 1 个恒星时，地球自转 15°，即地球自转角速度为 15°/恒星时。当以太阳作为参考系观察地球自转时，地球自转一周所需要的时间称为一个真太阳日。由于地球既有自转又有相对太阳的公转，且其公转轨道为椭圆，所以真太阳日是一个变化的值。真太阳日的最大值与最小值之差在 50s 左右。为了简化问题分析，天文学家提出平太阳的概念，即假设地球绕平太阳自转一周的时间是均匀的，将该时间称为一个平太阳日，一个平太阳日也可以 24 等分，但每过一个平太阳时，由于地球绕着平太阳公转，地球的自转角度并不是 15°，所以以平太阳为参考系观察到的地球自转周期并不是真正的地球自转周期。

综上所述，真正的地球自转周期是从系外恒星观察到的，15°/恒星时才是地球实际上的自转角速度。但由于人类生活在地球上，习惯以太阳为参考，所以在日常生活中通常采用平太阳时为计时单位。平太阳日与恒星日的关系如图 2-3 所示。

经测算，地球公转一周需要 365.2422 个平太阳日，等价于 366.2422 个恒星日。可以看出，一个恒星日比一个平太阳日短。这是因为地球在自转的同时还在绕着太阳公转。如图 2-3 所示，当地球在公转轨道的 A 点时，地球上 M 点正对着恒星。当第二天地球到达 B 点时，地球刚好自转一周。由于系外恒星可视为无穷远，所以地球上 M 点仍然正对着恒星。由于地球在绕着太阳公转，第二天地球从 A 点公转到 B 点，地球上 M 点正对着太阳，同时又正对着某恒星。在此过程中地球少转了一个角度才正对着太阳，而它所少转的角度就是地球由 A 点公转到 B 点时的角度。因此，一个平太阳日会比一个恒星日长，经测算为 3min56s，也可以看出，一个平太阳日中地球转动的角度大于 360°，所以一个恒星日等于 23h56min4s 平太

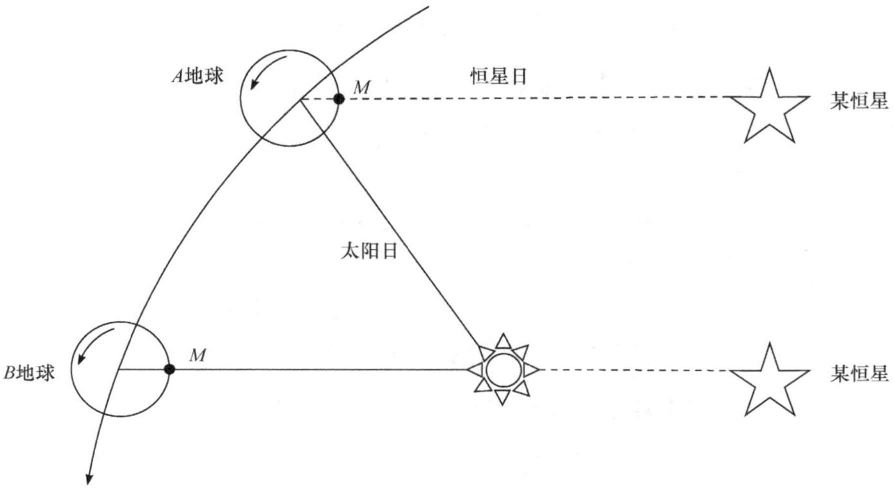

图 2-3　恒星日短于平太阳日

阳时。根据上述理论，可以推导出地球自转角速度为

$$\begin{aligned}\omega_{ie} &= 15° / \text{恒星时} = 360° / 23\text{h}56\text{min}4\text{s平太阳时} \\ &= 15.0410694° / \text{平太阳时} = 7.2921158 \times 10^{-5}\,\text{rad/s}\end{aligned} \tag{2-13}$$

需要注意的是，地球自转角速度是相对惯性空间的自转角速度，即绝对运动角速度。

2.1.4　地球重力场特征

在大地水准体的描述中，水准体表面是地球实际重力场的一个等位面，每一点的重力方向均与该点所在等位面垂直。由于实际地球内部密度分布不均匀，并且表面凹凸不平，大地水准面不规则，因而实际水准面上重力的大小与方向也不规则。

由于地球有自转运动，地球表面的物体除受地心引力 $\boldsymbol{J}$ 作用以外，还受地球自转离心力 $\boldsymbol{F}$ 的作用，而重力 $\boldsymbol{G}$ 则是地心引力 $\boldsymbol{J}$ 与离心力 $\boldsymbol{F}$ 的合力，即

$$\boldsymbol{G} = m\boldsymbol{g} = \boldsymbol{J} + \boldsymbol{F} = m\boldsymbol{g}_m + \boldsymbol{F} \tag{2-14}$$

式中，m 为物体质量；$\boldsymbol{g}$ 为重力加速度；$\boldsymbol{g}_m$ 为引力加速度；离心力 $\boldsymbol{F} = -m\boldsymbol{\omega}_{ie} \times (\boldsymbol{\omega}_{ie} \times \boldsymbol{r})$，$\boldsymbol{r}$ 为地心到物体所在点的位置矢量。

根据式(2-14)可以进一步得到

$$\boldsymbol{g} = \boldsymbol{g}_m - \boldsymbol{\omega}_{ie} \times (\boldsymbol{\omega}_{ie} \times \boldsymbol{r}) \tag{2-15}$$

根据以上分析可知，重力加速度 $\boldsymbol{g}$ 的方向除在地球两极与赤道以外一般不指向地心。除此之外，考虑到离心力 $\boldsymbol{F}$ 随着纬度而变化，即越靠近赤道，离心力作用越强，因此离心加速度的大小也随着地理纬度的变化而变化。同时，引力随着与地心之间距离的增加而减小。综上所述，重力加速度 $\boldsymbol{g}$ 的大小应该是地理纬度 L 与高度 h 的函数。

按照克拉索夫斯基椭球，重力加速度大小的近似计算公式为

$$g = 978.049\left(1 + 0.0053029\sin^2 L - 0.0000059\sin^2 2L\right) \tag{2-16}$$

式中，978.049 的单位为 cm/s^2，为赤道上的重力加速度大小。

按照 WGS-84 全球大地坐标系，重力加速度大小的近似计算公式为

$$g = 978.032677\left(1 + 0.00193185\sin^2 L\right) \Big/ \left(1 - 0.0069438\sin^2 L\right)^{\frac{1}{2}} \tag{2-17}$$

为了便于计算，对应于国际椭球，巴罗氏通过复杂的推导，得出计算椭球上每一点重力加速度大小的国际公式为

$$g = 978.049\left(1 + 0.0052885\sin^2\varphi - 0.0000059\sin^2 2\varphi\right) - 0.0000003086h \tag{2-18}$$

式中，φ 为地心纬度；h 为运载体高度。

考虑到地心纬度与地理纬度相差较小，且对于舰船等运载体来说不考虑高度，所以在船海惯性导航领域，一般按照下式计算实时更新重力加速度大小：

$$g = 978.049\left(1 + 0.0052885\sin^2 L - 0.0000059\sin^2 2L\right) \tag{2-19}$$

需要注意的是，由于地球形状不规则、质量分布不均匀，基于地球参考椭球模型得到的正常重力加速度矢量 $\boldsymbol{g}$ 与当地实际重力加速度矢量 $\tilde{\boldsymbol{g}}$ 之间存在一定偏差，该偏差即为重力加速度扰动 $\delta\boldsymbol{g}$，包括垂线偏差与重力异常。正常重力加速度矢量 $\boldsymbol{g}$ 与当地实际重力加速度矢量 $\tilde{\boldsymbol{g}}$ 两者之间在数值上的差别称为重力异常，两者之间在方向上的不一致称为垂线偏差。

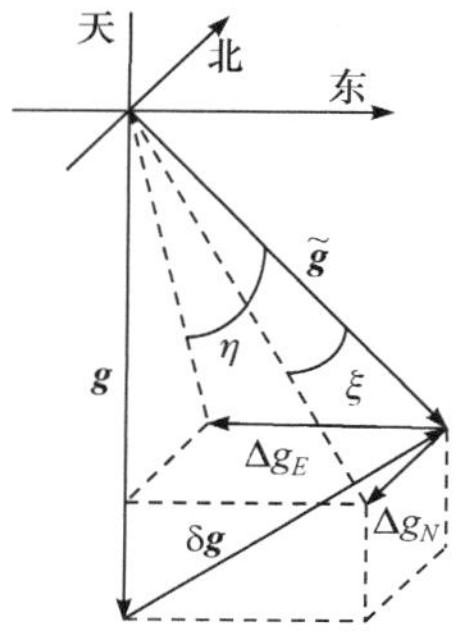

图 2-4　重力异常与垂线偏差

如图 2-4 所示，实际重力加速度、正常重力加速度以及重力加速度扰动三者之间的关系为

$$\tilde{\boldsymbol{g}} = \boldsymbol{g} + \delta\boldsymbol{g} \tag{2-20}$$

由于惯性导航系统中的加速度计不能区分重力加速度扰动与运载体加速度，重力加速度扰动给导航解算带来一定误差。通常情况下，惯性导航系统高度通道的解算可以通过外部信息辅助实现，因此重力加速度扰动对惯性导航系统的影响主要体现在水平分量上。

如图 2-4 所示，垂线偏差为大地水准面法线方向与参考椭球面法线方向之间的差异，可分为南北向偏差角 ξ 与东西向偏差角 η。重力异常可记为 Δg。在实际应用中，通常用重力异常代替重力扰动的天向分量，进而重力扰动在东-北-天(E-N-U)地理坐标系(记为 t)的投影可以表示为

$$\delta\boldsymbol{g}^t = \begin{bmatrix} \Delta g_E \\ \Delta g_N \\ \Delta g \end{bmatrix} = \begin{bmatrix} -g\tan\eta \\ -g\tan\xi \\ \tilde{g} - g \end{bmatrix} \tag{2-21}$$

由于垂线偏差角度较小，式(2-21)可近似表示为

$$\delta\boldsymbol{g}^t = \begin{bmatrix} \Delta g_E \\ \Delta g_N \\ \Delta g \end{bmatrix} = \begin{bmatrix} -g\eta \\ -g\xi \\ \tilde{g} - g \end{bmatrix} \tag{2-22}$$

为了更细致地刻画实际地球的重力场，可以引入球谐函数与重力位等概念，这在高精度惯性导航系统的重力场建模与补偿中十分有用。目前，常用重力场球谐模型包括 EIGEN-6C4 重力场球谐模型与 EGM2008 重力场球谐模型。与 EGM2008 相比，EIGEN-6C4 重力场

球谐模型突出的改进是增加了重力和海洋环流实验任务数据，其精度较 EGM2008 有所提高，更适用于惯性导航系统重力扰动补偿。更为重要的是，EIGEN-6C4 重力场球谐模型的极区重力场数据比 EGM2008 更加准确。

2.1.5　经度与纬度的定义

经度与纬度是用来描述近地航行运载体位置信息的重要参数。经度 λ 定义为运载体所在子午面与本初子午面之间的夹角。如图 2-5 所示，与经度不同，在大地测量领域中存在多种纬度定义，包括：

(1) 地心纬度。地球表面任意一点与地心的连线称为地心垂线，而地心垂线与赤道平面之间的夹角即为地心纬度，一般用 φ 表示。

(2) 地理纬度(测地纬度)。地球表面任意一点的法线方向称为测地垂线，而测地垂线与赤道平面之间的夹角即为地理纬度，一般用 L 表示。

(3) 天文纬度。实际重力的方向称为重力垂线，一般也称为天文垂线，而重力垂线与赤道平面之间的夹角即为天文纬度，一般用 L_c 表示。

由于地球椭球体表面与大地水准面不完全相符，因此天文纬度与地理纬度不一致，但二者偏差较小，一般不超过30″，通常可以忽略，所以可以统称为地理纬度。在一般工程技术中应用地心纬度 φ 的概念，实际上是把地球视为圆球体。需要注意的是，在惯性导航解算过程中，通常在地球形状第二近似条件下利用地理纬度 L 描述运载体位置信息。这种情况下，地理纬度 L 与地心纬度 φ 两者之间存在一定差异。

为方便推导，绘制如图 2-6 所示的子午圈椭圆，该子午圈椭圆可以表示为

$$\frac{x^2}{a^2}+\frac{z^2}{b^2}=1 \tag{2-23}$$

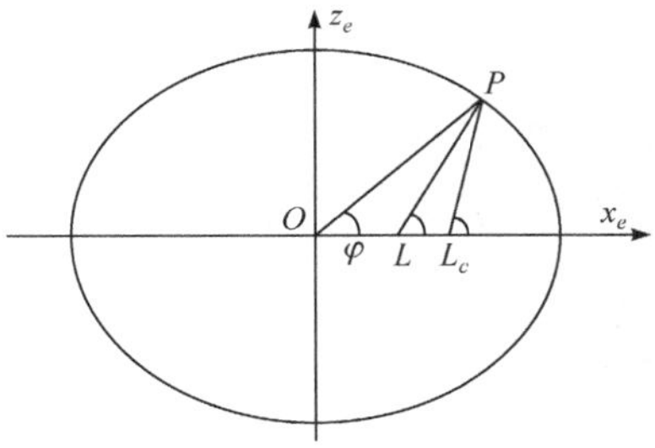

图 2-5　纬度的定义

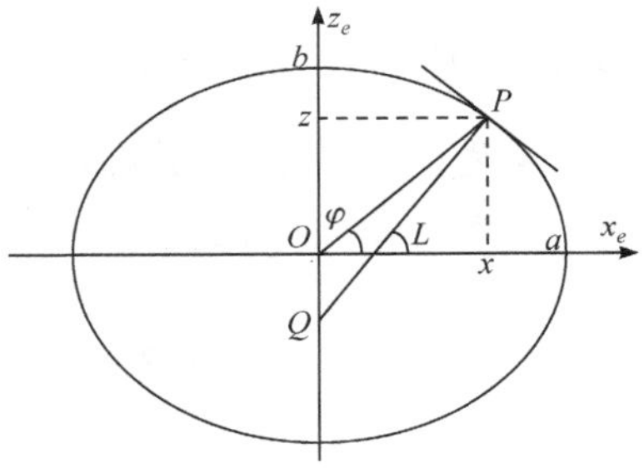

图 2-6　子午圈椭圆

对式(2-23)两边同时关于 x 求导，得到

$$\frac{2x}{a^2}+\frac{2z\,\mathrm{d}z/\mathrm{d}x}{b^2}=0 \tag{2-24}$$

将第一偏心率定义式(2-4)代入式(2-24)，可以将其进一步表示为

$$\frac{2x}{a^2}+\frac{2z\,\mathrm{d}z/\mathrm{d}x}{a^2\left(1-e_1^2\right)}=0 \tag{2-25}$$

对式(2-25)进一步整理，可以得到

$$\frac{\mathrm{d}z}{\mathrm{d}x}=-\left(1-e_1^2\right)\frac{x}{z} \tag{2-26}$$

考虑到

$$\frac{\mathrm{d}z}{\mathrm{d}x}\tan L=-1 \tag{2-27}$$

将式(2-26)代入式(2-27)，可以进一步整理得到

$$z=x\left(1-e_1^2\right)\tan L \tag{2-28}$$

同时，考虑到

$$\tan\varphi=\frac{z}{x} \tag{2-29}$$

将式(2-29)代入式(2-28)，可以得到

$$\tan\varphi=\left(1-e_1^2\right)\tan L \tag{2-30}$$

记地理纬度与地心纬度偏差为

$$\Delta L=L-\varphi \tag{2-31}$$

进一步，可以得到

$$\tan\Delta L=\tan\left(L-\varphi\right)=\frac{\tan L-\tan\varphi}{1+\tan L\tan\varphi}=\frac{e_1^2\sin 2L}{2\left(1-e_1^2\sin^2 L\right)} \tag{2-32}$$

将 ΔL 与 e_1 视为小量，则式(2-32)可以近似为

$$\Delta L\approx\frac{e_1^2}{2}\sin 2L \tag{2-33}$$

根据式(2-33)可以发现，不同地理纬度处地心纬度与地理纬度两者之间的差异也不同。

◆ **小实践：** 请尝试根据式(2-33)编程绘制地理纬度和地心纬度之间的差值与地理纬度之间的关系曲线，分析地理纬度与地心纬度之间的差值在哪处最大，哪处最小。

2.2　坐标系及其转换关系

运载体在三维空间中的运动包含六个自由度，即三维角运动与三维线运动。在地球表面附近，运载体的角运动描述一般是以当地水平面与真北向为参考基准，而线运动描述通常采用经度、纬度与高度表示。但是，惯性器件——陀螺仪与加速度计是根据牛顿力学定律设计的，陀螺仪测量的是相对惯性空间的角运动，加速度计测量的则是相对惯性空间的线运动。因此，在惯性导航解算过程中必然涉及不同坐标系之间的相互转换，如惯性坐标系(描述惯性空间的坐标系)与地理坐标系(描述地理东向、北向以及天向的坐标系)之间的相互转换。

2.2.1　常用坐标系定义

在进行惯性导航解算之前，必须引入并建立合适的坐标系，进一步依据这些坐标系对

惯性导航解算导航参量进行表达。通常将坐标系分为惯性坐标系与非惯性坐标系两大类。

1. 惯性坐标系

惯性坐标系是符合牛顿力学定律的坐标系，也就是说，它是绝对静止或匀速直线运动的坐标系。由于宇宙空间中的万物都处于运动之中，因此想找到绝对静止或匀速直线运动的惯性坐标系是不可能的，只能根据导航需求选取惯性坐标系，也就是只要坐标系原点与运载体之间的相对线运动、角运动远远小于惯性测量对参数要求的精确度。当研究近地航行运载体导航定位问题时，可以采用地心惯性坐标系——$Ox_iy_iz_i$，一般简记为 i 系。地心惯性坐标系的原点 O 选取在地球质心，z_i 轴沿地球极轴方向指向北极点，x_i、y_i 轴在地球赤道平面内，指向某个恒星，如图 2-7 所示。

除地心惯性坐标系以外，还有太阳中心惯性坐标系。与地心惯性坐标系不同的是，太阳中心惯性坐标系的原点选取在太阳质心，根据坐标轴的取向不同，太阳中心惯性坐标系又分为太阳中心赤道坐标系与太阳中心黄道坐标系。由于在地球表面附近进行惯性导航解算时常使用地心惯性坐标系，而非太阳中心惯性坐标系，所以本书后面章节提到的惯性坐标系一般指地心惯性坐标系。

关于惯性坐标系，具有如下特点：①现实中不存在绝对惯性坐标系；②地心惯性坐标系不参与地球的自转运动；③惯性坐标系是惯性器件的测量基准。

除地心惯性坐标系与太阳中心惯性坐标系以外，本章后续介绍的坐标系都属于非惯性坐标系。

2. 地球坐标系

地球坐标系一般表示为 $Ox_ey_ez_e$，简记为 e 系。如图 2-8 所示，地球坐标系原点选取在地球质心，z_e 轴沿地球极轴方向指向北极点，x_e、y_e 轴在赤道平面内，x_e 轴与本初子午面和赤道平面的交线重合，y_e 轴与 x_e、z_e 轴构成右手笛卡儿坐标系，或者说 y_e 轴指向东经 90°方向。

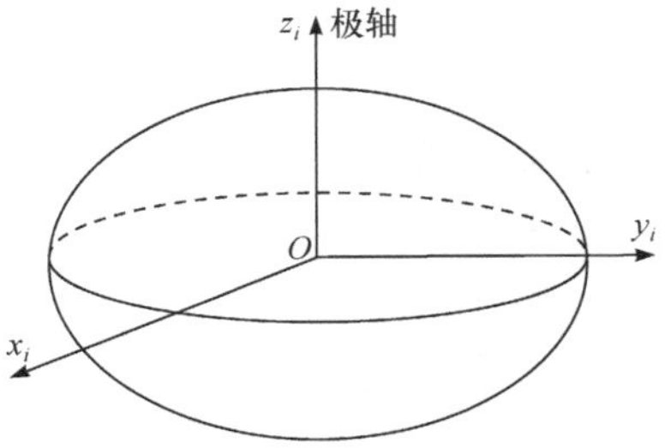

图 2-7　地心惯性坐标系

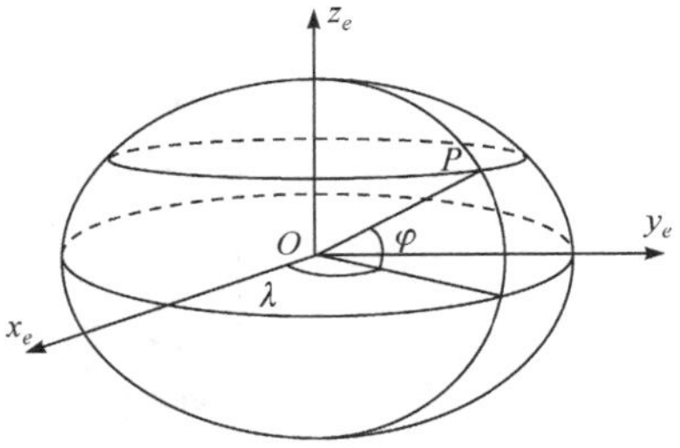

图 2-8　地球坐标系

与惯性坐标系不同，地球坐标系固联在地球上并随着地球自转而转动。因此，地球坐标系相对地心惯性坐标系的旋转角速率即为地球自转角速率。在一些教材与文献中，地球坐标系也称为地心地固(Earth Centered Earth Fixed，ECEF)坐标系。

对于运载体的位置信息，除可以利用经度与纬度进行描述以外，还可以利用运载体位置在地球坐标系中的三轴投影坐标表示。需要注意的是，无论是地球坐标系表示，还是经纬度表示，两者描述的都是同一个运载体的位置信息，所以两者存在相互转换关系。下面分别针对地球圆球模型与旋转椭球模型分析两者的转换关系。

对于地球圆球模型，取运载体所在经线和地球赤道面交点与地球质心连线为 x 轴，地

球坐标系 z_e 轴为 z 轴，构建 Oxz 平面直角坐标系，如图 2-9(a)所示。根据图 2-9(a)，运载体所在位置 P 点与地球质心 O 之间的连线在赤道平面的投影为 $R\cos\varphi$，在 $z(z_e)$轴的投影为 $R\sin\varphi$，则 P 点在地球坐标系中的三轴投影坐标可以表示为

$$\begin{cases} x_e = R\cos\varphi\cdot\cos\lambda \\ y_e = R\cos\varphi\cdot\sin\lambda \\ z_e = R\sin\varphi \end{cases} \tag{2-34}$$

式中，R 为地球半径；φ 为地心纬度(对于圆球模型，地理纬度与地心纬度一致)；λ 为经度。

当 x_e 与 y_e 不同时为 0 时，由式(2-34)前两式可直接求解得到经度 λ，即

$$\frac{y_e}{x_e} = \frac{R\cos\varphi\cdot\sin\lambda}{R\cos\varphi\cdot\cos\lambda} = \tan\lambda \tag{2-35}$$

根据式(2-35)可以得到

$$\lambda = \arctan\left(\frac{y_e}{x_e}\right) \tag{2-36}$$

由式(2-34)第 3 式可以得到

$$\varphi = \arcsin\frac{z_e}{R} \tag{2-37}$$

利用式(2-34)可以根据经纬度坐标计算地球坐标系坐标，也可以利用式(2-36)、式(2-37)并根据地球坐标系坐标计算经纬度坐标。

对于地球旋转椭球模型，同样可以构建 Oxz 平面直角坐标系，如图 2-9(b)所示。

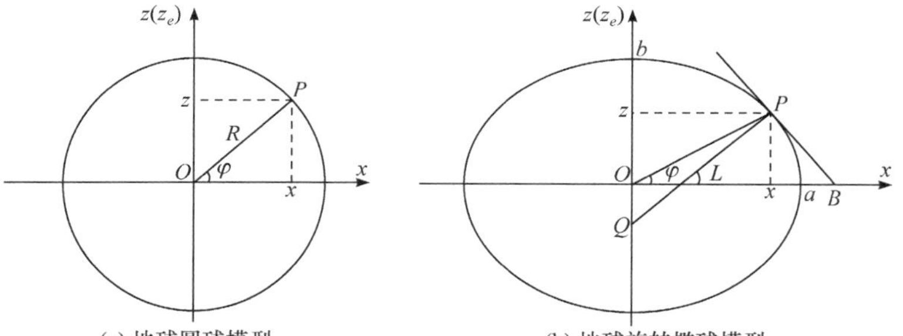

图 2-9　地球圆球模型与旋转椭球模型中的 Oxz 平面直角坐标系

在平面直角坐标系 Oxz 中，椭圆方程可以表示为

$$\frac{x^2}{a^2} + \frac{z^2}{b^2} = 1 \tag{2-38}$$

式中，a、b 分别为椭圆长轴半径与短轴半径。

对式(2-38)两边同时求导，可得

$$\frac{2x}{a^2} + \frac{2z}{b^2}\cdot\frac{\mathrm{d}z}{\mathrm{d}x} = 0 \tag{2-39}$$

从而可以得到

$$\frac{\mathrm{d}z}{\mathrm{d}x}=-\frac{b^2}{a^2}\cdot\frac{x}{z} \tag{2-40}$$

考虑到椭圆第一偏心率 e_1 的定义 $\left(e_1=\sqrt{a^2-b^2}/a\right)$，可以得到

$$\frac{\mathrm{d}z}{\mathrm{d}x}=-\left(1-e_1^2\right)\frac{x}{z} \tag{2-41}$$

式中，$\mathrm{d}z/\mathrm{d}x$ 表示椭圆在 P 点的切线 PB 的斜率。

考虑到切线 PB 与 P 点处法线 PQ 相互垂直，而法线 PQ 的斜率为 $\tan L$，同时考虑到相互垂直的两条直线斜率互为倒数，则有

$$\frac{\mathrm{d}z}{\mathrm{d}x}\tan L=-\left(1-e_1^2\right)\frac{x}{z}\cdot\tan L=-1 \tag{2-42}$$

根据式(2-42)可解得

$$z=x\left(1-e_1^2\right)\tan L \tag{2-43}$$

将式(2-43)代入椭圆方程(2-38)，可求得

$$\begin{cases} x=\dfrac{a}{\sqrt{1-e_1^2\sin^2 L}}\cos L \\ z=\dfrac{a\left(1-e_1^2\right)}{\sqrt{1-e_1^2\sin^2 L}}\sin L \end{cases} \tag{2-44}$$

考虑到 P 点处卯酉圈曲率半径为

$$R_N=\frac{a}{\sqrt{1-e_1^2\sin^2 L}} \tag{2-45}$$

将式(2-45)代入式(2-44)，得到

$$\begin{cases} x=R_N\cos L \\ z=R_N\left(1-e_1^2\right)\sin L \end{cases} \tag{2-46}$$

进一步，经过推导以后可以得到

$$\begin{cases} x_e=x\cos\lambda=R_N\cos L\cos\lambda \\ y_e=x\sin\lambda=R_N\cos L\sin\lambda \\ z_e=z=R_N\left(1-e_1^2\right)\sin L \end{cases} \tag{2-47}$$

利用式(2-47)可以根据经纬度坐标计算地球坐标系坐标。同理，利用式(2-47)前两式可以由地球坐标系坐标计算经度，即

$$\frac{y_e}{x_e}=\frac{\sin\lambda}{\cos\lambda}=\tan\lambda \tag{2-48}$$

考虑到纬度不能求其显式表达式(因为 R_N 也是纬度的函数)，所以通常采用迭代算法进行求解。

◆ **小实践：** 关于如何在地球旋转椭球模型上由地球坐标系坐标推导得到经纬度坐标，可以参考相关文献(Wu et al., 2003)，根据文献可以尝试自己推导并编程复现文中的算法。

3. 地理坐标系

地理坐标系一般表示为 $ox_ty_tz_t$，简记为 t 系。地理坐标系是在运载体上表示运载体所在位置的东向、北向和垂线方向的坐标系。如图 2-10 所示，地理坐标系原点 o 选取在运载体质心处，x_t 轴指向东向(即当地纬线切线方向)，y_t 轴指向北向(即当地经线切线方向)，z_t 轴沿垂线方向指向天，即东-北-天(E-N-U)地理坐标系。

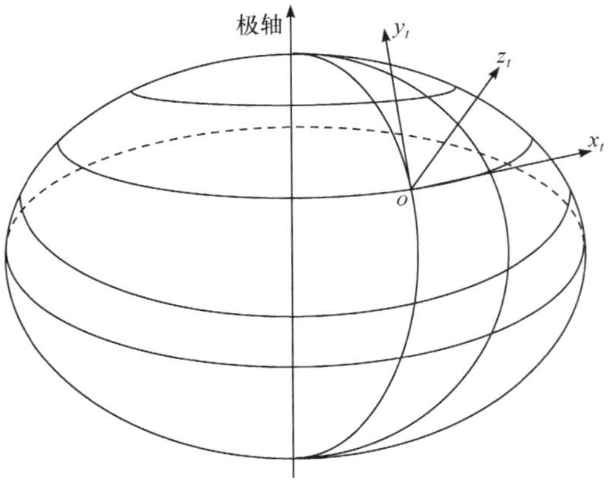

图 2-10　地理坐标系

当运载体在地球上航行时，运载体相对于地球的位置不断发生变化，而地球上不同地点的地理坐标系相对地球坐标系的角位置不相同。也就是说，运载体相对地球的运动将引起地理坐标系相对地球坐标系转动。这时，地理坐标系相对惯性坐标系的转动角速度应包括两部分：一部分是地理坐标系相对地球坐标系的旋转角速度，另一部分是地球坐标系相对惯性坐标系的旋转角速度。

需要注意的是，地理坐标系在不同文献中有不同的取法，不同之处主要在于坐标轴正向的指向不同，如北-东-地地理坐标系，但是，坐标轴指向不同仅使向量在坐标系中取投影分量时的正负号有所不同，并不影响导航基本原理的阐述以及导航参数计算结果的正确性。

4. 载体坐标系

载体坐标系一般表示为 $ox_by_bz_b$，简记为 b 系。载体坐标系固联于运载体，并且随着运载体的运动而运动。如图 2-11 所示，以舰船为例，载体坐标系原点位于船体质心处，z_b 轴垂直于舰船甲板平面向上，x_b 轴指向舰船右舷，y_b 轴沿舰船纵轴指向船首，并与 x_b、z_b 轴构成右手笛卡儿坐标系。

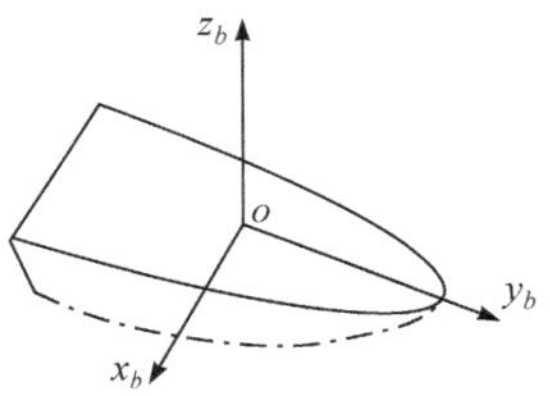

图 2-11　载体坐标系

与地理坐标系一样，载体坐标系定义也不唯一。除上述右-前-上载体坐标系以外，还有前-右-下载体坐标系。

在惯性导航应用中，经常使用一组欧拉角描述运载体的空间指向。欧拉角主要用来描述两个直角坐标系之间的相互转换关系。在船用惯性导航系统中，用载体坐标系与地理坐标系之间的夹角描述舰船的空间指向，而描述载体坐标系与地理坐标系转换关系的这组欧拉角通常也称为姿态角。如图 2-12 所示，姿态角包括航向角(或方位角，yaw /heading)、俯仰角(或纵摇角，pitch)和横滚角(或横摇角，roll)，各角参数的详细定义如下。

(1) 航向角 ψ 为运载体纵轴 oy_b 在当地水平面上的投影线与当地地理北向 oy_t 之间的夹角，常取北偏东为正，即若从空中俯视运载体，地理北向顺时针旋转至纵轴水平投影线的角度，角度范围为 0°～360°或[0,2π)。

(2) 俯仰角 θ 为运载体纵轴 oy_b 与当地水平面之间的夹角，当运载体抬头时角度定义为正，角度范围为$-90°\sim90°$或$[-\pi/2,\pi/2]$。

(3) 横滚角 γ 为运载体纵轴 oz_b 与 $y_b oz_t$ 平面之间的夹角，当运载体向右倾斜时角度定义为正，角度范围为$-180°\sim180°$或$(-\pi,\pi]$。

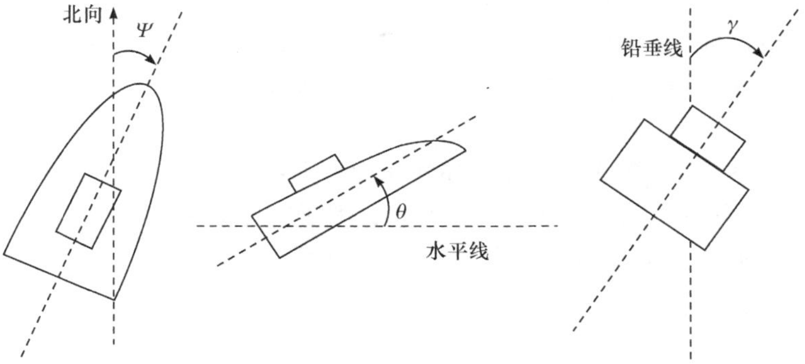

姿态角示意

图 2-12　姿态角示意图

5. 导航坐标系

导航坐标系一般表示为 $ox_n y_n z_n$，简记为 n 系。导航坐标系是惯性导航系统在导航解算过程中选取的基准坐标系。注意，导航坐标系并不属于一种新定义的坐标系。对于捷联式惯性导航系统，选取某个坐标系作为导航坐标系就是指所有导航参数都要在这个坐标系上进行投影与求解；对于平台式惯性导航系统，选取某个坐标系作为导航坐标系就是指实体物理稳定平台要实时跟踪这个坐标系。

(1) 当选取地理坐标系作为导航坐标系时，这种惯性导航系统机械编排称为指北方位惯性导航系统，是最常见的一种惯性机械编排。

(2) 当选取的导航坐标系 z_n 轴与 z_t 轴重合，而 x_n 轴与 x_t 轴或 y_n 轴与 y_t 轴之间相差一个自由方位角，也就是导航坐标系相对惯性空间绕 $z_n(z_t)$轴不转动，即导航坐标系 y_n 轴不再指北，而是稳定在惯性空间时，这种惯性导航系统机械编排称为自由方位惯性导航系统，多用于极区惯性导航。

(3) 与自由方位惯性导航系统类似，当选取的导航坐标系 z_n 轴与 z_t 轴重合，而 x_n 轴与 x_t 轴或 y_n 轴与 y_t 轴之间相差一个游动方位角，也就是导航坐标系相对地球绕 $z_n(z_t)$轴不转动，即导航坐标系 y_n 轴既不指北，也不稳定在惯性空间时，这种惯性导航系统机械编排称为游动方位惯性导航系统，也常用于极区惯性导航。

对于平台式惯性导航系统来说，无论是自由方位惯性导航机械编排，还是游动方位惯性导航机械编排，y_n 轴不再指北，极区地理北向快速变化导致的方位轴陀螺仪施矩问题将得以缓解，所以可以部分解决指北方位惯性导航系统在高纬度地区遇到的问题。

(4) 当选取惯性坐标系作为导航坐标系时，这种惯性导航系统机械编排称为空间稳定型惯性导航系统，也称为空间解析式惯性导航系统，多用于陀螺仪不易控制的情况，如静电陀螺仪惯性导航系统。

6. 平台坐标系

对于平台式惯性导航系统与捷联式惯性导航系统，平台坐标系的定义有所不同，但都

可以表示为 $ox_py_pz_p$，简记为 p 系。

(1) 对于捷联式惯性导航系统，平台坐标系是惯性导航系统导航解算时复现导航坐标系过程中所获得的坐标系。理想情况下，即惯性导航系统不存在误差时，平台坐标系与导航坐标系完全重合。实际情况下，由于器件误差与初始误差等原因，平台坐标系与导航坐标系之间不可能完全重合，两者之间存在的误差角称为平台失准角。

(2) 对于平台式惯性导航系统，加速度计安装在与运载体姿态运动相隔离的实体物理稳定平台上，而实体物理稳定平台 3 根轴的指向可以用平台坐标系描述。

7. 横(逆)坐标系统

在横(逆)坐标系统中，横地球坐标系和横地理坐标系的定义与常规坐标系中的地球坐标系及地理坐标系都有所不同。如图 2-13 所示，横地球坐标系 $Ox_{\bar{e}}y_{\bar{e}}z_{\bar{e}}$ 是将原地球坐标系 $Ox_ey_ez_e$ 经过两次旋转以后得到的，所以，横地球坐标系的 $x_{\bar{e}}$ 轴与原 z_e 轴重合，$y_{\bar{e}}$ 轴与原 x_e 轴重合，$z_{\bar{e}}$ 轴与原 y_e 轴重合。

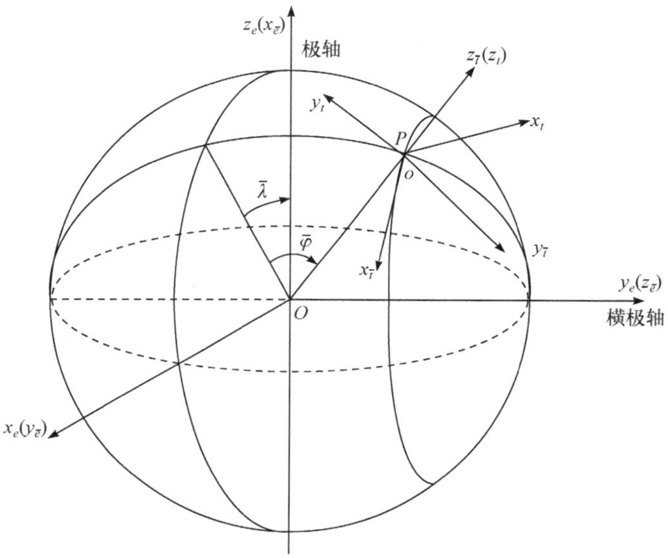

图 2-13　横坐标系统

随着横地球坐标系的建立，地球极轴也由 Oz_e 轴变为 $Oz_{\bar{e}}$ 轴，新极轴 $Oz_{\bar{e}}$ 的指向即为横北向。随着横北向的定义，横地理坐标系 $ox_{\bar{t}}y_{\bar{t}}z_{\bar{t}}$ 的定义也较常规东-北-天地理坐标系 $ox_ty_tz_t$ 的定义发生变化。横地理坐标系 $ox_{\bar{t}}y_{\bar{t}}z_{\bar{t}}$ 的原点 o 在运载体质心处，$ox_{\bar{t}}$ 、$oy_{\bar{t}}$ 、$oz_{\bar{t}}$ 轴的指向如下。

(1) $oz_{\bar{t}}$ 轴：沿垂线方向指向天(用符号 $\bar{U}$ 表示)。

(2) $oy_{\bar{t}}$ 轴：指向横北向(用符号 $\bar{N}$ 表示)。

(3) $ox_{\bar{t}}$ 轴：与 $oz_{\bar{t}}$ 轴、$oy_{\bar{t}}$ 轴构成右手笛卡儿坐标系(用符号 $\bar{E}$ 表示)。

在横坐标系统中，$Ox_{\bar{e}}z_{\bar{e}}$ 平面为横本初子午面，$Ox_{\bar{e}}y_{\bar{e}}$ 平面为横赤道面。通过这样的定义方式，横坐标系统中的横极轴将设在原赤道平面内，而新得到的横赤道平面则通过地球的南北极点。当运载体进入极区后，相当于在横坐标系统中的赤道附近工作，所以避免了常规坐标系统在极区使用时遇到的问题。

在横坐标系统中，运载体位置 P 利用横经度 $\bar{\lambda}$ 与横纬度 $\bar{\varphi}$ 描述，它们的定义如下。

(1) 横经度 $\bar{\lambda}$ ：横本初子午面与通过 P 点的横子午面之间的夹角；

(2) 横纬度 $\bar{\varphi}$ ：OP 连线与横赤道平面的夹角。

需要注意的是，为简化分析，本书在介绍包括横(逆)坐标系统以及基于横(逆)坐标系统的惯性导航机械编排(第 9 章)时均认为地球形状为圆球体模型，所以横纬度 $\bar{\varphi}$ 指横地理纬度，等于横地心纬度。

8. 惯性测量单元坐标系

惯性测量单元(Inertial Measurement Unit，IMU)坐标系一般表示为 $ox_sy_sz_s$，简记为 s 系。惯性测量单元坐标系又可以称为 IMU 坐标系。IMU 坐标系的原点位于惯性测量单元的质心，初始时刻 ox_s 轴与载体坐标系中 ox_b 方向的陀螺仪敏感轴及加速度计敏感轴平行，oy_s 轴与载体坐标系中 oy_b 方向的陀螺仪敏感轴及加速度计敏感轴平行。oz_s 轴与 ox_sy_s 平面垂直，方向向上构成右手笛卡儿坐标系。

2.2.2　坐标系间的相互关系及坐标变换

在前面建立各种坐标系时，已经看到各种坐标系之间并不是互相孤立毫无联系的。在惯性导航系统分析中，就是要研究各种坐标系之间的关系。

1. 方向余弦矩阵的定义与性质

如图 2-14 所示，设有一个三维直角坐标系 $OX_1Y_1Z_1$，其 3 个轴上的单位矢量分别为 $\boldsymbol{i}_1$、$\boldsymbol{j}_1$、$\boldsymbol{k}_1$。任一矢量 $\boldsymbol{R}$ 均可以用它在 3 个轴向上的分量来表示，即

$$\boldsymbol{R} = R_{x1}\boldsymbol{i}_1 + R_{y1}\boldsymbol{j}_1 + R_{z1}\boldsymbol{k}_1 \tag{2-49}$$

式中，R_{x1}、R_{y1}、R_{z1} 为矢量 $\boldsymbol{R}$ 在坐标系 $OX_1Y_1Z_1$ 三个坐标轴上的投影，可以表示为

$$R_{x1} = \boldsymbol{R}\cos\theta_{x1}^R,\ R_{y1} = \boldsymbol{R}\cos\theta_{y1}^R,\ R_{z1} = \boldsymbol{R}\cos\theta_{z1}^R \tag{2-50}$$

式中，θ_{x1}^R、θ_{y1}^R、θ_{z1}^R 分别为矢量 $\boldsymbol{R}$ 与坐标系 $OX_1Y_1Z_1$ 的 OX_1 轴、OY_1 轴、OZ_1 轴的夹角；$\cos\theta_{x1}^R$、$\cos\theta_{y1}^R$、$\cos\theta_{z1}^R$ 称为矢量 $\boldsymbol{R}$ 在坐标系 $OX_1Y_1Z_1$ 中的方向余弦。

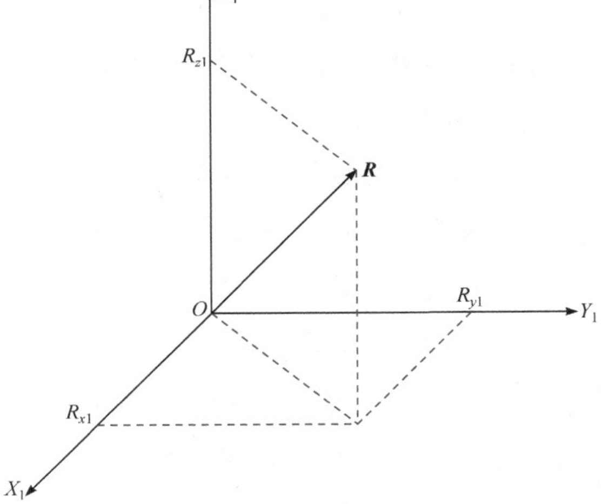

图 2-14　矢量在三维直角坐标系中的表示

考虑到矢量 $\boldsymbol{R}$ 的模与其分量 R_{x1}、R_{y1}、R_{z1} 存在如下关系：

$$\boldsymbol{R}^2 = R_{x1}^2 + R_{y1}^2 + R_{z1}^2 \tag{2-51}$$

将式(2-50)代入式(2-51)，得到

$$\cos^2\theta_{x1}^R + \cos^2\theta_{y1}^R + \cos^2\theta_{z1}^R = 1 \tag{2-52}$$

上式说明 3 个方向余弦中只含有两个独立量。

假设另有一个与坐标系 $OX_1Y_1Z_1$ 共原点的三维直角坐标系 $OX_2Y_2Z_2$，其三轴单位矢量分别记为 $\boldsymbol{i}_2$、$\boldsymbol{j}_2$、$\boldsymbol{k}_2$，则矢量 $\boldsymbol{R}$ 同样可以用它在 OX_2 轴、OY_2 轴、OZ_2 轴上的分量来表示，即

$$\boldsymbol{R} = R_{x2}\boldsymbol{i}_2 + R_{y2}\boldsymbol{j}_2 + R_{z2}\boldsymbol{k}_2 \tag{2-53}$$

显然，矢量 $\boldsymbol{R}$ 在 $OX_1Y_1Z_1$ 与 $OX_2Y_2Z_2$ 中的两组坐标 $\left(R_{x1}, R_{y1}, R_{z1}\right)$ 与 $\left(R_{x2}, R_{y2}, R_{z2}\right)$ 存在内在关系，而这种关系应该由两个坐标系之间的角位置关系确定。

如果把 OX_2 轴看作空间中的一个矢量，并设其对坐标系 $OX_1Y_1Z_1$ 中的 OX_1 轴、OY_1 轴、OZ_1 轴的 3 个方向余弦分别为 $\cos\theta_{x1}^{x2}$、$\cos\theta_{y1}^{x2}$、$\cos\theta_{z1}^{x2}$；同理，OY_2 轴对坐标系 $OX_1Y_1Z_1$ 中的 OX_1 轴、OY_1 轴、OZ_1 轴的 3 个方向余弦分别为 $\cos\theta_{x1}^{y2}$、$\cos\theta_{y1}^{y2}$、$\cos\theta_{z1}^{y2}$，OZ_2 轴对坐标系 $OX_1Y_1Z_1$ 中的 OX_1 轴、OY_1 轴、OZ_1 轴的 3 个方向余弦分别为 $\cos\theta_{x1}^{z2}$、$\cos\theta_{y1}^{z2}$、$\cos\theta_{z1}^{z2}$，那么可以利用坐标系 $OX_1Y_1Z_1$ 中 3 个轴向上的单位矢量 $\boldsymbol{i}_1$、$\boldsymbol{j}_1$、$\boldsymbol{k}_1$ 与相应方向余弦表示坐标系 $OX_2Y_2Z_2$ 中的三轴单位矢量，即

$$\begin{cases} \boldsymbol{i}_2 = \boldsymbol{i}_1\cos\theta_{x1}^{x2} + \boldsymbol{j}_1\cos\theta_{y1}^{x2} + \boldsymbol{k}_1\cos\theta_{z1}^{x2} \\ \boldsymbol{j}_2 = \boldsymbol{i}_1\cos\theta_{x1}^{y2} + \boldsymbol{j}_1\cos\theta_{y1}^{y2} + \boldsymbol{k}_1\cos\theta_{z1}^{y2} \\ \boldsymbol{k}_2 = \boldsymbol{i}_1\cos\theta_{x1}^{z2} + \boldsymbol{j}_1\cos\theta_{y1}^{z2} + \boldsymbol{k}_1\cos\theta_{z1}^{z2} \end{cases} \tag{2-54}$$

根据式(2-54)可以同时得到

$$\begin{cases} \boldsymbol{i}_1 = \boldsymbol{i}_2\cos\theta_{x1}^{x2} + \boldsymbol{j}_2\cos\theta_{x1}^{y2} + \boldsymbol{k}_2\cos\theta_{x1}^{z2} \\ \boldsymbol{j}_1 = \boldsymbol{i}_2\cos\theta_{y1}^{x2} + \boldsymbol{j}_2\cos\theta_{y1}^{y2} + \boldsymbol{k}_2\cos\theta_{y1}^{z2} \\ \boldsymbol{k}_1 = \boldsymbol{i}_2\cos\theta_{z1}^{x2} + \boldsymbol{j}_2\cos\theta_{z1}^{y2} + \boldsymbol{k}_2\cos\theta_{z1}^{z2} \end{cases} \tag{2-55}$$

将式(2-54)、式(2-55)写成矩阵形式为

$$\begin{bmatrix} \boldsymbol{i}_2 \\ \boldsymbol{j}_2 \\ \boldsymbol{k}_2 \end{bmatrix} = \begin{bmatrix} \cos\theta_{x1}^{x2} & \cos\theta_{y1}^{x2} & \cos\theta_{z1}^{x2} \\ \cos\theta_{x1}^{y2} & \cos\theta_{y1}^{y2} & \cos\theta_{z1}^{y2} \\ \cos\theta_{x1}^{z2} & \cos\theta_{y1}^{z2} & \cos\theta_{z1}^{z2} \end{bmatrix} \begin{bmatrix} \boldsymbol{i}_1 \\ \boldsymbol{j}_1 \\ \boldsymbol{k}_1 \end{bmatrix} = \boldsymbol{C}_1^2 \begin{bmatrix} \boldsymbol{i}_1 \\ \boldsymbol{j}_1 \\ \boldsymbol{k}_1 \end{bmatrix} \tag{2-56}$$

$$\begin{bmatrix} \boldsymbol{i}_1 \\ \boldsymbol{j}_1 \\ \boldsymbol{k}_1 \end{bmatrix} = \begin{bmatrix} \cos\theta_{x1}^{x2} & \cos\theta_{x1}^{y2} & \cos\theta_{x1}^{z2} \\ \cos\theta_{y1}^{x2} & \cos\theta_{y1}^{y2} & \cos\theta_{y1}^{z2} \\ \cos\theta_{z1}^{x2} & \cos\theta_{z1}^{y2} & \cos\theta_{z1}^{z2} \end{bmatrix} \begin{bmatrix} \boldsymbol{i}_2 \\ \boldsymbol{j}_2 \\ \boldsymbol{k}_2 \end{bmatrix} = \boldsymbol{C}_2^1 \begin{bmatrix} \boldsymbol{i}_2 \\ \boldsymbol{j}_2 \\ \boldsymbol{k}_2 \end{bmatrix} \tag{2-57}$$

根据式(2-56)、式(2-57)可知 $\boldsymbol{C}_2^1 = \left[\boldsymbol{C}_1^2\right]^{\mathrm{T}}$，同时将式(2-57)代入式(2-49)，得到

$$\boldsymbol{R}=\begin{bmatrix}R_{x1} & R_{y1} & R_{z1}\end{bmatrix}\begin{bmatrix}\boldsymbol{i}_1\\ \boldsymbol{j}_1\\ \boldsymbol{k}_1\end{bmatrix}=\begin{bmatrix}R_{x1} & R_{y1} & R_{z1}\end{bmatrix}\boldsymbol{C}_2^1\begin{bmatrix}\boldsymbol{i}_2\\ \boldsymbol{j}_2\\ \boldsymbol{k}_2\end{bmatrix} \tag{2-58}$$

根据式(2-53)可知：

$$\boldsymbol{R}=\begin{bmatrix}R_{x2} & R_{y2} & R_{z2}\end{bmatrix}\begin{bmatrix}\boldsymbol{i}_2\\ \boldsymbol{j}_2\\ \boldsymbol{k}_2\end{bmatrix} \tag{2-59}$$

比较式(2-58)、式(2-59)，可得

$$\begin{bmatrix}R_{x1} & R_{y1} & R_{z1}\end{bmatrix}\boldsymbol{C}_2^1=\begin{bmatrix}R_{x2} & R_{y2} & R_{z2}\end{bmatrix} \tag{2-60}$$

对式(2-60)两边同时转置，考虑到 $\boldsymbol{C}_2^1=\left[\boldsymbol{C}_1^2\right]^{\mathrm{T}}$，可以得到

$$\begin{bmatrix}R_{x2}\\ R_{y2}\\ R_{z2}\end{bmatrix}=\left[\boldsymbol{C}_2^1\right]^{\mathrm{T}}\begin{bmatrix}R_{x1}\\ R_{y1}\\ R_{z1}\end{bmatrix}=\boldsymbol{C}_1^2\begin{bmatrix}R_{x1}\\ R_{y1}\\ R_{z1}\end{bmatrix} \tag{2-61}$$

将式(2-61)表示为矩阵形式为

$$\boldsymbol{R}_2=\boldsymbol{C}_1^2\boldsymbol{R}_1 \tag{2-62}$$

根据式(2-62)可知，矩阵 $\boldsymbol{C}_1^2$ 描述了同一矢量在两个不同坐标系投影分量之间的关系，矩阵中的 9 个元素均为两个坐标系坐标轴之间的方向余弦，它反映了两坐标系之间的角位置关系，故将其称为从坐标系 $OX_1Y_1Z_1$ 到坐标系 $OX_2Y_2Z_2$ 的方向余弦矩阵。

方向余弦矩阵具有以下性质。

1) 正交性

将式(2-56)代入式(2-53)，同样的推导过程可以得到

$$\boldsymbol{R}_1=\boldsymbol{C}_2^1\boldsymbol{R}_2 \tag{2-63}$$

将式(2-63)代入式(2-62)，得到

$$\boldsymbol{R}_2=\boldsymbol{C}_1^2\boldsymbol{R}_1=\boldsymbol{C}_1^2\boldsymbol{C}_2^1\boldsymbol{R}_2 \tag{2-64}$$

根据式(2-64)可知：

$$\boldsymbol{C}_1^2\boldsymbol{C}_2^1=\boldsymbol{I} \tag{2-65}$$

考虑到 $\boldsymbol{C}_2^1=\left[\boldsymbol{C}_1^2\right]^{\mathrm{T}}$，可得

$$\boldsymbol{C}_2^1=\left[\boldsymbol{C}_1^2\right]^{-1}=\left[\boldsymbol{C}_1^2\right]^{\mathrm{T}} \tag{2-66}$$

式(2-66)说明，方向余弦矩阵具有正交性。

2) 独立性

由于方向余弦矩阵任一行或任一列的 3 个元素均为两个坐标系中某一根坐标轴在另一个坐标系中的方向余弦，而这 3 个方向余弦中只含有两个独立量，即方向余弦矩阵的每一

行或每一列 3 个元素的平方和是 1，因此方向余弦矩阵中的 9 个元素有 6 个约束条件，也就是说，一个方向余弦矩阵中只有 3 个元素是独立的。这 3 个独立的元素其实就是可以用来描述两个直角坐标系之间相互转换关系的 3 个独立转角，这 3 个一组的角参数广义坐标最早由欧拉在 1776 年提出，也就是欧拉角。

3) 传递性(链式准则)

利用方向余弦矩阵，可以实现多个同原点坐标系之间的坐标变换。设有三维直角坐标系 $OX_3Y_3Z_3$，由坐标系 $OX_2Y_2Z_2$ 到坐标系 $OX_3Y_3Z_3$ 的方向余弦矩阵为 $\boldsymbol{C}_2^3$，矢量 $\boldsymbol{R}$ 在坐标系 $OX_3Y_3Z_3$ 中的坐标列矢量表示为 $\boldsymbol{R}_3$，即

$$\boldsymbol{R}_3=\boldsymbol{C}_2^3\boldsymbol{R}_2=\boldsymbol{C}_2^3\boldsymbol{C}_1^2\boldsymbol{R}_1 \tag{2-67}$$

令 $\boldsymbol{C}_1^3=\boldsymbol{C}_2^3\boldsymbol{C}_1^2$，则可以得到

$$\boldsymbol{R}_3=\boldsymbol{C}_1^3\boldsymbol{R}_1 \tag{2-68}$$

上式说明由坐标系 $OX_1Y_1Z_1$ 到 $OX_3Y_3Z_3$ 的方向余弦矩阵可以由坐标系 $OX_1Y_1Z_1$ 到坐标系 $OX_2Y_2Z_2$ 的方向余弦矩阵左乘坐标系 $OX_2Y_2Z_2$ 到 $OX_3Y_3Z_3$ 的方向余弦矩阵而得，以此类推，可以得到

$$\boldsymbol{C}_1^n=\boldsymbol{C}_{n-1}^n\cdots\boldsymbol{C}_2^3\boldsymbol{C}_1^2 \tag{2-69}$$

2. 根据欧拉角求取方向余弦矩阵

考虑到欧拉角可以用来描述两个直角坐标系之间的相互转换关系，而方向余弦矩阵也可以反映两个直角坐标系之间的角位置关系。因此，可以由欧拉角求取方向余弦矩阵。

下面通过对三轴直角坐标系 $ox_0y_0z_0$ 进行三次旋转得到同原点坐标系 $oxyz$ 为例，说明如何由欧拉角求取方向余弦矩阵。如图 2-15 所示，对于三轴直角坐标系 $ox_0y_0z_0$，第一次绕 ox_0 轴旋转 θ 角度，则旋转角速度 $\dot{\theta}$ 沿着 ox_0 轴，oy_0 轴与 oz_0 轴经过旋转以后变为 oy_1 轴与 oz_1 轴，即平面直角坐标系 oy_0z_0 经过旋转以后变为平面直角坐标系 oy_1z_1。

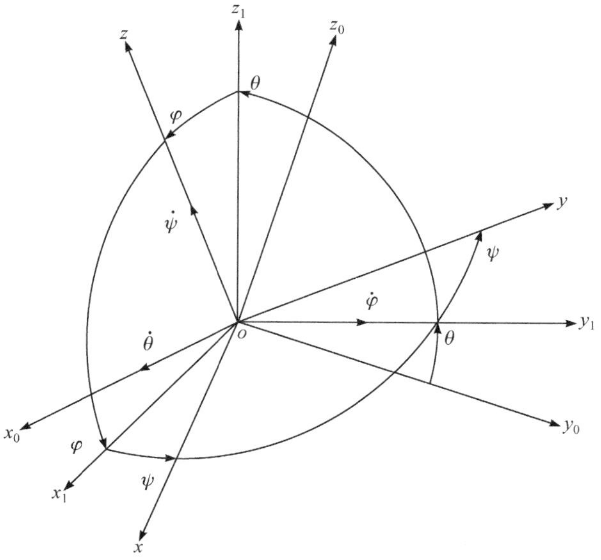

图 2-15　依次绕 x-y-z 轴三次旋转

如图 2-16 所示，为了推导平面直角坐标系 oy_0z_0 与 oy_1z_1 之间的角位置关系，设有任一矢量 $\boldsymbol{R}$，其在平面直角坐标系 oy_0z_0 与 oy_1z_1 中的坐标分别为 (y,z) 与 (y',z')。

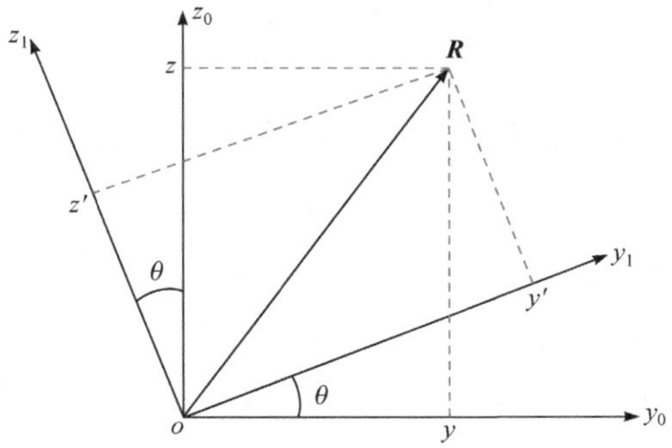

图 2-16　第一次旋转过程中的坐标系关系

根据图 2-16 可知，矢量 $\boldsymbol{R}$ 在两个平面直角坐标系中的坐标具有如下关系：

$$\begin{cases} y = y'\cos\theta - z'\sin\theta \\ z = z'\cos\theta + y'\sin\theta \end{cases} \tag{2-70}$$

同理，可得

$$\begin{cases} y' = y\cos\theta + z\sin\theta \\ z' = z\cos\theta - y\sin\theta \end{cases} \tag{2-71}$$

由式(2-71)可得

$$\begin{bmatrix} y' \\ z' \end{bmatrix} = \begin{bmatrix} \cos\theta & \sin\theta \\ -\sin\theta & \cos\theta \end{bmatrix} \begin{bmatrix} y \\ z \end{bmatrix} \tag{2-72}$$

同时，考虑到第一次绕 ox_0 轴旋转，即空间任一矢量旋转前后在 ox_0 轴的投影不变。因此，空间任一矢量 $\boldsymbol{R}$ 在第一次旋转前后的两个三维直角坐标系中的坐标投影具有如下关系：

$$\begin{bmatrix} x' \\ y' \\ z' \end{bmatrix} = \begin{bmatrix} 1 & 0 & 0 \\ 0 & \cos\theta & \sin\theta \\ 0 & -\sin\theta & \cos\theta \end{bmatrix} \begin{bmatrix} x \\ y \\ z \end{bmatrix} = \boldsymbol{C}_0^1 \begin{bmatrix} x \\ y \\ z \end{bmatrix} \tag{2-73}$$

式(2-73)中的 $\boldsymbol{C}_0^1$ 矩阵即为描述三维直角坐标系 $ox_0y_0z_0$ 与第一次旋转以后获得的三维直角坐标系 $ox_0y_1z_1$ 之间角位置关系的方向余弦矩阵。

接下来，三维直角坐标系 $ox_0y_1z_1$ 绕 oy_1 轴旋转 φ 角度，即旋转角速度 $\dot{\varphi}$ 沿 oy_1 轴，旋转以后获得三维直角坐标系 ox_1y_1z。同理，可以推导得到描述三维直角坐标系 $ox_0y_1z_1$ 与 ox_1y_1z 之间角位置关系的方向余弦矩阵 $\boldsymbol{C}_1^2$ 如下：

$$\boldsymbol{C}_1^2 = \begin{bmatrix} \cos\varphi & 0 & -\sin\varphi \\ 0 & 1 & 0 \\ \sin\varphi & 0 & \cos\varphi \end{bmatrix} \tag{2-74}$$

第三次将三维直角坐标系 ox_1y_1z 绕 oz 轴旋转 ψ 角度，即旋转角速度 $\dot{\psi}$ 沿 oz 轴，旋转以后获得三维直角坐标系 $oxyz$。同理，可以推导得到描述三维直角坐标系 ox_1y_1z 与 $oxyz$ 之间角位置关系的方向余弦矩阵 $\boldsymbol{C}_2^3$ 如下：

$$\boldsymbol{C}_2^3=\begin{bmatrix}\cos\psi & \sin\psi & 0\\ -\sin\psi & \cos\psi & 0\\ 0 & 0 & 1\end{bmatrix} \tag{2-75}$$

根据方向余弦矩阵的传递性，由 $ox_0y_0z_0$ 坐标系到 $oxyz$ 坐标系的方向余弦矩阵可以表示为

$$\boldsymbol{R}_3=\boldsymbol{C}_2^3\boldsymbol{C}_1^2\boldsymbol{C}_0^1\boldsymbol{R}_0=C_0^3\boldsymbol{R}_0 \tag{2-76}$$

式中，方向余弦矩阵 $\boldsymbol{C}_0^3$ 具体表示形式为

$$\begin{aligned}\boldsymbol{C}_0^3&=\begin{bmatrix}\cos\psi & \sin\psi & 0\\ -\sin\psi & \cos\psi & 0\\ 0 & 0 & 1\end{bmatrix}\begin{bmatrix}\cos\varphi & 0 & -\sin\varphi\\ 0 & 1 & 0\\ \sin\varphi & 0 & \cos\varphi\end{bmatrix}\begin{bmatrix}1 & 0 & 0\\ 0 & \cos\theta & \sin\theta\\ 0 & -\sin\theta & \cos\theta\end{bmatrix}\\ &=\begin{bmatrix}\cos\varphi\cos\psi & \sin\psi\cos\theta+\sin\varphi\cos\psi\sin\theta & \sin\psi\sin\theta-\cos\psi\sin\varphi\cos\theta\\ -\cos\varphi\sin\psi & \cos\psi\cos\theta+\sin\varphi\sin\psi\sin\theta & \cos\psi\sin\theta-\sin\psi\sin\varphi\cos\theta\\ \sin\varphi & -\cos\varphi\sin\theta & \cos\varphi\cos\theta\end{bmatrix}\end{aligned} \tag{2-77}$$

关于方向余弦矩阵，具有如下重要性质。

(1) 当 θ 、φ 、ψ 均为小角度时，略去二阶小量后得到方向余弦矩阵 $\boldsymbol{C}_0^3$ 的近似表达式为

$$\boldsymbol{C}_0^3=\begin{bmatrix}1 & \psi & -\varphi\\ -\psi & 1 & \theta\\ \varphi & -\theta & 1\end{bmatrix} \tag{2-78}$$

(2) 根据方向余弦矩阵正交性可知，由 $oxyz$ 坐标系到 $ox_0y_0z_0$ 坐标系的方向余弦矩阵为

$$\boldsymbol{C}_3^0=\left[\boldsymbol{C}_0^3\right]^{-1}=\left[\boldsymbol{C}_0^3\right]^{\mathrm{T}} \tag{2-79}$$

(3) 由矩阵乘法法则可知，方向余弦矩阵与旋转次序有关，即旋转次序不同，所获得的方向余弦矩阵也不同。

在船用惯性导航系统中，用载体坐标系与地理坐标系之间的夹角描述舰船的空间指向，而描述载体坐标系与地理坐标系旋转关系的这组欧拉角通常也称为姿态角。在船海导航领域中，通常将地理坐标系 $ox_ty_tz_t$ 按照 z-x-y 依次进行三次旋转，三次旋转获得的 3 个欧拉角即为航向角 ψ 、俯仰角 θ 及横滚角 γ 。

根据上述旋转顺序，可以得到地理坐标系 $ox_ty_tz_t$ 到载体坐标系 $ox_by_bz_b$ 的方向余弦矩阵为

$$\begin{aligned}\begin{bmatrix}x_b\\ y_b\\ z_b\end{bmatrix}&=\begin{bmatrix}\cos\gamma & 0 & -\sin\gamma\\ 0 & 1 & 0\\ \sin\gamma & 0 & \cos\gamma\end{bmatrix}\begin{bmatrix}1 & 0 & 0\\ 0 & \cos\theta & \sin\theta\\ 0 & -\sin\theta & \cos\theta\end{bmatrix}\begin{bmatrix}\cos\psi & \sin\psi & 0\\ -\sin\psi & \cos\psi & 0\\ 0 & 0 & 1\end{bmatrix}\begin{bmatrix}x_t\\ y_t\\ z_t\end{bmatrix}\\ &=\begin{bmatrix}\cos\gamma\cos\psi-\sin\gamma\sin\theta\sin\psi & \cos\gamma\sin\psi+\sin\gamma\sin\theta\cos\psi & -\sin\gamma\cos\theta\\ -\cos\theta\sin\psi & \cos\theta\cos\psi & \sin\theta\\ \sin\gamma\cos\psi+\cos\gamma\sin\theta\sin\psi & \sin\gamma\sin\psi-\cos\gamma\sin\theta\cos\psi & \cos\gamma\cos\theta\end{bmatrix}\begin{bmatrix}x_t\\ y_t\\ z_t\end{bmatrix}\\ &=\boldsymbol{C}_t^b\begin{bmatrix}x_t\\ y_t\\ z_t\end{bmatrix}\end{aligned} \tag{2-80}$$

进一步，可以得到

$$C_b^t = \begin{bmatrix} \cos\gamma\cos\psi - \sin\gamma\sin\theta\sin\psi & -\cos\theta\sin\psi & \sin\gamma\cos\psi + \cos\gamma\sin\theta\sin\psi \\ \cos\gamma\sin\psi + \sin\gamma\sin\theta\cos\psi & \cos\theta\cos\psi & \sin\gamma\sin\psi - \cos\gamma\sin\theta\cos\psi \\ -\sin\gamma\cos\theta & \sin\theta & \cos\gamma\cos\theta \end{bmatrix}$$

在捷联式惯性导航系统中，方向余弦矩阵 C_b^t 通常也称为捷联姿态矩阵，与平台式惯性导航系统中的实体物理稳定平台起到相同作用，这部分内容将在第 4 章具体介绍。

● **小思考：** 请思考在船海导航领域中，载体坐标系与地理坐标系之间的角位置关系为什么要按照 *z-x-y* 的顺序进行旋转得到，这种旋转方式有什么好处？

2.3　惯性导航系统基本构成

运载体的运动形式，即线运动与角运动都是在三维空间中进行的，要建立一个三维空间坐标系，势必要建立一个三轴惯性平台。有了三轴惯性平台，才能提供测量三自由度线加速度的基础。测得已知方位的三个线加速度分量，通过计算机计算出运载体的运动速度与位置信息。当然，有了三轴惯性平台，运载体的三个角运动测量也就解决了，这一大类惯性导航系统就是平台式惯性导航系统。没有机电平台，将惯性器件陀螺仪与加速度计直接安装在运载体上，在计算机中建立一个数学平台，通过坐标变换与计算，同样可以得到运载体的速度与位置信息，这一大类惯性导航系统就是捷联式惯性导航系统。

对于不同类型的惯性导航系统，其系统构成是有所差异的，即使是同一种类型的惯性导航系统，使用在不同运载体上，其组成也会不同，但是，陀螺仪与加速度计作为典型惯性器件都是必不可少的。

2.3.1　陀螺仪

惯性导航系统包含许多元器件，其中最重要的要数陀螺仪。陀螺仪的性能决定了惯性导航系统的性能，陀螺仪的精度是惯性导航系统精度的决定因素。传统陀螺仪，也称为机械转子式陀螺仪，如框架式陀螺仪、液浮陀螺仪、挠性陀螺仪、静电陀螺仪等，它们均具有定轴性，在不施加力矩的情况下可以保持主轴空间指向稳定。随着相关技术的发展，许多新原理陀螺仪被相继研制出来，它们具有崭新的特性。为保持名称上的统一性，将这类能够自主测量运载体角速度或角位移的器件也称为陀螺仪，主要包括光学陀螺仪、振动陀螺仪等。

1. 机械转子式陀螺仪

按照牛顿定律，高速旋转的刚体具有在惯性空间保持其转动轴指向不变的特性，称为稳定性；当该刚体受到垂直于转动轴方向的外力矩时，将绕垂直于转动轴与外力矩轴方向的第三轴转动，称为进动性。常规陀螺仪具有一个高速旋转的转子，利用其稳定性，可以建立一个惯性基准；利用其进动性，可以测量运载体的运动角速度，这就是陀螺仪的两种基本功能。

在陀螺仪内部，转子同时可绕垂直于自转轴的一根轴或两根轴进动，前者称为单自由度陀螺仪，而后者称为二自由度陀螺仪(也称为双自由度陀螺仪)。

二自由度陀螺仪基本组成如图 2-17 所示。转子借助自转轴上的一对轴承安装于内框架中，内框架借助内框轴上一对轴承安装于外框架中，外框架则借助外框轴上一对轴承安装在基座上。在理想情况下，自转轴与内框轴垂直且相交，内框轴与外框轴垂直且相交，这三根轴的交点即为陀螺仪的支撑中心。转子通常由陀螺仪电机驱动绕自转轴高速旋转，转子连同内框架可绕内框轴转动，转子连同内框架和外框架又可以绕外框轴转动，所以说这种陀螺仪中的自转轴具有绕内框轴和外框轴转动的两个自由度。

单自由度陀螺仪基本组成如图 2-18 所示。与二自由度陀螺仪相比，它只有一个框架，因此这种陀螺仪中的自转轴仅具有绕一个框架轴转动的自由度。

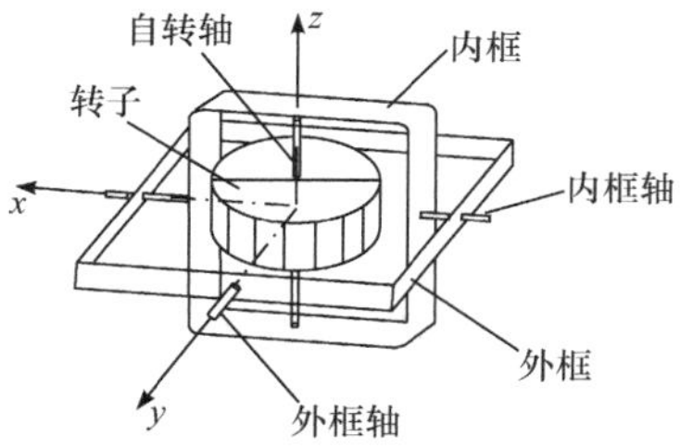

图 2-17　二自由度陀螺仪

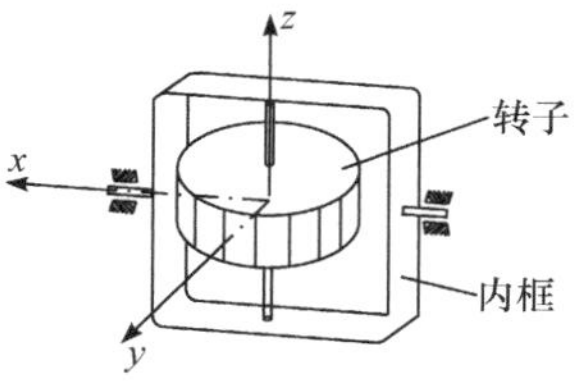

图 2-18　单自由度陀螺仪

如前所述，陀螺仪具有两个基本特性，即稳定性与进动性，这两种特性是陀螺仪区别于一般刚体所特有的性质。稳定性，指陀螺仪保持其自转轴在惯性空间的指向不发生变化的特性。稳定性有两种表现形式，即定轴性和章动。

当陀螺转子高速旋转时，若不受外力矩的作用，不管基座如何转动，支承在万向支架上的陀螺仪自转轴的指向在惯性空间中将保持不变，这种特性称为定轴性。当玩具陀螺仪旋转时，它就能够直立在地面上，而且转得越快，立得越稳，这就是陀螺仪定轴性的表现。

陀螺仪的稳定性还表现在陀螺仪受到瞬时冲击力矩后，自转轴在原位附近做微小圆锥运动，而其转子轴的大方向基本不变，这种现象称为陀螺仪的章动。当玩具陀螺仪的自转轴倾斜时，因其重心不在支点上，故重力便对支点形成力矩，但它并不会倒下，而是自转轴在空间做圆锥运动，这就是陀螺仪章动的表现。需要注意的是，当章动圆锥角为零时，就表现为陀螺仪的定轴性。因此，章动是陀螺仪稳定性的一般形式，而定轴性是陀螺仪稳定性的特殊形式。

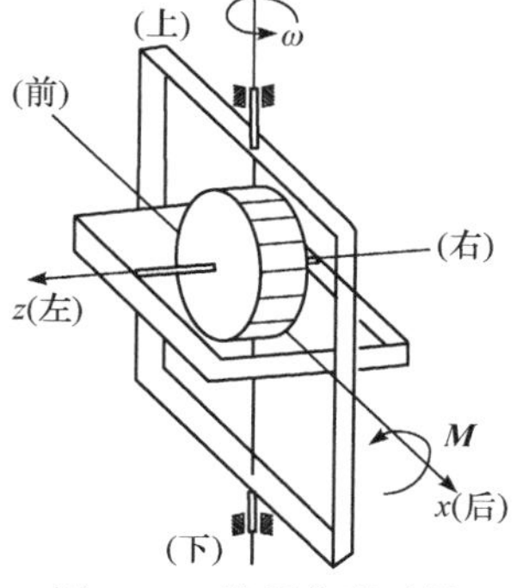

图 2-19　陀螺仪进动性

陀螺仪的进动性是指当陀螺仪受到外力矩作用时，陀螺仪并不沿外力矩所作用的方向转动，而是在外力矩矢量方向和自转轴组成的平面内运动。具体进动方向与转子的自转方向以及外力矩的方向有关，即陀螺仪受外力矩作用时，自转角速度矢量沿最短的路线向外力矩矢量运动。如图 2-19 所示，陀螺仪自转角速度矢量向左，即主轴方向向左。陀螺仪受到的外力矩矢量 $\boldsymbol{M}$ 向后，则陀螺转子自转轴将沿逆时针方向向着外力矩矢量运动，即陀螺转子自转轴将绕外框架沿逆时针方向进动，进动角速度矢量 $\boldsymbol{\omega}$ 向上，所以，可以看出，如果外力矩矢量在内框轴方向，则陀螺仪将绕外框轴转动。另外，如果陀螺仪受到

的外力矩矢量 $\boldsymbol{M}$ 向上，则陀螺转子自转轴将沿顺时针方向向着外力矩矢量运动，即陀螺转子自转轴将绕内框架沿顺时针方向进动，进动角速度矢量向前。因此，如果外力矩矢量在外框轴方向，则陀螺转子自转轴绕内框轴转动。

需要注意的是，不论是稳定性还是进动性，都是陀螺转子处于高速旋转状态下才具有的特性。也就是说，如果陀螺转子不处于高速旋转状态，则和普通刚体一样，并不具备上述特性。

为了提高陀螺仪的精度，降低干扰力矩的影响，陀螺仪的框架轴可以采用不同的支承方式，并可以根据支承方式的不同对陀螺仪进行分类，如液浮陀螺仪、静压气浮陀螺仪、静压液浮陀螺仪等。

2. 光学陀螺仪

光学陀螺仪内部没有高速旋转的转子，但因其能完成常规陀螺仪的功能，故也称为陀螺仪。光学陀螺仪是一种基于 Sagnac(萨尼亚克)效应的全固态惯性仪表，自问世以来就以其突出的性能特点与良好的应用前景引起世界各国普遍重视。光学陀螺仪与机械转子式陀螺仪相比，具有许多优点。它不要求制造高精度和高速旋转的机械转子，降低了制造成本，增加了工作可靠性。在计算机技术高度发达的今天，由光学陀螺仪组成的捷联式惯性导航系统，以数学平台代替物理上的机械平台，极大地简化了机械结构，具有体积小、重量轻，以及造价便宜的特点。光学陀螺仪主要包括光纤陀螺仪与激光陀螺仪，两种陀螺仪都已广泛应用于中等精度惯性导航系统，并逐步向高精度应用领域发展。

光学陀螺仪是惯性空间角速度传感器，它的基本原理是 Sagnac 效应。如图 2-20 所示，光在 A 点入射到环形光路中，并被分束板分成等强的两束光，反射光 a 沿着环形光路逆时针方向传播，透射光 b 被反射镜反射回来后又被分束板反射沿着环形光路顺时针方向传播。当干涉仪相对惯性空间没有旋转时，相反方向传播的两束光绕行一周的光程相等，都等于环形光路的周长，即

$$L_a = L_b = 2\pi R \tag{2-81}$$

式中，R 为环形光路半径。

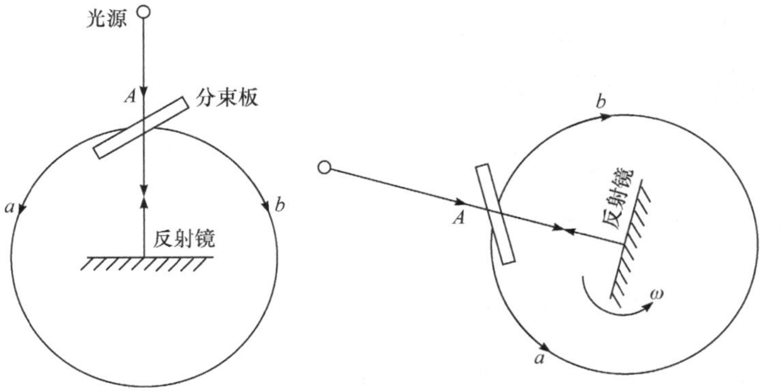

Sagnac效应示意

图 2-20　环形光路 Sagnac 干涉仪

两束光绕行一周的时间也相等，即

$$t_a = t_b = \frac{2\pi R}{c} \tag{2-82}$$

式中，c 为真空中的光速。

当干涉仪绕着与光路平面相垂直的轴以角速度 ω (设为逆时针方向)相对惯性空间旋转时，由于环形光路和分束板均随之转动，相反方向传播的两束光绕行一周的光程就不相等，时间也不相等。

逆时针方向传播的光束 a 绕行一周的时间设为 t_a，当它绕行一周再次到达分束板时多走了 $R\omega t_a$ 距离，因此实际光程为

$$L_a = 2\pi R + R\omega t_a \tag{2-83}$$

这束光绕行一周的时间为

$$t_a = \frac{L_a}{c} = \frac{2\pi R + R\omega t_a}{c} \tag{2-84}$$

根据式(2-84)，可以得到

$$t_a = \frac{2\pi R}{c - R\omega} \tag{2-85}$$

顺时针方向传播的光束 b 绕行一周的时间为 t_b，当它绕行一周再次到达分束板时少走了 $R\omega t_b$ 距离，因此实际光程为

$$L_b = 2\pi R - R\omega t_b \tag{2-86}$$

这束光绕行一周的时间为

$$t_b = \frac{L_b}{c} = \frac{2\pi R - R\omega t_b}{c} \tag{2-87}$$

根据式(2-87)，可以得到

$$t_b = \frac{2\pi R}{c + R\omega} \tag{2-88}$$

相反方向传播的两束光绕行一周到达分束板的时间差为

$$\Delta t = t_a - t_b = \frac{2\pi R}{c - R\omega} - \frac{2\pi R}{c + R\omega} = \frac{4\pi R^2}{c^2 - R^2\omega^2}\omega \tag{2-89}$$

式(2-89)中，由于 $c^2 \gg R^2\omega^2$，所以可以近似为

$$\Delta t \approx \frac{4\pi R^2}{c^2}\omega \tag{2-90}$$

两束光绕行一周到达分束板的光程差则为

$$\Delta L = c\Delta t = \frac{4\pi R^2}{c}\omega \tag{2-91}$$

式(2-91)表明两束光的光程差与旋转角速度成正比，因此可以通过检测光程差达到测量旋转角速度的目的。

根据对 Sagnac 效应检测方式与传播光路的不同，光学陀螺仪可以分为两类，由激光谐振腔构成的光学陀螺仪简称激光陀螺仪，由光导纤维构成的光学陀螺仪简称光纤陀螺仪。

3. 振动陀螺仪

20 世纪 80 年代末至 90 年代初，由于 GPS 的发展和民用市场的开拓，尤其是冷战时代的结束，对低精度、低成本、高可靠性的陀螺仪需求增加，因而出现了结构简单的振动陀螺仪。同时，由于微电子加工技术的成熟，大批量微机电集成仪表的开发具备了基础，因此 80 年代后期以来，国际上兴起了研制微机械陀螺仪的热潮。在低精度捷联式惯性导航系统中，价格低廉的振动陀螺仪(包括石英音叉陀螺仪与微机械硅陀螺仪)已经得到比较广泛的应用。

当一个运动的质量块旋转时，便产生科里奥利力 $2m\boldsymbol{\Omega}\times\boldsymbol{v}$，振动陀螺仪即是利用科里奥利力测量空间角速度的一种陀螺仪。设有一由正交的二自由度弹簧支承的质量块，在弹簧平面内有空间角速度 $\boldsymbol{\Omega}$，如图 2-21 所示。

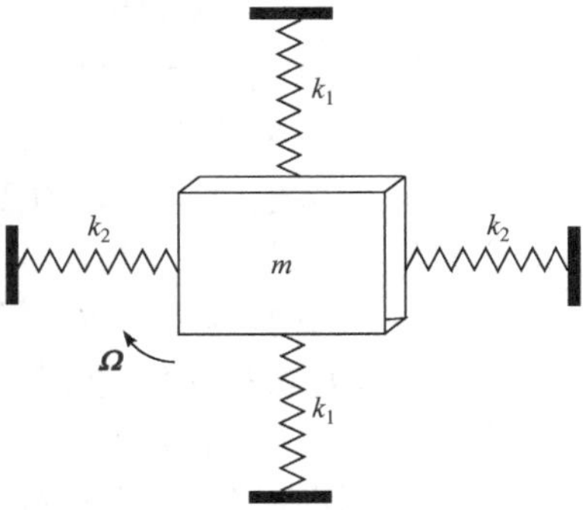

图 2-21　二自由度弹簧-质量系统

该弹簧-质量系统的运动满足下列微分方程：

$$\begin{cases}\dfrac{\mathrm{d}^2x_1}{\mathrm{d}t^2}+\dfrac{\omega_d}{Q_d}\cdot\dfrac{\mathrm{d}x_1}{\mathrm{d}t}+\omega_d^2x_1=k_1f_1(t)+2k\Omega\dfrac{\mathrm{d}x_2}{\mathrm{d}t}\\[2ex]\dfrac{\mathrm{d}^2x_2}{\mathrm{d}t^2}+\dfrac{\omega_s}{Q_s}\cdot\dfrac{\mathrm{d}x_2}{\mathrm{d}t}+\omega_s^2x_2=k_2f_2(t)-2k\Omega\dfrac{\mathrm{d}x_1}{\mathrm{d}t}\end{cases}\tag{2-92}$$

式中，x_1、x_2 为振幅；ω_d、ω_s 为自然频率；Q_d、Q_s 为谐振品质因数；f_1、f_2 为外加的驱动力；k、k_1、k_2 为常系数。

当驱动力使得第一轴(驱动轴)谐振时，第二轴(检测轴)在科里奥利力的作用下将产生振动，振幅 A_s 可以表示为

$$A_s=\frac{2kA_d}{\omega_d\sqrt{\left(1-\chi^2\right)^2+\left(\dfrac{\chi}{Q_s}\right)^2}}\Omega\tag{2-93}$$

式中，$\chi=\omega_s/\omega_d$；A_d 为驱动轴的振幅。当 $\chi\approx1$ 时，检测轴振动的相位与驱动轴的相同，振幅达到最大，而且品质因数 Q_s 越高，灵敏度越高，但频带越窄。

根据式(2-93)可以看出，只要能测出检测轴与驱动轴振动的同相分量，那么就可以把它作为输入角速度的度量。

4. 陀螺仪漂移

描述陀螺仪精度的指标有很多，其中最主要的指标是陀螺仪漂移。陀螺仪的自由度不同，其漂移的含义略有不同。

针对二自由度陀螺仪，其漂移是指在干扰力矩作用下，陀螺仪进动角速度的大小。它实际是按照二自由度陀螺仪的进动性来进行计算的，在陀螺仪角动量 H 一定的情况下，干扰力矩 M_d 越小，陀螺仪漂移 ω_d 也越小，精度就越高，其计算公式为

$$\omega_d=\frac{M_d}{H}\tag{2-94}$$

单自由度陀螺仪也用漂移表示精度，但具体含义不同。因为运载体沿陀螺仪输入轴转动，当有输入角速度作用时，陀螺仪将绕输出轴转动并输出转角信号；当没有角速度输入时，陀螺仪的输出转角本应为零，可是由于输出轴上不可避免地存在干扰力矩，即使没有输入角速度，仍会有输出转角。而当输入角速度形成的陀螺仪力矩 $H\omega$ 与干扰力矩 M_d 相平衡时，陀螺仪的这个输出转角才为零。显然，能使陀螺仪输出转角为零的这个输入角速度的值，完全取决于输出轴上的干扰力矩 M_d。因此，这个输入角速度类似二自由度陀螺仪在干扰力矩作用下的进动角速度，即漂移角速度。正因为如此，单自由度陀螺仪的漂移也就与二自由度陀螺仪有一样的计算公式(2-94)和一样的要求，其值越小，测量精度越高。

在一些文献中，对同一陀螺仪常用常值漂移、随机漂移与逐次漂移等不同概念来描述，严格区分这些概念对理解陀螺仪漂移十分重要。

常值漂移，又称系统性漂移。在规定的工作条件下，它的数值基本是常值。惯性导航系统对这种漂移误差可以采取措施进行补偿。

随机漂移，就是随机性误差。在任意一次通电工作中，即使相同的运行条件，也会出现数值不等的随机性陀螺仪漂移。由于它的随机性，在惯性导航系统中难以用简单的办法进行补偿，故对系统的性能影响较大。因此，它是表征陀螺仪精度的最重要指标。

陀螺仪的逐次(逐日)漂移，也称漂移不定性，或逐次启动随机漂移。它反映了在每次(如隔日)相继启动后，原来常值漂移的测量值都会发生变化，且为随机量，从而影响惯性导航系统对陀螺仪漂移的补偿精度。它也是衡量陀螺仪精度的一个重要指标，往往这个漂移不定性与随机漂移的量级相同或相近。

随机漂移表征了陀螺仪短期工作的稳定性，逐次漂移则表征陀螺仪长期工作的稳定性。在干扰力矩(质量不平衡、支撑摩擦、热稳定性、电磁作用、电性能参数稳定性等)作用下，陀螺仪产生的漂移应包含常值与随机两个部分。逐次漂移实际上是常值漂移的时间不稳定性。本书下面所提到的漂移，不加说明时主要指随机漂移。

对于非刚体转子陀螺仪，如激光陀螺仪、光纤陀螺仪和其他新型陀螺仪，其精度指标仍用陀螺仪漂移作为衡量性能的关键。这是因为陀螺仪漂移是指陀螺仪实际输出量与理想情况下输出量之差的时间变化率，并用单位时间内相对惯性空间的相应输入角位移来表示。

陀螺仪精度直接决定惯性导航系统的精度，陀螺仪误差通常会 1∶1 传递给惯性平台，因此用于惯性导航系统中的陀螺仪，其漂移要尽可能低。目前，中等精度的惯性导航系统，其位置精度要求为 1n mile/h，相对应的陀螺仪随机漂移要求为 0.01°/h。为了把这种精度的陀螺仪与常规陀螺仪表中使用的陀螺仪相区别，一般把它称为惯性级陀螺仪。

2.3.2　加速度计

前面已经指出，惯性导航系统是依靠安装在稳定平台上的加速度计来测量运载体加速度的，然后对加速度积分一次获得运动速度，再积分一次即可获得位置数据。因此，加速度计也是惯性导航系统的主要惯性器件之一，而加速度计的测量精度对于惯性导航系统水平精度与定位精度有着直接影响。

1. 加速度计基本工作原理

在惯性导航系统中已经得到实际应用的加速度计类型很多。例如，从所测加速度的性质来分，有角加速度计、线加速度计；从测量的自由度来分，有单轴加速度计、双轴加速度计与三轴加速度计；从测量加速度的原理上来分，有压电加速度计、振弦加速度计、莱塞加速度计与摆式加速度计等；从支承方式上分，有液浮加速度计、挠性加速度计与静电加速度计等。这些不同结构形式的加速度计，各有特点，可根据任务使命的要求选用不同的类型。

上述各种不同形式的加速度计，其工作原理都是以牛顿经典力学为基础的，故加速度计也属于惯性器件的一种。下面以一般摆式加速度计为例，说明其基本工作原理。

一般摆式加速度计通常由三部分构成，如图 2-22 所示。一是敏感输入加速度的标准质量 m(摆锤)；二是产生弹簧反力矩、具有弹性系数 K_e 的机械弹簧；三是输出或显示装置。

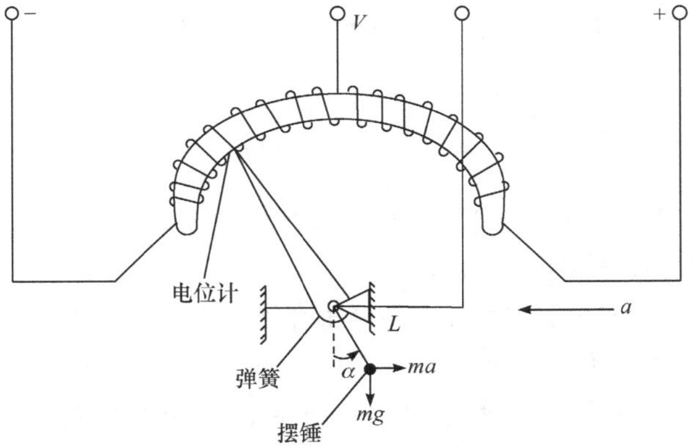

图 2-22　摆式加速度计组成

如图 2-22 所示，当线加速度 a 作用于摆锤时，摆臂将相对支点转动，弹簧产生反力矩，用来平衡惯性力矩造成的摆偏转。系统稳定以后，摆将偏离原平衡位置(零位)一个角度 α，电位计输出与这个角度成比例的电信号 V，这个电信号 V 的大小就代表了输入加速度 a 的大小。与上述过程对应的运动方程式可以表示为

$$J\ddot{\alpha}+K_e\alpha=maL\cos\alpha-mgL\sin\alpha+M_d \tag{2-95}$$

式中，J 为摆锤绕支点(输出轴)o 的转动惯量；L 为摆锤距离支点 o 的距离(摆长)；g 为重力加速度的大小；M_d 为绕输出轴的干扰力矩。

为了改善系统的动态品质，提高输出稳定性，可以在加速度计中加入阻尼器。若阻尼系数为 D，则应该在方程左边加上 $D\dot{\alpha}$ 一项。

若选择的 K_e 很大，则 α 角很小。此时，$\cos\alpha\approx1$，$\sin\alpha\approx\alpha$，则式(2-95)可以改写为

$$J\ddot{\alpha}+\left(K_e+mgL\right)\alpha=maL+M_d \tag{2-96}$$

当系统稳定时，$\ddot{\alpha}=\dot{\alpha}=0$，则

$$\alpha=\frac{mL}{K_e+mgL}a+\frac{M_d}{K_e+mgL} \tag{2-97}$$

根据上述推导过程可以看出，只要满足 α 很小，且干扰力矩很小($M_d \ll mLa$)的条件，加速度计的输出可以与输入加速度 a 呈线性关系。

2. 比力方程

根据前述分析可知，加速度计输出α角或电压V反映的是弹簧拉力，因此加速度计的输出实质上并不是加速度，而是“比力”。

为便于理解，利用加速度计简化模型分析加速度计输出，即在加速度计中有一个由弹簧固定的质量块，当加速度计敏感到加速度时，该质量块由于受到惯性力作用将受到弹簧拉伸。设加速度计中的质量块质量为m，则根据牛顿第二定律有

$$\boldsymbol{F}=m\left.\frac{\mathrm{d}^2\boldsymbol{R}}{\mathrm{d}t^2}\right|_i \tag{2-98}$$

式中，$\boldsymbol{F}$为由加速度产生的惯性力；$\boldsymbol{R}$为由地心指向加速度计所在平台原点形成的向径。因此$\left.\mathrm{d}^2\boldsymbol{R}/\mathrm{d}t^2\right|_i$表示平台相对惯性坐标系的加速度，即绝对加速度。

在质量块上，由加速度产生的惯性力应该与其他外力平衡，即与弹簧拉力和万有引力相平衡，具体形式为

$$m\left.\frac{\mathrm{d}^2\boldsymbol{R}}{\mathrm{d}t^2}\right|_i=\boldsymbol{F}_s+m\boldsymbol{g}_m \tag{2-99}$$

式中，$\boldsymbol{F}_s$表示作用在质量块上的弹簧拉力，它与弹簧变形成正比；$m\boldsymbol{g}_m$为作用在质量块上的万有引力，$\boldsymbol{g}_m$为引力加速度。

需要注意的是，各星体对地球表面运载体都存在引力，如太阳、月亮以及其他天体，但是在所有引力中起主要作用的是地球引力。例如，太阳引力场对地球表面运载体的影响在数值上不大于$1.4\times10^{-7}g$。目前，中高精度惯性导航系统中一般采用精度为$1\times10^{-6}g\sim1\times10^{-5}g$的加速度计，因此可以忽略这些引力场的影响而只考虑地球引力场。

将式(2-99)两边同时除以m，移项以后得到

$$\boldsymbol{f}=\frac{\boldsymbol{F}_s}{m}=\left.\frac{\mathrm{d}^2\boldsymbol{R}}{\mathrm{d}t^2}\right|_i-\boldsymbol{g}_m \tag{2-100}$$

式中，$\boldsymbol{f}=\boldsymbol{F}_s/m$表示单位质量块质量所承受的弹簧拉力，将其定义为“比力”，这也是加速度计的测量信息。因此，加速度计实质上是一个测力装置，它测量的并非是运载体加速度，而是单位质量所受到的加速度产生的惯性力与引力加速度之差。加速度计不能直接测量运载体加速度的根本原因是加速度计自身不能区分惯性力与万有引力(惯性力与万有引力具有力的等效性)。因此，加速度计测得比力以后，要想得到运载体的加速度，必须将引力加速度或重力加速度从比力中消除。

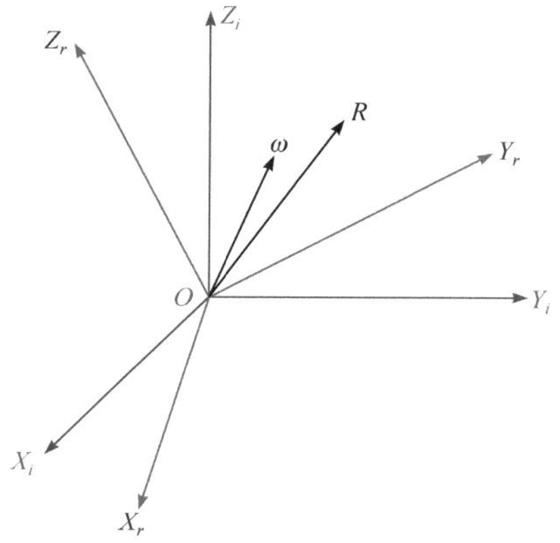

图 2-23　哥氏定理

式(2-100)仅揭示了加速度计输出比力与运载体绝对加速度之间的关系，但是，在研究舰船等运载体运动时，人们并不关心运载体的绝对加速度或者绝对速度，更关心的是运载体相对地球的相对速度，所以，下面将式(2-100)等价转换为与相对速度相关的形式。

为将式(2-100)中的绝对加速度转换为相对形式，需要引入哥氏定理。如图 2-23 所示，$OX_iY_iZ_i$为定坐

标系(惯性坐标系)，$OX_rY_rZ_r$ 为动坐标系(如地球坐标系、平台坐标系)，动坐标系与定坐标系原点重合，但是动坐标系相对定坐标系做定点转动，旋转角速度矢量为 $\boldsymbol{\omega}$，$\boldsymbol{R}$ 为空间中任一矢量，则哥氏定理(具体原理见附录Ⅰ)可以描述为

$$\left.\frac{\mathrm{d}\boldsymbol{R}}{\mathrm{d}t}\right|_i=\left.\frac{\mathrm{d}\boldsymbol{R}}{\mathrm{d}t}\right|_r+\boldsymbol{\omega}\times\boldsymbol{R} \tag{2-101}$$

式中，$\mathrm{d}\boldsymbol{R}/\mathrm{d}t|_i$ 为矢量在定坐标系中的变化率，将其称为绝对变率；$\mathrm{d}\boldsymbol{R}/\mathrm{d}t|_r$ 为矢量在动坐标系中的变化率，将其称为相对变率。

根据哥氏定理可知，矢量 $\boldsymbol{R}$ 相对惯性坐标系的绝对变率与相对地球坐标系的相对变率之间具有如下关系：

$$\left.\frac{\mathrm{d}\boldsymbol{R}}{\mathrm{d}t}\right|_i=\left.\frac{\mathrm{d}\boldsymbol{R}}{\mathrm{d}t}\right|_e+\boldsymbol{\omega}_{ie}\times\boldsymbol{R}=\boldsymbol{V}_{ep}+\boldsymbol{\omega}_{ie}\times\boldsymbol{R} \tag{2-102}$$

式中，$\boldsymbol{\omega}_{ie}$ 表示地球自转角速度；$\boldsymbol{V}_{ep}$ 表示矢量 $\boldsymbol{R}$ 相对地球坐标系的变化率，即地速矢量。

对式(2-102)再次计算绝对变率，可以得到

$$\left.\frac{\mathrm{d}^2\boldsymbol{R}}{\mathrm{d}t^2}\right|_i=\left.\frac{\mathrm{d}\boldsymbol{V}_{ep}}{\mathrm{d}t}\right|_i+\left.\frac{\mathrm{d}}{\mathrm{d}t}(\boldsymbol{\omega}_{ie}\times\boldsymbol{R})\right|_i \tag{2-103}$$

由于地球自转角速度相对惯性空间可以当作常量，得到

$$\left.\frac{\mathrm{d}\boldsymbol{\omega}_{ie}}{\mathrm{d}t}\right|_i=0 \tag{2-104}$$

将式(2-104)代入式(2-103)，得到

$$\left.\frac{\mathrm{d}^2\boldsymbol{R}}{\mathrm{d}t^2}\right|_i=\left.\frac{\mathrm{d}\boldsymbol{V}_{ep}}{\mathrm{d}t}\right|_i+\boldsymbol{\omega}_{ie}\times\left.\frac{\mathrm{d}\boldsymbol{R}}{\mathrm{d}t}\right|_i \tag{2-105}$$

将式(2-102)代入式(2-105)，得到

$$\left.\frac{\mathrm{d}^2\boldsymbol{R}}{\mathrm{d}t^2}\right|_i=\left.\frac{\mathrm{d}\boldsymbol{V}_{ep}}{\mathrm{d}t}\right|_i+\boldsymbol{\omega}_{ie}\times\left(\boldsymbol{V}_{ep}+\boldsymbol{\omega}_{ie}\times\boldsymbol{R}\right)=\left.\frac{\mathrm{d}\boldsymbol{V}_{ep}}{\mathrm{d}t}\right|_i+\boldsymbol{\omega}_{ie}\times\boldsymbol{V}_{ep}+\boldsymbol{\omega}_{ie}\times\left(\boldsymbol{\omega}_{ie}\times\boldsymbol{R}\right) \tag{2-106}$$

式(2-106)中，$\mathrm{d}\boldsymbol{V}_{ep}/\mathrm{d}t|_i$ 为地速矢量在惯性坐标系中的变化率(绝对变率)，取平台坐标系为动坐标系再次应用哥氏定理，得到

$$\left.\frac{\mathrm{d}\boldsymbol{V}_{ep}}{\mathrm{d}t}\right|_i=\left.\frac{\mathrm{d}\boldsymbol{V}_{ep}}{\mathrm{d}t}\right|_p+\boldsymbol{\omega}_{ip}\times\boldsymbol{V}_{ep}=\left.\frac{\mathrm{d}\boldsymbol{V}_{ep}}{\mathrm{d}t}\right|_p+\left(\boldsymbol{\omega}_{ie}+\boldsymbol{\omega}_{ep}\right)\times\boldsymbol{V}_{ep} \tag{2-107}$$

将式(2-107)代入式(2-106)，得到

$$\begin{aligned}\left.\frac{\mathrm{d}^2\boldsymbol{R}}{\mathrm{d}t^2}\right|_i&=\left.\frac{\mathrm{d}\boldsymbol{V}_{ep}}{\mathrm{d}t}\right|_p+\left(\boldsymbol{\omega}_{ie}+\boldsymbol{\omega}_{ep}\right)\times\boldsymbol{V}_{ep}+\boldsymbol{\omega}_{ie}\times\boldsymbol{V}_{ep}+\boldsymbol{\omega}_{ie}\times\left(\boldsymbol{\omega}_{ie}\times\boldsymbol{R}\right)\\&=\left.\frac{\mathrm{d}\boldsymbol{V}_{ep}}{\mathrm{d}t}\right|_p+\left(2\boldsymbol{\omega}_{ie}+\boldsymbol{\omega}_{ep}\right)\times\boldsymbol{V}_{ep}+\boldsymbol{\omega}_{ie}\times\left(\boldsymbol{\omega}_{ie}\times\boldsymbol{R}\right)\end{aligned} \tag{2-108}$$

将式(2-108)代入式(2-100)，加速度计所测量的比力输出表达式为

$$\boldsymbol{f}=\left.\frac{\mathrm{d}^2\boldsymbol{R}}{\mathrm{d}t^2}\right|_i-\boldsymbol{g}_m=\left.\frac{\mathrm{d}\boldsymbol{V}_{ep}}{\mathrm{d}t}\right|_p+\left(2\boldsymbol{\omega}_{ie}+\boldsymbol{\omega}_{ep}\right)\times\boldsymbol{V}_{ep}+\boldsymbol{\omega}_{ie}\times\left(\boldsymbol{\omega}_{ie}\times\boldsymbol{R}\right)-\boldsymbol{g}_m \tag{2-109}$$

式中，$\dot{\boldsymbol{V}}_{ep}=\mathrm{d}\boldsymbol{V}_{ep}/\mathrm{d}t|_p$ 表示地速矢量在平台坐标系中的变化率。

根据式(2-15)可以将式(2-109)进一步整理，得到

$$\dot{\boldsymbol{V}}_{ep}=\boldsymbol{f}-\left(2\boldsymbol{\omega}_{ie}+\boldsymbol{\omega}_{ep}\right)\times\boldsymbol{V}_{ep}+\boldsymbol{g} \tag{2-110}$$

式(2-110)即为比力方程，其物理意义是：$\dot{\boldsymbol{V}}_{ep}$ 为进行导航解算需要的运载体加速度矢量；$\boldsymbol{f}$ 为加速度计所测量的比力矢量；$-\left(2\boldsymbol{\omega}_{ie}+\boldsymbol{\omega}_{ep}\right)\times\boldsymbol{V}_{ep}$ 为由地球自转以及运载体相对地球运动而产生的加速度，它没有明显的物理意义，而又被加速度计所敏感，为计算 $\dot{\boldsymbol{V}}_{ep}$ 需要把它从 $\boldsymbol{f}$ 中消除掉，因此其又称为有害加速度。

对于式(2-110)所示的比力方程，对其进行一次积分即可获得运载体速度信息(速度即时更新)，二次积分即可获得位置信息(位置即时更新)。但是，对于式(2-110)所示的微分方程一般无法求得解析解或精确解，而只能求得数值解。实际工程应用中，经常利用龙格-库塔算法求解该微分方程的数值解。具体求解原理见附录Ⅱ。

如果平台可以稳定跟踪地理坐标系，则式(2-110)中的 $\boldsymbol{\omega}_{ie}$ 为地球坐标系相对惯性坐标系的旋转角速度在地理坐标系上的投影，可以表示为 $\boldsymbol{\omega}_{ie}^t$。同理，当运载体在地球表面运动时，将使地理坐标系原点的位置改变，而在地球上不同地点的地理坐标系，其相对地球坐标系的角位置是不相同的，因此可以将式(2-110)中的 $\boldsymbol{\omega}_{ep}$ 理解为运载体运动所引起的地理坐标系相对地球坐标系的旋转角速度在地理坐标系的投影，可以表示为 $\boldsymbol{\omega}_{et}^t$。

如图 2-24 所示，舰船首尾向速度大小为 V，航向为 K，则可以得到地理坐标系东向与北向速度投影分别为

$$\begin{cases}V_E=V\sin K\\V_N=V\cos K\end{cases} \tag{2-111}$$

北向速度 $V_N=V\cos K$ 沿子午圈切线方向，会引起地理坐标系绕其 ox_t 轴旋转，该旋转角速度方向沿 ox_t 轴负向，具体表达式为

$$\omega_{etx}^t=-\frac{V_N}{R_M}=-\frac{V\cos K}{R_M} \tag{2-112}$$

式中，R_M 为子午圈曲率半径。

另外，东向速度 $V_E=V\sin K$ 沿纬线圈切线方向，会引起地理坐标系绕极轴旋转，旋转角速度方向沿极轴指向北极点，具体表达式为

$$\omega_{ets}^t=\frac{V_E}{R_N\cos L}=\frac{V\sin K}{R_N\cos L} \tag{2-113}$$

式中，R_N 为卯酉圈曲率半径；角速度 ω_{ets}^t 下角标 s 表示在极轴方向投影。

进一步，将角速度 ω_{ets}^t 分别投影到地理坐标系 oy_t 轴与 oz_t 轴(由于地理坐标系 ox_t 轴与极轴垂直，所以在 ox_t 轴投影为 0)，得到

$$\begin{cases} \omega_{ety}^t = \dfrac{V_E}{R_N \cos L} \cdot \cos L = \dfrac{V \sin K}{R_N} \\ \omega_{etz}^t = \dfrac{V_E}{R_N \cos L} \cdot \sin L = \dfrac{V \sin K}{R_N} \tan L \end{cases} \tag{2-114}$$

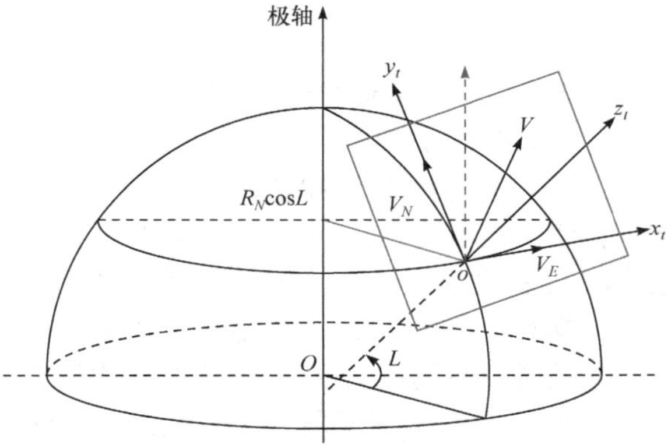

图 2-24　运载体运动引起的地理坐标系旋转角速度

综上所述，运载体运动所引起的地理坐标系旋转角速度 $\boldsymbol{\omega}_{et}^t$ 可以表示为

$$\boldsymbol{\omega}_{et}^t = \begin{bmatrix} -\dfrac{V_N}{R_M} \\ \dfrac{V_E}{R_N} \\ \dfrac{V_E}{R_N} \tan L \end{bmatrix} = \begin{bmatrix} -\dfrac{V \cos K}{R_M} \\ \dfrac{V \sin K}{R_N} \\ \dfrac{V \sin K}{R_N} \tan L \end{bmatrix} \tag{2-115}$$

除此之外，地球坐标系相对惯性坐标系的旋转角速度为

$$\boldsymbol{\omega}_{ie}^t = \begin{bmatrix} 0 \\ \omega_{ie} \cos L \\ \omega_{ie} \sin L \end{bmatrix} \tag{2-116}$$

进一步，结合式(2-115)、式(2-116)，可以得到地理坐标系相对惯性坐标系的旋转角速度为

$$\boldsymbol{\omega}_{it}^t = \boldsymbol{\omega}_{ie}^t + \boldsymbol{\omega}_{et}^t = \begin{bmatrix} -\dfrac{V \cos K}{R_M} \\ \omega_{ie} \cos L + \dfrac{V \sin K}{R_N} \\ \omega_{ie} \sin L + \dfrac{V \sin K}{R_N} \tan L \end{bmatrix} \tag{2-117}$$

2.3.3　惯性稳定平台

惯性导航系统中的惯性稳定平台最直接的功能是支撑加速度计，使 3 个加速度计的测量轴稳定在固定指向。对于船海惯性导航系统，其惯性稳定平台一般需要保持与当地水平

面平行、方位指北或与北向有一已知夹角。为了实现惯性导航系统的这一要求，惯性稳定平台一方面需要抵抗干扰保持空间方位稳定；另一方面需要在地球转动与运载体运动引起当地水平面与北向(子午线)相对惯性空间转动时，能按照计算机的指令相对惯性空间转动，以跟踪水平面与地理北向的变化。对应这些需求，惯性稳定平台需要两种不同的工作状态，即几何稳定状态与空间积分状态。

1. 单轴惯性稳定平台几何稳定状态

几何稳定状态，是指平台不受基座运动与干扰力矩影响，相对惯性空间保持方位稳定的工作状态，所以也称为稳定工作状态。

惯性平台中的陀螺仪，可以是双自由度陀螺仪，也可以是单自由度陀螺仪。由于惯性导航系统的平台都是三轴平台而不是单轴平台，因此，要实现平台轴不受干扰地跟踪与地球有关的坐标系(如地理坐标系)，就必须有相互垂直的 3 个轴。下面分别介绍由双自由度陀螺仪与单自由度陀螺仪组成的单轴惯性平台在几何稳定工作状态下的原理。

如图 2-25 所示，双自由度陀螺仪构成的单轴惯性稳定平台可随平台稳定轴相对基座转动。双自由度陀螺仪的外环轴与平台稳定轴平行，在外环轴上装有信号器，内环轴上装有力矩器，放大器与稳定电机组成稳定回路。

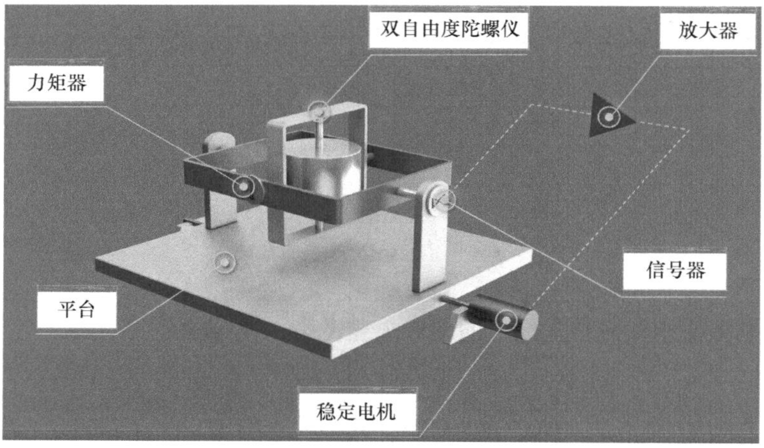

单轴惯性稳定平台几何稳定状态工作原理示意

单轴惯性稳定平台空间积分状态工作原理示意

图 2-25　双自由度陀螺仪单轴惯性稳定平台

当干扰力矩 $\boldsymbol{M}_d$ 沿稳定轴作用到平台上时，将引起平台绕稳定轴以角速度 $\dot{\boldsymbol{\theta}}_p$ 转动，从而使平台偏离原来的空间位置 $\boldsymbol{\theta}_p$ 角度。由于陀螺仪具有稳定性，所以其外环轴将不跟随平台转动，故陀螺仪将绕外环轴相对平台台体出现与 $\boldsymbol{\theta}_p$ 大小相等、方向相反的转角。这样，安装在陀螺仪外环轴上的信号器就会检测到转角信号，该信号经过放大器放大以后送给稳定电机，稳定电机根据信号的相位(或极性)和大小给出一定方向与大小的稳定力矩 $\boldsymbol{M}_s$，该稳定力矩将平衡掉干扰力矩 $\boldsymbol{M}_d$，从而使平台绕稳定轴保持方位稳定。

当稳定回路给出的稳定力矩 $\boldsymbol{M}_s$ 完全平衡了干扰力矩 $\boldsymbol{M}_d$ 时，平台稳定轴就不再偏转，这时有下列关系式成立：

$$\boldsymbol{M}_s = K\boldsymbol{\theta}_p = \boldsymbol{M}_d \tag{2-118}$$

式中，K 为稳定回路的总放大系数；$\boldsymbol{\theta}_p$ 为平台绕稳定轴相对惯性空间的偏差角。

根据式(2-118)可以得到，平台绕稳定轴的稳态误差角为

$$\boldsymbol{\theta}_p = \frac{\boldsymbol{M}_d}{K} \tag{2-119}$$

由式(2-119)可知，当作用到平台上的干扰力矩一定时，平台的稳态误差角与稳定回路的总放大系数成反比。为了使平台具有足够高的精度，即稳态误差角很小，稳定回路应具有足够大的放大系数。

需要注意的是，如果干扰力矩是作用在陀螺仪内环轴上，而不是平台稳定轴上，则由于陀螺仪具有进动性，其要绕外环轴进动。这时候，陀螺仪外环轴上的信号器同样会有信号输出，经过稳定回路的作用，平台就要随陀螺仪外环轴的转动而转动，从而使平台偏离原来的位置，这种由陀螺仪干扰力矩作用而引起的平台偏离称为平台的漂移误差。因此，对于作用在平台上的干扰力矩，平台具有很高的抗干扰能力。但是，对于作用在陀螺仪内环轴上的干扰力矩，平台缺乏抗干扰能力，所以应尽量减小该项干扰所导致的陀螺仪漂移。

对于单自由度积分陀螺仪构成的单轴惯性平台，如图 2-26 所示。陀螺仪自转轴、内环轴与平台稳定轴三者相互垂直。其中，平台稳定轴是陀螺仪输入轴的方向；陀螺仪内环轴也称为进动轴，它是陀螺仪输出轴的方向。

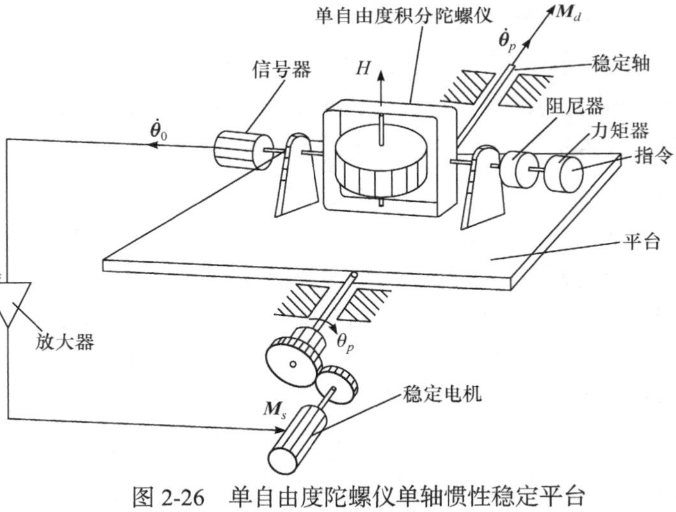

图 2-26　单自由度陀螺仪单轴惯性稳定平台

当沿平台稳定轴有干扰力矩 $\boldsymbol{M}_d$ 作用时，平台将绕稳定轴相对惯性空间以角速度 $\dot{\boldsymbol{\theta}}_p$ 转动，从而使平台偏离原来的空间方位。平台的这个转动角速度 $\dot{\boldsymbol{\theta}}_p$ 将被平台上的单自由度积分陀螺仪所敏感。它敏感到这个角速度以后，会使陀螺仪绕内环轴以角速度 $\dot{\boldsymbol{\theta}}_0$ 相对平台转动，并产生转角 $\boldsymbol{\theta}_0$。这样内环轴上的信号器就会敏感到该角度，并输出电压信号 V_s 给放大器，V_s 经过放大器放大以后送到稳定电机，稳定电机产生稳定力矩 $\boldsymbol{M}_s$，并通过减速器作用到平台稳定轴上，以平衡干扰力矩 $\boldsymbol{M}_d$ 的作用。当陀螺仪绕内环轴的转角达到某一数值时，稳定电机输出的稳定力矩会完全平衡干扰力矩的作用，陀螺仪停止绕内环轴转动。此时的干扰力矩完全由稳定回路产生的稳定力矩所承受。因此，不论平台稳定轴上作用何种干扰力矩，平台绕稳定轴相对惯性空间的位置将始终保持稳定，也就是实现了平台在几何稳定状态下的工作。实际上，在稳定过程中，平台绕稳定轴转动的角度以及陀螺仪绕内环轴转动

的角度都很小时，平台就达到了动态平衡状态，平台稳定回路就平衡了干扰力矩，隔离了基座沿平台稳定轴的角运动作用，使平台相对原来的方位保持不变。

需要注意的是，单自由度积分陀螺仪在这类单轴惯性稳定平台中仅仅起敏感平台转动角速度的作用，或者说陀螺仪仅是平台中的一个角速度测量元件。正是由于有稳定回路这样的伺服系统，平台才具备了很高的抵抗各种干扰力矩的能力，但对作用在陀螺仪内环轴上的干扰力矩，由于陀螺仪要绕内环轴转动，内环轴上的信号器会输出信号，并通过稳定回路的作用引起平台产生错误的转动角速度，即平台漂移，所以，对于作用在陀螺仪内环轴上的干扰力矩，这种平台仍然缺少抗干扰能力。

2. 单轴惯性稳定平台空间积分状态

空间积分状态是指平台在指令角速度的作用下，相对惯性空间以给定规律转动的工作状态，所以也称为指令跟踪状态或指令角速度跟踪状态。

如图 2-25 所示，对于双自由度陀螺仪单轴惯性稳定平台来说，要使平台绕稳定轴以指令角速度 $\boldsymbol{\omega}_c$ 相对惯性空间转动，跟踪空间某一变化的基准，如地理坐标系，则应该给陀螺仪内环轴上的力矩器输入一个指令电流 I_c ，其大小与指令角速度 $\boldsymbol{\omega}_c$ 成比例。该电流使力矩器产生一个沿陀螺仪内环轴方向的指令力矩 $\boldsymbol{M}_c$，在 $\boldsymbol{M}_c$ 的作用下，陀螺仪将绕外环轴按照角速度 $\dot{\boldsymbol{\theta}}_0$ 进动。因为此时平台基座没有运动，所以陀螺仪绕外环轴相对平台的角速度就等于陀螺仪在 $\boldsymbol{M}_c$ 作用下绕外环轴相对惯性空间的进动角速度 $\dot{\boldsymbol{\theta}}_0$ 。于是，陀螺仪绕外环轴存在转角 $\boldsymbol{\theta}_0$ ，由陀螺仪外环轴上的信号器将其变为电信号并经放大器放大后输入稳定电机，稳定电机就会给出力矩 $\boldsymbol{M}_s$ 带动平台按照与 $\dot{\boldsymbol{\theta}}_0$ 同样大小和方向的角速度 $\dot{\boldsymbol{\theta}}_p$ 绕稳定轴转动，从而跟踪基准坐标系。

对于单自由度陀螺仪单轴惯性稳定平台来说，要使平台绕稳定轴以指令角速度 $\boldsymbol{\omega}_c$ 相对惯性空间转动，则需要给陀螺仪内环轴上的力矩器输入与 $\boldsymbol{\omega}_c$ 成比例的指令电流 I_c 。这种情况下，力矩器就会产生指令力矩 $\boldsymbol{M}_c$ 并沿陀螺仪内环轴作用在陀螺仪上。指令力矩 $\boldsymbol{M}_c$ 使陀螺仪绕输出轴转动 β 角度。信号器测得 β 角并将它转换为电压信号，该电压信号通过放大器放大后送给稳定电机。稳定电机产生稳定力矩带动平台绕稳定轴相对惯性空间以角速度 $\dot{\boldsymbol{\theta}}_p$ 转动。当 $\dot{\boldsymbol{\theta}}_p$ 的大小达到所要求的角速度 $\boldsymbol{\omega}_c$ 时，由 $\boldsymbol{\omega}_c$ 造成的沿陀螺仪内环轴方向的陀螺仪力矩 $\boldsymbol{M}_g$ 将与同轴的指令力矩 $\boldsymbol{M}_c$ 相平衡。此后，陀螺仪绕内环轴的转角 β 不再增大，平台就以角速度 $\dot{\boldsymbol{\theta}}_p = \boldsymbol{\omega}_c$ 转动，从而实现平台在空间积分状态下的工作要求。

需要强调的是，几何稳定状态与空间积分状态是为了分析问题方便而划分的，在实际工作中两者同时作用，密不可分。除此之外，由于惯性导航系统的平台都是三轴平台而不是单轴平台，因此，要实现平台轴不受干扰地跟踪与地球有关的坐标系(如地理坐标系)，就必须有相互垂直的 3 个轴。

拓展延伸：请配套学习国家级线上一流本科课程“导航定位系统”第二章“导航定位基础”，并完成线上测试题。

第 3 章　平台式惯性导航系统工作原理

■ **学习导言**　本章将学习平台式惯性导航系统的工作原理。首先，了解舒勒原理与惯性稳定平台，在此基础上学习当地水平固定指北惯性导航系统的控制方程与运动方程，最后学习平台式惯性导航系统误差特性。需要注意的是，本章所讨论的内容与第 4 章捷联式惯性导航系统工作原理既有相同部分，也有不同部分，可以对比学习。

■ **学习目标**　了解舒勒原理以及惯性稳定平台在平台式惯性导航系统中的作用；掌握平台式惯性导航系统的工作原理；理解不同误差源对平台式惯性导航系统的影响机理。

平台式惯性导航系统具有实体物理稳定平台，该物理平台为加速度计提供测量基准，即决定加速度计测量轴稳定在哪个指向。平台式惯性导航系统方案有多种，根据惯性稳定平台跟踪并稳定在哪个导航参考坐标系，可以将平台式惯性导航系统分为空间稳定型惯性导航系统与当地水平型惯性导航系统。

空间稳定型惯性导航系统的惯性稳定平台跟踪并稳定在惯性坐标系内，系统输出的导航参数都是相对于惯性坐标系，需要经过坐标系转换才能得到地理坐标系导航参数。因此，空间稳定型惯性导航系统也称为解析式惯性导航系统。当地水平型惯性导航系统的惯性稳定平台跟踪并稳定在当地水平面内，系统输出的导航参数一般都是相对地理坐标系，所以通常无须进行转换而可以直接用于导航定位。

当地水平型惯性导航系统的平台虽然跟踪并稳定在当地水平面内，但其垂直轴(方位)是如何控制的？根据方位上的不同控制方法，当地水平型惯性导航系统可以分为固定指北惯性导航系统、自由方位惯性导航系统、游动方位惯性导航系统以及旋转方位惯性导航系统。其中，当地水平固定指北惯性导航系统是惯性稳定平台跟踪并稳定在当地东-北-天地理坐标系内的，这种方案是实际工程中最常用的，本章主要针对当地水平固定指北惯性导航系统展开分析。自由方位惯性导航系统与游动方位惯性导航系统将在第 9 章讨论。

3.1　惯性导航系统基本原理

3.1.1　舒勒原理

对于当地水平型惯性导航系统，惯性稳定平台必须始终与当地水平面平行，或者说应始终与当地地垂线垂直。如果平台无法满足这一要求，将导致两个水平加速度计的测量轴偏离水平面，从而导致加速度计除敏感水平方向的加速度分量以外，还会敏感到包括重力加速度在内的垂向加速度分量。因此，保持惯性稳定平台台面与当地水平面平行至关重要，但是，与摆指向地垂线类似，当运载体存在加速度时将破坏这种下摆性，从而导致平台在运载体加速度的作用下偏离当地水平面。那么，不受载体加速度干扰的摆是否存在呢？这就是德国科学家舒勒在 1923 年提出的舒勒摆，即如果一个摆(或机械装置)的摆动周期长达

84.4min，则运载体在接近地球表面处以任意方式运动时，摆将不受加速度干扰始终保持在水平面内。惯性稳定平台要想始终与当地水平面平行，必须满足舒勒摆要求。

1. 用物理摆实现舒勒摆的原理

下面以物理摆为例来分析舒勒摆的原理。如图 3-1 所示，为简化分析，设地球为圆球体且不转动，其半径为 R_e。运载体沿子午面航行，加速度为 a，同时忽略运载体高度。设运载体起始位置处当地垂线为 MN，经过一小段航行后到达新位置，当地垂线为 PQ。运载体加速度的存在使悬挂在运载体内的物理摆偏离 PQ 线 α 角，而 PQ 线偏离 MN 线 α_b 角。

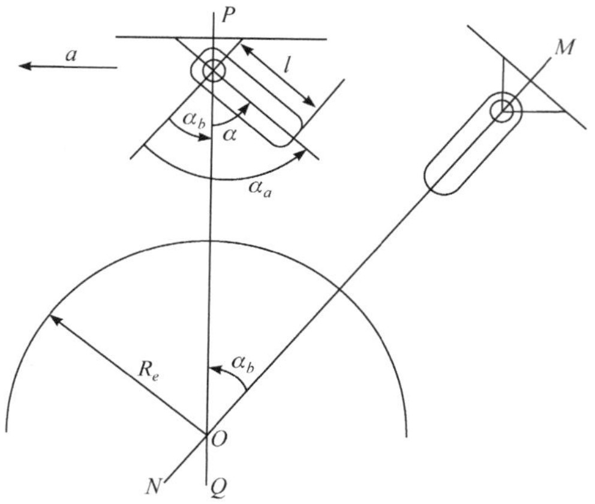

图 3-1　物理摆工作原理

根据图 3-1 可知，在 P 处摆偏离 MN 线的夹角为

$$\alpha_a = \alpha_b + \alpha \tag{3-1}$$

对式(3-1)两边同时进行二次微分，则有

$$\ddot{\alpha}_a = \ddot{\alpha}_b + \ddot{\alpha} \tag{3-2}$$

设物理摆的重心到悬挂点的长度，即摆长为 l，摆的质量为 m，则物理摆运动方程式为

$$J\ddot{\alpha}_a = mla\cos\alpha - mlg\sin\alpha \tag{3-3}$$

式中，J 为摆绕支点的转动惯量；g 为当地重力加速度。

根据图 3-1 可知：

$$\ddot{\alpha}_b = \frac{a}{R_e} \tag{3-4}$$

考虑到 α 为小角度($\cos\alpha=1, \sin\alpha=\alpha$)，同时将式(3-4)代入物理摆运动方程式(3-3)中，得到

$$\ddot{\alpha}_a = \frac{mla}{J} - \frac{mlg\alpha}{J} = \ddot{\alpha}_b + \ddot{\alpha} = \frac{a}{R_e} + \ddot{\alpha} \tag{3-5}$$

将式(3-5)进一步整理，可以得到

$$\ddot{\alpha} + \frac{mlg}{J}\alpha = \left(\frac{ml}{J} - \frac{1}{R_e}\right)a \tag{3-6}$$

根据式(3-6)可知，当等式右边为零，即

$$\frac{ml}{J} - \frac{1}{R_e} = 0 \tag{3-7}$$

时，物理摆的运动就与加速度 a 无关，即不再受到加速度的干扰。式(3-7)也可以进一步写成：

$$\frac{ml}{J} = \frac{1}{R_e} \tag{3-8}$$

通常将式(3-8)称为舒勒调整条件。当满足舒勒调整条件后，式(3-6)可以写成：

$$\ddot{\alpha} + \frac{mlg}{J}\alpha = 0 \tag{3-9}$$

进一步整理，得到

$$\ddot{\alpha}+\frac{g}{R_e}\alpha=0 \tag{3-10}$$

式(3-10)表示一个二阶无阻尼振荡运动，解得

$$\alpha(t)=\alpha_0\cos\omega_s t+\frac{\dot{\alpha}_0}{\omega_s}\sin\omega_s t \tag{3-11}$$

式中，$\omega_s=\sqrt{\dfrac{g}{R_e}}$ 为舒勒角频率；$T_s=\dfrac{2\pi}{\omega_s}=2\pi\sqrt{\dfrac{R_e}{g}}$=84.4min 为舒勒周期。

下面讨论舒勒摆的物理意义。由于 $\ddot{\alpha}_b=a/R_e$ 代表由运载体线运动而引起的地垂线变化的角加速度，而 $\ddot{\alpha}_a=mla/J$ 为物理摆在加速度 a 作用下绕其悬挂点运动的角加速度。当二者相等时，物理摆对加速度 a 不敏感。若物理摆初始时指向地垂线，则不论运载体怎样运动，物理摆将永远指向地垂线；若物理摆初始时偏离地垂线一定角度，则它将围绕地垂线以舒勒周期做不衰减的振荡。

对于物理摆来说，若要满足舒勒调整条件，设物理摆为一个半径 $r=0.5\text{m}$ 的圆环，并忽略圆环厚度，认为环的质量集中在圆环上，则有

$$l=\frac{J}{mR_e}=\frac{mr^2}{mR_e}=\frac{r^2}{R_e}=0.04\mu\text{m} \tag{3-12}$$

显然，这样的摆长在当前工艺水平条件下无法实现。

对于数学摆，由于 $J=ml^2$，则舒勒调整条件变为

$$\frac{1}{l}=\frac{1}{R_e}\quad \text{或}\quad l=R_e \tag{3-13}$$

根据式(3-13)可知，要满足舒勒调整条件，需要使数学摆的摆长等于地球半径，摆锤处于地球中心，这从原理上也是无法实现的。

2. 舒勒调整条件的实现

通过前述分析可知，舒勒原理虽然很早就已被提出，但在很长时间内一直未能实现，而计算机的发展使得舒勒调整条件满足成为可能。图 3-2 为惯性导航系统东向修正回路简化方框图，它是根据惯性导航系统各环节传递函数、信息连接关系以及稳定回路稳态情况画出的单通道修正回路方框图。

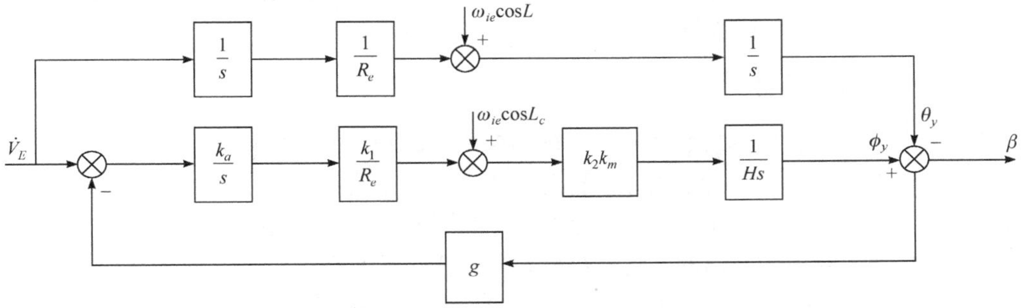

图 3-2　惯性导航系统东向修正回路简化方框图

图 3-2 中，ϕ_y 是惯性稳定平台相对惯性空间的转角，θ_y 是地理坐标系相对惯性空间的转角，β 为平台偏离当地水平面的误差角。k_a 是加速度计比例系数，k_m 是陀螺仪力矩器力

矩系数，H 为陀螺仪动量矩，k_1、k_2 分别为计算机输入、输出的转换比例系数。显然，若陀螺仪、加速度计及计算机各元件参数满足：

$$k_a \cdot k_1 \cdot k_2 \cdot k_m = H \tag{3-14}$$

则图 3-2 可以简化为图 3-3。

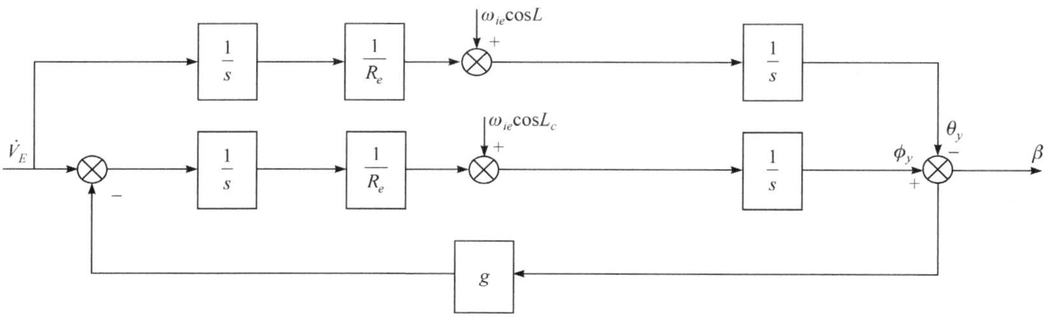

图 3-3 满足舒勒调整条件的惯性导航系统东向修正回路简化方框图

根据图 3-3 可以得到

$$\ddot{\beta} + \frac{g}{R_e}\beta = 0 \tag{3-15}$$

比较式(3-10)与式(3-15)可以发现，两者具有相同形式，即误差角 β 也做无阻尼振荡运动，所以，只需要使惯性导航系统相关参数满足式(3-14)，惯性稳定平台就可以不受运载体加速度影响。因此，式(3-14)称为惯性稳定平台的舒勒调整条件。在满足舒勒调整条件的情况下，东向加速度 $\dot{V}_E$ 作用于平台时，平台相对惯性空间转角 ϕ_y 与地理坐标系相对惯性空间转角 θ_y 始终相等，则误差角 β 等于零。说明平台始终处于地垂线垂直位置，而不产生误差。如果平台有初始偏角 β_0 或其他干扰作用，β 将做无阻尼自由振荡，其振荡周期为 84.4min。

这种根据舒勒原理，由加速度计、陀螺仪构成，具有 84.4min 舒勒振荡周期，使平台不受运载体加速度影响，始终保持在当地水平面内的控制回路称为舒勒回路。舒勒回路的实现是惯性导航系统的关键。由于惯性稳定平台有两个相互正交的水平轴，所以一个完整的惯性导航系统有两条舒勒回路。需要注意的是，无论平台式惯性导航系统(实体物理稳定平台)还是捷联式惯性导航系统(数学平台)，要使“平台”不受运载体加速度影响，都必须使惯性导航系统修正回路满足舒勒调整条件。

3.1.2 三轴惯性稳定平台

当地水平固定指北平台式惯性导航系统的核心是高精度的惯性稳定平台，该稳定平台一方面需要抵抗干扰，从而保持空间方位稳定；另一方面需要在地球转动与运载体运动引起当地水平面与北向(子午线)相对惯性空间转动时，能够按照计算机的指令相对惯性空间转动，以跟踪当地水平面与地理北向的变化。这样，三轴正交安装在平台上的加速度计敏感轴就可以精确测量沿东-北-天地理坐标系的比力信息，所以，惯性稳定平台是加速度计的测量基准。

在第 2 章中，介绍了单轴惯性稳定平台的两种工作状态，即几何稳定状态与空间积分状态。从本质上讲，三轴平台中每一个稳定轴的工作过程及其分析，与单轴平台没有太大区别，但是，三轴平台也不是 3 个单轴平台的简单叠加。

与单轴平台的讨论类似，在三轴平台中既可以采用 3 个单自由度陀螺仪作为敏感元件，也可以采用两个双自由度陀螺仪作为敏感元件。本节主要以双自由度陀螺仪三轴惯性平台为例进行讨论。由双自由度陀螺仪所构成的三轴惯性平台如图 3-4 所示。它是在双自由度陀螺仪构成的单轴惯性平台基础上组成的。

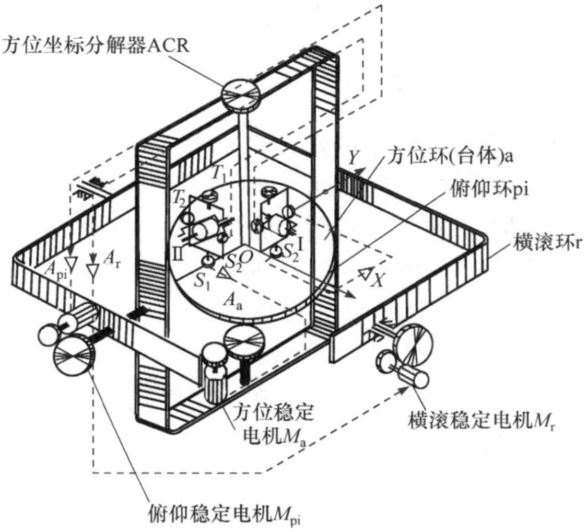

图 3-4　三轴惯性平台的构成

三自由度稳定平台有 3 个框架。最外面的框架称为外框架，其框架轴通过轴承安装在与运载体固联的减振基座上，其轴线方向一般平行于运载体的横摇轴；中间框架称为内框架，其框架轴通过轴承与外框架相连接，其轴线方向(当外框架处于中立位置时)平行于运载体的俯仰轴；最里面的框架即为台体，当内、外框架处于中立位置时，其轴线方向与运载体偏航轴一致。当三个框架都处于中立位置时，框架轴是互相正交的。

一个双自由度陀螺仪有两个测量轴，可以为平台提供两个轴的稳定基准，而三轴平台要求陀螺仪为平台提供 3 个轴的稳定基准，所以三轴平台需要两个双自由度陀螺仪。假设两个陀螺仪的外环轴均平行于平台的方位轴安装，则内环轴平行于平台台面。在正常工作状态下，两个陀螺仪的自转轴也平行于平台台面，且相互垂直，即两个陀螺仪的内环轴之间也保持垂直关系。两个陀螺仪的内环轴作为平台绕两个水平轴稳定的基准，而两个陀螺仪的外环轴之一作为平台绕方位轴稳定的基准。

平台的方位稳定回路由陀螺仪Ⅱ外环轴上的信号器 S_1、放大器 A_a、平台稳定轴上的稳定电机 M_a 等组成。当干扰力矩作用在平台的方位轴上时，平台绕方位轴转动偏离原有的方位，而平台上的陀螺仪却具有稳定性。这样，平台相对陀螺仪外环出现了偏转角，陀螺仪Ⅱ外环轴上的信号器便有信号输出，经放大器放大以后送至平台方位轴上的稳定电机，方位稳定电机输出稳定力矩作用到平台方位轴上，从而平衡作用在方位轴上的干扰力矩，使平台绕方位轴保持稳定。同样，给陀螺仪Ⅱ内环轴上的力矩器 T_2 输入与指令角速度大小成比例的电流，可实现方位稳定轴的空间积分要求。

平台的水平稳定回路由两个陀螺仪Ⅰ、Ⅱ内环轴上的信号器 S_2，方位轴上的坐标分解器 ACR，放大器 A_{pi}、A_r，平台俯仰轴与横滚轴上的稳定电机 M_{pi}、M_r 组成。其中，由陀螺仪Ⅱ内环轴作横滚稳定回路的敏感轴，陀螺仪Ⅰ内环轴作俯仰稳定回路的敏感轴。平台水平稳定回路的工作原理与方位稳定回路没有本质区别，只是为了使平台的两个水平稳定回路能够正常工作，必须有方位坐标分解器，或称为坐标变换器。

需要说明的是，在采用两个双自由度陀螺仪的平台中，由于两个陀螺仪一共有 4 个输入轴。因此，有一个多余的输入轴。这时应增加一个闭路系统使这个多余的轴处于锁定状态，即锁定在角度传感器的零位附近，否则系统不能正常工作。

3.1.3 当地水平固定指北惯性导航系统

当地水平固定指北惯性导航系统中的惯性稳定平台跟踪并稳定在当地东-北-天地理坐标系内，即平台水平指北。在平台上安装两个水平加速度计，两个加速度计的敏感轴互相垂直且分别沿东西、南北方向安装，从而用来测量运载体沿东西向以及南北向的加速度。由于平台稳定在当地水平面内，所以加速度计所测量输出的信号中不含重力加速度分量，但包含有害加速度分量，因此必须对有害加速度进行补偿。在此基础上，经过积分计算可以得到运载体速度以及其所在地理位置。

与 3.1.2 节不同，图 3-5 所示的是利用 3 个单自由度陀螺仪构成的惯性稳定平台，平台上水平安装两个互相垂直的加速度计，惯性稳定平台始终跟踪当地东-北-天地理坐标系。

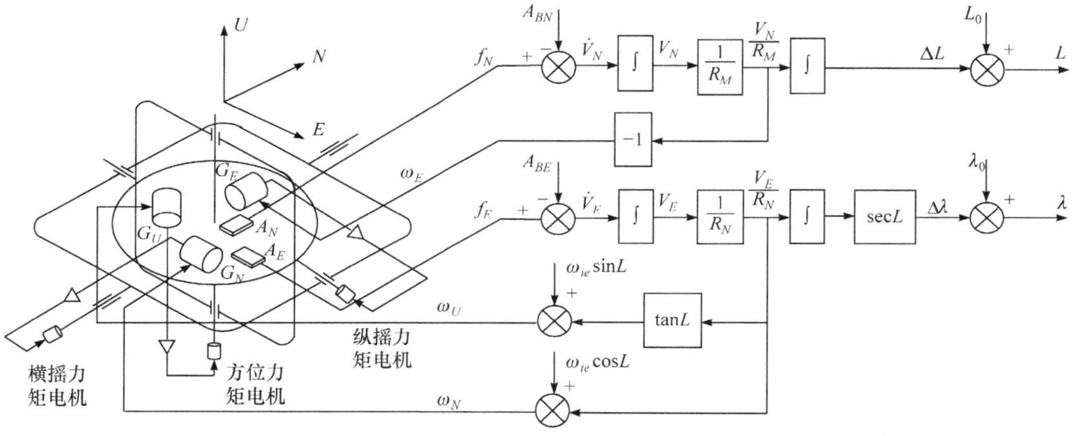

图 3-5 当地水平固定指北惯性导航系统工作原理框图

下面根据图 3-5 分别说明当地水平固定指北惯性导航系统的平台工作原理与定位原理。

1. 平台稳定与跟踪地理坐标系

采用三个单自由度积分陀螺仪及框架系统构成三轴惯性稳定平台，通过给陀螺仪施加控制指令信号从而达到使平台跟踪东-北-天地理坐标系的目的。

平台上三个单自由度积分陀螺仪的输入轴相互垂直。陀螺仪 G_N 的输入轴平行于平台的南北轴，而主轴指向平台东向，称为北向陀螺仪。陀螺仪 G_E 主轴指向平台北向，输入轴平行于平台东西轴，称为东向陀螺仪。陀螺仪 G_U 的输入轴平行于平台的垂直轴(方位轴)。

当平台外环轴指向北向时，如图 3-5 所示，陀螺仪 G_N 将敏感平台绕外环轴的旋转角速度。当平台受到外界干扰以某一角速度绕外环轴旋转时，陀螺仪 G_N 敏感到此旋转角速度从而绕其输出轴进动，因此陀螺仪 G_N 输出角度信号，此角度信号经前置放大器、坐标变换器及平台控制放大器等放大以后，输给横摇力矩电机，此力矩电机产生力矩使平台绕外环轴以相反角速度转动，直到平台恢复到原来的位置。因此，陀螺仪 G_N 就可以稳定平台的外环轴(水平轴)，从而使其不受外界干扰影响。同理，陀螺仪 G_E 稳定平台的另一个水平轴(内环轴)。陀螺仪 G_U 稳定平台的垂直轴(方位轴)。这样便构成了一个三轴陀螺仪稳定平台，平台三个轴的稳定是通过横摇、纵摇及方位三条稳定回路来实现的。如果陀螺仪上不施加控制力矩信号，则平台将稳定在惯性空间。在这种单自由度陀螺仪构成惯性稳定平台的惯性导航系统中，陀螺仪参与稳定回路工作，也是稳定回路的一个环节，因此陀螺仪的动态特性将直接影响到稳定回路的性能。

由于地球自转以及运载体相对地球运动，地理坐标系相对惯性空间的旋转角速度在东-北-天地理坐标系的轴向分量分别为 ω_E 、 ω_N 及 ω_U ，即

$$\begin{cases}\omega_E = -\dfrac{V_N}{R_M} \\ \omega_N = \omega_{ie}\cos L + \dfrac{V_E}{R_N} \\ \omega_U = \omega_{ie}\sin L + \dfrac{V_E}{R_N}\tan L\end{cases} \tag{3-16}$$

式中， V_E 、 V_N 为东向与北向速度； L 为地理纬度。

也就是说，地理坐标系在惯性空间是不断变化的。另外，当不对陀螺仪施加控制指令信号时，平台将稳定在惯性空间，这时平台相对地理坐标系将有相对变化。若想使平台相对地理坐标系没有变化，即平台保持水平和指北，则必须给陀螺仪加控制力矩，使陀螺仪产生进动。当陀螺仪力矩器按式(3-16)施加控制指令电流时，陀螺仪 G_N 、 G_E 及 G_U 产生 ω_E 、 ω_N 及 ω_U 进动角速度，从而通过稳定回路使平台以角速度 ω_E 、 ω_N 及 ω_U 转动。如果平台在起始时刻调整在当地水平并指北(即初始对准)，那么平台就能始终保持水平指北，从而达到平台跟踪东-北-天地理坐标系的目的。

这些控制陀螺仪跟踪东-北-天地理坐标系的回路，称为修正回路。整个系统有北向水平、东向水平以及方位三条修正回路。这种当地水平固定指北惯性导航系统的平台可以作为水平和方位基准之用，由此可以得到运载体的姿态与航向信息。

2. 系统定位

平台上安装两个互相垂直的加速度计，一个加速度计敏感轴沿平台北向轴安装，称为北向加速度计 A_N；另一个加速度计敏感轴沿平台东向轴安装，称为东向加速度计 A_E。它们分别用来测量运载体北向与东向加速度。这些加速度信号除含有运载体相对地球的运动加速度以外，还含有哥氏加速度以及离心加速度等有害加速度。同时，由于平台与重力矢量垂直，所以加速度计不敏感重力加速度分量。将加速度计输出信息(即比力)输入导航计算机，并在计算机内进行有害加速度 A_{BE} 、 A_{BN} 补偿。在此基础上，经过一次积分可以得到运载体速度分量，即

$$\begin{cases}V_E(t) = V_{E0} + \int_0^t (f_E - A_{BE})\mathrm{d}t \\ V_N(t) = V_{N0} + \int_0^t (f_N - A_{BN})\mathrm{d}t\end{cases} \tag{3-17}$$

式中，f_E、f_N 为东向加速度计与北向加速度计输出的比力信息；V_{E0}、V_{N0} 为运载体初始东向速度与初始北向速度。

将所得速度分量再经过一次积分，即可得到运载体相对地球的经度和纬度变化量 $\Delta\lambda$ 及 ΔL，结合运载体初始经度和纬度 λ_0、L_0，即可以得到运载体即时经度 $\lambda(t)$ 与纬度 $L(t)$：

$$\begin{cases} L(t)=L_0+\dfrac{1}{R_M}\displaystyle\int_0^t V_N(t)\mathrm{d}t \\ \lambda(t)=\lambda_0+\dfrac{\sec L}{R_N}\displaystyle\int_0^t V_E(t)\mathrm{d}t \end{cases} \tag{3-18}$$

将惯性稳定平台作为加速度计测量基准，利用加速度计测量运载体运动加速度，经过导航计算机解算，即可以获得运载体速度及其所在位置；同时，根据运载体速度及其位置，通过式(3-16)可以给出控制陀螺仪的指令角速度分量，从而达到导航定位的目的。

● **小思考：** 请结合 2.3.2 节加速度计测量特点，思考为什么使惯性稳定平台跟踪地理坐标系的当地水平固定指北惯性导航系统在实际工程应用中最常见。

3.1.4　当地水平固定指北惯性导航系统高度通道

对于舰船等沿地球表面航行的运载体来说，不需要计算其相对地球表面的高度，所以，前面的讨论中没有考虑运载体高度测量，但是，对于飞机以及水下潜器来说，高度或者深度信息与经度、纬度信息一样重要。那么，是否可以利用惯性导航系统测量运载体高度或深度信息呢?

与水平通道类似，可以很自然地想到在惯性导航系统中再增加一高度测量通道，即沿惯性稳定平台天向轴再安装一个加速度计，即使该加速度计敏感轴与物理平台的天向轴平行。在这种情况下，加速度计可以测量沿天向轴的比力分量，然后从比力中提取出沿天向轴方向的运动加速度，进而通过一次积分与二次积分得到天向轴方向的速度信息与高度信息，但很遗憾的是，惯性导航系统高度通道却不能独立工作，本节就来讨论当地水平固定指北惯性导航系统高度通道的特性。

1. 惯性高度测量存在的问题

在开环系统中，假设运载体在地球表面局部地区航行时，地球表面可以近似看成平面，而重力加速度处处平行且为常数。如图 3-6 所示，天向通道加速度计 A_U 测量得到比力 f_U，从比力 f_U 中去除重力加速度 g 就可以得到天向轴向运动加速度，该信号经过两次积分就可以得到航行高度 h。这时的系统是一个不考虑有害加速度影响的开环高度测量系统。

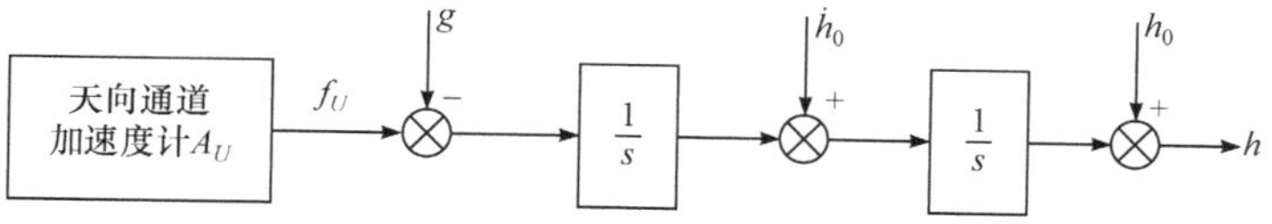

图 3-6　惯性导航开环高度测量系统原理框图

通过图 3-6 可以看出，在这样的开环高度测量系统中并没有按照比力方程去除有害加速度。除此之外，这种系统对包括加速度计零偏、标度因数等误差在内的一些误差源都会随着积分形成累积误差。假设天向通道加速度计各误差之和为$\nabla_U = 0.5\times10^{-4}g$，则根据开环高度测量系统原理框图计算其引入的高度误差可以表示为

$$\Delta h = \frac{1}{2}\nabla_U t^2 = \frac{1}{2}\times 0.5\times10^{-4}gt^2 \tag{3-19}$$

根据式(3-19)可以分别计算得到：高度测量 1h 后，高度测量误差达到 3.2km；高度测量 2h 后，高度测量误差达到 12.7km。通过以上分析可以看出，惯性导航开环高度测量系统对天向通道加速度计测量误差快速累积，且按照时间的二次方发散。

如果开环系统不能完成高度测量任务，那么闭环高度测量系统能否准确测量高度呢？在闭环系统中，按照惯性导航系统比力方程天向轴方向表达式实现高度测量。假设有害加速度表示为A_{BU}，则天向轴方向运动加速度可以表示为

$$\dot{V}_U = f_U + A_{BU} - g \tag{3-20}$$

如式(3-20)所示，从天向通道加速度计A_U测量得到的比力f_U中去除了有害加速度A_{BU}以及重力加速度g。与惯性导航开环高度测量系统不同，重力加速度g不再当作常数，而是随高度变化的变量。在不考虑地球自转的情况下，地球表面某点的重力加速度可以表示为

$$g_0 = K\frac{M}{R_e^2} \tag{3-21}$$

式中，K为万有引力常数；M为地球质量；R_e为地球平均半径。

离地球表面高度为h处的重力加速度可以表示为

$$g = K\frac{M}{(R_e+h)^2} \tag{3-22}$$

联立式(3-21)、式(3-22)，可以得到地球表面重力加速度g_0与距离地球表面高度h处的重力加速度g的关系为

$$g = \frac{R_e^2}{(R_e+h)^2}g_0 \tag{3-23}$$

考虑到$h \ll R_e$，式(3-23)可以近似为

$$g = g_0\left(1-\frac{2h}{R_e}\right) \tag{3-24}$$

将式(3-24)代入天向轴方向运动加速度表达式(3-20)中，得到

$$\dot{V}_U = f_U + A_{BU} - g = f_U + A_{BU} - g_0\left(1-\frac{2h}{R_e}\right) \tag{3-25}$$

根据式(3-25)绘制惯性导航闭环高度测量系统原理框图如图 3-7 所示。

如图 3-7 所示，与开环系统相比，除了增加有害加速度A_{BU}补偿以外，还增加了一条反馈回路。如果忽略有害加速度补偿，则根据图 3-7 可以计算系统特征方程为

$$s^2 - 2\frac{g_0}{R_e} = 0 \tag{3-26}$$

根据系统特征方程可以计算系统特征根分别为

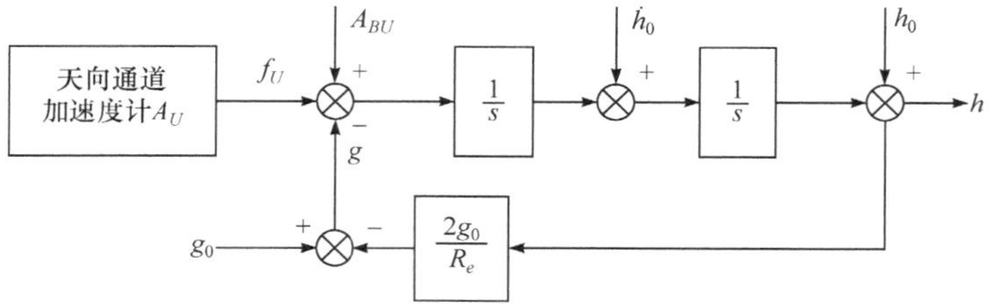

图 3-7　惯性导航闭环高度测量系统原理框图

$$s_1=\sqrt{\frac{2g_0}{R_e}},\quad s_2=-\sqrt{\frac{2g_0}{R_e}} \tag{3-27}$$

由于系统特征根中有一个正根，所以闭环高度测量系统是一个不稳定的发散系统。通过上述对开环系统与闭环系统的分析，可以看出惯性导航系统高度通道不能在较长时间内独立工作。

◆　**小实践：** 请尝试求解闭环高度测量系统中高度的时域解表达式，从而分析同等条件下，开环系统与闭环系统高度的发散速度哪一个更快。

2. 惯性高度测量方法

既然惯性导航系统高度通道不能独立工作，那么飞机和水下潜器如何获得高度和深度信息呢？在飞机上可以利用气压高度表或者雷达高度表获得飞机高度信息。其中，气压高度表通过测量大气压力间接获得飞机高度。雷达高度表通过向地面发射无线电波，测量无线电波飞行时间获得飞机高度。在水下潜器中，可以利用深度表通过测量水下压力获得其深度信息。利用上述传感器进行高度或深度测量，其优点是误差没有累积，测量方法简单，但是，由于这些测高和测深传感器具有较大惯性，所以瞬时测量精度受到一定影响。反观惯性导航高度测量系统，其短时测量精度高，但测量误差会累积。考虑到两种测量方式具有一定互补性，一种较好的解决办法是将两种测量系统获得的高度或深度信息进行融合，取长补短，从而获得动态品质好又不随时间发散的混合高度或深度信息。实际工程应用中，两种常用信息融合方法包括：

(1) 回路反馈法。设计阻尼回路将其他高度或深度信息引入惯性导航高度通道回路，通过选取合理的回路参数使系统具有良好的稳态特性与动态特性。

(2) 滤波融合法。依靠其他高度或深度信息利用滤波技术估计惯性导航高度通道累积误差，从而对惯性导航高度通道累积误差进行校正。

下面简要介绍回路反馈法。如图 3-8 所示，在二阶混合高度测量系统中，将惯性导航高度通道测量值 h 与高度表测量得到的高度 h_a 之差 Δh 以不同的传递系数 k_1 与 k_2 反馈至天向通道速度与加速度处。

根据图 3-8 中两个信息汇聚节点可以得到

$$\begin{cases} s\dot{h}=f_U-k_2\left(h-h_a\right)-\left(g_0-\dfrac{2g_0}{R_e}h\right) \\ sh=\dot{h}-k_1\left(h-h_a\right) \end{cases} \tag{3-28}$$

将式(3-28)写成矩阵形式：

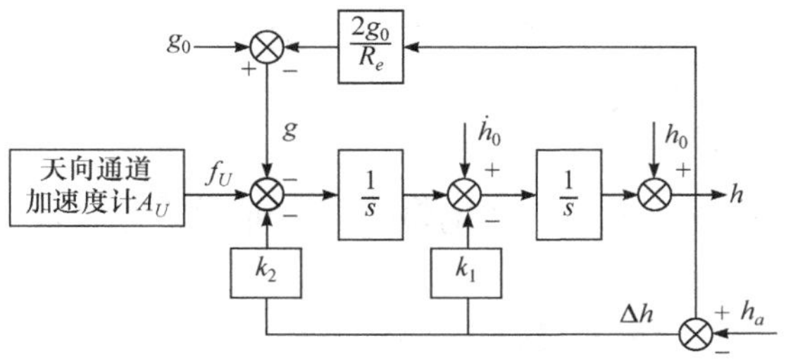

图 3-8　二阶混合高度测量原理框图

$$\begin{bmatrix} s & k_2 - \dfrac{2g_0}{R_e} \\ -1 & s + k_1 \end{bmatrix} \begin{bmatrix} \dot{h} \\ h \end{bmatrix} = \begin{bmatrix} f_U - g_0 + k_2 h_a \\ k_1 h_a \end{bmatrix} \tag{3-29}$$

进而可以得到系统特征方程为

$$s^2 + sk_1 + k_2 - 2\frac{g_0}{R_e} = 0 \tag{3-30}$$

将式(3-30)与二阶系统特征多项式标准形式进行对比，即

$$s^2 + 2\xi\omega_n s + \omega_n^2 = 0 \Leftrightarrow s^2 + sk_1 + k_2 - 2\frac{g_0}{R_e} = 0 \tag{3-31}$$

根据式(3-31)可以得到系统自振角频率和阻尼比与参数 k_1、k_2 之间的关系为

$$\omega_n = \sqrt{k_2 - \frac{2g_0}{R_e}}, \quad \xi = k_1 \bigg/ 2\sqrt{k_2 - \frac{2g_0}{R_e}} \tag{3-32}$$

显然，合理选取参数 k_1、k_2 可以使系统具有良好的稳态特性与动态特性。一般情况下，需要通过反复仿真计算才能确定使系统稳态误差最小、动态性能最好的参数。如图 3-9 所示，惯性导航系统高度通道单独工作时高度误差迅速累积。通过设计合理的阻尼回路，引入外

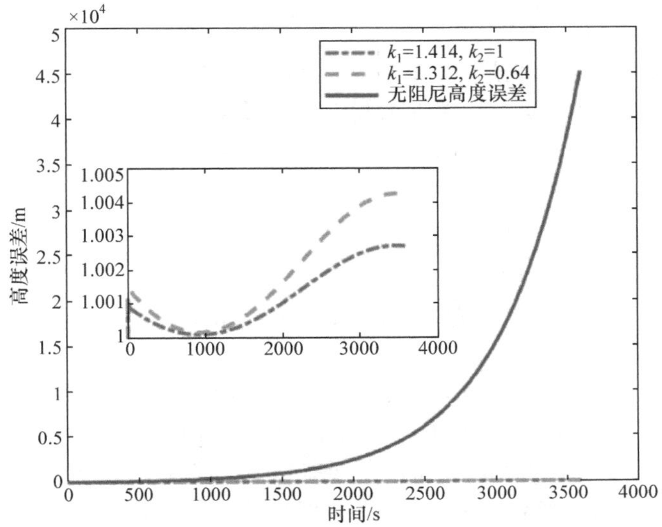

图 3-9　不同系数情况下的混合高度误差

界高度信息，可以使高度累积误差得到有效抑制。同时，可以看到选取不同的参数 k_1、k_2，混合系统输出的高度信息也有所不同。

3.2　当地水平固定指北惯性导航系统工作原理分析

当地水平固定指北惯性导航系统是应用较为普遍的一种惯性导航系统方案，本节重点讨论该系统方案的控制方程与运动方程。

3.2.1　控制方程

控制方程是导航计算机要计算的一组方程，它是有实际工程意义的一组方程。惯性导航系统的控制有两类：一是导航定位参数的计算，二是陀螺仪控制信息量的计算。由加速度计测得的比力经过有害加速度补偿，得到运载体相对地球运动的加速度，经过一次积分得到运载体相对地球运动的速度，再经过一次积分即可得到运载体瞬时地理位置信息。另外，根据地球自转角速度及运载体相对地球的运动速度，经过计算可以得到控制陀螺仪跟踪地理坐标系的控制指令角速度。计算出来的控制量以电流形式输入陀螺仪力矩器，带动平台相对惯性空间旋转，从而达到平台坐标系跟踪地理坐标系的目的。

1. 速度控制方程

对于舰船等运载体来说，垂直方向上的运动加速度远比重力加速度 g 小，所以，如果沿三轴惯性稳定平台垂向也安装有一个加速度计，则三轴加速度计测量的比力信息在地理坐标系上的分量为

$$\begin{cases} f_E = \dot{V}_E - \left(2\omega_{ie}\sin L + \dfrac{V_E}{R_N}\tan L\right)V_N \\ f_N = \dot{V}_N + \left(2\omega_{ie}\sin L + \dfrac{V_E}{R_N}\tan L\right)V_E \\ f_U = g \end{cases} \tag{3-33}$$

式(3-33)是加速度计输出表达式，即比力方程。根据第 2 章可知，加速度计是利用惯性原理制成的，测量的比力实质上是惯性力与引力的差值。

对于舰船来说，只考虑水平方向的运动，则式(3-33)可以简化为

$$\begin{cases} \dot{V}_E = f_E + \left(2\omega_{ie}\sin L + \dfrac{V_E}{R_N}\tan L\right)V_N \\ \dot{V}_N = f_N - \left(2\omega_{ie}\sin L + \dfrac{V_E}{R_N}\tan L\right)V_E \end{cases} \tag{3-34}$$

式(3-34)中的 f_E、f_N 是加速度计测得的比力在地理坐标系上的分量。实际上，加速度计是安装在平台坐标系内的，所以加速度计测出的比力沿平台坐标系轴向。由于各种误差的存在，平台坐标系与地理坐标系之间存在误差角 α、β 和 γ (即平台失准角)。平台失准角的存在导致系统实际运行时得不到准确的沿地理坐标系的比力信息 f_E、f_N，因此只能利用沿平台坐标系轴向测得的比力 f_{px}、f_{py} 代替 f_E、f_N。平台失准角越小，f_{px}、f_{py} 与 f_E、

f_N 越接近，导航精度越高。

除此之外，式(3-34)中的 V_E、V_N、L 都是客观真实值，在系统实际运行过程中也是不可能得到的，因此需要利用导航计算机解算得到的 V_{cE}、V_{cN}、L_c 代替。综上所述，式(3-34)应该表示为

$$\begin{cases} \dot{V}_{cE} = f_{px} + \left(2\omega_{ie}\sin L_c + \dfrac{V_{cE}}{R_N}\tan L_c\right)V_{cN}, & V_{cE}(0) = V_{E0} \\ \dot{V}_{cN} = f_{py} - \left(2\omega_{ie}\sin L_c + \dfrac{V_{cE}}{R_N}\tan L_c\right)V_{cE}, & V_{cN}(0) = V_{N0} \end{cases} \tag{3-35}$$

式(3-35)这组微分方程即当地水平固定指北惯性导航系统的速度控制方程。加速度计输出比力 f_{px}、f_{py} 经过有害加速度补偿以后，得到舰船相对地球运动的加速度计算值 $\dot{V}_{cE}$、$\dot{V}_{cN}$，再经过一次积分可以得到舰船运动速度计算值，分速度合成即可得到舰船合成速度计算值，即

$$V = \sqrt{(V_{cE})^2 + (V_{cN})^2} \tag{3-36}$$

2. 位置控制方程

由于运载体的运动，其所在位置的地理经纬度发生变化，如图 3-10 所示。若忽略运载体高度，当运载体沿子午线由 C 点运动到 B 点时，纬度有变化，而经度不变。纬度变化率与运载体沿地理北向速度 V_N 有关，即

$$\dot{L} = \frac{V_N}{R_M} \tag{3-37}$$

同理，当运载体沿东西方向由 A 点运动到 B 点时，纬度不发生变化，经度发生变化，而经度变化率与东向速度 V_E 有关，即

$$\dot{\lambda} = \frac{V_E}{R_N\cos L} = \frac{V_E}{R_N}\sec L \tag{3-38}$$

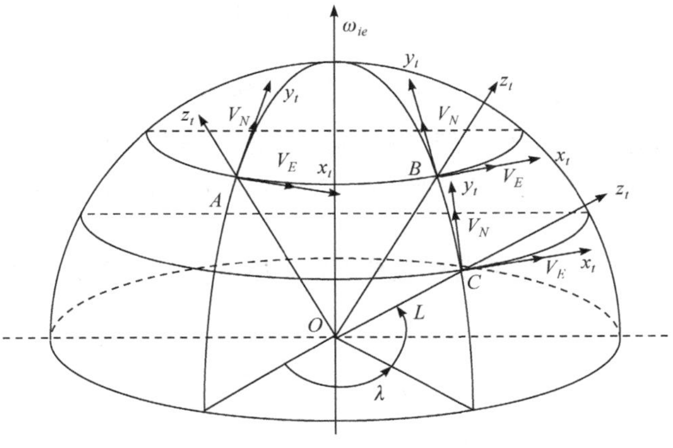

图 3-10　运载体运动引起的地理经纬度变化

式(3-37)与式(3-38)就是当地水平固定指北惯性导航系统理想的位置方程。同理，考虑

到 V_E、V_N、L 都是系统实际运行过程中无法得到的客观真实值，所以只能用计算机计算值 V_{cE}、V_{cN}、L_c 代替，将式(3-37)和式(3-38)进一步写成：

$$\begin{cases} \dot{L}_c = \dfrac{V_{cN}}{R_M}, & L_c(0) = L_0 \\ \dot{\lambda}_c = \dfrac{V_{cE}}{R_N}\sec L_c, & \lambda_c(0) = \lambda_0 \end{cases} \tag{3-39}$$

式(3-39)就是计算机计算运载体地理位置的位置控制方程。根据速度控制方程和位置控制方程，可由计算机计算出导航定位参数，即速度和经纬度的计算值。

3. 平台控制方程

惯性空间中地理坐标系的旋转角速度在地理坐标系的投影分量可以表示为

$$\begin{cases} \omega_{itx}^t = -\dfrac{V_N}{R_M} \\ \omega_{ity}^t = \omega_{ie}\cos L + \dfrac{V_E}{R_N} \\ \omega_{itz}^t = \omega_{ie}\sin L + \dfrac{V_E}{R_N}\tan L \end{cases} \tag{3-40}$$

如果能够给陀螺仪按式(3-40)施加控制指令角速度，通过稳定回路作用带动平台相对惯性空间按照式(3-40)所示的角速度旋转，平台就可以跟踪地理坐标系，从而实现当地水平指北。同理，考虑到 V_E、V_N、L 都是系统实际运行过程中无法得到的客观真实值，所以只能用计算机计算值 V_{cE}、V_{cN}、L_c 代替，因此式(3-40)可以表示为

$$\begin{cases} \omega_{cx} = -\dfrac{V_{cN}}{R_M} \\ \omega_{cy} = \omega_{ie}\cos L_c + \dfrac{V_{cE}}{R_N} \\ \omega_{cz} = \omega_{ie}\sin L_c + \dfrac{V_{cE}}{R_N}\tan L_c \end{cases} \tag{3-41}$$

式(3-41)中的 ω_{cx}、ω_{cy}、ω_{cz} 是实现当地水平固定指北惯性导航系统的平台控制指令的角速度，它由计算机计算输出并经转换以电流形式输入陀螺仪力矩器，从而使陀螺仪进动。根据式(3-35)、式(3-39)与式(3-41)可以画出当地水平固定指北惯性导航系统的控制方框图，如图 3-11 所示。

图 3-11 中，V_{E0}、V_{N0}、L_0、λ_0 是微分方程初始值，以装定方式输入导航计算机。A_{BE} 与 A_{BN} 是有害加速度值，即

$$\begin{cases} A_{BE} = -\left(2\omega_{ie}\sin L_c + \dfrac{V_{cE}}{R_N}\tan L_c\right)V_{cN} \\ A_{BN} = \left(2\omega_{ie}\sin L_c + \dfrac{V_{cE}}{R_N}\tan L_c\right)V_{cE} \end{cases} \tag{3-42}$$

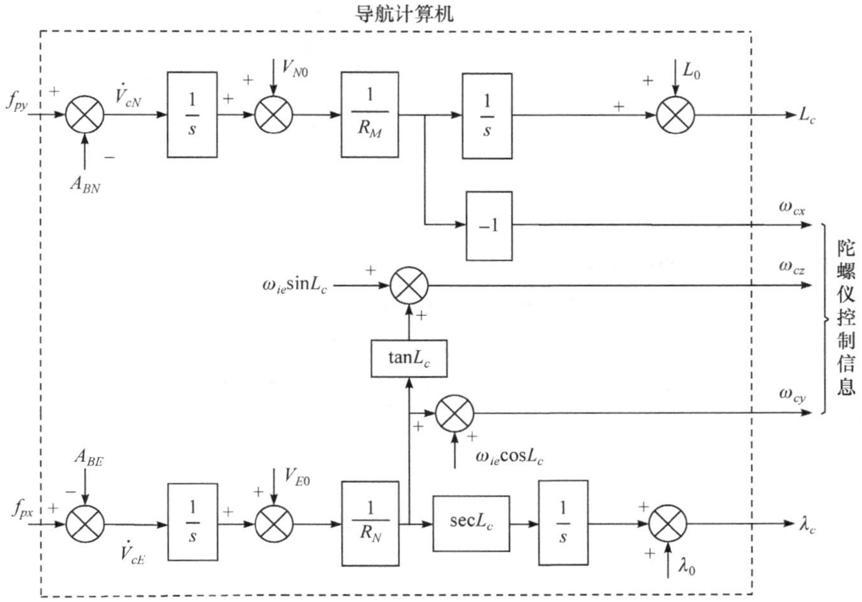

图 3-11　当地水平固定指北惯性导航系统控制方框图

3.2.2　运动方程

运动方程是从运动学角度出发，建立惯性导航系统的完整方程式，即用数学公式描述惯性导航系统的基本工作原理。

1. 平台运动基本方程

惯性平台跟踪地理坐标系时，需要对陀螺仪施加控制电流使其进动，从而控制平台按与地理坐标系相同的角速度转动。为了得到控制电流，中间要经过很多环节。在推导惯性导航系统控制方程时提到，运载体真实速度与地理位置无法得到，因此这些控制量均带有误差，而陀螺仪也存在漂移。这些因素使得惯性平台不能准确无误地跟踪地理坐标系。各种误差源的存在最终导致平台坐标系与地理坐标系之间产生了偏差角，即平台失准角 α 、β 及 γ 。α 、β 为水平失准角，γ 为平台方位失准角。当平台相对地理坐标系存在误差角时，可以采用以下旋转过程从地理坐标系旋转到平台坐标系。

$$ox_ty_tz_t \xrightarrow{\text{绕}z_t\text{轴转}\gamma} ox'y'z' \xrightarrow{\text{绕}x'\text{轴转}\alpha} ox''y''z'' \xrightarrow{\text{绕}y''\text{轴转}\beta} ox_py_pz_p$$

地理坐标系到平台坐标系的旋转过程如图 3-12 所示。

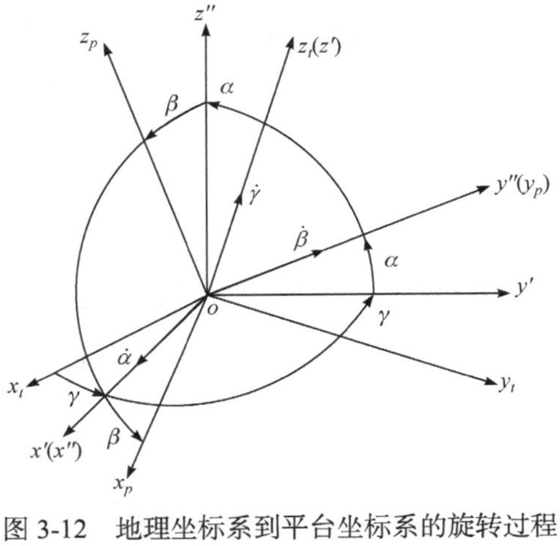

图 3-12　地理坐标系到平台坐标系的旋转过程

根据图 3-12 所示的旋转过程，可以得到描述平台坐标系与地理坐标系之间角位置关系的方向余弦矩阵为

$$\begin{bmatrix} x_p \\ y_p \\ z_p \end{bmatrix} = \begin{bmatrix} \cos\beta & 0 & -\sin\beta \\ 0 & 1 & 0 \\ \sin\beta & 0 & \cos\beta \end{bmatrix} \begin{bmatrix} 1 & 0 & 0 \\ 0 & \cos\alpha & \sin\alpha \\ 0 & -\sin\alpha & \cos\alpha \end{bmatrix} \begin{bmatrix} \cos\gamma & \sin\gamma & 0 \\ -\sin\gamma & \cos\gamma & 0 \\ 0 & 0 & 1 \end{bmatrix} \begin{bmatrix} x_t \\ y_t \\ z_t \end{bmatrix} \tag{3-43}$$

进一步，可以得到

$$\boldsymbol{C}_t^p = \begin{bmatrix} \cos\beta\cos\gamma - \sin\alpha\sin\beta\sin\gamma & \cos\beta\sin\gamma + \sin\alpha\sin\beta\cos\gamma & -\cos\alpha\sin\beta \\ -\cos\alpha\sin\gamma & \cos\alpha\cos\gamma & \sin\alpha \\ \sin\beta\cos\gamma + \sin\alpha\cos\beta\sin\gamma & \sin\beta\sin\gamma - \sin\alpha\cos\beta\cos\gamma & \cos\alpha\cos\beta \end{bmatrix} \tag{3-44}$$

在当地水平固定指北惯性导航系统中，要求平台跟踪地理坐标系。平台失准角α、β及γ表示平台坐标系与地理坐标系之间的误差角，因此一般都是小角度。这种情况下，式(3-44)可以用小角度方向余弦阵近似表示为

$$\boldsymbol{C}_t^p = \begin{bmatrix} 1 & \gamma & -\beta \\ -\gamma & 1 & \alpha \\ \beta & -\alpha & 1 \end{bmatrix} \tag{3-45}$$

平台坐标系在惯性空间的旋转角速度在平台坐标系各轴上的分量分别为ω_{px}、ω_{py}及ω_{pz}，等于施加给陀螺仪的控制角速度信息ω_{cx}、ω_{cy}、ω_{cz}与陀螺仪漂移ε_x、ε_y、ε_z之和，即

$$\begin{cases} \omega_{px} = \omega_{cx} + \varepsilon_x \\ \omega_{py} = \omega_{cy} + \varepsilon_y \\ \omega_{pz} = \omega_{cz} + \varepsilon_z \end{cases} \tag{3-46}$$

式(3-46)中，ω_{cx}、ω_{cy}、ω_{cz}已在控制方程中叙述过。理想情况下，它们应与地理坐标系相对惯性空间的旋转角速度一致。

根据平台失准角的物理意义可知，平台失准角变化率$\dot{\alpha}$、$\dot{\beta}$及$\dot{\gamma}$是平台坐标系在惯性空间的旋转角速度ω_{px}、ω_{py}、ω_{pz}与地理坐标系旋转角速度在平台坐标系轴上的分量ω_{itx}^p、ω_{ity}^p、ω_{itz}^p的差值，即

$$\begin{cases} \dot{\alpha} = \omega_{px} - \omega_{itx}^p \\ \dot{\beta} = \omega_{py} - \omega_{ity}^p \\ \dot{\gamma} = \omega_{pz} - \omega_{itz}^p \end{cases} \tag{3-47}$$

地理坐标系旋转角速度在平台坐标系轴上的分量ω_{itx}^p、ω_{ity}^p、ω_{itz}^p可以根据式(3-45)表示为

$$\begin{cases} \omega_{itx}^p = \omega_{itx}^t + \gamma\omega_{ity}^t - \beta\omega_{itz}^t \\ \omega_{ity}^p = \omega_{ity}^t + \alpha\omega_{itz}^t - \gamma\omega_{itx}^t \\ \omega_{itz}^p = \omega_{itz}^t + \beta\omega_{itx}^t - \alpha\omega_{ity}^t \end{cases} \tag{3-48}$$

式中，ω_{itx}^t、ω_{ity}^t、ω_{itz}^t为式(3-40)所示的惯性空间中地理坐标系的旋转角速度在地理坐标系的投影分量。

将式(3-46)、式(3-48)代入式(3-47)得到平台运动基本方程为

$$\begin{cases}\dot{\alpha}=\omega_{cx}-\omega_{itx}^{t}-\gamma\omega_{ity}^{t}+\beta\omega_{itz}^{t}+\varepsilon_{x}, & \alpha(0)=\alpha_{0}\\ \dot{\beta}=\omega_{cy}-\omega_{ity}^{t}-\alpha\omega_{itz}^{t}+\gamma\omega_{itx}^{t}+\varepsilon_{y}, & \beta(0)=\beta_{0}\\ \dot{\gamma}=\omega_{cz}-\omega_{itz}^{t}-\beta\omega_{itx}^{t}+\alpha\omega_{ity}^{t}+\varepsilon_{z}, & \gamma(0)=\gamma_{0}\end{cases} \tag{3-49}$$

2. 速度基本方程

平台式惯性导航系统中的加速度计是安装在平台上的，它所测得的比力信息沿平台坐标系轴向。根据平台运动基本方程可以得到平台失准角α、β及γ，进而得到平台坐标系轴向比力信息f_{px}、f_{py}，它们是地理坐标系轴向比力f_E、f_N、f_U在平台坐标系轴向上的分量f_x^p、f_y^p与加速度计零偏ΔA_x、ΔA_y之和，即

$$\begin{cases}f_{px}=f_x^p+\Delta A_x\\ f_{py}=f_y^p+\Delta A_y\end{cases} \tag{3-50}$$

f_x^p、f_y^p可以利用方向余弦矩阵(3-45)转换得到

$$\begin{cases}f_x^p=f_E+\gamma f_N-\beta f_U=f_E+\gamma f_N-\beta g\\ f_y^p=f_N+\alpha f_U-\gamma f_E=f_N-\gamma f_E+\alpha g\end{cases} \tag{3-51}$$

将式(3-51)代入式(3-50)，得到

$$\begin{cases}f_{px}=f_E+\gamma f_N-\beta g+\Delta A_x\\ f_{py}=f_N-\gamma f_E+\alpha g+\Delta A_y\end{cases} \tag{3-52}$$

式(3-52)也称为加速度计输出数学模型。

将式(3-52)代入式(3-35)，得到

$$\begin{cases}\dot{V}_{cE}=f_E+\left(2\omega_{ie}\sin L_c+\dfrac{V_{cE}}{R_N}\tan L_c\right)V_{cN}+\gamma f_N-\beta g+\Delta A_x, & V_{cE}(0)=V_{E0}\\ \dot{V}_{cN}=f_N-\left(2\omega_{ie}\sin L_c+\dfrac{V_{cE}}{R_N}\tan L_c\right)V_{cE}-\gamma f_E+\alpha g+\Delta A_y, & V_{cN}(0)=V_{N0}\end{cases} \tag{3-53}$$

通常情况下，忽略交叉耦合项γf_N、γf_E，则式(3-53)写为

$$\begin{cases}\dot{V}_{cE}=f_E+\left(2\omega_{ie}\sin L_c+\dfrac{V_{cE}}{R_N}\tan L_c\right)V_{cN}-\beta g+\Delta A_x, & V_{cE}(0)=V_{E0}\\ \dot{V}_{cN}=f_N-\left(2\omega_{ie}\sin L_c+\dfrac{V_{cE}}{R_N}\tan L_c\right)V_{cE}+\alpha g+\Delta A_y, & V_{cN}(0)=V_{N0}\end{cases} \tag{3-54}$$

式(3-54)就是速度基本方程。位置基本方程与式(3-39)相同，平台控制基本方程与式(3-41)相同。

由式(3-39)、式(3-41)、式(3-49)、式(3-54)四组基本方程构成当地水平固定指北惯性导航系统的基本方程，即

$$\begin{cases}\dot{L}_c = \dfrac{V_{cN}}{R_M}, \quad L_c(0) = L_0 \\ \dot{\lambda}_c = \dfrac{V_{cE}}{R_N}\sec L_c, \quad \lambda_c(0) = \lambda_0 \\ \omega_{cx} = -\dfrac{V_{cN}}{R_M} \\ \omega_{cy} = \omega_{ie}\cos L_c + \dfrac{V_{cE}}{R_N} \\ \omega_{cz} = \omega_{ie}\sin L_c + \dfrac{V_{cE}}{R_N}\tan L_c \\ \dot{\alpha} = \omega_{cx} - \omega_{itx}^t - \gamma\omega_{ity}^t + \beta\omega_{itz}^t + \varepsilon_x, \quad \alpha(0) = \alpha_0 \\ \dot{\beta} = \omega_{cy} - \omega_{ity}^t - \alpha\omega_{itz}^t + \gamma\omega_{itx}^t + \varepsilon_y, \quad \beta(0) = \beta_0 \\ \dot{\gamma} = \omega_{cz} - \omega_{itz}^t - \beta\omega_{itx}^t + \alpha\omega_{ity}^t + \varepsilon_z, \quad \gamma(0) = \gamma_0 \\ \dot{V}_{cE} = f_E + \left(2\omega_{ie}\sin L_c + \dfrac{V_{cE}}{R_N}\tan L_c\right)V_{cN} - \beta g + \Delta A_x, \quad V_{cE}(0) = V_{E0} \\ \dot{V}_{cN} = f_N - \left(2\omega_{ie}\sin L_c + \dfrac{V_{cE}}{R_N}\tan L_c\right)V_{cE} + \alpha g + \Delta A_y, \quad V_{cN}(0) = V_{N0}\end{cases} \tag{3-55}$$

从方程组(3-55)不难看出，当地水平固定指北惯性导航系统的输入量是 f_E、f_N 与地理坐标系旋转角速度 ω_{itx}^t、ω_{ity}^t、ω_{itz}^t，而输出量是地理位置 (L_c,λ_c)，平台失准角 α、β、γ，以及运载体计算速度 V_{cE}、V_{cN}。这组方程的数学描述反映了实际工程中的惯性导航系统工作原理，在分析惯性导航系统性能时就是用它在计算机上进行模拟仿真。

将方程组(3-55)用方框图的形式表示，如图 3-13 所示。

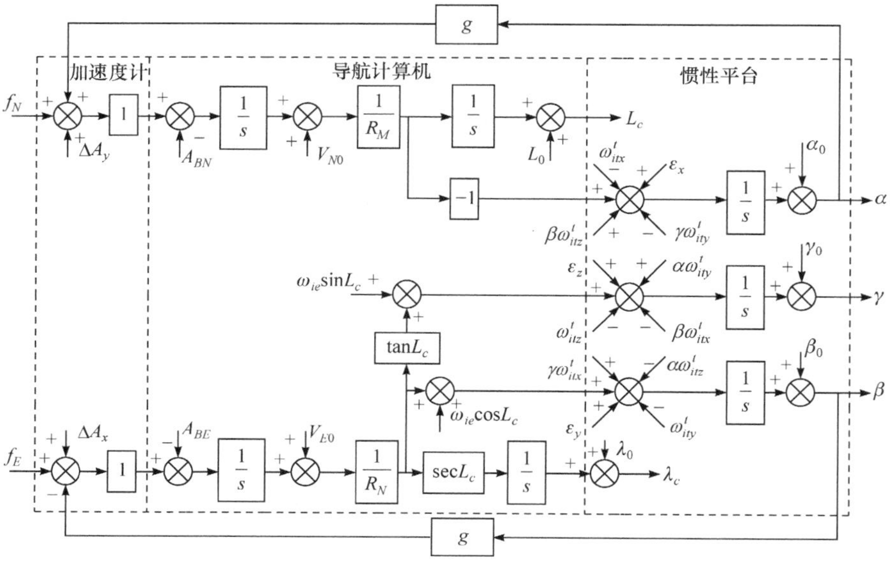

图 3-13　当地水平固定指北惯性导航系统方框图

从图 3-13 可以看出，惯性导航系统的主要误差源是陀螺仪漂移与加速度计零偏。由于平台不断跟踪地理坐标系，因此重力加速度方向与惯性器件相对变化不大，为此可以简化惯性器件的静态误差数学模型。同时平台不受运载体角运动影响，因此这种方案不需要考虑惯性器件动态误差数学模型，可以简化误差补偿技术。

3.3　当地水平固定指北惯性导航系统误差特性

为了分析当地水平固定指北惯性导航系统的误差特性，需要建立系统误差方程，进而分析各误差源对惯性导航系统输出导航参数及平台失准角的影响。导航参数包含经度 λ、纬度 L、东向速度 V_E 以及北向速度 V_N 等。当地水平固定指北惯性导航系统误差特性分析的基本流程是：首先建立误差方程，然后求解误差方程，进而得到各误差源对导航定位参数的影响，在此基础上可以对整个惯性导航系统各惯性器件提出精度指标要求。

3.3.1　常见误差源

理想的平台式惯性导航系统应准确无误地跟踪当地地理坐标系，加速度计应准确无误地输出比力信号，但实际上，惯性导航系统在结构安装、惯性器件及系统的工程实现中都不可避免地存在多种误差，从而导致平台误差与系统输出误差。惯性导航系统的常见误差源包括以下几种。

(1) 器件误差。它主要指陀螺仪与加速度计误差，如陀螺仪漂移、陀螺仪力矩器的标度因数误差(在系统中的影响相当于陀螺仪漂移)，加速度计零偏与标度因数误差等。

(2) 安装误差。平台环架轴非正交会造成安装误差。另外，惯性器件陀螺仪与加速度计安装在平台上，陀螺仪与加速度计非正交误差也会造成系统误差。

(3) 初始值误差。惯性导航系统本质上是依靠推算定位的，因此工作前必须输入初始参数，如初始速度、初始位置等。另外，在系统工作前，惯性稳定平台要进行初始对准从而指向当地地理坐标系，初始参数误差与平台初始对准误差都会造成系统输出误差。

(4) 原理及方法误差。惯性导航解算过程中以旋转椭球体近似代替真实地球形状，所以在经度、纬度计算以及地球曲率半径 R_M、R_N 的计算中都存在误差。有害加速度补偿则忽略了二阶项，并以计算值代替真实值，因此也存在误差。除此之外，给定的地球自转角速度 ω_{ie} 不准确，计算机在求解微分方程时采用的数值计算方法也都会存在误差，还有计算机的字节舍入误差、输入与输出转换误差等。

(5) 干扰误差。例如，电磁场、温度场等外界环境所导致的干扰误差，以及惯性导航系统不能完全满足舒勒调整条件或工作在阻尼状态时，运载体加速度及摇摆加速度对系统产生的干扰误差等。

(6) 外参考信息误差。当惯性导航系统工作在阻尼或综合校正状态时，需要引入外部参考信息，这些信息是由其他导航设备提供的，它们不可避免地存在测量误差，所以这些外参考信息误差也会带来系统误差。

上述各种误差源尽管来源不一样，但有的对系统影响很相似，因此可使之合并，这样在列写误差方程时，只引用几种主要的误差源可以使问题分析更加清晰。

3.3.2 系统误差方程

误差方程是用来分析各误差源对惯性导航系统影响的基础，本节以当地水平固定指北惯性导航系统作为分析对象，主要考虑陀螺仪漂移$\boldsymbol{\varepsilon}$、加速度计零偏$\Delta\boldsymbol{A}$以及初始值误差等主要误差源。

1. 平台运动误差方程

平台运动基本方程描述了平台失准角α、β、γ的运动规律，所以它就是平台运动误差方程。本节中，将推导以纬度误差δL以及速度误差δV_E、δV_N表示的平台运动误差方程。

由式(3-40)、式(3-41)可得

$$\begin{cases}\omega_{cx}-\omega_{itx}^{t}=-\left(\dfrac{V_{cN}}{R_M}-\dfrac{V_N}{R_M}\right)\\ \omega_{cy}-\omega_{ity}^{t}=\omega_{ie}\left(\cos L_c-\cos L\right)+\dfrac{1}{R_N}\left(V_{cE}-V_E\right)\\ \omega_{cz}-\omega_{itz}^{t}=\omega_{ie}\left(\sin L_c-\sin L\right)+\dfrac{1}{R_N}\left(V_{cE}\tan L_c-V_E\tan L\right)\end{cases} \tag{3-56}$$

当L_c与L差别很小且纬度不高时，可以认为$\tan L_c=\tan L$，$(L_c+L)/2\approx L$，令$L_c-L=\delta L$则有

$$\begin{cases}\cos L_c-\cos L=-2\sin\left(\dfrac{L_c+L}{2}\right)\sin\left(\dfrac{L_c-L}{2}\right)=-\delta L\sin L\\ \sin L_c-\sin L=2\cos\left(\dfrac{L_c+L}{2}\right)\sin\left(\dfrac{L_c-L}{2}\right)=\delta L\cos L\end{cases} \tag{3-57}$$

令$V_{cE}-V_E=\delta V_E$、$V_{cN}-V_N=\delta V_N$，并将式(3-57)代入式(3-56)，得到

$$\begin{cases}\omega_{cx}-\omega_{itx}^{t}=-\dfrac{\delta V_N}{R_M}\\ \omega_{cy}-\omega_{ity}^{t}=-\delta L\omega_{ie}\sin L+\dfrac{\delta V_E}{R_N}\\ \omega_{cz}-\omega_{itz}^{t}=\delta L\omega_{ie}\cos L+\dfrac{\delta V_E}{R_N}\tan L\end{cases} \tag{3-58}$$

将式(3-58)代入式(3-49)，得到

$$\begin{cases}\dot{\alpha}=-\dfrac{\delta V_N}{R_M}-\gamma\omega_{ity}^{t}+\beta\omega_{itz}^{t}+\varepsilon_x, \quad \alpha(0)=\alpha_0\\ \dot{\beta}=-\delta L\omega_{ie}\sin L+\dfrac{\delta V_E}{R_N}-\alpha\omega_{itz}^{t}+\gamma\omega_{itx}^{t}+\varepsilon_y, \quad \beta(0)=\beta_0\\ \dot{\gamma}=\delta L\omega_{ie}\cos L+\dfrac{\delta V_E}{R_N}\tan L-\beta\omega_{itx}^{t}+\alpha\omega_{ity}^{t}+\varepsilon_z, \quad \gamma(0)=\gamma_0\end{cases} \tag{3-59}$$

式(3-59)右端是引起平台失准角变化的误差项，每一项都有明确的物理意义。按其性质来分，影响平台失准角变化率的误差源有三类：一是平台漂移项，即陀螺仪漂移项；二是由平台误差角交叉耦合而产生的误差项；三是由于导航参数有误差而产生的误差项。

为简化问题分析，考虑静基座情况，即纬度 L 为常值，而 $V_E = V_N = 0$。同时，假设地球为圆球体，即 $R_M = R_N = R_e$，此时式(3-40)可以写为

$$\begin{cases} \omega_{itx}^t = 0 \\ \omega_{ity}^t = \omega_{ie}\cos L \\ \omega_{itz}^t = \omega_{ie}\sin L \end{cases} \tag{3-60}$$

将式(3-60)代入式(3-59)，并考虑所假设的条件，得到

$$\begin{cases} \dot{\alpha} = -\dfrac{\delta V_N}{R_e} - \gamma\omega_{ie}\cos L + \beta\omega_{ie}\sin L + \varepsilon_x, \quad \alpha(0) = \alpha_0 \\ \dot{\beta} = -\delta L\omega_{ie}\sin L + \dfrac{\delta V_E}{R_e} - \alpha\omega_{ie}\sin L + \varepsilon_y, \quad \beta(0) = \beta_0 \\ \dot{\gamma} = \delta L\omega_{ie}\cos L + \dfrac{\delta V_E}{R_e}\tan L + \alpha\omega_{ie}\cos L + \varepsilon_z, \quad \gamma(0) = \gamma_0 \end{cases} \tag{3-61}$$

式(3-61)就是静基座条件下平台运动误差方程。

2. 速度误差方程

速度误差定义为导航计算机计算速度与运载体真实速度之差，即用式(3-54)减去式(3-34)，得到

$$\begin{cases} \delta\dot{V}_E = \dot{V}_{cE} - \dot{V}_E = \left(2\omega_{ie}\sin L_c + \dfrac{V_{cE}}{R_N}\tan L_c\right)V_{cN} - \left(2\omega_{ie}\sin L + \dfrac{V_E}{R_N}\tan L\right)V_N - \beta g + \Delta A_x \\ \delta\dot{V}_N = \dot{V}_{cN} - \dot{V}_E = -\left(2\omega_{ie}\sin L_c + \dfrac{V_{cE}}{R_N}\tan L_c\right)V_{cE} + \left(2\omega_{ie}\sin L + \dfrac{V_E}{R_N}\tan L\right)V_E + \alpha g + \Delta A_y \end{cases} \tag{3-62}$$

假设运载体速度很低，例如，舰船通常满足 $\omega_{ie} \gg V_{cE}/R_N$、$\omega_{ie} \gg V_E/R_N$，并令 $V_{cN} = V_N + \delta V_N$、$L_c = L + \delta L$，则有

$$\begin{aligned} &\left(2\omega_{ie}\sin L_c + \frac{V_{cE}}{R_N}\tan L_c\right)V_{cN} - \left(2\omega_{ie}\sin L + \frac{V_E}{R_N}\tan L\right)V_N \\ &\approx 2\omega_{ie}\left(V_{cN}\sin L_c - V_N\sin L\right) \\ &= 2\omega_{ie}\left[\left(V_N + \delta V_N\right)\sin L_c - V_N\sin L\right] \\ &= 2\omega_{ie}\left[V_N\left(\sin L_c - \sin L\right) + \delta V_N\left(\sin L\cos\delta L + \cos L\sin\delta L\right)\right] \end{aligned} \tag{3-63}$$

同理得

$$\begin{aligned} &-\left(2\omega_{ie}\sin L_c + \frac{V_{cE}}{R_N}\tan L_c\right)V_{cE} + \left(2\omega_{ie}\sin L + \frac{V_E}{R_N}\tan L\right)V_E \\ &\approx -2\omega_{ie}\left(V_{cE}\sin L_c - V_E\sin L\right) \\ &= -2\omega_{ie}\left[V_E\left(\sin L_c - \sin L\right) + \delta V_E\left(\sin L\cos\delta L + \cos L\sin\delta L\right)\right] \end{aligned} \tag{3-64}$$

为简化问题分析，讨论静基座情况，即 $V_E = V_N = 0$，并认为 δV_E、δV_N、δL 是小量，忽

略二阶小量，则式(3-63)、式(3-64)可化简为

$$\begin{cases} 2\omega_{ie}\left[V_N\left(\sin L_c - \sin L\right) + \delta V_N\left(\sin L\cos\delta L + \cos L\sin\delta L\right)\right] = 2\omega_{ie}\delta V_N \sin L \\ -2\omega_{ie}\left[V_E\left(\sin L_c - \sin L\right) + \delta V_E\left(\sin L\cos\delta L + \cos L\sin\delta L\right)\right] = -2\omega_{ie}\delta V_E \sin L \end{cases} \tag{3-65}$$

将式(3-65)代入式(3-62)得到静基座速度误差方程为

$$\begin{cases} \delta\dot{V}_E = 2\omega_{ie}\delta V_N \sin L - \beta g + \Delta A_x, \quad \delta V_E(0) = \delta V_{E0} \\ \delta\dot{V}_N = -2\omega_{ie}\delta V_E \sin L + \alpha g + \Delta A_y, \quad \delta V_N(0) = \delta V_{N0} \end{cases} \tag{3-66}$$

由式(3-66)右端可见，影响速度误差变化率的三个因素分别是加速度计零偏 ΔA_x、ΔA_y，平台存在的水平失准角 α、β 导致加速度计敏感到重力加速度 g，以及在静基座状态下运载体没有哥氏加速度(加速度计输出比力中不含有这一有害成分)，但计算机中却计算出了 δV_E、δV_N，并且进一步计算出了哥氏加速度，从而形成对加速度计输出的错误补偿。

3. 位置误差方程

位置误差定义为导航计算机计算的经纬度与运载体真实经纬度之差，即纬度误差可以表示为 $\delta L = L_c - L$，则纬度误差方程可以写为

$$\delta\dot{L} = \dot{L}_c - \dot{L} = \frac{V_{cN}}{R_M} - \frac{V_N}{R_M} = \frac{\delta V_N}{R_M}, \quad \delta L(0) = \delta L_0 \tag{3-67}$$

根据经度误差 $\delta\lambda = \lambda_c - \lambda$ 的定义，经度误差方程可以写为

$$\begin{aligned} \delta\dot{\lambda} &= \dot{\lambda}_c - \dot{\lambda} = \frac{V_{cE}}{R_N}\sec L_c - \frac{V_E}{R_N}\sec L = \frac{1}{R_N}\left[V_E\left(\frac{1}{\cos L_c} - \frac{1}{\cos L}\right) + \delta V_E \frac{1}{\cos L_c}\right] \\ &= \frac{1}{R_N}\left(V_E \frac{\cos L - \cos L_c}{\cos L_c \cos L} + \delta V_E \frac{\cos L}{\cos L_c \cos L}\right) \end{aligned} \tag{3-68}$$

考虑到 $(L_c + L)/2 \approx L$，式(3-68)中的部分项可以简化为

$$\cos L - \cos L_c = -2\sin\left(\frac{L + L_c}{2}\right)\sin\left(\frac{L - L_c}{2}\right) \approx \delta L \sin L \tag{3-69}$$

$$\begin{aligned} \cos L_c \cos L &= \frac{1}{2}\left[\cos\left(L + L_c\right) + \cos\left(L - L_c\right)\right] \approx \frac{1}{2}\left(\cos 2L + \cos\delta L\right) \\ &= \frac{1}{2}\left[\left(2\cos^2 L - 1\right) + 1\right] = \cos^2 L \end{aligned} \tag{3-70}$$

将式(3-69)、式(3-70)代入式(3-68)得到经度误差方程为

$$\delta\dot{\lambda} = \frac{V_E}{R_N}\delta L \tan L \sec L + \frac{\delta V_E}{R_N}\sec L, \quad \delta\lambda(0) = \delta\lambda_0 \tag{3-71}$$

考虑静基座条件时，$V_E = V_N = 0$，并假设地球为圆球体，即 $R_M = R_N = R_e$，则式(3-67)、式(3-71)可以写为

$$\begin{cases} \delta\dot{L} = \dfrac{\delta V_N}{R_e}, \quad \delta L(0) = \delta L_0 \\ \delta\dot{\lambda} = \dfrac{\delta V_E}{R_e}\sec L, \quad \delta\lambda(0) = \delta\lambda_0 \end{cases} \tag{3-72}$$

式(3-72)是静基座条件下的位置误差方程。

4. 误差特性分析

式(3-61)、式(3-66)以及式(3-72)构成当地水平固定指北惯性导航系统在静基座条件下的系统误差方程组，即

$$\begin{cases}\delta\dot{V}_E = 2\omega_{ie}\delta V_N \sin L - \beta g + \Delta A_x, & \delta V_E(0) = \delta V_{E0} \\ \delta\dot{V}_N = -2\omega_{ie}\delta V_E \sin L + \alpha g + \Delta A_y, & \delta V_N(0) = \delta V_{N0} \\ \delta\dot{L} = \dfrac{\delta V_N}{R_e}, & \delta L(0) = \delta L_0 \\ \dot{\alpha} = -\dfrac{\delta V_N}{R_e} - \gamma\omega_{ie}\cos L + \beta\omega_{ie}\sin L + \varepsilon_x, & \alpha(0) = \alpha_0 \\ \dot{\beta} = -\delta L\omega_{ie}\sin L + \dfrac{\delta V_E}{R_e} - \alpha\omega_{ie}\sin L + \varepsilon_y, & \beta(0) = \beta_0 \\ \dot{\gamma} = \delta L\omega_{ie}\cos L + \dfrac{\delta V_E}{R_e}\tan L + \alpha\omega_{ie}\cos L + \varepsilon_z, & \gamma(0) = \gamma_0 \\ \delta\dot{\lambda} = \dfrac{\delta V_E}{R_e}\sec L, & \delta\lambda(0) = \delta\lambda_0\end{cases} \tag{3-73}$$

从方程组(3-73)可以看出，前六个微分方程是联立的，而最后的经度误差微分方程是独立的，变量 $\delta\lambda$ 在前六个方程中并没有出现，因此经度误差是开环的。下面将式(3-73)分为两组加以讨论分析。

将式(3-73)前六个方程联立并进行拉氏变换，写成矩阵形式为

$$\begin{bmatrix} s\delta V_E(s) \\ s\delta V_N(s) \\ s\delta L(s) \\ s\alpha(s) \\ s\beta(s) \\ s\gamma(s) \end{bmatrix} = \begin{bmatrix} 0 & 2\omega_{ie}\sin L & 0 & 0 & -g & 0 \\ -2\omega_{ie}\sin L & 0 & 0 & g & 0 & 0 \\ 0 & \dfrac{1}{R_e} & 0 & 0 & 0 & 0 \\ 0 & -\dfrac{1}{R_e} & 0 & 0 & \omega_{ie}\sin L & -\omega_{ie}\cos L \\ \dfrac{1}{R_e} & 0 & -\omega_{ie}\sin L & -\omega_{ie}\sin L & 0 & 0 \\ \dfrac{1}{R_e}\tan L & 0 & \omega_{ie}\cos L & \omega_{ie}\cos L & 0 & 0 \end{bmatrix}$$

$$\times \begin{bmatrix} \delta V_E(s) \\ \delta V_N(s) \\ \delta L(s) \\ \alpha(s) \\ \beta(s) \\ \gamma(s) \end{bmatrix} + \begin{bmatrix} \delta V_{E0} \\ \delta V_{N0} \\ \delta L_0 \\ \alpha_0 \\ \beta_0 \\ \gamma_0 \end{bmatrix} + \begin{bmatrix} \Delta A_x(s) \\ \Delta A_y(s) \\ 0 \\ \varepsilon_x(s) \\ \varepsilon_y(s) \\ \varepsilon_z(s) \end{bmatrix} \tag{3-74}$$

对经度误差方程进行拉氏变换，得到

$$s\delta\lambda(s)=\frac{\sec L}{R_e}\delta V_E(s)+\delta\lambda_0 \tag{3-75}$$

根据方程(3-73)画出当地水平固定指北惯性导航系统静基座误差方框图，如图 3-14 所示。

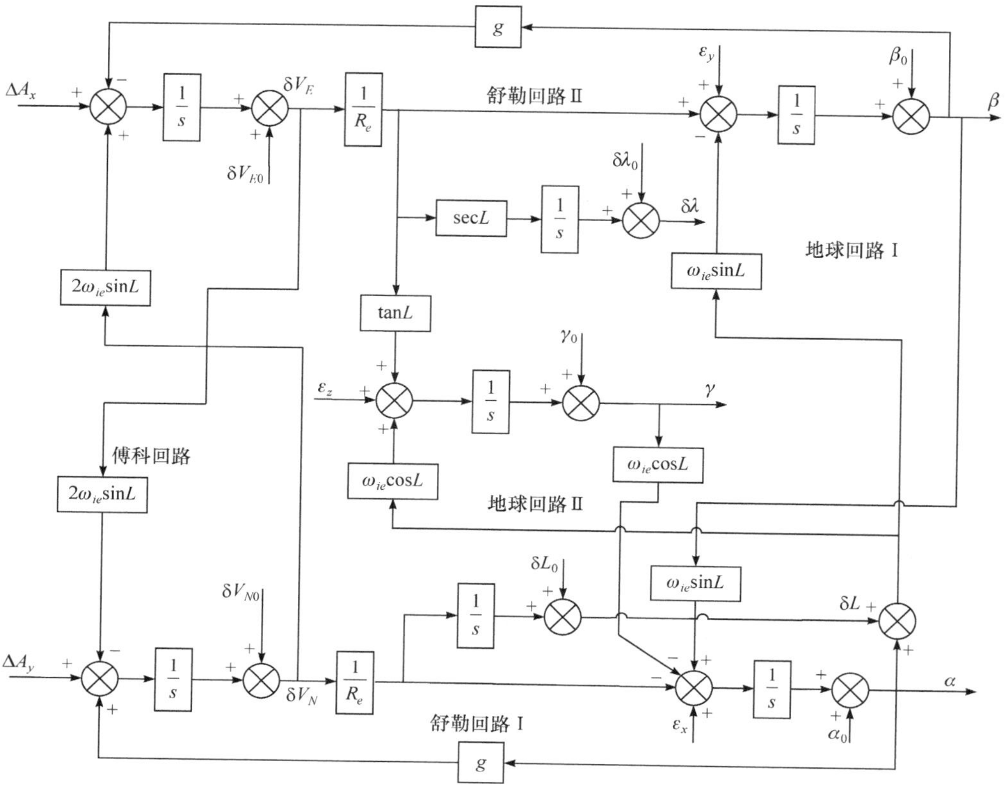

图 3-14　当地水平固定指北惯性导航系统静基座误差方框图

由图 3-14 可以看出，经度误差是开环的。从图中还可以看到存在五条回路，即有两条水平通道的舒勒回路，有两条由水平失准角 α、β，方位失准角 γ 以及纬度误差 δL 构成的地球回路，还有一条由速度误差 δV_E、δV_N 构成的傅科回路。

进一步，将式(3-74)表示为

$$s\boldsymbol{X}(s)=\boldsymbol{F}\boldsymbol{X}(s)+\boldsymbol{X}_0+\boldsymbol{W}(s) \tag{3-76}$$

式中，$\boldsymbol{X}=[\delta V_E \quad \delta V_N \quad \delta L \quad \alpha \quad \beta \quad \gamma]^{\mathrm{T}}$；$\boldsymbol{X}_0=[\delta V_{E0} \quad \delta V_{N0} \quad \delta L_0 \quad \alpha_0 \quad \beta_0 \quad \gamma_0]^{\mathrm{T}}$；$\boldsymbol{F}$ 为 6×6 的系数矩阵；$\boldsymbol{W}=[\Delta A_x \quad \Delta A_y \quad 0 \quad \varepsilon_x \quad \varepsilon_y \quad \varepsilon_z]^{\mathrm{T}}$。

根据式(3-76)，可以得到

$$\boldsymbol{X}(s)=(s\boldsymbol{I}-\boldsymbol{F})^{-1}[\boldsymbol{X}_0+\boldsymbol{W}(s)] \tag{3-77}$$

根据高阶行列式展开法则可以得到

$$\Delta(s)=|s\boldsymbol{I}-\boldsymbol{F}|=\begin{vmatrix} s & -2\omega_{ie}\sin L & 0 & 0 & g & 0 \\ 2\omega_{ie}\sin L & s & 0 & -g & 0 & 0 \\ 0 & -\dfrac{1}{R_e} & s & 0 & 0 & 0 \\ 0 & \dfrac{1}{R_e} & 0 & s & -\omega_{ie}\sin L & \omega_{ie}\cos L \\ -\dfrac{1}{R_e} & 0 & \omega_{ie}\sin L & \omega_{ie}\sin L & s & 0 \\ -\dfrac{\tan L}{R_e} & 0 & -\omega_{ie}\cos L & -\omega_{ie}\cos L & 0 & s \end{vmatrix}$$

$$=\left(s^2+\omega_{ie}^2\right)\left[\left(s^2+\frac{g}{R_e}\right)^2+4s^2\omega_{ie}^2\sin^2 L\right] \tag{3-78}$$

进一步，系统特征方程可以写为

$$\left(s^2+\omega_{ie}^2\right)\left[\left(s^2+\frac{g}{R_e}\right)^2+4s^2\omega_{ie}^2\sin^2 L\right]=0 \tag{3-79}$$

求解方程(3-79)，可以得到

$$\begin{cases} s^2+\omega_{ie}^2=0 \\ \left(s^2+\dfrac{g}{R_e}\right)^2+4s^2\omega_{ie}^2\sin^2 L=0 \end{cases} \tag{3-80}$$

根据式(3-80)中第一个方程可以求解得到一对共轭虚根，即

$$s_{1,2}=\pm \mathrm{i}\omega_{ie} \tag{3-81}$$

式(3-80)中第二个方程可以进一步表示为

$$\begin{cases} s^2-\mathrm{i}2\omega_{ie}\sin L\cdot s+\dfrac{g}{R_e}=0 \\ s^2+\mathrm{i}2\omega_{ie}\sin L\cdot s+\dfrac{g}{R_e}=0 \end{cases} \tag{3-82}$$

求解式(3-82)可以得到两对共轭虚根，即

$$\begin{cases} s_{3,4}=\mathrm{i}\omega_{ie}\sin L\pm \mathrm{i}\sqrt{\left(\omega_{ie}\sin L\right)^2+\dfrac{g}{R_e}} \\ s_{5,6}=-\mathrm{i}\omega_{ie}\sin L\pm \mathrm{i}\sqrt{\left(\omega_{ie}\sin L\right)^2+\dfrac{g}{R_e}} \end{cases} \tag{3-83}$$

定义 $\omega_s=\sqrt{\dfrac{g}{R_e}}=1.24\times10^{-3}\,\mathrm{rad/s}$ 为舒勒角频率，同时考虑到地球自转角速度为 $\omega_{ie}\approx$

$0.729\times10^{-4}\,\text{rad/s}$，由此可见 $\omega_s \gg \omega_{ie}$，从而式(3-83)可以近似写为

$$\begin{cases} s_{3,4} = \pm \mathrm{i}\left(\omega_s + \omega_{ie}\sin L\right) \\ s_{5,6} = \pm \mathrm{i}\left(\omega_s - \omega_{ie}\sin L\right) \end{cases} \tag{3-84}$$

上述解得当地水平固定指北惯性导航系统误差方程的特征根有六个，它们是三对共轭虚根，说明系统误差呈正余弦函数振荡，即系统在外激励作用下将产生三种周期性等幅振荡。三种振荡角频率分别是舒勒振荡角频率 ω_s，地球振荡角频率 ω_{ie} 及傅科振荡角频率 $\omega_{ie}\sin L$。三种振荡角频率所对应的三种振荡周期分别是

$$\text{舒勒振荡周期}\quad T_s = \frac{2\pi}{\omega_s} = 2\pi\sqrt{\frac{R_e}{g}} = 84.4\,\text{min} \tag{3-85}$$

$$\text{地球振荡周期}\quad T_e = \frac{2\pi}{\omega_{ie}} = 24\text{h} \tag{3-86}$$

$$\text{傅科振荡周期}\quad T_c = \frac{2\pi}{\omega_{ie}\sin L} \tag{3-87}$$

从特征方程分析可以看出，满足舒勒调整条件的当地水平固定指北惯性导航系统具有三种周期振荡的动态特性。其中，傅科振荡周期与纬度 L 有关，纬度越高，傅科振荡周期越小。下面进一步讨论说明这三种周期振荡之间的关系。

从式(3-84)可以看出，由于 $\omega_s \gg \omega_{ie}\sin L$，所以系统中两个角频率 $\omega_s + \omega_{ie}\sin L$ 与 $\omega_s - \omega_{ie}\sin L$ 十分接近。在解析表达式中，可以表示为两个频率十分接近的正弦分量线性组合形式，即

$$x(t) = x_0\sin\left(\omega_s + \omega_{ie}\sin L\right)t + x_0\sin\left(\omega_s - \omega_{ie}\sin L\right)t \tag{3-88}$$

将式(3-88)进行和差化积运算，得到

$$x(t) = 2x_0\cos\left(\omega_{ie}\sin L\right)t\sin\omega_s t \tag{3-89}$$

式(3-89)表示频率相接近的两个正弦分量合成之后将产生差拍现象，振荡角频率为 ω_s，振幅为 $2x_0\cos\left(\omega_{ie}\sin L\right)t$，说明幅值是随着傅科角频率的余弦而变化的，因此新形成的正弦振荡具有调制波的性质，即舒勒周期振荡的幅值受到傅科频率调制。除此之外，从系统特征方程可以看出，它是由两个独立方程构成的，所以地球振荡角频率相对舒勒振荡角频率与傅科振荡角频率是独立的，即地球周期振荡与被傅科周期振荡调制的舒勒周期振荡相叠加，这就是三种周期振荡之间的相互关系。

图 3-15 与图 3-16 表示舒勒周期振荡、傅科周期振荡以及地球周期振荡三者之间的关系。

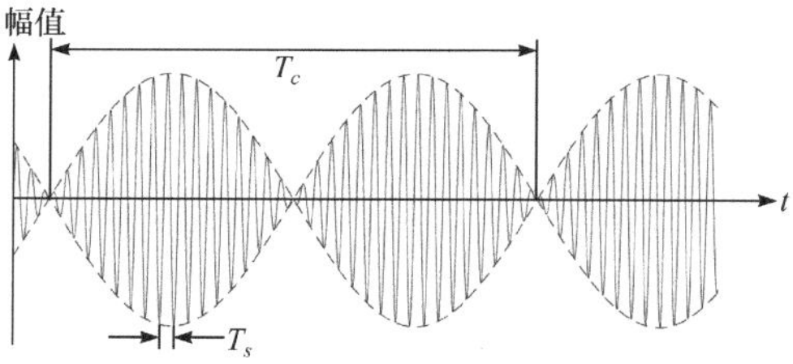

图 3-15　傅科周期振荡调制舒勒周期振荡

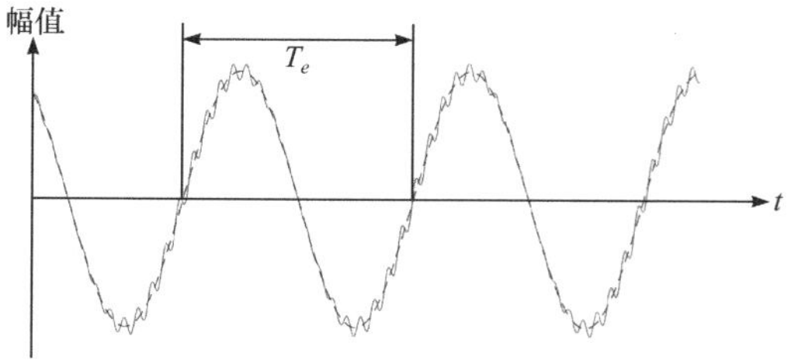

图 3-16　地球周期振荡与三种周期振荡相叠加

下面简单分析三种周期振荡产生的原因。由惯性导航系统静基座误差方框图 3-14 可以看出，舒勒周期振荡是由于平台倾斜存在水平失准角 α、β，这时安装在平台上的加速度计将敏感重力加速度，从而构成二阶负反馈振荡系统，所以表现出振荡特性。这个振荡周期为 84.4min，这也间接证明两水平通道满足舒勒调整条件，从而不受运动加速度干扰影响。

傅科周期振荡是由有害加速度补偿不完全所造成的。从傅科回路来看，它是将速度误差 δV_E 与 δV_N 耦合从而构成二阶负反馈振荡系统，形成该二阶负反馈振荡系统的原因是利用计算值 V_{cE}、V_{cN}、L_c 代替 V_E、V_N 及 L 补偿有害加速度。

地球周期振荡是由于系统存在水平失准角 α、β，方位失准角 γ 以及纬度误差 δL，它们交叉耦合将地球自转角速度分量引入惯性导航误差系统。它有两条回路，每条回路也是二阶负反馈系统，振荡特性表现出地球周期振荡。

上述讨论的误差特性是在静基座条件下所具有的，即运载体相对地球没有相对运动。考虑运载体在纬度圈上自东向西运动，当运载体速度为

$$V_E = -R_e \omega_{ie} \cos L \tag{3-90}$$

时，观察运载体上的惯性导航系统输出，将看不到地球周期振荡。进一步，由误差方框图 3-14 可知，此时傅科振荡角频率 ω_c 为

$$\omega_c = \omega_{ie} \sin L + \frac{V_E}{R_e} \tan L = 0 \tag{3-91}$$

显然，如果式(3-91)存在，则傅科振荡周期变为无穷大。也就是说，如果运载体以式(3-90)所示的速度航行，地球周期振荡项与傅科周期振荡项将同时消失。这是因为原点固定在运载体质心的地理坐标系相对惯性坐标系方位轴的相对角速度等于零。在地球表面一点纬度 L 处，地球自转运动使得地面绕惯性系方位轴的转动角速度为 $\omega_{ie} \sin L$，但由于运载体以速度 $V_E = -R_e \omega_{ie} \cos L$ 运动，又使地面绕惯性系方位轴产生一附加转动，其角速度为 $V_E / R_e \tan L$。如果 $V_E / R_e \tan L = -\omega_{ie} \sin L$，则式(3-91)成立。可见上述两个角速度合成结果，使地理坐标系垂直轴相对惯性坐标系没有转动，这时看不见差拍现象。

由式(3-90)可知，只有 $V_E = -R_e \omega_{ie} \cos L$ 时，地球周期振荡与傅科周期振荡才不出现。以 $L = 30°$ 为例，则 $V_E = 780\text{kn}$ (1kn = 1.852km/h)，这个速度对于舰船来说是不可能达到的，所以在船用当地水平固定指北惯性导航系统中，总是存在三种周期振荡。

需要注意的是，考虑运载体东向速度使系统方程变得复杂，系统动态特性也有所改变。如果同时考虑北向速度，系统特征方程将变得更加复杂，惯性导航系统的动态特性将受运载体运动的影响，但是考虑到舰船这类运载体航行速度较小($V_E / R_e \ll \omega_{ie}, V_N / R_e \ll \omega_{ie}$)，所以讨论静基座情况与实际应用在舰船上的情况变化不是很大。还需说明一点，根据式(3-91)可知，当运载体在赤道 $L = 0°$ 作东西向航行时，无论其速度多大，傅科振荡周期也不会出现，即不产生差拍现象。

3.3.3　误差源影响分析

误差源影响分析的目的是掌握各种误差源对惯性导航系统导航参数的影响，从而对惯性导航系统中的主要元部件、初始对准等提出精度指标要求，也便于采取相应技术措施来

抑制导航参数误差。下面利用理论分析法与仿真分析法来分析系统的主要误差源(陀螺仪漂移、加速度计零偏以及初始值误差)对系统的影响。

1. 理论分析法

理论分析法是通过求解误差方程来分析各个误差源对系统的影响的。若用6×6矩阵 $\boldsymbol{C}$ 表示特征矩阵的逆，即

$$\boldsymbol{C}=\left(s\boldsymbol{I}-\boldsymbol{F}\right)^{-1}=\begin{bmatrix} c_{11} & \cdots & c_{16} \\ \vdots & \ddots & \vdots \\ c_{61} & \cdots & c_{66} \end{bmatrix} \tag{3-92}$$

则式(3-77)可以写为

$$\boldsymbol{X}(s)=\boldsymbol{C}\left[\boldsymbol{X}_0+\boldsymbol{W}(s)\right] \tag{3-93}$$

矩阵 $\boldsymbol{C}$ 反映了初始值误差 $\boldsymbol{X}_0$、器件误差 $\boldsymbol{W}(s)$ 与系统误差之间的传递特性，因此将矩阵 $\boldsymbol{C}$ 称为系统的误差传递矩阵。对式(3-93)进行拉氏反变换即可得到系统导航参数误差的时域表达式：

$$\boldsymbol{X}(t)=L^{-1}\left\{\boldsymbol{C}\left[\boldsymbol{X}_0+\boldsymbol{W}(s)\right]\right\} \tag{3-94}$$

式(3-94)中矩阵 $\boldsymbol{C}$ 可以通过矩阵求逆得到，但直接根据式(3-92)求解形式比较复杂。为简化计算，可以不考虑由于补偿有害加速度不完全而引入的误差项，即不考虑傅科周期振荡的影响，令系数矩阵 $\boldsymbol{F}$ 中的 F_{12}、F_{21} 等于零，此时矩阵 $\boldsymbol{F}$ 简写为 $\boldsymbol{F}'$，即

$$\boldsymbol{F}'=\begin{bmatrix} 0 & 0 & 0 & 0 & -g & 0 \\ 0 & 0 & 0 & g & 0 & 0 \\ 0 & \dfrac{1}{R_e} & 0 & 0 & 0 & 0 \\ 0 & -\dfrac{1}{R_e} & 0 & 0 & \omega_{ie}\sin L & -\omega_{ie}\cos L \\ \dfrac{1}{R_e} & 0 & -\omega_{ie}\sin L & -\omega_{ie}\sin L & 0 & 0 \\ \dfrac{\tan L}{R_e} & 0 & \omega_{ie}\cos L & \omega_{ie}\cos L & 0 & 0 \end{bmatrix} \tag{3-95}$$

并记

$$\boldsymbol{C}'=\left(s\boldsymbol{I}-\boldsymbol{F}'\right)^{-1} \tag{3-96}$$

利用计算机可以求解矩阵 $\boldsymbol{C}'$ 中的 36 个元素，进而利用系统误差传递矩阵 $\boldsymbol{C}'$ 分析各种误差源对系统导航参数的影响。矩阵 $\boldsymbol{C}'$ 中的 36 个元素的计算结果为

$$\begin{cases} c_{11}=\dfrac{s}{s^2+\omega_s^2},\quad c_{12}=0,\quad c_{13}=\dfrac{sg\omega_{ie}\sin L}{\left(s^2+\omega_s^2\right)\left(s^2+\omega_{ie}^2\right)} \\ c_{14}=\dfrac{sg\omega_{ie}\sin L}{\left(s^2+\omega_s^2\right)\left(s^2+\omega_{ie}^2\right)},\quad c_{15}=-\dfrac{g\left(s^2+\omega_{ie}^2\cos^2 L\right)}{\left(s^2+\omega_s^2\right)\left(s^2+\omega_{ie}^2\right)},\quad c_{16}=-\dfrac{g\omega_{ie}^2\sin L\cos L}{\left(s^2+\omega_s^2\right)\left(s^2+\omega_{ie}^2\right)} \end{cases} \tag{3-97}$$

$$\begin{cases} c_{21}=0, \quad c_{22}=\dfrac{s}{s^2+\omega_s^2}, \quad c_{23}=-\dfrac{g\omega_{ie}^2}{\left(s^2+\omega_s^2\right)\left(s^2+\omega_{ie}^2\right)} \\ c_{24}=\dfrac{gs^2}{\left(s^2+\omega_s^2\right)\left(s^2+\omega_{ie}^2\right)}, \quad c_{25}=-\dfrac{sg\omega_{ie}\sin L}{\left(s^2+\omega_s^2\right)\left(s^2+\omega_{ie}^2\right)}, \quad c_{26}=-\dfrac{sg\omega_{ie}\cos L}{\left(s^2+\omega_s^2\right)\left(s^2+\omega_{ie}^2\right)} \end{cases} \tag{3-98}$$

$$\begin{cases} c_{31}=0, \quad c_{32}=\dfrac{1}{R_e\left(s^2+\omega_s^2\right)}, \quad c_{33}=\dfrac{\left(s^2+\omega_s^2+\omega_{ie}^2\right)s}{\left(s^2+\omega_s^2\right)\left(s^2+\omega_{ie}^2\right)} \\ c_{34}=\dfrac{s\omega_s^2}{\left(s^2+\omega_s^2\right)\left(s^2+\omega_{ie}^2\right)}, \quad c_{35}=\dfrac{\omega_s^2\omega_{ie}\sin L}{\left(s^2+\omega_s^2\right)\left(s^2+\omega_{ie}^2\right)}, \quad c_{36}=-\dfrac{\omega_s^2\omega_{ie}\cos L}{\left(s^2+\omega_s^2\right)\left(s^2+\omega_{ie}^2\right)} \end{cases} \tag{3-99}$$

$$\begin{cases} c_{41}=0, \quad c_{42}=-\dfrac{1}{R_e\left(s^2+\omega_s^2\right)}, \quad c_{43}=-\dfrac{s\omega_{ie}^2}{\left(s^2+\omega_s^2\right)\left(s^2+\omega_{ie}^2\right)} \\ c_{44}=\dfrac{s^3}{\left(s^2+\omega_s^2\right)\left(s^2+\omega_{ie}^2\right)}, \quad c_{45}=\dfrac{s^2\omega_{ie}\sin L}{\left(s^2+\omega_s^2\right)\left(s^2+\omega_{ie}^2\right)}, \quad c_{46}=-\dfrac{s^2\omega_{ie}\cos L}{\left(s^2+\omega_s^2\right)\left(s^2+\omega_{ie}^2\right)} \end{cases} \tag{3-100}$$

$$\begin{cases} c_{51}=\dfrac{1}{R_e\left(s^2+\omega_s^2\right)}, \quad c_{52}=0, \quad c_{53}=-\dfrac{s^2\omega_{ie}\sin L}{\left(s^2+\omega_s^2\right)\left(s^2+\omega_{ie}^2\right)} \\ c_{54}=-\dfrac{s^2\omega_{ie}\sin L}{\left(s^2+\omega_s^2\right)\left(s^2+\omega_{ie}^2\right)}, \quad c_{55}=\dfrac{\left(s^2+\omega_{ie}^2\cos^2 L\right)s}{\left(s^2+\omega_s^2\right)\left(s^2+\omega_{ie}^2\right)}, \quad c_{56}=\dfrac{s\omega_{ie}^2\sin L\cos L}{\left(s^2+\omega_s^2\right)\left(s^2+\omega_{ie}^2\right)} \end{cases} \tag{3-101}$$

$$\begin{cases} c_{61}=-\dfrac{\tan L}{R_e\left(s^2+\omega_s^2\right)}, \quad c_{62}=0, \quad c_{63}=\dfrac{\omega_{ie}\left(s^2\cos L+\omega_s^2\sec L\right)}{\left(s^2+\omega_s^2\right)\left(s^2+\omega_{ie}^2\right)} \\ c_{64}=\dfrac{\omega_{ie}\left(s^2\cos L+\omega_s^2\sec L\right)}{\left(s^2+\omega_s^2\right)\left(s^2+\omega_{ie}^2\right)}, \quad c_{65}=\dfrac{\left(\omega_{ie}^2\sin L\cos L-\omega_s^2\tan L\right)s}{\left(s^2+\omega_s^2\right)\left(s^2+\omega_{ie}^2\right)} \\ c_{66}=\dfrac{\left(s^2+\omega_s^2+\omega_{ie}^2\sin^2 L\right)s}{\left(s^2+\omega_s^2\right)\left(s^2+\omega_{ie}^2\right)} \end{cases} \tag{3-102}$$

利用系统误差传递矩阵 $\boldsymbol{C}'$ 分析各种误差源对系统导航参数影响的具体步骤如下：

(1) 假定误差源的性质；

(2) 根据误差源在方程中的位置查询误差传递矩阵 $\boldsymbol{C}'$ 的相关元素，得到导航参数误差的拉氏变换表达式；

(3) 进行拉氏反变换，得到导航参数误差的时域表达式。

需要注意的是，由于经度误差不包含在式(3-93)中，所以分析经度误差时，需要先利用

步骤(1)求解东向速度误差拉氏变换形式 $\delta V_E(s)$，再根据式(3-75)得到

$$\delta\lambda(s)=\frac{\delta V_E(s)}{sR_e}\sec L \tag{3-103}$$

对式(3-103)进行拉氏反变换即可求解得到经度误差的时域表达式。下面分别分析主要误差源对系统误差的影响。

1) 陀螺仪漂移对系统误差的影响

在不考虑傅科周期振荡影响且陀螺仪漂移为常值的条件下，讨论陀螺仪漂移对系统导航参数误差的解析表达式。因为陀螺仪漂移是常值，所以陀螺仪漂移原函数与象函数的关系为

$$\varepsilon(s)=\frac{\varepsilon}{s} \tag{3-104}$$

由方程(3-93)可以得到

$$\begin{bmatrix}\delta V_E(s)\\ \delta V_N(s)\\ \delta L(s)\\ \alpha(s)\\ \beta(s)\\ \gamma(s)\end{bmatrix}=\begin{bmatrix}c_{14} & c_{15} & c_{16}\\ c_{24} & c_{25} & c_{26}\\ c_{34} & c_{35} & c_{36}\\ c_{44} & c_{45} & c_{46}\\ c_{54} & c_{55} & c_{56}\\ c_{64} & c_{65} & c_{66}\end{bmatrix}\begin{bmatrix}\dfrac{\varepsilon_x}{s}\\ \dfrac{\varepsilon_y}{s}\\ \dfrac{\varepsilon_z}{s}\end{bmatrix} \tag{3-105}$$

将式(3-105)进行拉氏反变换，得到陀螺仪常值漂移对系统输出影响的解析表达式为

$$\begin{aligned}\delta V_E(t)=&\frac{g\sin L}{\omega_s^2-\omega_{ie}^2}\left(\sin\omega_{ie}t-\frac{\omega_{ie}}{\omega_s}\sin\omega_s t\right)\varepsilon_x+\left(\frac{\omega_s^2-\omega_{ie}^2\cos^2 L}{\omega_s^2-\omega_{ie}^2}\cos\omega_s t\right.\\&\left.-\frac{\omega_s^2\sin^2 L}{\omega_s^2-\omega_{ie}^2}\cos\omega_{ie}t-\cos^2 L\right)R_e\varepsilon_y+\left(\frac{\omega_s^2}{\omega_s^2-\omega_{ie}^2}\cos\omega_{ie}t-\frac{\omega_{ie}^2}{\omega_s^2-\omega_{ie}^2}\cos\omega_s t-1\right)R_e\sin L\cos L\varepsilon_z\end{aligned} \tag{3-106}$$

$$\begin{aligned}\delta V_N(t)=&\frac{g}{\omega_s^2-\omega_{ie}^2}(\cos\omega_{ie}t-\cos\omega_s t)\varepsilon_x+\frac{g\sin L}{\omega_s^2-\omega_{ie}^2}\left(\sin\omega_{ie}t-\frac{\omega_{ie}}{\omega_s}\sin\omega_s t\right)\varepsilon_y\\&+\left(\frac{\omega_s\omega_{ie}\cos L}{\omega_s^2-\omega_{ie}^2}\sin\omega_s t-\frac{\omega_s^2\cos L}{\omega_s^2-\omega_{ie}^2}\sin\omega_{ie}t\right)R_e\varepsilon_z\end{aligned} \tag{3-107}$$

$$\begin{aligned}\delta L(t)=&\frac{\omega_s^2}{\omega_s^2-\omega_{ie}^2}\left(\frac{\sin\omega_{ie}t}{\omega_{ie}}-\frac{\sin\omega_s t}{\omega_s}\right)\varepsilon_x+\left[\frac{\omega_s^2\omega_{ie}\sin L}{\omega_s^2-\omega_{ie}^2}\left(\frac{\cos\omega_s t}{\omega_s^2}-\frac{\cos\omega_{ie}t}{\omega_{ie}^2}\right)+\frac{\sin L}{\omega_{ie}}\right]\varepsilon_y\\&+\left[\frac{\omega_s^2\cos L}{\omega_{ie}\left(\omega_s^2-\omega_{ie}^2\right)}\cos\omega_{ie}t-\frac{\omega_{ie}\cos L}{\omega_s^2-\omega_{ie}^2}\cos\omega_s t-\frac{\cos L}{\omega_{ie}}\right]\varepsilon_z\end{aligned} \tag{3-108}$$

$$\begin{aligned}\alpha(t)=&\frac{1}{\omega_s^2-\omega_{ie}^2}(\omega_s\sin\omega_s t-\omega_{ie}\sin\omega_{ie}t)\varepsilon_x+\frac{\omega_{ie}\sin L}{\omega_s^2-\omega_{ie}^2}(\cos\omega_{ie}t-\cos\omega_s t)\varepsilon_y\\&+\frac{\omega_{ie}\cos L}{\omega_s^2-\omega_{ie}^2}(\cos\omega_s t-\cos\omega_{ie}t)\varepsilon_z\end{aligned} \tag{3-109}$$

$$\beta(t)=\frac{\omega_{ie}\sin L}{\omega_s^2-\omega_{ie}^2}(\cos\omega_s t-\cos\omega_{ie}t)\varepsilon_x+\left[\frac{\omega_s^2-\omega_{ie}^2\cos^2 L}{\omega_s\left(\omega_s^2-\omega_{ie}^2\right)}\sin\omega_s t-\frac{\omega_{ie}\sin^2 L}{\omega_s^2-\omega_{ie}^2}\sin\omega_{ie}t\right]\varepsilon_y$$
$$+\frac{\omega_{ie}\sin L\cos L}{\omega_s^2-\omega_{ie}^2}\left(\sin\omega_{ie}t-\frac{\omega_{ie}}{\omega_s}\sin\omega_s t\right)\varepsilon_z \tag{3-110}$$

$$\gamma(t)=\left\{\frac{1}{\omega_{ie}\cos L}+\frac{\cos L}{\omega_{ie}\left(\omega_s^2-\omega_{ie}^2\right)}\left[\omega_{ie}^2\tan^2 L\cos\omega_s t-\left(\omega_{ie}^2-\omega_s^2\sec^2 L\right)\cos\omega_{ie}t\right]\right\}\varepsilon_x$$
$$+\left[\frac{\omega_{ie}^2\sin L\cos L-\omega_s^2\tan L}{\omega_s^2-\omega_{ie}^2}\left(\frac{1}{\omega_{ie}}\sin\omega_{ie}t-\frac{1}{\omega_s}\sin\omega_s t\right)\right]\varepsilon_y \tag{3-111}$$
$$+\left[\frac{\omega_s^2-\omega_{ie}^2\cos^2 L}{\omega_{ie}\left(\omega_s^2-\omega_{ie}^2\right)}\sin\omega_{ie}t-\frac{\omega_{ie}^2\sin^2 L}{\omega_s\left(\omega_s^2-\omega_{ie}^2\right)}\sin\omega_s t\right]\varepsilon_z$$

对于经度误差，根据式(3-103)可得

$$\delta\lambda(s)=\begin{bmatrix}\dfrac{\sec L}{R_e s}c_{14} & \dfrac{\sec L}{R_e s}c_{15} & \dfrac{\sec L}{R_e s}c_{16}\end{bmatrix}\begin{bmatrix}\dfrac{\varepsilon_x}{s}\\ \dfrac{\varepsilon_y}{s}\\ \dfrac{\varepsilon_z}{s}\end{bmatrix} \tag{3-112}$$

将c_{14}、c_{15}、c_{16}代入式(3-112)并进行拉氏反变换，得到

$$\delta\lambda(t)=\left[\frac{\tan L}{\omega_{ie}}(1-\cos\omega_{ie}t)+\frac{\omega_{ie}\tan L}{\omega_s^2-\omega_{ie}^2}(\cos\omega_{ie}t-\cos\omega_s t)\right]\varepsilon_x$$
$$+\left[\frac{\sec L\left(\omega_s^2-\omega_{ie}^2\cos^2 L\right)}{\omega_s(\omega_s^2-\omega_{ie}^2)}\sin\omega_s t-\frac{\omega_s^2\sin L\tan L}{\omega_{ie}\left(\omega_s^2-\omega_{ie}^2\right)}\sin\omega_{ie}t-\cos L\cdot t\right]\varepsilon_y \tag{3-113}$$
$$+\left[\frac{\omega_s^2\sin L}{\omega_{ie}\left(\omega_s^2-\omega_{ie}^2\right)}\sin\omega_{ie}t-\frac{\omega_{ie}^2\sin L}{\omega_s\left(\omega_s^2-\omega_{ie}^2\right)}\sin\omega_s t-\sin L\cdot t\right]\varepsilon_z$$

在式(3-106)～式(3-112)中，没有出现傅科周期振荡项，这是因为忽略了傅科周期振荡的影响。通过 3.3.2 节的特征方程分析可知，傅科周期振荡调制舒勒周期振荡，也就是说，凡是有舒勒周期振荡项，除特殊情况下，一般都会出现傅科周期振荡项，所以惯性导航系统在陀螺仪常值漂移的激励下将产生三种周期振荡的误差传播特性。这种情况下，振荡的平衡位置在哪？周期振荡误差可以通过阻尼等方法消除，将误差中的振荡部分去掉后得到

$$
\begin{cases}
\delta V_{Es} = -R_e\varepsilon_y\cos^2 L - R_e\varepsilon_z\cos L\sin L \\
\delta V_{Ns} = 0 \\
\delta L_s = \dfrac{\sin L}{\omega_{ie}}\varepsilon_y - \dfrac{\cos L}{\omega_{ie}}\varepsilon_z \\
\delta\lambda_s = \dfrac{\tan L}{\omega_{ie}}\varepsilon_x - \varepsilon_y t\cos L - \varepsilon_z t\sin L \\
\alpha_s = 0 \\
\beta_s = 0 \\
\gamma_s = \dfrac{1}{\omega_{ie}\cos L}\varepsilon_x
\end{cases}
\tag{3-114}
$$

由式(3-114)可见，陀螺仪常值漂移引起的惯性导航系统误差除具有三种周期振荡误差以外，还会产生某些导航参数的常值偏差(东向速度误差、纬度误差、经度误差、方位失准角)，更严重的是产生经度误差随时间增长的累积误差。因此，陀螺仪漂移是惯性导航系统的主要误差源。

东向陀螺仪漂移 ε_x 对经度误差与方位失准角产生常值误差 $\varepsilon_x\cdot\tan L/\omega_{ie}$ 及 $\varepsilon_x/(\omega_{ie}\cos L)$，不会引起随时间积累的误差，对所有输出导航参数均产生三种周期振荡误差。

北向陀螺仪漂移 ε_y 与方位陀螺仪漂移 ε_z 引起的系统误差相似，它们产生的纬度常值误差分别为 $\sin L\cdot\varepsilon_y/\omega_{ie}$ 及 $-\cos L\cdot\varepsilon_z/\omega_{ie}$，还产生东向速度常值误差 $-R_e\varepsilon_y\cos^2 L$ 及 $-R_e\varepsilon_z\sin L\cdot\cos L$。除产生常值误差外，还产生随时间积累的经度误差 $-\varepsilon_y t\cos L$ 及 $-\varepsilon_z t\sin L$，这说明惯性导航系统定位误差随时间积累。ε_y 及 ε_z 也同样对七个导航参数产生三种周期振荡误差。

例 3-1　假设 $\varepsilon_x=\varepsilon_y=\varepsilon_z=0.001°/\mathrm{h}$，$L=45°$，引起的导航参数误差分别为多少？

解：根据式(3-114)可知，东向速度误差与北向速度误差分别为

$$\delta V_{Es} = -0.03\mathrm{m/s},\quad \delta V_{Ns} = 0\mathrm{m/s} \tag{3-115}$$

纬度误差为

$$\delta L_s = -4.66\times10^{-17}(') \tag{3-116}$$

平台失准角分别为

$$\alpha_s = 0°,\quad \beta_s = 0°,\quad \gamma_s = 0.33' \tag{3-117}$$

考虑到经度误差随时间累积，所以可以得到

$$\delta\lambda(1) = 0.23',\quad \delta\lambda(36000) = 0.01° \tag{3-118}$$

2) 加速度计零偏对系统误差的影响

假设加速度计零偏为常值，其原函数与象函数关系为

$$\Delta A(s) = \frac{\Delta A}{s} \tag{3-119}$$

同理，可以得到

$$\begin{bmatrix} \delta V_E(s) \\ \delta V_N(s) \\ \delta L(s) \\ \alpha(s) \\ \beta(s) \\ \gamma(s) \end{bmatrix} = \begin{bmatrix} c_{11} & c_{12} \\ c_{21} & c_{22} \\ c_{31} & c_{32} \\ c_{41} & c_{42} \\ c_{51} & c_{52} \\ c_{61} & c_{62} \end{bmatrix} \begin{bmatrix} \dfrac{\Delta A_x}{s} \\ \dfrac{\Delta A_y}{s} \end{bmatrix} \tag{3-120}$$

加速度计零偏引起的系统各导航参数误差解析式为

$$\begin{cases} \delta V_E(s) = \dfrac{s}{s^2+\omega_s^2} \cdot \dfrac{\Delta A_x}{s} \\ \delta V_N(s) = \dfrac{s}{s^2+\omega_s^2} \cdot \dfrac{\Delta A_y}{s} \\ \delta L(s) = \dfrac{1}{R_e\left(s^2+\omega_s^2\right)} \cdot \dfrac{\Delta A_y}{s} \\ \alpha(s) = -\dfrac{1}{R_e\left(s^2+\omega_s^2\right)} \cdot \dfrac{\Delta A_y}{s} \\ \beta(s) = \dfrac{1}{R_e\left(s^2+\omega_s^2\right)} \cdot \dfrac{\Delta A_x}{s} \\ \gamma(s) = \dfrac{\tan L}{R_e\left(s^2+\omega_s^2\right)} \cdot \dfrac{\Delta A_x}{s} \end{cases} \tag{3-121}$$

将式(3-121)进行拉氏反变换，同时对根据式(3-103)以及式(3-120)中第 1 式得到的经度误差拉氏变换表达式进行拉氏反变换，得到

$$\begin{cases} \delta V_E(t) = \dfrac{1}{\omega_s}\sin\omega_s t \cdot \Delta A_x \\ \delta V_N(t) = \dfrac{1}{\omega_s}\sin\omega_s t \cdot \Delta A_y \\ \delta L(t) = \dfrac{1}{R_e\omega_s^2}\left(1-\cos\omega_s t\right)\Delta A_y \\ \delta\lambda(t) = \dfrac{\sec L}{R_e\omega_s^2}\left(1-\cos\omega_s t\right)\Delta A_x \\ \alpha(t) = -\dfrac{1}{R_e\omega_s^2}\left(1-\cos\omega_s t\right)\Delta A_y \\ \beta(t) = \dfrac{1}{R_e\omega_s^2}\left(1-\cos\omega_s t\right)\Delta A_x \\ \gamma(t) = \dfrac{\tan L}{R_e\omega_s^2}\left(1-\cos\omega_s t\right)\Delta A_x \end{cases} \tag{3-122}$$

从式(3-122)可以看出，加速度计零偏为常值时，它引起的系统的七个导航参数误差均包含舒勒周期振荡项。由于傅科周期振荡调制舒勒周期振荡，如果不忽略傅科周期振荡，

也会包含傅科周期振荡，但不包含地球周期振荡。

同理，忽略周期振荡项以后得到加速度计零偏引起的系统误差常值分量为

$$\begin{cases}\delta V_{Es}=0\\ \delta V_{Ns}=0\\ \delta L_s=\dfrac{\Delta A_y}{g}\\ \delta\lambda_s=\dfrac{\Delta A_x}{g}\sec L\\ \alpha_s=-\dfrac{\Delta A_y}{g}\\ \beta_s=\dfrac{\Delta A_x}{g}\\ \gamma_s=\dfrac{\Delta A_x}{g}\tan L\end{cases}\tag{3-123}$$

由式(3-123)可以看出，加速度计零偏引起的位置误差δL、$\delta\lambda$以及平台失准角α、β、γ存在常值分量，所以说惯性平台水平精度由加速度计零偏决定，即由加速度计精度所决定。

例 3-2　假设$\Delta A_x=\Delta A_y=1\times10^{-5}g$，$L=45°$，引起的导航参数误差分别为多少？

解：根据式(3-123)可知，东向速度误差与北向速度误差分别为

$$\delta V_{Es}=0\text{m/s},\quad \delta V_{Ns}=0\text{m/s}\tag{3-124}$$

纬度误差与经度误差分别为

$$\delta L_s=0.035',\quad \delta\lambda_s=0.049'\tag{3-125}$$

平台失准角分别为

$$\alpha_s=-0.035',\quad \beta_s=0.035',\quad \gamma_s=0.035'\tag{3-126}$$

3) 初始值误差对系统误差的影响

假设初始值误差均为非阶跃的常值误差，即在$t=0$时刻已经加入误差。在不考虑初始经度误差影响的情况下，由初始值误差引起的导航参数误差可以写为

$$\begin{bmatrix}\delta V_E(s)\\ \delta V_N(s)\\ \delta L(s)\\ \alpha(s)\\ \beta(s)\\ \gamma(s)\end{bmatrix}=\begin{bmatrix}c_{11}&c_{12}&c_{13}&c_{14}&c_{15}&c_{16}\\ c_{21}&c_{22}&c_{23}&c_{24}&c_{25}&c_{26}\\ c_{31}&c_{32}&c_{33}&c_{34}&c_{35}&c_{36}\\ c_{41}&c_{42}&c_{43}&c_{44}&c_{45}&c_{46}\\ c_{51}&c_{52}&c_{53}&c_{54}&c_{55}&c_{56}\\ c_{61}&c_{62}&c_{63}&c_{64}&c_{65}&c_{66}\end{bmatrix}\begin{bmatrix}\delta V_{E0}\\ \delta V_{N0}\\ \delta L_0\\ \alpha_0\\ \beta_0\\ \gamma_0\end{bmatrix}\tag{3-127}$$

根据式(3-127)，可以仿照陀螺仪漂移以及加速度计零偏的影响分析过程，确定初始值误差对系统导航参数误差的影响。除此之外，通过观察初始值误差在误差方程中的位置可以发现，初始值误差引起的系统误差相对于陀螺仪漂移与加速度计零偏引起的系统误差是降一阶的关系，也就是说，相对于陀螺仪漂移引起系统误差的解析式是降一阶关系。这样对比来看，针对初始值误差引起的系统误差，可以得出如下结论：

(1) 初始值误差引起的系统误差大部分都是振荡性的，只有 β_0、γ_0 可产生 $\delta\lambda(t)$ 常值。

(2) 初始速度误差引起的系统误差为舒勒周期振荡分量。如果考虑傅科周期振荡项，那么还存在傅科周期振荡分量。

(3) α_0、β_0、γ_0、δL_0 引起的系统误差都有舒勒周期振荡分量与地球周期振荡分量。如果不忽略傅科周期振荡，将产生三种周期振荡分量。

例 3-3　由 β_0 产生 $\delta\lambda(t)$。

解：根据式(3-127)可知：

$$\delta V_E(s) = c_{15}\beta_0 \tag{3-128}$$

将式(3-128)代入式(3-103)，可以得到

$$\delta\lambda(s) = \frac{\sec L}{sR_e}\cdot c_{15}\beta_0 \tag{3-129}$$

根据式(3-129)可以得到

$$\delta\lambda(s) = -\frac{g\sec L\cdot s}{R_e\left(s^2+\omega_s^2\right)\left(s^2+\omega_{ie}^2\right)}\beta_0 - \frac{g\omega_{ie}^2\cos L}{R_e s\left(s^2+\omega_s^2\right)\left(s^2+\omega_{ie}^2\right)}\beta_0 \tag{3-130}$$

将式(3-130)进行拉氏反变换，得到

$$\delta\lambda(t) = \left[\frac{\sec L\left(\omega_s^2-\omega_{ie}^2\cos L\right)}{\omega_s^2-\omega_{ie}^2}\cos\omega_s t - \frac{\omega_s^2\sin L\tan L}{\omega_s^2-\omega_{ie}^2}\cos\omega_{ie}t - \cos L\right]\beta_0 \tag{3-131}$$

不考虑振荡项，β_0 引起的常值分量为

$$\delta\lambda(t) = -\beta_0\cos L \tag{3-132}$$

对比 ε_y 引起的 $\delta\lambda(t)$ 表达式(3-113)，不难理解式(3-131)。β_0 比 ε_y 降一阶，所以 β_0 不产生随时间积累的分量，而是一常值分量。

例 3-4　由 δL_0 产生 $\delta L(t)$。

解：根据式(3-127)可知：

$$\delta L(s) = c_{33}\delta L_0 = \frac{s\left(s^2+\omega_s^2+\omega_{ie}^2\right)}{\left(s^2+\omega_s^2\right)\left(s^2+\omega_{ie}^2\right)}\delta L_0 \tag{3-133}$$

由于 $\omega_s^2 \gg \omega_{ie}^2$，所以式(3-133)可以简写为

$$\delta L(s) = \frac{s}{s^2+\omega_{ie}^2}\delta L_0 \tag{3-134}$$

将式(3-134)进行拉氏反变换，得到

$$\delta L(t) = \delta L_0\cos\omega_{ie}t \tag{3-135}$$

式(3-135)说明，δL_0 产生振幅为常值按照地球周期呈余弦规律振荡传播的误差，初始纬度误差 δL_0 是振幅。

4) 结论

在前述误差方程求解时，只引入三种误差源，即陀螺仪常值漂移、加速度计常值零偏以及非阶跃性常值初始值误差。同时，为简化分析，忽略了傅科周期振荡的影响。当将傅科周期振荡考虑在内时，所得结论如下。

(1) 陀螺仪漂移是惯性导航系统误差的主要误差源。它能激励舒勒、傅科以及地球三种周期振荡，并使速度、位置及方位产生常值误差分量，特别严重地使经度误差产生随时间增长的误差，所以说惯性导航系统定位误差是累积的。

(2) 加速度计零偏只产生舒勒周期振荡与傅科周期振荡分量，而不产生地球周期振荡分量。它使惯性平台产生误差角常值分量与位置误差常值分量，但在位置误差与方位误差中，加速度计零偏比陀螺仪常值漂移的影响要小很多，所以，惯性平台水平误差是由加速度计零偏所决定的。

(3) 初始值误差 δL_0、α_0、β_0、γ_0 激励三种周期振荡，除 β_0、γ_0 对 $\delta\lambda$ 产生常值分量以外，其他均为振荡性误差。初始值误差 δV_{E0}、δV_{N0} 只产生舒勒周期振荡和傅科周期振荡分量，而不产生地球周期振荡分量。

(4) 地球周期振荡在水平失准角 α、β 以及速度误差 δV_E、δV_N 中表现不明显，主要是舒勒周期振荡被傅科周期振荡调制。在纬度误差 δL、经度误差 $\delta\lambda$ 以及方位误差 γ 中，三种周期振荡均表现得较明显。

2. *仿真分析法*

前面在求解某些误差源激励下的系统误差解析式时，进行了许多假设与简化，除此之外，很多误差源要更为复杂，因此所得解析式仅仅是近似解。在研究某些误差源对系统的影响时，除求解误差方程解析解以外，一般还需要利用计算机进行模拟仿真分析。

1) 陀螺仪漂移对系统误差影响的模拟仿真

仿真过程中，设置 $\varepsilon_x=\varepsilon_y=\varepsilon_z=0.01°/\mathrm{h}$，$\Delta A_x=\Delta A_y=0$，$L_0=45°$，$\lambda_0=126°$，初始值误差均为 0。对惯性导航系统进行静基座条件下仿真分析，仿真结果如图 3-17 所示。

由图 3-17 可以看出，陀螺仪漂移对惯性导航系统水平通道激励出明显的舒勒周期振荡和傅科周期振荡误差，而且舒勒周期振荡与傅科周期振荡相调制，方位和纬度误差表现出明显的地球周期振荡，且与舒勒周期振荡相叠加。最严重的是，经度误差出现了随时间累积的现象，这与理论分析结果相符。

通过陀螺仪常值漂移对惯性导航系统误差的影响可以看出，要想实现高精度惯性导航系统，必须尽量减小系统中存在的陀螺仪常值漂移，这一工作应从器件自身设计、环境条件保障及系统估算补偿等角度努力。

2) 加速度计零偏对系统误差影响的模拟仿真

仿真过程中，设置 $\varepsilon_x=\varepsilon_y=\varepsilon_z=0°/\mathrm{h}$，$\Delta A_x=\Delta A_y=1\times10^{-5}g$，$L_0=45°$，$\lambda_0=126°$，初始值误差均为 0。对惯性导航系统进行静基座条件下仿真分析，仿真结果如图 3-18 所示。

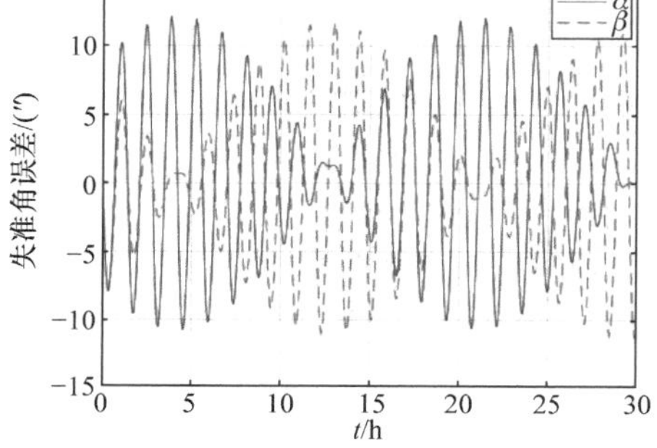

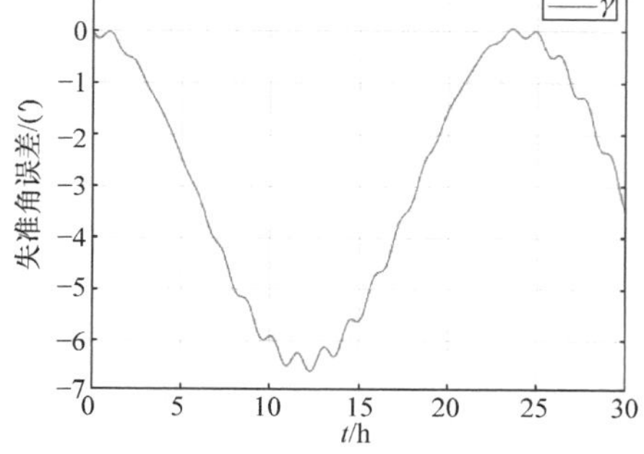

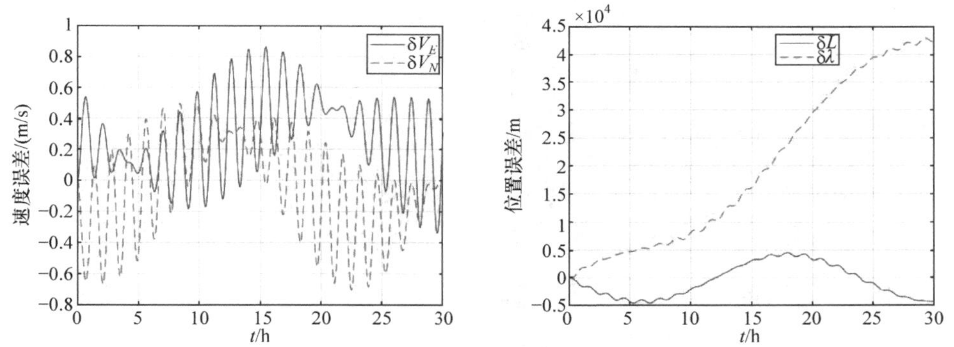

图 3-17　陀螺仪漂移仿真结果

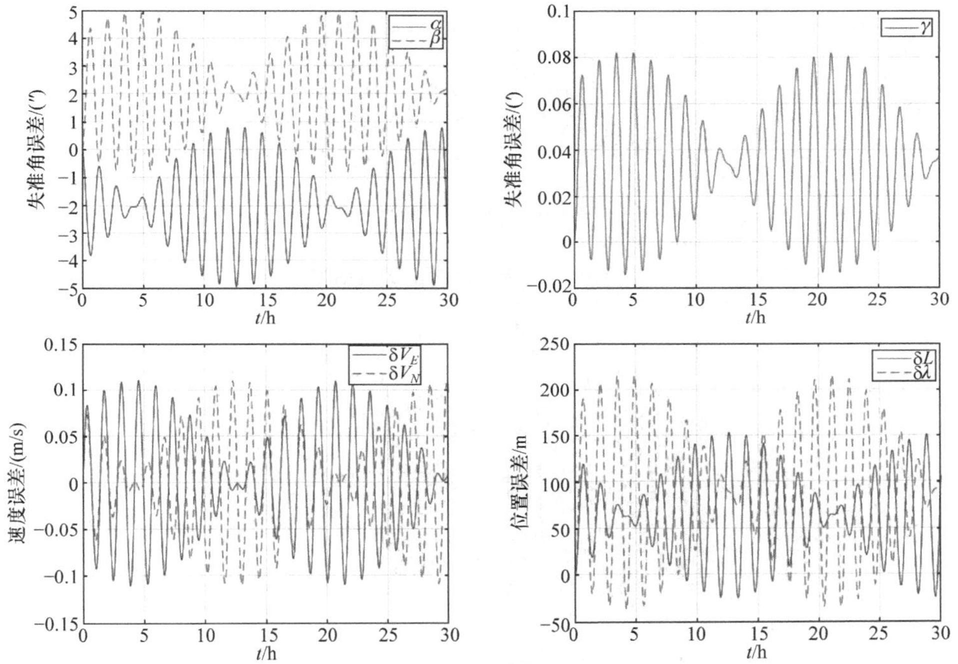

图 3-18　加速度计零偏仿真结果

通过图 3-18 可以看出，加速度计零偏只产生舒勒周期振荡和傅科周期振荡，而不产生地球周期振荡。它使系统产生平台水平常值误差和位置常值误差，但是不引起常值速度误差。与陀螺仪漂移引起的误差相比可见，加速度计零偏主要影响系统的水平精度，对系统误差影响小很多。

3) 初始值误差对系统误差影响的模拟仿真

仿真过程中，设置$\varepsilon_x=\varepsilon_y=\varepsilon_z=0°/\mathrm{h}$，$\Delta A_x=\Delta A_y=0$，$L_0=45°$，$\lambda_0=126°$，$\delta V_{E0}=\delta V_{N0}=0\mathrm{m/s}$，$\alpha_0=\beta_0=1'$，$\gamma_0=1''$。对惯性导航系统进行静基座条件下仿真分析，仿真结果如图 3-19 所示。

再次给定参数$\varepsilon_x=\varepsilon_y=\varepsilon_z=0°/\mathrm{h}$，$\Delta A_x=\Delta A_y=0$，$L_0=45°$，$\lambda_0=126°$，$\delta V_{E0}=0.1\mathrm{m/s}$，$\delta V_{N0}=0.1\mathrm{m/s}$，$\alpha_0=\beta_0=\gamma_0=0°$。对惯性导航系统进行静基座条件下仿真分析，仿真结果如图 3-20 所示。

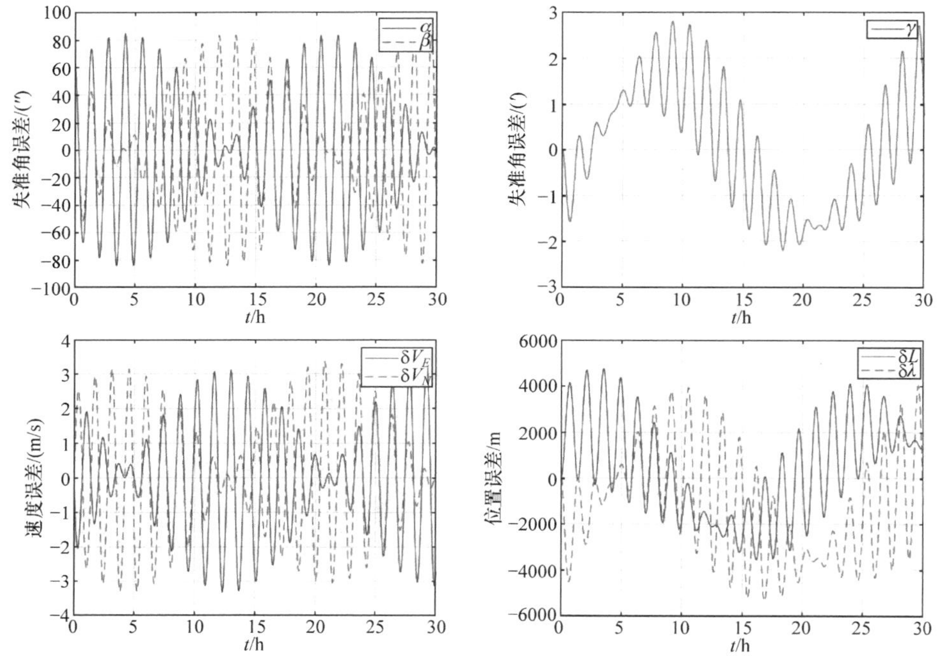

图 3-19　初始平台误差仿真结果

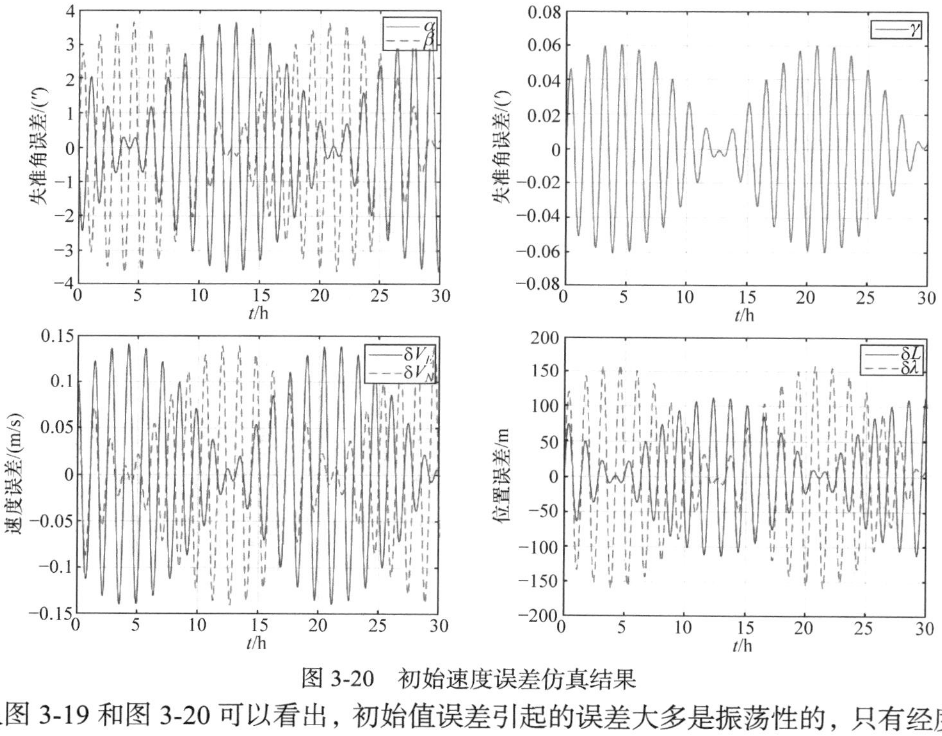

图 3-20　初始速度误差仿真结果

从图 3-19 和图 3-20 可以看出，初始值误差引起的误差大多是振荡性的，只有经度产生常值误差分量，且是由平台误差角引起的。

拓展延伸： 请配套学习国家级线上一流本科课程“导航定位系统”第六章“惯性导航系统基本原理”6.3～6.6 节以及第七章“惯性导航系统分析”7.1～7.4 节，并完成线上测试题。

第 4 章　捷联式惯性导航系统工作原理

■　**学习导言**　本章将学习捷联式惯性导航系统的工作原理，包括捷联式惯性导航系统更新算法与误差方程，在此基础上学习捷联式惯性导航系统数字模拟器的实现原理。

■　**学习目标**　掌握捷联式惯性导航系统工作原理、更新算法与误差方程，重点掌握捷联式系统与平台式系统的异同以及捷联式惯性导航系统数字模拟器的实现原理。

第 1 章介绍了惯性导航系统的基本分类，即平台式惯性导航系统与捷联式惯性导航系统这两类。第 3 章已经讨论了平台式惯性导航系统的工作原理，本章将重点分析捷联式惯性导航系统的工作原理。与平台式惯性导航系统相比，两者既有相同之处，也有不同之处。

4.1　捷联式惯性导航系统基本工作原理

与平台式惯性导航系统相比，捷联式惯性导航系统没有物理稳定平台，因此三轴陀螺仪与加速度计直接固联在运载体上。由于陀螺仪与加速度计直接安装在运载体上，因此它们所敏感到的信息是运载体相对惯性空间的角速度信息 $\boldsymbol{\omega}_{ib}^{b}$ 与比力信息 $\boldsymbol{f}^{b}$ 。另外，惯性导航系统为进行导航解算必须获得运载体相对于导航坐标系(如地理坐标系)的运动信息。在平台式惯性导航系统中，这一过程依赖于始终跟踪导航坐标系的物理稳定平台实现，固联在平台上的加速度计直接输出沿导航坐标系的比力信息。在捷联式惯性导航系统中，同样需要这样一种稳定平台为加速度计提供测量基准，只不过这一平台是在导航计算机中通过数学算法所描述的，因此称为“数学平台”。

“数学平台”本质上其实就是描述载体坐标系与导航坐标系转换关系的方向余弦矩阵，也称为捷联姿态矩阵。利用捷联姿态矩阵可以将加速度计测量的比力信息由载体坐标系转换到导航坐标系，进而进行导航参数解算。与物理平台一样，数学平台也是依靠三轴陀螺仪“稳定”的，即在初始对准的基础上利用三轴陀螺仪敏感到的运载体角速度信息对捷联姿态矩阵进行实时更新，实现稳定跟踪导航坐标系的目的。根据 2.2.2 节可知，捷联姿态矩阵(方向余弦矩阵)可由运载体航向角、俯仰角以及横滚角表示，因此可以根据实时更新的捷联姿态矩阵实时求解获得运载体航向与姿态信息。综上所述，捷联式惯性导航系统工作原理框图如图 4-1 所示。

如图 4-1 所示，加速度计与陀螺仪直接安装在运载体上，利用陀螺仪输出的角速度信息 $\boldsymbol{\omega}_{ib}^{b}$ 减去导航计算机计算的导航坐标系相对惯性空间的旋转角速度，即数学平台的旋转角速度 $\boldsymbol{\omega}_{ip}^{b}$ (用平台坐标系表示计算导航坐标系)，可以得到载体坐标系相对计算导航坐标系的旋转角速度 $\boldsymbol{\omega}_{pb}^{b}$ ，进一步利用 $\boldsymbol{\omega}_{pb}^{b}$ 可以计算得到捷联姿态矩阵 $\boldsymbol{C}_{b}^{p}$ 。图 4-1 中的虚线框部分即相当于数学平台作用。在获得捷联姿态矩阵 $\boldsymbol{C}_{b}^{p}$ 以后，可以利用 $\boldsymbol{C}_{b}^{p}$ 把加速度计测量得到的

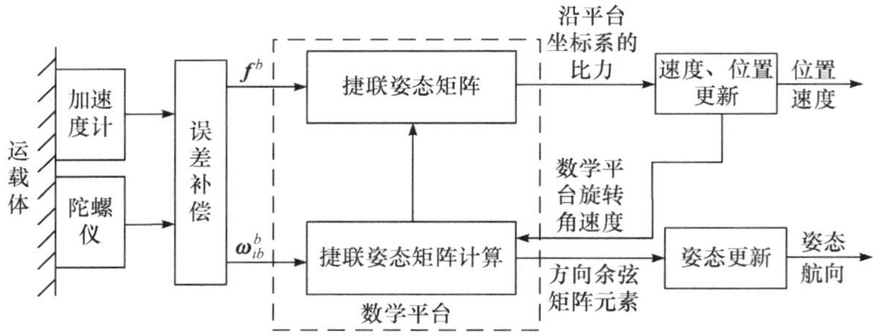

图 4-1　捷联式惯性导航系统工作原理框图

比力信息 $\boldsymbol{f}^b$ 投影到计算导航坐标系获得 $\boldsymbol{f}^p$。利用 $\boldsymbol{f}^p$ 即可通过一次积分与二次积分获得运载体的速度与位置信息，该过程与平台式惯性导航系统速度解算、位置解算部分一致。值得注意的是，对于以地理坐标系为导航坐标系的捷联式惯性导航系统，数学平台旋转角速度即地理坐标系旋转角速度。根据第 2 章式(2-117)可知，$\boldsymbol{\omega}_{it}^t$ 可以表示为

$$\boldsymbol{\omega}_{it}^t = \boldsymbol{\omega}_{ie}^t + \boldsymbol{\omega}_{et}^t = \begin{bmatrix} -\dfrac{V_N}{R_M} \\ \omega_{ie}\cos L + \dfrac{V_E}{R_N} \\ \omega_{ie}\sin L + \dfrac{V_E}{R_N}\tan L \end{bmatrix}$$

上述地理坐标系旋转角速度即为平台式惯性导航系统中对陀螺仪施加的控制角速度，所以可以看到，无论是在平台式惯性导航系统中还是捷联式惯性导航系统中，根据运载体速度及位置信息计算(数学)平台旋转角速度是十分重要的。

需要注意的是，由于没有实体物理稳定平台隔离运载体角运动，捷联式惯性导航系统中的惯性器件工作环境相比平台式系统差得多。例如，捷联式惯性导航系统中的惯性器件需要在机体振动、冲击等恶劣环境中精确工作，惯性器件相关参数与性能必须具有很高的稳定性。同时，由于运载体的角运动干扰直接作用在惯性器件上，所以系统将产生严重的动态误差。因此，如图 4-1 所示，捷联式惯性导航系统在解算之前必须对陀螺仪与加速度计进行误差补偿，惯性器件误差补偿技术将在本书第 6 章讨论。

根据上述捷联解算流程，将捷联式惯性导航系统更新算法分为以下三部分。

(1) 姿态更新算法：利用陀螺仪输出的角速度信息对捷联姿态矩阵进行更新，同时利用捷联姿态矩阵元素与运载体姿态、航向之间的关系，提取运载体姿态与航向信息。

(2) 速度更新算法：利用捷联姿态矩阵将加速度计沿载体坐标系输出的比力信息转换到导航坐标系，并进行有害加速度补偿，通过积分运算获得运载体速度信息。

(3) 位置更新算法：利用运载体速度信息，通过积分运算获得运载体位置信息。

4.2　捷联式惯性导航系统更新算法

4.2.1　姿态更新算法

运载体姿态角实质上是载体坐标系与导航坐标系之间的夹角，而两坐标系之间的角位

置关系可以由方向余弦矩阵体现，即捷联姿态矩阵。因此，捷联姿态矩阵的更新算法是运载体姿态更新的关键。

选择地理坐标系作为导航坐标系，根据 2.2.2 节可知，捷联姿态矩阵 $\boldsymbol{C}_b^t$ 与运载体航向角 ψ、俯仰角 θ 以及横滚角 γ 之间的关系可以表示为

$$\boldsymbol{C}_b^t=\begin{bmatrix}\cos\gamma\cos\psi-\sin\gamma\sin\theta\sin\psi & -\cos\theta\sin\psi & \sin\gamma\cos\psi+\cos\gamma\sin\theta\sin\psi\\ \cos\gamma\sin\psi+\sin\gamma\sin\theta\cos\psi & \cos\theta\cos\psi & \sin\gamma\sin\psi-\cos\gamma\sin\theta\cos\psi\\ -\sin\gamma\cos\theta & \sin\theta & \cos\gamma\cos\theta\end{bmatrix} \tag{4-1}$$

根据式(4-1)，可以确定运载体航向角 ψ、俯仰角 θ 以及横滚角 γ 的主值，即

$$\begin{cases}\psi_{主}=\arctan\left(-C_{12}/C_{22}\right)\\ \theta_{主}=\arcsin C_{32}\\ \gamma_{主}=\arctan\left(-C_{31}/C_{33}\right)\end{cases} \tag{4-2}$$

式中，C_{ij} 为捷联姿态矩阵 $\boldsymbol{C}_b^t$ 中第 i 行、第 j 列的元素。

由于航向角 ψ、俯仰角 θ 以及横滚角 γ 的定义域与反三角函数定义域不完全一致，所以需要进一步确定航向角 ψ、俯仰角 θ 以及横滚角 γ 的真值：

$$\theta=\theta_{主} \tag{4-3}$$

$$\gamma=\begin{cases}\gamma_{主}, & C_{33}>0\\ \gamma_{主}+180^\circ, & C_{33}<0,\quad \gamma_{主}<0\\ \gamma_{主}-180^\circ, & C_{33}<0,\quad \gamma_{主}>0\end{cases} \tag{4-4}$$

$$\psi=\begin{cases}\psi_{主}, & C_{22}>0,\quad \psi_{主}>0\\ \psi_{主}+360^\circ, & C_{22}>0,\quad \psi_{主}<0\\ \psi_{主}+180^\circ, & C_{22}<0\end{cases} \tag{4-5}$$

综上所述，捷联姿态矩阵 $\boldsymbol{C}_b^t$ 具有如下两种功能：一是实现载体坐标系与导航坐标系之间的坐标转换；二是根据捷联姿态矩阵的元素确定运载体的姿态角与航向角。

捷联姿态矩阵的即时修正就是实时求解矩阵元素，捷联姿态矩阵即时修正算法主要包括方向余弦法、欧拉角法、四元数法、凯利-克莱恩参量法以及矢量表示法等。本节只给出三种常见算法，即欧拉角法(三参数法)、方向余弦法(九参数法)以及四元数法(四参数法)。

1. 欧拉角法

由导航坐标系(即地理坐标系)依次旋转 ψ、θ、γ 三个角度便能够得到载体坐标系，所以载体坐标系相对导航坐标系的角速度 $\boldsymbol{\omega}_{nb}^b$ 可以表示为

$$\boldsymbol{\omega}_{nb}^b=\dot{\boldsymbol{\psi}}+\dot{\boldsymbol{\theta}}+\dot{\boldsymbol{\gamma}} \tag{4-6}$$

式中，$\dot{\boldsymbol{\psi}}$、$\dot{\boldsymbol{\theta}}$、$\dot{\boldsymbol{\gamma}}$ 为三次旋转所对应的欧拉角速度，方向与三个欧拉转轴一致。

将式(4-6)展开为矩阵表达式为

$$\begin{bmatrix}\omega_{nbx}^b\\ \omega_{nby}^b\\ \omega_{nbz}^b\end{bmatrix}=\begin{bmatrix}\cos\gamma & 0 & -\sin\gamma\\ 0 & 1 & 0\\ \sin\gamma & 0 & \cos\gamma\end{bmatrix}\begin{bmatrix}1 & 0 & 0\\ 0 & \cos\theta & \sin\theta\\ 0 & -\sin\theta & \cos\theta\end{bmatrix}\begin{bmatrix}0\\ 0\\ \dot{\psi}\end{bmatrix}+\begin{bmatrix}\cos\gamma & 0 & -\sin\gamma\\ 0 & 1 & 0\\ \sin\gamma & 0 & \cos\gamma\end{bmatrix}\begin{bmatrix}\dot{\theta}\\ 0\\ 0\end{bmatrix}+\begin{bmatrix}0\\ \dot{\gamma}\\ 0\end{bmatrix} \tag{4-7}$$

将式(4-7)整理得到

$$\begin{bmatrix}\omega_{nbx}^{b}\\ \omega_{nby}^{b}\\ \omega_{nbz}^{b}\end{bmatrix}=\begin{bmatrix}-\sin\gamma\cos\theta & \cos\gamma & 0\\ \sin\theta & 0 & 1\\ \cos\gamma\cos\theta & \sin\gamma & 0\end{bmatrix}\begin{bmatrix}\dot{\psi}\\ \dot{\theta}\\ \dot{\gamma}\end{bmatrix} \tag{4-8}$$

根据式(4-8)可以得到欧拉角微分方程，其表达式如下：

$$\begin{bmatrix}\dot{\psi}\\ \dot{\theta}\\ \dot{\gamma}\end{bmatrix}=\frac{1}{\cos\theta}\begin{bmatrix}-\sin\gamma & 0 & \cos\gamma\\ \cos\gamma\cos\theta & 0 & \sin\gamma\cos\theta\\ \sin\gamma\sin\theta & \cos\theta & -\sin\theta\cos\gamma\end{bmatrix}\begin{bmatrix}\omega_{nbx}^{b}\\ \omega_{nby}^{b}\\ \omega_{nbz}^{b}\end{bmatrix} \tag{4-9}$$

求解如式(4-9)所示的微分方程组即可确定航向角ψ、俯仰角θ以及横滚角γ，将结果代入式(4-1)就可以进一步确定捷联姿态矩阵$\boldsymbol{C}_b^t$。

根据以上分析可以看出，虽然欧拉角法仅需要对三个微分方程进行解算，但是在用计算机进行数值积分时会出现超越函数，这将会大大增加计算量。除此之外，当俯仰角$\theta=90°$时，式(4-9)会出现奇点，不能用于全姿态导航。因此，利用欧拉角法即时修正捷联姿态矩阵$\boldsymbol{C}_b^t$在工程应用中存在一定局限性。

● **小思考：** 在利用式(4-9)进行欧拉角更新的过程中需要用到角速度$\boldsymbol{\omega}_{nb}^b$，但是捷联式惯性导航系统中陀螺仪输出的角速度是$\boldsymbol{\omega}_{ib}^b$。那么，如何由角速度$\boldsymbol{\omega}_{ib}^b$获得角速度$\boldsymbol{\omega}_{nb}^b$呢？

2. *方向余弦法*

对于方向余弦矩阵微分方程，已知导航坐标系n与载体坐标系b，根据定义有

$$\dot{\boldsymbol{C}}_b^n(t)=\lim_{\Delta t\to 0}\frac{\boldsymbol{C}_b^n(t+\Delta t)-\boldsymbol{C}_b^n(t)}{\Delta t} \tag{4-10}$$

根据方向余弦矩阵的传递性，有

$$\boldsymbol{C}_b^n(t+\Delta t)=\boldsymbol{C}_{b(t+\Delta t)}^n=\boldsymbol{C}_{b(t)}^n\boldsymbol{C}_{b(t+\Delta t)}^{b(t)} \tag{4-11}$$

当转角为小角度时，有

$$\lim_{\Delta t\to 0}\boldsymbol{C}_{b(t+\Delta t)}^{b(t)}=\boldsymbol{I}+(\Delta\boldsymbol{\theta}\times) \tag{4-12}$$

将式(4-11)与式(4-12)代入式(4-10)中，可以得到方向余弦矩阵微分方程为

$$\begin{aligned}\dot{\boldsymbol{C}}_b^n(t)&=\lim_{\Delta t\to 0}\frac{\boldsymbol{C}_b^n(t)\left[\boldsymbol{I}+(\Delta\boldsymbol{\theta}\times)\right]-\boldsymbol{C}_b^n(t)}{\Delta t}\\ &=\lim_{\Delta t\to 0}\frac{\boldsymbol{C}_b^n(t)(\Delta\boldsymbol{\theta}\times)}{\Delta t}=\boldsymbol{C}_b^n(t)\left[\boldsymbol{\omega}_{nb}^b(t)\times\right]\end{aligned} \tag{4-13}$$

省略式(4-13)中的时间t，可以得到方向余弦矩阵微分方程表达式为

$$\dot{\boldsymbol{C}}_b^n=\boldsymbol{C}_b^n\left(\boldsymbol{\omega}_{nb}^b\times\right) \tag{4-14}$$

式中，$\left(\boldsymbol{\omega}_{nb}^b\times\right)$为$\boldsymbol{\omega}_{nb}^b$的反对称矩阵。

式(4-14)可以进一步写成如下形式：

$$\begin{bmatrix} \dot{C}_{11} & \dot{C}_{12} & \dot{C}_{13} \\ \dot{C}_{21} & \dot{C}_{22} & \dot{C}_{23} \\ \dot{C}_{31} & \dot{C}_{32} & \dot{C}_{33} \end{bmatrix} = \begin{bmatrix} C_{11} & C_{12} & C_{13} \\ C_{21} & C_{22} & C_{23} \\ C_{31} & C_{32} & C_{33} \end{bmatrix} \begin{bmatrix} 0 & -\omega_{nbz}^{b} & \omega_{nby}^{b} \\ \omega_{nbz}^{b} & 0 & -\omega_{nbx}^{b} \\ -\omega_{nby}^{b} & \omega_{nbx}^{b} & 0 \end{bmatrix} \tag{4-15}$$

式(4-14)建立了描述载体坐标系相对导航坐标系角位置关系的方向余弦矩阵与载体坐标系转动角速度之间的动态关系，是由刚体角速度测量实时求解空间姿态的基本方程。

关于方向余弦矩阵的微分方程，除上述推导方法以外，一些教材也提供了其他推导方法。假设导航坐标系中有一固定矢量 $\boldsymbol{r}$ ，则固定矢量 $\boldsymbol{r}$ 在载体坐标系与导航坐标系下投影的转换关系，即坐标变换为

$$\boldsymbol{r}^{n} = \boldsymbol{C}_{b}^{n} \boldsymbol{r}^{b} \tag{4-16}$$

将式(4-16)两边同时对时间微分，得

$$\dot{\boldsymbol{r}}^{n} = \boldsymbol{C}_{b}^{n} \dot{\boldsymbol{r}}^{b} + \dot{\boldsymbol{C}}_{b}^{n} \boldsymbol{r}^{b} \tag{4-17}$$

注意到，$\boldsymbol{r}$ 是 n 系中的固定矢量，则有 $\dot{\boldsymbol{r}}^{n} = 0$ 。由于 b 系相对于 n 系的角速度为 $\boldsymbol{\omega}_{nb}$ ，则在 b 系上观察 $\boldsymbol{r}$ 的角速度应为 $-\boldsymbol{\omega}_{nb}$ ，并且有 $\dot{\boldsymbol{r}}^{b} = -\boldsymbol{\omega}_{nb}^{b} \times \boldsymbol{r}^{b}$ ，因此式(4-17)可以进一步写为

$$\boldsymbol{0} = \boldsymbol{C}_{b}^{n} \left(-\boldsymbol{\omega}_{nb}^{b} \times \boldsymbol{r}^{b} \right) + \dot{\boldsymbol{C}}_{b}^{n} \boldsymbol{r}^{b} \tag{4-18}$$

由于式(4-18)对于 n 系中的任意固定矢量 $\boldsymbol{r}$ 都成立，任选三个不共面的非零矢量 $\boldsymbol{r}_1$ 、$\boldsymbol{r}_2$ 和 $\boldsymbol{r}_3$ ，则有

$$\dot{\boldsymbol{C}}_{b}^{n} \begin{bmatrix} \boldsymbol{r}_1^{b} & \boldsymbol{r}_2^{b} & \boldsymbol{r}_3^{b} \end{bmatrix} = \boldsymbol{C}_{b}^{n} \left(\boldsymbol{\omega}_{nb}^{b} \times \right) \begin{bmatrix} \boldsymbol{r}_1^{b} & \boldsymbol{r}_2^{b} & \boldsymbol{r}_3^{b} \end{bmatrix} \tag{4-19}$$

显然矩阵 $\begin{bmatrix} \boldsymbol{r}_1^{b} & \boldsymbol{r}_2^{b} & \boldsymbol{r}_3^{b} \end{bmatrix}$ 可逆，所以必定有

$$\dot{\boldsymbol{C}}_{b}^{n} = \boldsymbol{C}_{b}^{n} \left(\boldsymbol{\omega}_{nb}^{b} \times \right) \tag{4-20}$$

可以看到，式(4-20)与式(4-14)结果一致。此外，通过如下矢量变换与运算关系：

$$\boldsymbol{\omega}_{nb}^{n} \times \boldsymbol{r}^{n} = \left(\boldsymbol{C}_{b}^{n} \boldsymbol{\omega}_{nb}^{b} \right) \times \left(\boldsymbol{C}_{b}^{n} \boldsymbol{r}^{b} \right) = \boldsymbol{C}_{b}^{n} \left(\boldsymbol{\omega}_{nb}^{b} \times \boldsymbol{r}^{b} \right) = \boldsymbol{C}_{b}^{n} \left(\boldsymbol{\omega}_{nb}^{b} \times \right) \boldsymbol{r}^{b} = \boldsymbol{C}_{b}^{n} \left(\boldsymbol{\omega}_{nb}^{b} \times \right) \boldsymbol{C}_{n}^{b} \boldsymbol{r}^{n} \tag{4-21}$$

可得反对称矩阵的相似变换公式为

$$\left(\boldsymbol{\omega}_{nb}^{n} \times \right) = \boldsymbol{C}_{b}^{n} \left(\boldsymbol{\omega}_{nb}^{b} \times \right) \boldsymbol{C}_{n}^{b} \tag{4-22}$$

根据式(4-20)与式(4-22)，并考虑到 $\boldsymbol{C}_{b}^{n}$ 是单位正交阵，即有 $\left(\boldsymbol{C}_{b}^{n} \right)^{-1} = \left(\boldsymbol{C}_{b}^{n} \right)^{\mathrm{T}} = \boldsymbol{C}_{n}^{b}$ ，可以证明以下四种方向余弦矩阵微分方程是相互等价的：

$$\begin{cases} \dot{\boldsymbol{C}}_{b}^{n} = \boldsymbol{C}_{b}^{n} \left(\boldsymbol{\omega}_{nb}^{b} \times \right) & \text{(4-23a)} \\ \dot{\boldsymbol{C}}_{b}^{n} = \left(\boldsymbol{\omega}_{nb}^{n} \times \right) \boldsymbol{C}_{b}^{n} & \text{(4-23b)} \\ \dot{\boldsymbol{C}}_{n}^{b} = \left(\boldsymbol{\omega}_{bn}^{b} \times \right) \boldsymbol{C}_{n}^{b} & \text{(4-23c)} \\ \dot{\boldsymbol{C}}_{n}^{b} = \boldsymbol{C}_{n}^{b} \left(\boldsymbol{\omega}_{bn}^{n} \times \right) & \text{(4-23d)} \end{cases}$$

显然，只需对换式(4-23a)中的符号 n 和 b，即可得式(4-23d)，式(4-23b)与式(4-23c)情况也一样。

需要注意的是，虽然采用方向余弦法可以直接求出捷联姿态矩阵，但是式(4-14)所示的时变系数齐次微分方程一般情况下无法求得初等闭合解，需要采用皮卡迭代法求解。

3. 四元数法

四元数(Quaternion)的概念最早于 1843 年由数学家哈密顿(W. R. Hamilton)提出，它可用于描述刚体转动或姿态变换。与方向余弦法相比，四元数法虽然比较抽象，但却十分简洁。

1) 四元数的定义

四元数是指由一个实数单位 1 和三个虚数单位 $\boldsymbol{i}$、$\boldsymbol{j}$、$\boldsymbol{k}$ 组成的数，可以表示为

$$\boldsymbol{Q} = q_0 + q_1\boldsymbol{i} + q_2\boldsymbol{j} + q_3\boldsymbol{k} = q_0 + \boldsymbol{q} \tag{4-24}$$

式中，q_0 为标量；$\boldsymbol{q}$ 为矢量。

式(4-24)中，实数部分的基可以看作 1，从而将其省略。$\boldsymbol{i}$、$\boldsymbol{j}$、$\boldsymbol{k}$ 为四元数虚数部分的三个基，四元数的基具有双重性质，即向量代数中的向量性质以及复数运算中的虚数性质，因此有些文献也将四元数称为超复数。四元数虚数部分的基具有如下性质：

$$\begin{cases} \boldsymbol{i}\circ\boldsymbol{i} = \boldsymbol{j}\circ\boldsymbol{j} = \boldsymbol{k}\circ\boldsymbol{k} = -1 \\ \boldsymbol{i}\circ\boldsymbol{j} = \boldsymbol{k}, \quad \boldsymbol{j}\circ\boldsymbol{k} = \boldsymbol{i}, \quad \boldsymbol{k}\circ\boldsymbol{i} = \boldsymbol{j}, \quad \boldsymbol{j}\circ\boldsymbol{i} = -\boldsymbol{k}, \quad \boldsymbol{k}\circ\boldsymbol{j} = -\boldsymbol{i}, \quad \boldsymbol{i}\circ\boldsymbol{k} = -\boldsymbol{j} \end{cases} \tag{4-25}$$

式中，运算符“∘”表示四元数乘法运算，区别于向量运算中的点积符号“·”与叉乘符号“×”。在不引起歧义的情况下可以写成“·”符号或直接省略。

可以看出，式(4-25)中第一行运算规则与复数中虚数的运算规则相同；第二行运算规则与三维空间中坐标轴单位矢量的叉乘运算规则相同。因此，虽然四元数可以看作四维空间中的一种数，但因其虚部单位矢量的叉乘运算特点，所以可将四元数的虚数部分看成是在三维空间中的映象，而三维矢量可以看作零标量的四元数。

2) 四元数的性质与运算法则

设两个四元数分别为

$$\begin{cases} \boldsymbol{\varLambda} = \lambda_0 + \lambda_1\boldsymbol{i} + \lambda_2\boldsymbol{j} + \lambda_3\boldsymbol{k} = \lambda_0 + \boldsymbol{\lambda} \\ \boldsymbol{M} = m_0 + m_1\boldsymbol{i} + m_2\boldsymbol{j} + m_3\boldsymbol{k} = m_0 + \boldsymbol{m} \end{cases} \tag{4-26}$$

两个四元数相等的条件是其对应的四个元都相等，即

$$\lambda_0 = m_0, \quad \lambda_1 = m_1, \quad \lambda_2 = m_2, \quad \lambda_3 = m_3 \tag{4-27}$$

两个四元数的和或差为另一个四元数，其四个元分别为两个四元数对应元的和或差，即

$$\boldsymbol{\varLambda} \pm \boldsymbol{M} = \lambda_0 \pm m_0 + (\lambda_1 \pm m_1)\boldsymbol{i} + (\lambda_2 \pm m_2)\boldsymbol{j} + (\lambda_3 \pm m_3)\boldsymbol{k} \tag{4-28}$$

容易验证，四元数加法满足交换律和结合律，即

$$\boldsymbol{\varLambda} + \boldsymbol{M} = \boldsymbol{M} + \boldsymbol{\varLambda}, \quad (\boldsymbol{\varLambda} + \boldsymbol{M}) + \boldsymbol{Q} = \boldsymbol{\varLambda} + (\boldsymbol{M} + \boldsymbol{Q}) \tag{4-29}$$

四元数乘以标量 a 得到另一个四元数，其四个元分别为原四元数对应元乘以该标量 a，即

$$a\boldsymbol{\varLambda} = a\lambda_0 + a\lambda_1\boldsymbol{i} + a\lambda_2\boldsymbol{j} + a\lambda_3\boldsymbol{k} \tag{4-30}$$

令式(4-30)中的 $a = -1$，则可以得到四元数的负数，即

$$-\boldsymbol{\varLambda} = -\lambda_0 - \lambda_1\boldsymbol{i} - \lambda_2\boldsymbol{j} - \lambda_3\boldsymbol{k} \tag{4-31}$$

零四元数的各元均为零，即

$$\boldsymbol{\Lambda}=0+0\boldsymbol{i}+0\boldsymbol{j}+0\boldsymbol{k}=0 \tag{4-32}$$

根据式(4-25)，可以得到两个四元数相乘的结果，即

$$\begin{aligned}\boldsymbol{\Lambda}\circ\boldsymbol{M}&=(\lambda_0+\lambda_1\boldsymbol{i}+\lambda_2\boldsymbol{j}+\lambda_3\boldsymbol{k})\circ(m_0+m_1\boldsymbol{i}+m_2\boldsymbol{j}+m_3\boldsymbol{k})\\&=(\lambda_0m_0-\lambda_1m_1-\lambda_2m_2-\lambda_3m_3)+(\lambda_0m_1+\lambda_1m_0+\lambda_2m_3-\lambda_3m_2)\boldsymbol{i}\\&\quad+(\lambda_0m_2+\lambda_2m_0+\lambda_3m_1-\lambda_1m_3)\boldsymbol{j}+(\lambda_0m_3+\lambda_3m_0+\lambda_1m_2-\lambda_2m_1)\boldsymbol{k}\end{aligned} \tag{4-33}$$

如果采用矩阵表示法，则四元数乘法算式(4-33)还可以写为

$$\boldsymbol{\Lambda}\circ\boldsymbol{M}=\begin{bmatrix}\lambda_0&-\lambda_1&-\lambda_2&-\lambda_3\\\lambda_1&\lambda_0&-\lambda_3&\lambda_2\\\lambda_2&\lambda_3&\lambda_0&-\lambda_1\\\lambda_3&-\lambda_2&\lambda_1&\lambda_0\end{bmatrix}\begin{bmatrix}m_0\\m_1\\m_2\\m_3\end{bmatrix}=\begin{bmatrix}m_0&-m_1&-m_2&-m_3\\m_1&m_0&m_3&-m_2\\m_2&-m_3&m_0&m_1\\m_3&m_2&-m_1&m_0\end{bmatrix}\begin{bmatrix}\lambda_0\\\lambda_1\\\lambda_2\\\lambda_3\end{bmatrix} \tag{4-34}$$

同时，根据式(4-34)可知，一般情况下，$\boldsymbol{\Lambda}\circ\boldsymbol{M}\neq\boldsymbol{M}\circ\boldsymbol{\Lambda}$，即四元数的乘法不满足交换律，但是，四元数标量部分与各因子相乘的顺序无关，即

$$(\boldsymbol{\Lambda}\circ\boldsymbol{M})_0=(\boldsymbol{M}\circ\boldsymbol{\Lambda})_0=\lambda_0m_0-\lambda_1m_1-\lambda_2m_2-\lambda_3m_3 \tag{4-35}$$

式中，$(\cdot)_0$ 为四元数标量部分。

根据式(4-33)可知，当且仅当两个四元数的虚部矢量相互平行(包括零矢量)时，才有 $\boldsymbol{\Lambda}\circ\boldsymbol{M}=\boldsymbol{M}\circ\boldsymbol{\Lambda}$。同时，容易验证四元数乘法运算满足结合律 $(\boldsymbol{\Lambda}\circ\boldsymbol{M})\circ\boldsymbol{Q}=\boldsymbol{\Lambda}\circ(\boldsymbol{M}\circ\boldsymbol{Q})$，且乘法对加法满足分配律 $(\boldsymbol{\Lambda}+\boldsymbol{M})\circ\boldsymbol{Q}=\boldsymbol{\Lambda}\circ\boldsymbol{Q}+\boldsymbol{M}\circ\boldsymbol{Q}$ 和 $\boldsymbol{\Lambda}\circ(\boldsymbol{M}+\boldsymbol{Q})=\boldsymbol{\Lambda}\circ\boldsymbol{M}+\boldsymbol{\Lambda}\circ\boldsymbol{Q}$。可见，四元数乘法运算律与矩阵乘法完全一致。

四元数 $\boldsymbol{Q}$ 的共轭四元数定义为

$$\boldsymbol{Q}^*=q_0-q_1\boldsymbol{i}-q_2\boldsymbol{j}-q_3\boldsymbol{k} \tag{4-36}$$

两个四元数之和(或乘积)的共轭满足如下运算规则：

$$\begin{cases}(\boldsymbol{\Lambda}+\boldsymbol{M})^*=\boldsymbol{\Lambda}^*+\boldsymbol{M}^*\\(\boldsymbol{\Lambda}\circ\boldsymbol{M})^*=\boldsymbol{M}^*\circ\boldsymbol{\Lambda}^*\end{cases} \tag{4-37}$$

四元数 $\boldsymbol{Q}$ 的模方定义为

$$N_Q=\boldsymbol{Q}^*\circ\boldsymbol{Q}=\boldsymbol{Q}\circ\boldsymbol{Q}^*=q_0^2+q_1^2+q_2^2+q_3^2 \tag{4-38}$$

$\|\boldsymbol{Q}\|=\sqrt{N_Q}$ 是四元数 $\boldsymbol{Q}$ 的模值，表示其在四维空间中的矢量长度。如果 $N_Q=1$，则称 $\boldsymbol{Q}$ 为单位四元数或规范化四元数；如果 $N_Q=0$，则应满足 $q_0=q_1=q_2=q_3=0$。如果 $\|\boldsymbol{Q}\|\neq0$，则称运算 $\tilde{\boldsymbol{Q}}=\boldsymbol{Q}/\|\boldsymbol{Q}\|$ 为四元数的规范化处理，规范化之后四元数满足 $\|\tilde{\boldsymbol{Q}}\|=1$。

虽然一般情况下 $\boldsymbol{\Lambda}\circ\boldsymbol{M}\neq\boldsymbol{M}\circ\boldsymbol{\Lambda}$，但有

$$\begin{aligned}\|\boldsymbol{\Lambda}\circ\boldsymbol{M}\|&=\sqrt{(\boldsymbol{\Lambda}\circ\boldsymbol{M})\circ(\boldsymbol{\Lambda}\circ\boldsymbol{M})^*}=\sqrt{(\boldsymbol{\Lambda}\circ\boldsymbol{M})\circ(\boldsymbol{M}^*\circ\boldsymbol{\Lambda}^*)}\\&=\sqrt{\boldsymbol{\Lambda}\circ(\boldsymbol{M}\circ\boldsymbol{M}^*)\circ\boldsymbol{\Lambda}^*}=\sqrt{\boldsymbol{\Lambda}\circ N_M\circ\boldsymbol{\Lambda}^*}=\sqrt{N_M\cdot N_\Lambda}=\|\boldsymbol{\Lambda}\|\cdot\|\boldsymbol{M}\|=\|\boldsymbol{M}\circ\boldsymbol{\Lambda}\|\end{aligned} \tag{4-39}$$

通过式(4-39)可知，两个四元数乘积的模等于两个四元数模的乘积。

对于非零四元数，即当$\|\boldsymbol{Q}\| \neq 0$时，有

$$\frac{\boldsymbol{Q}^*}{N_Q} \circ \boldsymbol{Q} = \boldsymbol{Q} \circ \frac{\boldsymbol{Q}^*}{N_Q} = 1 \tag{4-40}$$

因此，可以定义非零四元数$\boldsymbol{Q}$的逆为

$$\boldsymbol{Q}^{-1} = \frac{\boldsymbol{Q}^*}{N_Q} \tag{4-41}$$

两个非零四元数乘积的逆满足：

$$(\boldsymbol{\Lambda} \circ \boldsymbol{M})^{-1} = \frac{(\boldsymbol{\Lambda} \circ \boldsymbol{M})^*}{N_{\boldsymbol{\Lambda} \circ \boldsymbol{M}}} = \frac{\boldsymbol{M}^* \circ \boldsymbol{\Lambda}^*}{N_{\boldsymbol{\Lambda}} \cdot N_{\boldsymbol{M}}} = \frac{\boldsymbol{M}^*}{N_{\boldsymbol{M}}} \circ \frac{\boldsymbol{\Lambda}^*}{N_{\boldsymbol{\Lambda}}} = \boldsymbol{M}^{-1} \circ \boldsymbol{\Lambda}^{-1} \tag{4-42}$$

显然，单位四元数的共轭与其逆相等，即

$$\boldsymbol{Q}^{-1} = \boldsymbol{Q}^* \tag{4-43}$$

两个单位四元数的乘积仍然是单位四元数，即如果$\|\boldsymbol{\Lambda}\| = 1$且$\|\boldsymbol{M}\| = 1$，则必有

$$\|\boldsymbol{\Lambda} \circ \boldsymbol{M}\| = \|\boldsymbol{\Lambda}\| \cdot \|\boldsymbol{M}\| = 1 \tag{4-44}$$

3) 四元数的三角表示法

根据刚体定点转动理论可知，绕定点转动的刚体角位置可以通过依次转过三个欧拉角的三次转动获得，也可以通过绕某一瞬时轴转过某个角度的一次转动获得。对于前者可以采用方向余弦法解决定点转动的刚体定位问题，对于后者则可以采用四元数法解决定位问题。为了用四元数表示刚体的定点转动，需要采用四元数的三角表示法。

对于模不等于 0 的任意四元数$\boldsymbol{Q}$都可以写成以下形式：

$$\boldsymbol{Q} = \|\boldsymbol{Q}\| \left(\frac{q_0}{\|\boldsymbol{Q}\|} + \frac{q_1 \boldsymbol{i} + q_2 \boldsymbol{j} + q_3 \boldsymbol{k}}{\|\boldsymbol{Q}\|} \right) = \|\boldsymbol{Q}\| \left(\frac{q_0}{\|\boldsymbol{Q}\|} + \frac{\boldsymbol{q}}{\|\boldsymbol{Q}\|} \right) \tag{4-45}$$

引入一个沿$\boldsymbol{q}$方向的单位向量$\boldsymbol{u}$，则$\boldsymbol{u}$的表达式如下：

$$\boldsymbol{u} = \frac{\boldsymbol{q}}{\sqrt{q_1^2 + q_2^2 + q_3^2}} = \frac{q_1 \boldsymbol{i} + q_2 \boldsymbol{j} + q_3 \boldsymbol{k}}{\sqrt{q_1^2 + q_2^2 + q_3^2}} \tag{4-46}$$

将式(4-46)代入式(4-45)，得到

$$\boldsymbol{Q} = \|\boldsymbol{Q}\| \left(\frac{q_0}{\|\boldsymbol{Q}\|} + \boldsymbol{u} \frac{\sqrt{q_1^2 + q_2^2 + q_3^2}}{\|\boldsymbol{Q}\|} \right) \tag{4-47}$$

引入两个变量，$\cos\frac{\theta}{2} = \frac{q_0}{\|\boldsymbol{Q}\|}$，$\sin\frac{\theta}{2} = \frac{\sqrt{q_1^2 + q_2^2 + q_3^2}}{\|\boldsymbol{Q}\|}$，则式(4-47)可以表示为

$$\boldsymbol{Q} = \|\boldsymbol{Q}\| \left(\cos\frac{\theta}{2} + \boldsymbol{u} \sin\frac{\theta}{2} \right) \tag{4-48}$$

当$\|\boldsymbol{Q}\| = 1$时，即对于单位四元数，式(4-48)可以进一步写为

$$Q = \cos\frac{\theta}{2} + \boldsymbol{u}\sin\frac{\theta}{2} \tag{4-49}$$

由式(4-49)可以看出，动坐标系相对于定坐标系的角位置等效于动坐标系绕某一个等效转轴转动一个角度 θ 。如果用 $\boldsymbol{u}$ 表示等效转轴方向的单位矢量，则动坐标系的角位置完全由 $\boldsymbol{u}$ 与 θ 两个参数确定。这样，就可以把三维空间与一个四维空间联系起来，用四维空间的性质和运算规则来研究三维空间中的刚体定点转动问题。

4) 矢量坐标变换的四元数描述

通过前述分析可知，既可以利用方向余弦矩阵描述坐标系之间的转动关系，也可以用四元数描述刚体的转动。那么，两者之间是否存在关系呢?

三维空间中的任意矢量 $\boldsymbol{R}$ 可以看作一个零标四元数，它在动坐标系(b 系)与参考坐标系(n 系)中的投影分别表示为 $\boldsymbol{R}^b=\begin{bmatrix} r_x^b & r_y^b & r_z^b \end{bmatrix}^{\mathrm{T}}$ 与 $\boldsymbol{R}^n=\begin{bmatrix} r_x^n & r_y^n & r_z^n \end{bmatrix}^{\mathrm{T}}$ 。考虑式(4-34)所示的四元数乘法矩阵形式，对矢量 $\boldsymbol{R}^b$ 进行如下四元数乘法操作：

$$\begin{aligned} \boldsymbol{Q}\circ\boldsymbol{R}^b\circ\boldsymbol{Q}^{-1} &= \boldsymbol{Q}\circ\left(\boldsymbol{R}^b\circ\boldsymbol{Q}^{-1}\right)=\begin{bmatrix} q_0 & -q_1 & -q_2 & -q_3 \\ q_1 & q_0 & -q_3 & q_2 \\ q_2 & q_3 & q_0 & -q_1 \\ q_3 & -q_2 & q_1 & q_0 \end{bmatrix}\begin{bmatrix} q_0 & q_1 & q_2 & q_3 \\ -q_1 & q_0 & -q_3 & q_2 \\ -q_2 & q_3 & q_0 & -q_1 \\ -q_3 & -q_2 & q_1 & q_0 \end{bmatrix}\begin{bmatrix} 0 \\ r_x^b \\ r_y^b \\ r_z^b \end{bmatrix} \\ &= \begin{bmatrix} 1 & 0 & 0 & 0 \\ 0 & q_0^2+q_1^2-q_2^2-q_3^2 & 2(q_1q_2-q_0q_3) & 2(q_1q_3+q_0q_2) \\ 0 & 2(q_1q_2+q_0q_3) & q_0^2-q_1^2+q_2^2-q_3^2 & 2(q_2q_3-q_0q_1) \\ 0 & 2(q_1q_3-q_0q_2) & 2(q_2q_3+q_0q_1) & q_0^2-q_1^2-q_2^2+q_3^2 \end{bmatrix}\begin{bmatrix} 0 \\ r_x^b \\ r_y^b \\ r_z^b \end{bmatrix} \end{aligned} \tag{4-50}$$

式中，转动四元数 $\boldsymbol{Q}$ 如式(4-49)所示， $\boldsymbol{Q}^{-1}=\boldsymbol{Q}^*=\cos\frac{\theta}{2}-\boldsymbol{u}\sin\frac{\theta}{2}$ 。

进一步，将式(4-50)右端写为分块矩阵形式，即

$$\boldsymbol{Q}\circ\boldsymbol{R}^b\circ\boldsymbol{Q}^{-1}=\begin{bmatrix} 1 & \boldsymbol{0}_{1\times3} \\ \boldsymbol{0}_{3\times1} & \boldsymbol{C}_b^n \end{bmatrix}\begin{bmatrix} 0 \\ \boldsymbol{R}^b \end{bmatrix}=\begin{bmatrix} 0 \\ \boldsymbol{C}_b^n\boldsymbol{R}^b \end{bmatrix} \tag{4-51}$$

式(4-51)中的 $\boldsymbol{C}_b^n$ 具有如下形式：

$$\boldsymbol{C}_b^n=\begin{bmatrix} q_0^2+q_1^2-q_2^2-q_3^2 & 2(q_1q_2-q_0q_3) & 2(q_1q_3+q_0q_2) \\ 2(q_1q_2+q_0q_3) & q_0^2-q_1^2+q_2^2-q_3^2 & 2(q_2q_3-q_0q_1) \\ 2(q_1q_3-q_0q_2) & 2(q_2q_3+q_0q_1) & q_0^2-q_1^2-q_2^2+q_3^2 \end{bmatrix} \tag{4-52}$$

观察式(4-51)可以发现，$\boldsymbol{Q}\circ\boldsymbol{R}^b\circ\boldsymbol{Q}^{-1}$ 的结果也是一个零标量四元数。事实上，正如式(4-52)所示，该 3×3 的块矩阵是描述动坐标系(b 系)与参考坐标系(n 系)转换关系的方向余弦矩阵。因此，式(4-51)可以进一步写为

$$\boldsymbol{Q}\circ\boldsymbol{R}^b\circ\boldsymbol{Q}^{-1}=\begin{bmatrix} 0 \\ \boldsymbol{C}_b^n\boldsymbol{R}^b \end{bmatrix}=\begin{bmatrix} 0 \\ \boldsymbol{R}^n \end{bmatrix} \tag{4-53}$$

根据式(4-53)可以看出，利用四元数可以实现与方向余弦矩阵一样的作用，即将空间

中一固定矢量在动坐标系(b 系)的坐标投影 $\boldsymbol{R}^b$ 变换到参考坐标系(n 系)得到 $\boldsymbol{R}^n$ 。同时，根据式(4-52)可以发现，四元数与方向余弦矩阵具有一一对应的关系，即如果知道了变换四元数 $\boldsymbol{Q}$ 的四个元，则可以确定方向余弦矩阵。反之，如果已知方向余弦矩阵的九个元素，也可以相应地求解变换四元数的四个元。

假设有两个转动四元数 $\boldsymbol{Q}$ 与 $\boldsymbol{M}$ 表示为

$$\boldsymbol{Q}=\cos\frac{\alpha}{2}+\boldsymbol{\xi}\sin\frac{\alpha}{2},\quad \boldsymbol{M}=\cos\frac{\beta}{2}+\boldsymbol{\eta}\sin\frac{\beta}{2} \tag{4-54}$$

定义 $\boldsymbol{Q}$ 转动为绕 $\boldsymbol{\xi}$ 矢量转过角度 α ，而 $\boldsymbol{M}$ 转动为绕 $\boldsymbol{\eta}$ 矢量转过角度 β 。若刚体先做 $\boldsymbol{Q}$ 转动再做 $\boldsymbol{M}$ 转动，那么总转动可以表示为

$$\boldsymbol{M}\circ\left(\boldsymbol{Q}\circ\boldsymbol{R}\circ\boldsymbol{Q}^{-1}\right)\circ\boldsymbol{M}^{-1}=\left(\boldsymbol{M}\circ\boldsymbol{Q}\right)\circ\boldsymbol{R}\circ\left(\boldsymbol{M}\circ\boldsymbol{Q}\right)^{-1} \tag{4-55}$$

将这个总转动所对应的四元数用 $\boldsymbol{P}$ 表示，则有

$$\boldsymbol{P}=\boldsymbol{M}\circ\boldsymbol{Q}=\cos\frac{\gamma}{2}+\boldsymbol{\varsigma}\sin\frac{\gamma}{2} \tag{4-56}$$

将上述原则推广至一般情况，即刚体的 n 个相继转动 $\boldsymbol{Q}_1,\boldsymbol{Q}_2,\boldsymbol{Q}_3,\cdots,\boldsymbol{Q}_n$ 等效于一个一次转动 $\boldsymbol{P}$，即

$$\boldsymbol{P}=\boldsymbol{Q}_n\circ\boldsymbol{Q}_{n-1}\circ\cdots\circ\boldsymbol{Q}_2\circ\boldsymbol{Q}_1 \tag{4-57}$$

考虑到四元数乘法不满足交换律，所以一般情况下相继转动具有不可交换性。

5) 四元数微分方程及其解

与方向余弦法类似，通过建立四元数微分方程并求解可以实时更新四元数。设在 t 时刻动坐标系(b 系)相对参考坐标系(n 系)的转动为 $\boldsymbol{Q}_1$ 转动，即

$$\boldsymbol{R}^n\left(t\right)=\boldsymbol{Q}_1\circ\boldsymbol{R}^b\left(t\right)\circ\boldsymbol{Q}_1^{-1} \tag{4-58}$$

在 $t+\Delta t$ 时刻，由于动坐标系角速度 $\boldsymbol{\omega}_{nb}^b$ 的存在，两坐标系相对角位置关系发生变化，此时动坐标系相对参考坐标系的转动为 $\boldsymbol{Q}_2$ 转动，即

$$\boldsymbol{R}^n\left(t+\Delta t\right)=\boldsymbol{Q}_2\circ\boldsymbol{R}^b\left(t+\Delta t\right)\circ\boldsymbol{Q}_2^{-1} \tag{4-59}$$

如图 4-2 所示，在 $t\sim t+\Delta t$ 期间，动坐标系的位置变化可以用转动四元数 $\boldsymbol{Q}_1^{-1}\circ\boldsymbol{Q}_2$ 表示。

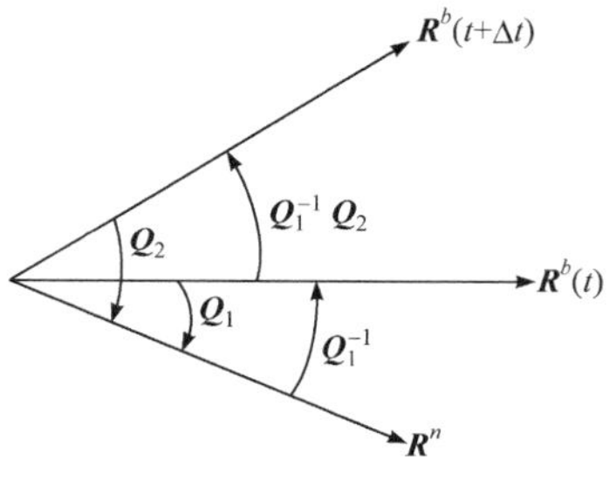

图 4-2　转动四元数的变化

考虑到 Δt 很小，所以动坐标系的角速率 $\left\|\boldsymbol{\omega}_{nb}^b\right\|$ 可以看作常量，因此动坐标系的角位移可以表示为

$$\Delta\theta=\left\|\boldsymbol{\omega}_{nb}^b\right\|\Delta t \tag{4-60}$$

式中，$\boldsymbol{\omega}_{nb}^b=0+\omega_{nbx}^b\boldsymbol{i}+\omega_{nby}^b\boldsymbol{j}+\omega_{nbz}^b\boldsymbol{k}$ 。

式(4-60)中，$\Delta\theta$ 的方向由 $\boldsymbol{\omega}_{nb}^b$ 的方向决定。设转动方向单位向量为

$$\boldsymbol{\xi}=\frac{\boldsymbol{\omega}_{nb}^b}{\left\|\boldsymbol{\omega}_{nb}^b\right\|} \tag{4-61}$$

根据式(4-49)，于是有

$$Q_1^{-1} \circ Q_2 = \cos\frac{\left\|\omega_{nb}^b\right\|\Delta t}{2} + \xi \sin\frac{\left\|\omega_{nb}^b\right\|\Delta t}{2} \tag{4-62}$$

根据式(4-62)，可以得到

$$Q_2 = Q_1 \circ \left(\cos\frac{\left\|\omega_{nb}^b\right\|\Delta t}{2} + \xi \sin\frac{\left\|\omega_{nb}^b\right\|\Delta t}{2}\right) \tag{4-63}$$

根据式(4-63)，可以得到四元数 $Q(t)$ 关于时间 t 的微分方程为

$$\dot{Q}(t) = \lim_{\Delta t \to 0}\frac{Q_2 - Q_1}{\Delta t} = \lim_{\Delta t \to 0}\frac{Q_1}{\Delta t} \circ \left(\cos\frac{\left\|\omega_{nb}^b\right\|\Delta t}{2} - 1 + \xi \sin\frac{\left\|\omega_{nb}^b\right\|\Delta t}{2}\right) \tag{4-64}$$

对式(4-64)进行泰勒级数展开并忽略高阶项，从而得到

$$\dot{Q}(t) = \lim_{\Delta t \to 0}\frac{Q_1}{\Delta t} \circ \left[1 - \left(\frac{\left\|\omega_{nb}^b\right\|\Delta t}{2}\right)^2 - 1 + \xi\left(\frac{\left\|\omega_{nb}^b\right\|\Delta t}{2}\right)\right] = \frac{1}{2}Q \circ \left(\xi\left\|\omega_{nb}^b\right\|\right) = \frac{1}{2}Q \circ \omega_{nb}^b \tag{4-65}$$

式(4-65)即四元数微分方程。

式(4-65)的矩阵形式为

$$\begin{bmatrix} \dot{q}_0 \\ \dot{q}_1 \\ \dot{q}_2 \\ \dot{q}_3 \end{bmatrix} = \frac{1}{2}\begin{bmatrix} 0 & -\omega_{nbx}^b & -\omega_{nby}^b & -\omega_{nbz}^b \\ \omega_{nbx}^b & 0 & \omega_{nbz}^b & -\omega_{nby}^b \\ \omega_{nby}^b & -\omega_{nbz}^b & 0 & \omega_{nbx}^b \\ \omega_{nbz}^b & \omega_{nby}^b & -\omega_{nbx}^b & 0 \end{bmatrix}\begin{bmatrix} q_0 \\ q_1 \\ q_2 \\ q_3 \end{bmatrix} \tag{4-66}$$

根据式(4-66)可以实时更新转动四元数的四个元 q_0、q_1、q_2、q_3，进而通过式(4-52)即时更新捷联姿态矩阵。同时，根据式(4-66)可以看出，尽管四元数微分方程的方程数量较欧拉角法多一个，但是在进行数值积分求解时只存在加法、减法以及乘法这样的简单运算，所以其计算量要小于欧拉角法与方向余弦法。因此，基于四元数的姿态更新算法在实际惯性导航工程中应用较为广泛。

◆ **小实践：**除欧拉角法、方向余弦法以及四元数法以外，等效旋转矢量法也可用于描述坐标系转动，且四种方法具有可相互转换的关系。方向余弦法与四元数法都是假设在更新周期内动坐标系做定轴转动时才能严格成立。等效旋转矢量法可以考虑转动不可交换误差的补偿，所以在非定轴转动情况下算法精度更高。请查找基于等效旋转矢量的姿态更新算法相关文献，并尝试分析等效旋转矢量法与上述三种姿态更新算法的关系。

4.2.2　速度更新算法

如前面所述，捷联式惯性导航系统的速度更新算法与平台式惯性导航系统速度解算原

理基本一致。根据 3.2 节可知，通过对比力方程进行一次积分即可以获得速度信息：

$$\begin{cases}\dot{V}_E = f_E + \left(2\omega_{ie}\sin L + \dfrac{V_E}{R_N}\tan L\right)V_N \\ \dot{V}_N = f_N - \left(2\omega_{ie}\sin L + \dfrac{V_E}{R_N}\tan L\right)V_E\end{cases} \tag{4-67}$$

需要注意的是，与平台式惯性导航系统不同，捷联式惯性导航系统中的加速度计直接固联在运载体上，所以测量得到的是沿载体坐标系的比力信息 $\boldsymbol{f}^b$，而式(4-67)中的比力信息 f_E 与 f_N 均沿地理坐标系。考虑到平台式惯性导航系统中的惯性稳定平台可以稳定跟踪地理坐标系，所以正交安装在平台上的加速度计可以直接输出沿地理坐标系的比力信息(实际上，由于平台存在跟踪误差，加速度计测量得到的是沿平台坐标系的比力信息)。因此，与平台式惯性导航系统不同，捷联式惯性导航系统输出的比力信息 $\boldsymbol{f}^b$ 需要经过坐标变换投影到地理坐标系，即

$$\boldsymbol{f}^t = \boldsymbol{C}_b^t \boldsymbol{f}^b \tag{4-68}$$

式中，$\boldsymbol{C}_b^t$ 为捷联姿态矩阵。

将式(4-68)写成矩阵形式，即

$$\begin{bmatrix} f_E \\ f_N \\ f_U \end{bmatrix} = \begin{bmatrix} C_{11} & C_{12} & C_{13} \\ C_{21} & C_{22} & C_{23} \\ C_{31} & C_{32} & C_{33} \end{bmatrix} \begin{bmatrix} f_x^b \\ f_y^b \\ f_z^b \end{bmatrix} \tag{4-69}$$

式中，C_{ij} 为捷联姿态矩阵 $\boldsymbol{C}_b^t$ 中第 i 行、第 j 列的元素。

4.2.3 位置更新算法

与速度更新一样，捷联式惯性导航系统的位置更新算法也与平台式惯性导航系统位置解算原理一致。根据 3.2 节可知，纬度 L 与经度 λ 的微分方程为

$$\begin{cases}\dot{L} = \dfrac{V_N}{R_M} \\ \dot{\lambda} = \dfrac{V_E}{R_N\cos L} = \dfrac{V_E}{R_N}\sec L\end{cases} \tag{4-70}$$

对式(4-70)进行一次积分即可实时更新运载体经纬度位置信息。

4.3 捷联式惯性导航系统误差方程

与平台式惯性导航系统一样，捷联式惯性导航系统的误差方程同样包括姿态误差方程、速度误差方程以及位置误差方程。其中，速度误差方程、位置误差方程与平台式惯性导航系统类似。但是，由于捷联式惯性导航系统的姿态角是通过数学平台——捷联姿态矩阵计

算出来的，所以捷联式惯性导航系统的姿态误差方程实质上是数学平台的误差方程。

在捷联式惯性导航系统中，由于惯性器件直接固联在运载体上，所以运载体机动(特别是角运动)将直接影响惯性器件。因此，惯性器件的动态误差比平台式惯性导航系统大得多。除此之外，由于捷联式惯性导航系统采用的是数学平台，即由导航计算机实现物理平台的作用，所以从计算误差的角度来看，捷联式惯性导航系统多了数学平台的计算误差。

综上所述，捷联式惯性导航系统的误差源主要包括：

(1) 惯性器件的安装误差与标度因数误差；

(2) 陀螺仪漂移与加速度计零偏；

(3) 初始条件误差，包括初始位置、速度以及姿态误差；

(4) 计算误差，主要考虑数学平台的计算误差；

(5) 运载体角运动引起的动态误差。

通过以上分析可以发现，捷联式惯性导航系统与平台式惯性导航系统相比，主要增加了数学平台的计算误差以及运载体角运动引起的动态误差这两个主要误差源。

4.3.1　姿态误差方程

在捷联式惯性导航系统中，不存在实体惯性稳定平台，运载体的姿态角是通过捷联姿态矩阵 $\boldsymbol{C}_b^n$ 计算出来的。理想情况下，导航计算机计算的导航坐标系(n' 系)应与理想导航坐标系(n 系)一致，也就是计算的捷联姿态矩阵 $\boldsymbol{C}_b^{n'}$ 应与理想捷联姿态矩阵 $\boldsymbol{C}_b^n$ 一致，但是，由于系统存在初始误差、计算误差以及各种干扰误差，导航计算机计算的捷联姿态矩阵 $\boldsymbol{C}_b^{n'}$ 与理想捷联姿态矩阵 $\boldsymbol{C}_b^n$ 之间产生偏差，即数学平台存在误差。需要注意的是，一般认为两个变换矩阵 $\boldsymbol{C}_b^n$ 与 $\boldsymbol{C}_b^{n'}$ 的 b 系是重合的，数学平台的误差主要反映了 n' 系与 n 系之间的偏差，所以，数学平台的误差方程实际上就是系统的姿态误差方程。

根据捷联姿态矩阵的链式准则，有

$$\boldsymbol{C}_b^{n'} = \boldsymbol{C}_n^{n'}\boldsymbol{C}_b^n \tag{4-71}$$

式(4-71)中的方向余弦矩阵 $\boldsymbol{C}_n^{n'}$ 描述了导航坐标系 n 与计算导航坐标系 n' 之间的角位置关系。假设 $\boldsymbol{\phi} = \begin{bmatrix}\phi_x & \phi_y & \phi_z\end{bmatrix}^{\mathrm{T}}$ 表示计算导航坐标系 n' 与理想导航坐标系 n 之间的偏差，定义为失准角。在经过粗对准以后，这三个失准角都可以看作小角度。此时，理想导航坐标系 n 经过三次旋转变换至计算导航坐标系 n'。根据方向余弦矩阵的定义可知：

$$\boldsymbol{C}_n^{n'} = \begin{bmatrix} 1 & \phi_z & -\phi_y \\ -\phi_z & 1 & \phi_x \\ \phi_y & -\phi_x & 1 \end{bmatrix} = \boldsymbol{I} - (\boldsymbol{\phi}\times) \tag{4-72}$$

根据 4.2 节可知，不论采取何种姿态更新算法，都需要利用角速度 $\boldsymbol{\omega}_{nb}^b$ 实现姿态或者捷联姿态矩阵更新，所以捷联姿态矩阵 $\boldsymbol{C}_b^n$ 的计算误差必是由姿态角速度 $\boldsymbol{\omega}_{nb}^b$ 计算不准所引起。故推导姿态误差方程应从姿态微分方程入手，寻找 $\boldsymbol{\phi}$ 与 $\delta\boldsymbol{\omega}_{nb}^b$ 之间的关系。

将式(4-72)代入式(4-71)，可得

$$\boldsymbol{C}_b^{n'} = \left[\boldsymbol{I} - (\boldsymbol{\phi}\times)\right]\boldsymbol{C}_b^n \tag{4-73}$$

对式(4-73)两边同时进行微分，可得

$$\dot{\boldsymbol{C}}_b^{n'} = (-\dot{\boldsymbol{\phi}}\times)\boldsymbol{C}_b^n + [\boldsymbol{I} - (\boldsymbol{\phi}\times)]\dot{\boldsymbol{C}}_b^n \tag{4-74}$$

根据捷联姿态矩阵微分方程(4-20)可知：

$$\begin{aligned}\dot{\boldsymbol{C}}_b^n &= \boldsymbol{C}_b^n(\boldsymbol{\omega}_{nb}^b\times) = \boldsymbol{C}_b^n[(\boldsymbol{\omega}_{ib}^b - \boldsymbol{\omega}_{in}^b)\times] = \boldsymbol{C}_b^n(\boldsymbol{\omega}_{ib}^b\times) - \boldsymbol{C}_b^n(\boldsymbol{\omega}_{in}^b\times) \\ &= \boldsymbol{C}_b^n(\boldsymbol{\omega}_{ib}^b\times) - \boldsymbol{C}_b^n(\boldsymbol{\omega}_{in}^b\times)\boldsymbol{C}_n^b\boldsymbol{C}_b^n = \boldsymbol{C}_b^n(\boldsymbol{\omega}_{ib}^b\times) - (\boldsymbol{\omega}_{in}^n\times)\boldsymbol{C}_b^n\end{aligned} \tag{4-75}$$

实际计算时考虑各种误差，则式(4-75)可以写为

$$\dot{\boldsymbol{C}}_b^{n'} = \boldsymbol{C}_b^{n'}(\tilde{\boldsymbol{\omega}}_{ib}^b\times) - (\tilde{\boldsymbol{\omega}}_{in}^n\times)\boldsymbol{C}_b^{n'} \tag{4-76}$$

式中，$\tilde{\boldsymbol{\omega}}_{ib}^b = \boldsymbol{\omega}_{ib}^b + \delta\boldsymbol{\omega}_{ib}^b$ 为陀螺仪真实测量角速度，$\delta\boldsymbol{\omega}_{ib}^b$ 为陀螺仪测量误差；$\tilde{\boldsymbol{\omega}}_{in}^n = \boldsymbol{\omega}_{in}^n + \delta\boldsymbol{\omega}_{in}^n$ 为计算导航坐标系相对惯性空间的旋转角速度，$\delta\boldsymbol{\omega}_{in}^n$ 为导航坐标系计算误差。

将式(4-73)、式(4-75)以及式(4-76)代入式(4-74)，可得

$$\begin{aligned}&[\boldsymbol{I} - (\boldsymbol{\phi}\times)]\boldsymbol{C}_b^n[(\boldsymbol{\omega}_{ib}^b + \delta\boldsymbol{\omega}_{ib}^b)\times] - [(\boldsymbol{\omega}_{in}^n + \delta\boldsymbol{\omega}_{in}^n)\times][\boldsymbol{I} - (\boldsymbol{\phi}\times)]\boldsymbol{C}_b^n \\ &= (-\dot{\boldsymbol{\phi}}\times)\boldsymbol{C}_b^n + [\boldsymbol{I} - (\boldsymbol{\phi}\times)][\boldsymbol{C}_b^n(\boldsymbol{\omega}_{ib}^b\times) - (\boldsymbol{\omega}_{in}^n\times)\boldsymbol{C}_b^n]\end{aligned} \tag{4-77}$$

对式(4-77)两边同时右乘 $\boldsymbol{C}_n^b$，展开并忽略关于误差量的二阶小量，可简化为

$$(\dot{\boldsymbol{\phi}}\times) = [(\boldsymbol{\phi}\times)(\boldsymbol{\omega}_{in}^n\times) - (\boldsymbol{\omega}_{in}^n\times)(\boldsymbol{\phi}\times)] + (\delta\boldsymbol{\omega}_{in}^n\times) - \boldsymbol{C}_b^n(\delta\boldsymbol{\omega}_{ib}^b\times)\boldsymbol{C}_n^b \tag{4-78}$$

将式(4-78)右边第一项运用公式 $(\boldsymbol{V}_1\times)(\boldsymbol{V}_2\times) - (\boldsymbol{V}_2\times)(\boldsymbol{V}_1\times) = [(\boldsymbol{V}_1\times\boldsymbol{V}_2)\times]$，同时在式(4-78)右边第三项运用反对称阵的相似变换，则式(4-78)可以简化为

$$(\dot{\boldsymbol{\phi}}\times) = [(\boldsymbol{\phi}\times\boldsymbol{\omega}_{in}^n)\times] + (\delta\boldsymbol{\omega}_{in}^n\times) - (\delta\boldsymbol{\omega}_{ib}^n\times) = [(\boldsymbol{\phi}\times\boldsymbol{\omega}_{in}^n + \delta\boldsymbol{\omega}_{in}^n - \delta\boldsymbol{\omega}_{ib}^n)\times] \tag{4-79}$$

根据式(4-79)可以得到姿态误差方程为

$$\dot{\boldsymbol{\phi}} = \boldsymbol{\phi}\times\boldsymbol{\omega}_{in}^n + \delta\boldsymbol{\omega}_{in}^n - \delta\boldsymbol{\omega}_{ib}^n \tag{4-80}$$

根据第 2 章知识可知，导航坐标系旋转角速度 $\boldsymbol{\omega}_{in}^n = \boldsymbol{\omega}_{ie}^n + \boldsymbol{\omega}_{en}^n$，具体可以表示为

$$\boldsymbol{\omega}_{ie}^n = \begin{bmatrix} 0 \\ \omega_{ie}\cos L \\ \omega_{ie}\sin L \end{bmatrix}, \quad \boldsymbol{\omega}_{en}^n = \begin{bmatrix} -\dfrac{V_N}{R_M} \\ \dfrac{V_E}{R_N} \\ \dfrac{V_E}{R_N}\tan L \end{bmatrix} \tag{4-81}$$

通过扰动法可以得到

$$\delta\boldsymbol{\omega}_{ie}^n = \begin{bmatrix} 0 \\ -\omega_{ie}\sin L\cdot\delta L \\ \omega_{ie}\cos L\cdot\delta L \end{bmatrix}, \quad \delta\boldsymbol{\omega}_{en}^n = \begin{bmatrix} -\dfrac{\delta V_N}{R_M} \\ \dfrac{\delta V_E}{R_N} \\ \dfrac{\delta V_E}{R_N}\tan L + \dfrac{V_E}{R_N}\sec^2 L\cdot\delta L \end{bmatrix} \tag{4-82}$$

另外，只考虑陀螺仪漂移，即

$$\delta\boldsymbol{\omega}_{ib}^{b}=\boldsymbol{\varepsilon}^{b}=\begin{bmatrix}\varepsilon_x^b\\ \varepsilon_y^b\\ \varepsilon_z^b\end{bmatrix} \tag{4-83}$$

将式(4-80)进一步展开，得到

$$\dot{\boldsymbol{\phi}}=\boldsymbol{\phi}\times\boldsymbol{\omega}_{in}^{n}+\delta\boldsymbol{\omega}_{in}^{n}-\delta\boldsymbol{\omega}_{ib}^{n}=\boldsymbol{\phi}\times\boldsymbol{\omega}_{in}^{n}+\left(\delta\boldsymbol{\omega}_{ie}^{n}+\delta\boldsymbol{\omega}_{en}^{n}\right)-\boldsymbol{C}_b^n\delta\boldsymbol{\omega}_{ib}^{b} \tag{4-84}$$

将式(4-82)、式(4-83)代入式(4-84)，得到

$$\begin{cases}\dot{\phi}_x=\left(\omega_{ie}\sin L+\dfrac{V_E\tan L}{R_N}\right)\phi_y-\left(\omega_{ie}\cos L+\dfrac{V_E}{R_N}\right)\phi_z-\dfrac{\delta V_N}{R_M}-\varepsilon_E\\ \dot{\phi}_y=-\left(\omega_{ie}\sin L+\dfrac{V_E\tan L}{R_N}\right)\phi_x-\dfrac{V_N}{R_M}\phi_z+\dfrac{\delta V_E}{R_N}-\omega_{ie}\sin L\cdot\delta L-\varepsilon_N\\ \dot{\phi}_z=\left(\omega_{ie}\cos L+\dfrac{V_E}{R_N}\right)\phi_x+\dfrac{V_N}{R_M}\phi_y+\dfrac{\tan L}{R_N}\delta V_E+\left(\omega_{ie}\cos L+\dfrac{V_E\sec^2 L}{R_N}\right)\delta L-\varepsilon_U\end{cases} \tag{4-85}$$

需要注意的是，式(4-85)中的$\boldsymbol{\varepsilon}^n=\begin{bmatrix}\varepsilon_E & \varepsilon_N & \varepsilon_U\end{bmatrix}^{\mathrm{T}}$为陀螺仪漂移在导航坐标系的投影，有

$$\boldsymbol{\varepsilon}^n=\begin{bmatrix}\varepsilon_E\\ \varepsilon_N\\ \varepsilon_U\end{bmatrix}=\boldsymbol{C}_b^n\boldsymbol{\varepsilon}^b=\begin{bmatrix}C_{11} & C_{12} & C_{13}\\ C_{21} & C_{22} & C_{23}\\ C_{31} & C_{32} & C_{33}\end{bmatrix}\begin{bmatrix}\varepsilon_x^b\\ \varepsilon_y^b\\ \varepsilon_z^b\end{bmatrix} \tag{4-86}$$

4.3.2　速度误差方程

速度误差指导航计算机中的计算速度与真实速度之间的偏差，描述这一偏差变化规律的微分方程即为速度误差(微分)方程。令导航计算机计算速度表示为$\tilde{\boldsymbol{V}}^n$，运载体真实速度表示为$\boldsymbol{V}^n$，速度误差定义为

$$\delta\boldsymbol{V}^n=\tilde{\boldsymbol{V}}^n-\boldsymbol{V}^n \tag{4-87}$$

对式(4-87)两边同时进行微分，得

$$\delta\dot{\boldsymbol{V}}^n=\dot{\tilde{\boldsymbol{V}}}^n-\dot{\boldsymbol{V}}^n \tag{4-88}$$

考虑导航坐标系为地理坐标系，将式(4-68)代入第 2 章中的比力方程，得到

$$\dot{\boldsymbol{V}}^n=\boldsymbol{C}_b^n\boldsymbol{f}^b-\left(2\boldsymbol{\omega}_{ie}^n+\boldsymbol{\omega}_{en}^n\right)\times\boldsymbol{V}^n+\boldsymbol{g}^n \tag{4-89}$$

实际计算时考虑各种误差，则式(4-89)可以进一步写为

$$\dot{\tilde{\boldsymbol{V}}}^n=\tilde{\boldsymbol{C}}_b^n\tilde{\boldsymbol{f}}^b-\left(2\tilde{\boldsymbol{\omega}}_{ie}^n+\tilde{\boldsymbol{\omega}}_{en}^n\right)\times\tilde{\boldsymbol{V}}^n+\tilde{\boldsymbol{g}}^n \tag{4-90}$$

式中，$\tilde{\boldsymbol{C}}_b^n=\boldsymbol{C}_b^{n'}$为计算捷联姿态矩阵；$\tilde{\boldsymbol{f}}^b=\boldsymbol{f}^b+\delta\boldsymbol{f}^b$为加速度计测量得到的沿载体坐标系的比力输出，$\delta\boldsymbol{f}^b=\begin{bmatrix}\Delta A_x & \Delta A_y & \Delta A_z\end{bmatrix}^{\mathrm{T}}$为加速度计测量误差，这里只考虑加速度计零偏；$\tilde{\boldsymbol{\omega}}_{ie}^n=\boldsymbol{\omega}_{ie}^n+\delta\boldsymbol{\omega}_{ie}^n$；$\tilde{\boldsymbol{\omega}}_{en}^n=\boldsymbol{\omega}_{en}^n+\delta\boldsymbol{\omega}_{en}^n$；$\tilde{\boldsymbol{g}}^n=\boldsymbol{g}^n+\delta\boldsymbol{g}^n$，$\delta\boldsymbol{g}^n$为重力加速度误差。

令式(4-90)减去式(4-89)，得到

$$\begin{aligned}\delta\dot{\boldsymbol{V}}^n &= \dot{\tilde{\boldsymbol{V}}}^n - \dot{\boldsymbol{V}}^n \\ &= \left(\tilde{\boldsymbol{C}}_b^n \tilde{\boldsymbol{f}}^b - \boldsymbol{C}_b^n \boldsymbol{f}^b\right) - \left[\left(2\tilde{\boldsymbol{\omega}}_{ie}^n + \tilde{\boldsymbol{\omega}}_{en}^n\right)\times\tilde{\boldsymbol{V}}^n - \left(2\boldsymbol{\omega}_{ie}^n + \boldsymbol{\omega}_{en}^n\right)\times\boldsymbol{V}^n\right] + \left(\tilde{\boldsymbol{g}}^n - \boldsymbol{g}^n\right)\end{aligned} \tag{4-91}$$

将式(4-73)以及 $\tilde{\boldsymbol{f}}^b$、$\tilde{\boldsymbol{\omega}}_{ie}^n$、$\tilde{\boldsymbol{\omega}}_{en}^n$、$\tilde{\boldsymbol{g}}^n$ 的表达式代入式(4-91)，展开并略去关于误差的二阶小量，得到

$$\begin{aligned}\delta\dot{\boldsymbol{V}}^n &= \left[\left[\boldsymbol{I} - (\boldsymbol{\phi}\times)\right]\boldsymbol{C}_b^n\left(\boldsymbol{f}^b + \delta\boldsymbol{f}^b\right) - \boldsymbol{C}_b^n\boldsymbol{f}^b\right] \\ &\quad - \left\{\left[2\left(\boldsymbol{\omega}_{ie}^n + \delta\boldsymbol{\omega}_{ie}^n\right) + \left(\boldsymbol{\omega}_{en}^n + \delta\boldsymbol{\omega}_{en}^n\right)\right]\times\left(\boldsymbol{V}^n + \delta\boldsymbol{V}^n\right) - \left(2\boldsymbol{\omega}_{ie}^n + \boldsymbol{\omega}_{en}^n\right)\times\boldsymbol{V}^n\right\} + \delta\boldsymbol{g}^n \\ &\approx -(\boldsymbol{\phi}\times)\boldsymbol{C}_b^n\boldsymbol{f}^b + \boldsymbol{C}_b^n\delta\boldsymbol{f}^b - \left(2\delta\boldsymbol{\omega}_{ie}^n + \delta\boldsymbol{\omega}_{en}^n\right)\times\boldsymbol{V}^n - \left(2\boldsymbol{\omega}_{ie}^n + \boldsymbol{\omega}_{en}^n\right)\times\delta\boldsymbol{V}^n + \delta\boldsymbol{g}^n \\ &= \boldsymbol{f}^n \times + \boldsymbol{V}^n \times\left(2\delta\boldsymbol{\omega}_{ie}^n + \delta\boldsymbol{\omega}_{en}^n\right) - \left(2\boldsymbol{\omega}_{ie}^n + \boldsymbol{\omega}_{en}^n\right)\times\delta\boldsymbol{V}^n + \delta\boldsymbol{f}^n + \delta\boldsymbol{g}^n\end{aligned} \tag{4-92}$$

式中，$\boldsymbol{f}^n = \begin{bmatrix} f_E & f_N & f_U \end{bmatrix}^{\mathrm{T}}$ 为加速度计输出沿导航坐标系的投影，可以由式(4-68)获得。

式(4-92)是捷联式惯性导航系统速度误差微分方程。进一步，将式(4-82)代入式(4-92)，并忽略重力加速度误差 $\delta\boldsymbol{g}^n$ 展开得到

$$\begin{cases}\delta\dot{V}_E = -f_U\phi_y + f_N\phi_z + \dfrac{V_N\tan L}{R_N}\delta V_E + \left(2\omega_{ie}\sin L + \dfrac{V_E\tan L}{R_N}\right)\delta V_N \\ \qquad + \left(2V_N\omega_{ie}\cos L + \dfrac{V_E V_N\sec^2 L}{R_N}\right)\delta L + \Delta A_E \\ \delta\dot{V}_N = f_U\phi_x - f_E\phi_z - 2\left(\omega_{ie}\sin L + \dfrac{V_E\tan L}{R_N}\right)\delta V_E \\ \qquad - V_E\left(2\omega_{ie}\cos L + \dfrac{V_E\sec^2 L}{R_N}\right)\delta L + \Delta A_N\end{cases} \tag{4-93}$$

需要注意的是，式(4-93)中 ΔA_E、ΔA_N 为加速度计零偏在导航坐标系的投影，有

$$\begin{bmatrix}\Delta A_E \\ \Delta A_N\end{bmatrix} = \begin{bmatrix} C_{11} & C_{12} & C_{13} \\ C_{21} & C_{22} & C_{23}\end{bmatrix}\begin{bmatrix}\Delta A_x \\ \Delta A_y \\ \Delta A_z\end{bmatrix} \tag{4-94}$$

与平台式惯性导航系统类似，船海用捷联式惯性导航系统的速度误差方程同样不考虑高度通道。

4.3.3　位置误差方程

与姿态误差、速度误差类似，可以利用扰动法对式(4-70)分别求得纬度误差与经度误差微分方程。注意，考虑到式中 R_M 与 R_N 在短时间内变化很小，均视为常值，可得

$$\delta\dot{L} = \frac{\delta V_N}{R_M} \tag{4-95}$$

$$\delta\dot{\lambda} = \frac{\sec L}{R_N}\delta V_E + \frac{V_E\sec L\tan L}{R_N}\delta L \tag{4-96}$$

式中，δL、$\delta\lambda$ 分别表示纬度误差与经度误差。

4.3.4 误差特性分析

捷联式惯性导航系统误差特性分析过程与平台式惯性导航系统类似，即根据式(4-85)、式(4-93)以及式(4-95)、式(4-96)构建系统误差方程组，进行拉氏变换后求解系统特征方程与特征根。

与平台式惯性导航系统类似，为简化分析，考虑静基座条件，则式(4-85)、式(4-93)、式(4-95)、式(4-96)可以进一步写为

$$\begin{cases}\dot{\phi}_x = -\dfrac{\delta V_N}{R_M} - \phi_z\omega_{ie}\cos L + \phi_y\omega_{ie}\sin L - \varepsilon_E \\ \dot{\phi}_y = -\delta L\omega_{ie}\sin L + \dfrac{\delta V_E}{R_N} - \phi_x\omega_{ie}\sin L - \varepsilon_N \\ \dot{\phi}_z = \delta L\omega_{ie}\cos L + \dfrac{\delta V_E}{R_N}\tan L + \phi_x\omega_{ie}\cos L - \varepsilon_U \\ \delta\dot{V}_E = 2\omega_{ie}\delta V_N\sin L + f_N\phi_z - f_U\phi_y + \Delta A_E \\ \delta\dot{V}_N = -2\omega_{ie}\delta V_E\sin L - f_E\phi_z + f_U\phi_x + \Delta A_N \\ \delta\dot{L} = \dfrac{\delta V_N}{R_M} \\ \delta\dot{\lambda} = \dfrac{\delta V_E}{R_N}\sec L \end{cases} \tag{4-97}$$

观察式(4-97)可以发现，如果令式(4-97)中的 $R_M = R_N = R_e$，$f_U = g$，同时忽略交叉耦合项 $f_N\phi_z$ 与 $f_E\phi_z$，则式(4-97)与 3.3 节式(3-73)基本一致，唯一不同之处在于陀螺仪漂移与加速度计零偏的作用机理。在平台式惯性导航系统中，陀螺仪漂移直接作用于惯性稳定平台，将引起方向、大小相同的平台漂移，加速度计零偏也是直接作用于加速度计输出；在捷联式惯性导航系统中，陀螺仪漂移与加速度计零偏需要由载体坐标系投影到导航坐标系进而作用于系统。因此可以看到，捷联式惯性导航系统误差特性本质上与平台式惯性导航系统一样。例如，两者都存在舒勒周期振荡、傅科周期振荡以及地球周期振荡。考虑到捷联式惯性导航系统误差特性分析过程与平台式系统相同，所以本章不再赘述。

4.4 捷联式惯性导航系统数字模拟器

在真实的捷联式惯性导航系统中，角速度 $\boldsymbol{\omega}_{ib}^b$ 与比力 $\boldsymbol{f}^b$ 分别由陀螺仪以及加速度计提供。在捷联式惯性导航系统初始对准完成以后，系统将进入导航工作状态，即利用陀螺仪与加速度计输出根据 4.2 节姿态更新算法、速度更新算法以及位置更新算法迭代解算运载体的俯仰角、横滚角、航向角、东向速度、北向速度以及经纬度位置信息。

由于捷联式惯性导航系统采用的是数学平台，大部分工作都可以在导航计算机中完成。因此，一般可以在系统机械编排设计、性能分析以及误差抑制方法研究阶段利用捷联式惯性导航系统数字模拟器开展相关算法先期验证。

捷联式惯性导航系统数字模拟器的本质是根据运载体运动模拟数据反演其上搭载的捷联式惯性导航系统输出，即角速度 $\boldsymbol{\omega}_{ib}^{b}$ 与比力 $\boldsymbol{f}^{b}$ 。因此，捷联式惯性导航系统数字模拟器的输入可以看作运载体运动模拟数据，而数字模拟器的输出可以看作陀螺仪角速度输出与加速度计比力输出。因此，构建捷联式惯性导航系统数字模拟器的首要工作是生成运载体运动数据。需要说明的是，不同类型的运载体运动数据与其动力学模型、运动学模型以及相关环境参数都有关系，如水面舰船的高精度运动数据需要由六自由度动力学模型、水动力参数等多种因素确定。因此，如果考虑全部因素，数字模拟器将过于复杂。综上所述，本节只考虑舰船一些典型运动特征，设计比较简单的运动数据生成器作为后续捷联式惯性导航系统数字模拟器的输入。

为了生成运载体运动数据，需要设置相关运动参数，如表 4-1 所示。

表 4-1 运动轨迹参数

参数类型	参数名称
初始位置	初始经度、初始纬度
初始速度	运载体首尾向初始速度
加速度	运载体首尾向加速度
姿态角	初始俯仰角、初始横滚角、初始航向角
三轴摇摆参数	三轴摇摆幅值、周期、初始相位

4.4.1 陀螺仪仿真器数学模型

假设运载体三轴摇摆运动模型为

$$\begin{cases}\psi(t)=\psi_m\sin\left(\dfrac{2\pi}{T_\psi}t+\psi_0\right)+\psi_c\\ \theta(t)=\theta_m\sin\left(\dfrac{2\pi}{T_\theta}t+\theta_0\right)+\theta_c\\ \gamma(t)=\gamma_m\sin\left(\dfrac{2\pi}{T_\gamma}t+\gamma_0\right)+\gamma_c\end{cases}\tag{4-98}$$

式中，ψ_m、θ_m、γ_m 为三轴摇摆幅值；T_ψ、T_θ、T_γ 为三轴摇摆周期；ψ_0、θ_0、γ_0 为三轴摇摆初始相位；ψ_c、θ_c、γ_c 为三轴摇摆中心，即初始航向角、初始俯仰角以及初始横滚角。上述参数需要如表 4-1 所示输入。

如式(4-98)所示，根据三轴摇摆运动模型可以实时产生运载体航向角 $\psi(t)$、俯仰角 $\theta(t)$ 以及横滚角 $\gamma(t)$ 。同时，根据式(4-1)利用实时产生的航向角 $\psi(t)$、俯仰角 $\theta(t)$ 以及横滚角 $\gamma(t)$ 可以计算运载体捷联姿态矩阵，即

$$\boldsymbol{C}_b^t=\begin{bmatrix}\cos\gamma\cos\psi-\sin\gamma\sin\theta\sin\psi & -\cos\theta\sin\psi & \sin\gamma\cos\psi+\cos\gamma\sin\theta\sin\psi\\ \cos\gamma\sin\psi+\sin\gamma\sin\theta\cos\psi & \cos\theta\cos\psi & \sin\gamma\sin\psi-\cos\gamma\sin\theta\cos\psi\\ -\sin\gamma\cos\theta & \sin\theta & \cos\gamma\cos\theta\end{bmatrix}\tag{4-99}$$

注意，为简化书写，式(4-99)中省略了时间 t，下面也作同样省略处理。

对式(4-98)进行一次微分，可以得到航向角、俯仰角以及横滚角的变化率，即

$$\begin{cases}\dot{\psi}(t)=\dfrac{2\pi}{T_\psi}\psi_m\cos\left(\dfrac{2\pi}{T_\psi}t+\psi_0\right)\\ \dot{\theta}(t)=\dfrac{2\pi}{T_\theta}\theta_m\cos\left(\dfrac{2\pi}{T_\theta}t+\theta_0\right)\\ \dot{\gamma}(t)=\dfrac{2\pi}{T_\gamma}\gamma_m\cos\left(\dfrac{2\pi}{T_\gamma}t+\gamma_0\right)\end{cases} \tag{4-100}$$

进一步，考虑导航坐标系为地理坐标系，根据式(4-8)可以得到

$$\begin{cases}\omega_{tbx}^b=-\sin\gamma\cos\theta\cdot\dot{\psi}+\cos\gamma\cdot\dot{\theta}\\ \omega_{tby}^b=\sin\theta\cdot\dot{\psi}+\dot{\gamma}\\ \omega_{tbz}^b=\cos\gamma\cos\theta\cdot\dot{\psi}+\sin\gamma\cdot\dot{\theta}\end{cases} \tag{4-101}$$

将式(4-98)与式(4-100)产生的俯仰角、横滚角、航向角以及相应角度变化率代入式(4-101)即可生成载体坐标系 b 相对于地理坐标系 t 的旋转角速度 $\boldsymbol{\omega}_{tb}^b$。

另外，根据 2.3 节式(2-115)与式(2-116)，利用运载体速度与位置信息(见“加速度计仿真器数学模型”部分)可以计算得到角速度 $\boldsymbol{\omega}_{ie}^t$ 与 $\boldsymbol{\omega}_{et}^t$，即

$$\boldsymbol{\omega}_{ie}^t=\begin{bmatrix}0\\ \omega_{ie}\cos L\\ \omega_{ie}\sin L\end{bmatrix},\quad \boldsymbol{\omega}_{et}^t=\begin{bmatrix}-\dfrac{V_N}{R_M}\\ \dfrac{V_E}{R_N}\\ \dfrac{V_E}{R_N}\tan L\end{bmatrix} \tag{4-102}$$

进一步，可以得到地理坐标系相对惯性空间的旋转角速度，即

$$\boldsymbol{\omega}_{it}^t=\boldsymbol{\omega}_{ie}^t+\boldsymbol{\omega}_{et}^t \tag{4-103}$$

利用式(4-99)可以将地理坐标系相对惯性空间的旋转角速度投影到载体坐标系，即

$$\boldsymbol{\omega}_{it}^b=\boldsymbol{C}_t^b\boldsymbol{\omega}_{it}^t=\left(\boldsymbol{C}_b^t\right)^{-1}\boldsymbol{\omega}_{it}^t \tag{4-104}$$

根据式(4-101)与式(4-104)，可以计算得到载体坐标系相对惯性空间的旋转角速度，即

$$\boldsymbol{\omega}_{ib}^b=\boldsymbol{\omega}_{it}^b+\boldsymbol{\omega}_{tb}^b \tag{4-105}$$

式(4-105)即为陀螺仪所测量得到的运载体相对惯性空间的理想角速度。考虑陀螺仪本身存在的器件误差，则陀螺仪的输出可以表示为

$$\tilde{\boldsymbol{\omega}}_{ib}^b=\boldsymbol{\omega}_{ib}^b+\boldsymbol{\varepsilon}^b+\boldsymbol{\varepsilon}_r^b+\boldsymbol{\varepsilon}_w^b \tag{4-106}$$

式中，$\boldsymbol{\varepsilon}^b$ 为常值性漂移；$\boldsymbol{\varepsilon}_r^b$ 为一阶马尔可夫过程误差；$\boldsymbol{\varepsilon}_w^b$ 为白噪声。

常值性漂移 $\boldsymbol{\varepsilon}^b$ 与一阶马尔可夫过程误差 $\boldsymbol{\varepsilon}_r^b$ 的模型可以表示为

$$\begin{cases}\dot{\boldsymbol{\varepsilon}}^b = 0 \\ \dot{\boldsymbol{\varepsilon}}_r^b = -\dfrac{1}{T}\boldsymbol{\varepsilon}_r^b + \boldsymbol{w}_r\end{cases} \tag{4-107}$$

式中，T 为相关时间；$\boldsymbol{w}_r$ 为驱动白噪声。

4.4.2 加速度计仿真器数学模型

假设运载体线运动模型为

$$\begin{cases}\dot{V}_E = a\cos\psi(t) \\ \dot{V}_N = a\sin\psi(t)\end{cases} \tag{4-108}$$

式中，a 为运载体首尾向加速度；$\psi(t)$ 为运载体航向角。

在设置运载体初始速度的前提下，根据式(4-108)，可以通过求解微分方程获得运载体瞬时东向速度 V_E 与北向速度 V_N。进一步，根据瞬时速度可以计算运载体经纬度信息，即

$$\begin{cases}\dot{L} = \dfrac{V_N}{R_M} \\ \dot{\lambda} = \dfrac{V_E}{R_N\cos L} = \dfrac{V_E}{R_N}\sec L\end{cases} \tag{4-109}$$

在实时更新得到经纬度信息后，还需要更新地球卯酉圈与子午圈曲率半径，即

$$R_N = \frac{a}{\sqrt{1-e_1^2\sin^2 L}} \tag{4-110}$$

$$R_M = \frac{a\left(1-e_1^2\right)}{\left(1-e_1^2\sin^2 L\right)^{3/2}} \tag{4-111}$$

式中，a 为地球长轴半径；e_1 为第一偏心率。

同理，根据速度与位置信息按照式(4-102)可以计算角速度 $\boldsymbol{\omega}_{ie}^t$ 与 $\boldsymbol{\omega}_{et}^t$。进一步，考虑导航坐标系为地理坐标系，则根据比力方程(4-89)可以计算比力信息在地理坐标系的投影为

$$\boldsymbol{f}^t = \dot{\boldsymbol{V}}^t + \left(2\boldsymbol{\omega}_{ie}^t + \boldsymbol{\omega}_{et}^t\right)\times\boldsymbol{V}^t - \boldsymbol{g}^t \tag{4-112}$$

将式(4-112)展开成矩阵形式，得到

$$\begin{bmatrix} f_E \\ f_N \end{bmatrix} = \begin{bmatrix} \dot{V}_E \\ \dot{V}_N \end{bmatrix} + \begin{bmatrix} 0 & -\left(2\omega_{ie}\sin L + \dfrac{V_E}{R_N}\tan L\right) & 2\omega_{ie}\cos L + \dfrac{V_E}{R_N} \\ 2\omega_{ie}\sin L + \dfrac{V_E}{R_N}\tan L & 0 & \dfrac{V_N}{R_M} \end{bmatrix} \begin{bmatrix} V_E \\ V_N \\ 0 \end{bmatrix} \tag{4-113}$$

需要注意的是，式(4-113)中天向通道速度 $V_U = 0$。同时，考虑天向通道比力 $f_U = g$，则可以得到载体坐标系的比力为

$$\boldsymbol{f}^b = \boldsymbol{C}_t^b \boldsymbol{f}^t = \begin{bmatrix} C_{11} & C_{12} & C_{13} \\ C_{21} & C_{22} & C_{23} \\ C_{31} & C_{32} & C_{33} \end{bmatrix} \begin{bmatrix} f_E \\ f_N \\ f_U \end{bmatrix} \tag{4-114}$$

式(4-114)即为加速度计所测量得到的载体坐标系理想比力。考虑加速度计本身存在的器件误差，则加速度计的输出可以表示为

$$\tilde{\boldsymbol{f}}^b = \boldsymbol{f}^b + \Delta\boldsymbol{A}^b \tag{4-115}$$

式中，$\Delta\boldsymbol{A}^b = \begin{bmatrix} \Delta A_x & \Delta A_y & \Delta A_z \end{bmatrix}^{\mathrm{T}}$ 为加速度计常值零偏。

◆ **小实践**：请利用下载的“捷联式惯性导航系统数字模拟器”MATLAB 程序，自己动手尝试调试程序，同时通过程序仿真结果观察并分析捷联式惯性导航系统的误差特性。

拓展延伸：请配套学习国家级线上一流本科课程“导航定位系统”第六章“惯性导航系统基本原理”6.7 节，并完成线上测试题。

提 高 篇

第 5 章　惯性导航系统初始对准技术

■ **学习导言**　本章将学习惯性导航系统的一项关键技术——初始对准技术。惯性导航系统上电后首先需要初始对准，而初始对准性能对惯性导航定位精度至关重要。本章内容主要包括初始对准的基本概念、常用粗对准方法的基本原理以及基于经典控制理论的罗经回路精对准方法与基于卡尔曼滤波(Kalman Filter，KF)技术的精对准方法基本原理，本章既是本书的重点内容也是难点内容。

■ **学习目标**　了解初始对准的基本概念；掌握常用粗对准方法与精对准方法的基本原理。

初始对准是确定惯性导航系统各坐标系相对于导航坐标系指向的过程。对于平台式惯性导航系统而言，系统在上电启动后，平台的三个轴是任意指向的，所以，对于平台式惯性导航系统来说，初始对准即意味着将平台坐标系的三个轴指向导航坐标系方向，一般是指向地理坐标系方向(即当地水平固定指北惯性导航系统)。对于捷联式惯性导航系统而言，由于系统中没有实体物理稳定平台，其初始对准就是数学平台与导航坐标系的对准过程，即获得描述载体坐标系与导航坐标系之间角位置关系的初始捷联姿态矩阵 $\boldsymbol{C}_b^n$ 。本章主要讨论捷联式惯性导航系统的初始对准方法。

捷联式惯性导航系统初始对准分类方法有多种，按照对准阶段来分，可以将其分为粗对准与精对准两个阶段。粗对准就是要在短时间内建立一个相对粗略的捷联姿态矩阵 $\boldsymbol{C}_b^{n'}$ ，为精对准做准备。常用粗对准方法有解析式粗对准、惯性系粗对准以及基于外速度辅助的惯性系粗对准方法等，这些粗对准方法具有不同的应用场景。精对准是在粗对准的基础上进行的，通过处理惯性器件的输出和外部观测信息，进一步精确地校正计算导航坐标系 n' 与导航坐标系 n 之间的失准角，使失准角尽量趋于零，从而得到精确的初始捷联姿态矩阵 $\boldsymbol{C}_b^n$ 。常用精对准方法主要分为两类，即基于经典控制理论的罗经精对准方法与基于现代估计理论的精对准方法。基于经典控制理论的罗经精对准方法是以反馈控制理论与罗经效应为基础建立起来的。水平对准时，水平失准角与重力的耦合会引起速度误差，对该速度误差进行控制可以达到水平对准的目的。方位对准时，陀螺仪敏感到方位失准角与地球自转角速度的耦合项(即罗经效应)，该耦合项会产生水平失准角，进而引起速度误差，通过对该速度误差进行控制可以达到方位对准的目的。基于现代估计理论的卡尔曼滤波精对准技术是通过建立系统状态方程与量测方程，利用卡尔曼滤波理论来估计系统的状态并加以补偿，从而实现系统的精对准。

不同的应用场景、对准阶段以及器件精度，对于初始对准有不同的要求。总体来说，使用者都希望初始对准"既快又准"，但是，快速性与准确性这两者往往又是相互矛盾的。在实际工程中，通过尽量平衡两者的关系使惯性导航系统初始对准满足对准精度与对准时间的要求。以船用中等精度惯性导航系统系泊条件下对准为例，粗对准一般要求在 5min 内完成，水平误差角小于30′，方位误差角小于 1°；精对准在 20min 内完成，水平精度达到几角秒，方位精度达到几十角秒至几角分。

5.1　捷联式惯性导航系统粗对准方法

粗对准是精对准的前提，粗对准的精度直接影响精对准的精度。如果通过粗对准过程不能将姿态误差角收敛到小角度，则可能导致后续精对准失败。为了提高捷联式惯性导航系统的粗对准精度，国内外学者按照对准时运载体的运动状态将粗对准分为静基座粗对准、晃动基座粗对准以及动基座粗对准。本节所要讨论的解析式粗对准主要用于解决静基座粗对准问题，即在运载体相对于地球静止不动的条件下完成粗对准；惯性系粗对准主要用于解决晃动基座粗对准问题，即在运载体存在三轴周期性线运动与角运动的条件下完成粗对准；基于外速度辅助的惯性系粗对准可以用来解决动基座粗对准问题，即在运载体存在非周期线运动的条件下(即航行过程中)完成粗对准。

5.1.1　解析式粗对准原理

解析式粗对准要求运载体在对准过程中静止不动，这种对准方法严格限制对准条件，因此适用范围也受到一定限制。捷联式惯性导航系统的解析式粗对准方法本质上即为静基座条件下的双矢量定姿方法，双矢量定姿是指通过任意两个不平行的观测矢量分别在两个坐标系下的投影来确定这两个坐标系之间的姿态变化矩阵。

静基座条件下，解析式粗对准方法所选择的两个矢量分别为当地重力加速度 $\boldsymbol{g}$ 与地球自转角速度 $\boldsymbol{\omega}_{ie}$。重力加速度 $\boldsymbol{g}$ 的方向垂直于当地水平面，地球自转角速度 $\boldsymbol{\omega}_{ie}$ 的方向平行于地球极轴。因此，可以进一步通过 $\boldsymbol{g}$ 与 $\boldsymbol{\omega}_{ie}$ 构造第三个矢量 $\boldsymbol{g}\times\boldsymbol{\omega}_{ie}$。只要获得这三个矢量在载体坐标系 b 与导航坐标系 n 下的投影，即可以建立关于捷联姿态矩阵 $\boldsymbol{C}_b^n$ 的关系式，从而求解出捷联姿态矩阵 $\boldsymbol{C}_b^n$。

一般选择地理坐标系作为导航坐标系，则重力加速度 $\boldsymbol{g}$ 在导航坐标系的投影可以表示为

$$\boldsymbol{g}^n=\begin{bmatrix}0 & 0 & -g\end{bmatrix}^{\mathrm{T}} \tag{5-1}$$

式中，g 为重力加速度矢量的大小。

根据 2.3 节可知，地球自转角速度 $\boldsymbol{\omega}_{ie}$ 在导航坐标系的投影可以表示为

$$\boldsymbol{\omega}_{ie}^n=\begin{bmatrix}0 & \omega_{ie}\cos L & \omega_{ie}\sin L\end{bmatrix}^{\mathrm{T}} \tag{5-2}$$

式中，L 为当地地理纬度。初始对准过程中，一般要求已知当地地理纬度信息。

另外，根据惯性导航系统比力方程，有

$$\dot{\boldsymbol{V}}^n=\boldsymbol{C}_b^n\boldsymbol{f}^b-\left(2\boldsymbol{\omega}_{ie}^n+\boldsymbol{\omega}_{en}^n\right)\times\boldsymbol{V}^n+\boldsymbol{g}^n \tag{5-3}$$

在静基座条件下，有

$$\boldsymbol{V}^n=\boldsymbol{0} \tag{5-4}$$

则式(5-3)可以近似为

$$\boldsymbol{C}_b^n \boldsymbol{f}^b - \dot{\boldsymbol{V}}^n + \boldsymbol{g}^n = \boldsymbol{0} \tag{5-5}$$

在静基座条件下，式(5-5)中的$\dot{\boldsymbol{V}}^n$可以理解为线振动干扰加速度。考虑到加速度计测量误差$\delta\boldsymbol{f}^b$，则式(5-5)可以进一步写为

$$\boldsymbol{C}_b^n \left(\tilde{\boldsymbol{f}}^b - \delta\boldsymbol{f}^b\right) - \dot{\boldsymbol{V}}^n = -\boldsymbol{g}^n \tag{5-6}$$

式中，$\tilde{\boldsymbol{f}}^b$为加速度计测量比力输出。

式(5-6)可以进一步写为

$$\boldsymbol{C}_b^n \tilde{\boldsymbol{f}}^b - \Delta\tilde{\boldsymbol{A}}^n = -\boldsymbol{g}^n \tag{5-7}$$

式中，$\Delta\tilde{\boldsymbol{A}}^n = \boldsymbol{C}_b^n \delta\boldsymbol{f}^b + \dot{\boldsymbol{V}}^n$为等效加速度计测量误差，主要包括加速度计的器件误差以及线振动干扰误差。

如果忽略等效加速度计测量误差$\Delta\tilde{\boldsymbol{A}}^n$，则式(5-7)可以进一步表示为

$$\boldsymbol{C}_b^n \tilde{\boldsymbol{f}}^b \approx -\boldsymbol{g}^n \tag{5-8}$$

另外，载体坐标系相对惯性空间的旋转角速度$\boldsymbol{\omega}_{ib}^b$经捷联姿态矩阵转换以后，可以得到

$$\boldsymbol{C}_b^n \boldsymbol{\omega}_{ib}^b = \boldsymbol{\omega}_{ib}^n = \boldsymbol{\omega}_{ie}^n + \boldsymbol{\omega}_{en}^n + \boldsymbol{\omega}_{nb}^n \tag{5-9}$$

在静基座条件下，$\boldsymbol{\omega}_{en}^n = \boldsymbol{0}$，而$\boldsymbol{\omega}_{nb}^n$可以理解为角晃动干扰引起的误差。同时，考虑到陀螺仪测量误差$\delta\boldsymbol{\omega}_{ib}^b$，则式(5-9)可以近似表示为

$$\boldsymbol{C}_b^n \left(\tilde{\boldsymbol{\omega}}_{ib}^b - \delta\boldsymbol{\omega}_{ib}^b\right) - \boldsymbol{\omega}_{nb}^n = \boldsymbol{\omega}_{ie}^n \tag{5-10}$$

式中，$\tilde{\boldsymbol{\omega}}_{ib}^b$为陀螺仪测量角速度输出。

式(5-10)可以进一步写为

$$\boldsymbol{C}_b^n \tilde{\boldsymbol{\omega}}_{ib}^b - \tilde{\boldsymbol{\varepsilon}}^n = \boldsymbol{\omega}_{ie}^n \tag{5-11}$$

式中，$\tilde{\boldsymbol{\varepsilon}}^n = \boldsymbol{C}_b^n \delta\boldsymbol{\omega}_{ib}^b + \boldsymbol{\omega}_{nb}^n$为等效陀螺仪测量误差。

如果忽略等效陀螺仪测量误差$\tilde{\boldsymbol{\varepsilon}}^n$，则式(5-11)可以进一步表示为

$$\boldsymbol{C}_b^n \tilde{\boldsymbol{\omega}}_{ib}^b \approx \boldsymbol{\omega}_{ie}^n \tag{5-12}$$

联立式(5-8)与式(5-12)，即利用地球自转角速度$\boldsymbol{\omega}_{ie}$与重力加速度$\boldsymbol{g}$在载体坐标系与导航坐标系上的投影可以建立如下方程组：

$$\begin{cases} \boldsymbol{C}_b^n \tilde{\boldsymbol{f}}^b = -\boldsymbol{g}^n \\ \boldsymbol{C}_b^n \tilde{\boldsymbol{\omega}}_{ib}^b = \boldsymbol{\omega}_{ie}^n \end{cases} \tag{5-13}$$

同时，利用地球自转角速度$\boldsymbol{\omega}_{ie}$与重力加速度$\boldsymbol{g}$构造矢量$\boldsymbol{\gamma} = \boldsymbol{g} \times \boldsymbol{\omega}_{ie}$，则有

$$\boldsymbol{C}_b^n \boldsymbol{\gamma}^b = \boldsymbol{\gamma}^n \tag{5-14}$$

联立式(5-13)与式(5-14)，可以得到

$$\begin{cases} \boldsymbol{C}_b^n \tilde{\boldsymbol{f}}^b = -\boldsymbol{g}^n \\ \boldsymbol{C}_b^n \tilde{\boldsymbol{\omega}}_{ib}^b = \boldsymbol{\omega}_{ie}^n \\ \boldsymbol{C}_b^n \boldsymbol{\gamma}^b = \boldsymbol{\gamma}^n \end{cases} \tag{5-15}$$

根据式(5-15)，可以得到

$$\boldsymbol{C}_b^n\begin{bmatrix}\tilde{\boldsymbol{f}}^b & \tilde{\boldsymbol{\omega}}_{ib}^b & \boldsymbol{\gamma}^b\end{bmatrix}=\begin{bmatrix}-\boldsymbol{g}^n & \boldsymbol{\omega}_{ie}^n & \boldsymbol{\gamma}^n\end{bmatrix} \tag{5-16}$$

根据式(5-16)，可以得到

$$\boldsymbol{C}_b^n=\begin{bmatrix}-\boldsymbol{g}^n & \boldsymbol{\omega}_{ie}^n & \boldsymbol{\gamma}^n\end{bmatrix}\begin{bmatrix}\tilde{\boldsymbol{f}}^b & \tilde{\boldsymbol{\omega}}_{ib}^b & \boldsymbol{\gamma}^b\end{bmatrix}^{-1} \tag{5-17}$$

考虑到捷联姿态矩阵 $\boldsymbol{C}_b^n$ 是单位正交阵，满足 $\left(\boldsymbol{C}_b^n\right)^{-1}=\left(\boldsymbol{C}_b^n\right)^{\mathrm{T}}$，所以对式(5-17)两边同时转置后再求逆，可以得到

$$\boldsymbol{C}_b^n=\begin{bmatrix}\left(-\boldsymbol{g}^n\right)^{\mathrm{T}}\\ \left(\boldsymbol{\omega}_{ie}^n\right)^{\mathrm{T}}\\ \left(\boldsymbol{\gamma}^n\right)^{\mathrm{T}}\end{bmatrix}^{-1}\begin{bmatrix}\left(\tilde{\boldsymbol{f}}^b\right)^{\mathrm{T}}\\ \left(\tilde{\boldsymbol{\omega}}_{ib}^b\right)^{\mathrm{T}}\\ \left(\boldsymbol{\gamma}^b\right)^{\mathrm{T}}\end{bmatrix} \tag{5-18}$$

根据式(5-18)，利用陀螺仪与加速度计输出即可求解初始捷联姿态矩阵 $\boldsymbol{C}_b^n$。

关于解析式粗对准方法，对其适用性进行简单讨论。

(1) 解析式粗对准方法中，认为粗对准过程中的捷联姿态矩阵为常值矩阵，即

$$\boldsymbol{C}_{b(t)}^{n(t)}=\boldsymbol{C}_b^n \tag{5-19}$$

式中，$\boldsymbol{C}_{b(t)}^{n(t)}$ 为 t 时刻的捷联姿态矩阵。

(2) 解析式粗对准方法中，认为环境干扰导致加速度计对重力加速度矢量的测量误差为零均值微幅振动，所以干扰加速度经过一段时间的平均可以近似为零，即

$$\boldsymbol{g}^b\approx-\bar{\boldsymbol{f}}^b=-\frac{1}{T}\int_0^T\tilde{\boldsymbol{f}}^{b(\tau)}\mathrm{d}\tau \tag{5-20}$$

式中，$\bar{\boldsymbol{f}}^b$ 为加速度计比力输出在粗对准时间 T 内的平均值；$\tilde{\boldsymbol{f}}^{b(\tau)}$ 为存在干扰加速度的加速度计比力输出。

因此，在满足式(5-20)的前提条件下，在式(5-6)中可以忽略 $\dot{\boldsymbol{V}}^n$ 的影响。

解析式粗对准方法中，认为运载体角运动为零均值微幅晃动，所以干扰角速度经过一段时间的平均可以近似为零，即

$$\boldsymbol{\omega}_{ie}^b\approx\bar{\boldsymbol{\omega}}_{ib}^b=\frac{1}{T}\int_0^T\tilde{\boldsymbol{\omega}}_{ib}^{b(\tau)}\mathrm{d}\tau \tag{5-21}$$

式中，$\bar{\boldsymbol{\omega}}_{ib}^b$ 为陀螺仪角速度输出在粗对准时间 T 内的平均值；$\tilde{\boldsymbol{\omega}}_{ib}^b$ 为存在干扰角速度的陀螺仪角速度输出。

因此，在满足式(5-21)的前提条件下，可以忽略式(5-10)中 $\boldsymbol{\omega}_{nb}^n$ 的影响。

综上所述，在解析式粗对准方法的实施过程中，一般需要采集一段时间 $\left[0,T\right]$ 内陀螺仪与加速度计的输出进行平均操作，从而得到平均比力 $\bar{\boldsymbol{f}}^b$ 与平均角速度 $\bar{\boldsymbol{\omega}}_{ib}^b$ 并代入式(5-18)中代替 $\tilde{\boldsymbol{f}}^b$ 与 $\tilde{\boldsymbol{\omega}}_{ib}^b$。

(3) 在式(5-7)与式(5-11)的推导过程中，省略了等效加速度计测量误差 $\Delta\tilde{\boldsymbol{A}}^n$ 与等效陀螺

仪测量误差 $\tilde{\boldsymbol{\varepsilon}}^n$ 。这里，省略的前提条件是这两项测量误差与地球自转角速度及重力加速度相比很小，满足：

$$\begin{cases} \left\|\tilde{\boldsymbol{\varepsilon}}^n\right\| < \dfrac{\left\|\boldsymbol{\omega}_{ie}^n\right\|}{10} = \dfrac{\omega_{ie}}{10} \\ \left\|\Delta\tilde{\boldsymbol{A}}^n\right\| < \dfrac{\left\|\boldsymbol{g}^n\right\|}{100} = \dfrac{g}{100} \end{cases} \tag{5-22}$$

要满足式(5-22)，一方面需要干扰角运动与干扰线运动本身幅值较小，另一方面是干扰角运动与干扰线运动可以通过平均操作得到有效抑制。

除此之外，需要注意的是，陀螺仪与加速度计都存在测量误差(包括模值误差与方向误差)，将导致式(5-18)求解出的捷联姿态矩阵并不能严格满足单位正交化的要求。为了解决这个问题，研究人员提出预先对参与解算的所有矢量作正交化处理与单位化处理。具体流程为：首先选择主矢量，主矢量的选择原则通常是选择两个矢量中较为重要或者测量误差相对较小的。一般来说，线运动干扰相对误差小于角运动，所以可以选择重力加速度为主参考矢量并对其进行单位化，即 $-\boldsymbol{g}^n/\left\|-\boldsymbol{g}^n\right\|$ 。进一步，利用 $-\boldsymbol{g}^n$ 与 $\boldsymbol{\omega}_{ie}^n$ 求解另外两个单位正交向量，即 $\left[\left(-\boldsymbol{g}^n\right)\times\boldsymbol{\omega}_{ie}^n\right]/\left\|\left(-\boldsymbol{g}^n\right)\times\boldsymbol{\omega}_{ie}^n\right\|$ 与 $\left[\left(-\boldsymbol{g}^n\right)\times\boldsymbol{\omega}_{ie}^n\times\left(-\boldsymbol{g}^n\right)\right]/\left\|\left(-\boldsymbol{g}^n\right)\times\boldsymbol{\omega}_{ie}^n\times\left(-\boldsymbol{g}^n\right)\right\|$ 。这样，由两个非共线矢量就可以构建 3 个单位正交矢量。利用 $\tilde{\boldsymbol{f}}^b$、$\tilde{\boldsymbol{\omega}}_{ib}^b$ 同样可以构建 3 个单位正交矢量。综上所述，利用这 6 个单位正交矢量即可求解满足单位正交化条件的捷联姿态矩阵：

$$\begin{aligned} \boldsymbol{C}_b^n &= \begin{bmatrix} \left(-\boldsymbol{g}^n\right)^{\mathrm{T}}/\left\|-\boldsymbol{g}^n\right\| \\ \left(-\boldsymbol{g}^n\times\boldsymbol{\omega}_{ie}^n\right)^{\mathrm{T}}/\left\|-\boldsymbol{g}^n\times\boldsymbol{\omega}_{ie}^n\right\| \\ \left[-\boldsymbol{g}^n\times\boldsymbol{\omega}_{ie}^n\times\left(-\boldsymbol{g}^n\right)\right]^{\mathrm{T}}/\left\|-\boldsymbol{g}^n\times\boldsymbol{\omega}_{ie}^n\times\left(-\boldsymbol{g}^n\right)\right\| \end{bmatrix}^{-1} \begin{bmatrix} \left(\tilde{\boldsymbol{f}}^b\right)^{\mathrm{T}}/\left\|\tilde{\boldsymbol{f}}^b\right\| \\ \left(\tilde{\boldsymbol{f}}^b\times\tilde{\boldsymbol{\omega}}_{ib}^b\right)^{\mathrm{T}}/\left\|\tilde{\boldsymbol{f}}^b\times\tilde{\boldsymbol{\omega}}_{ib}^b\right\| \\ \left(\tilde{\boldsymbol{f}}^b\times\tilde{\boldsymbol{\omega}}_{ib}^b\times\tilde{\boldsymbol{f}}^b\right)^{\mathrm{T}}/\left\|\tilde{\boldsymbol{f}}^b\times\tilde{\boldsymbol{\omega}}_{ib}^b\times\tilde{\boldsymbol{f}}^b\right\| \end{bmatrix} \\ &= \begin{bmatrix} \dfrac{-\boldsymbol{g}^n}{\left\|-\boldsymbol{g}^n\right\|} & \dfrac{-\boldsymbol{g}^n\times\boldsymbol{\omega}_{ie}^n}{\left\|-\boldsymbol{g}^n\times\boldsymbol{\omega}_{ie}^n\right\|} & \dfrac{-\boldsymbol{g}^n\times\boldsymbol{\omega}_{ie}^n\times\left(-\boldsymbol{g}^n\right)}{\left\|-\boldsymbol{g}^n\times\boldsymbol{\omega}_{ie}^n\times\left(-\boldsymbol{g}^n\right)\right\|} \end{bmatrix} \begin{bmatrix} \left(\tilde{\boldsymbol{f}}^b\right)^{\mathrm{T}}/\left\|\tilde{\boldsymbol{f}}^b\right\| \\ \left(\tilde{\boldsymbol{f}}^b\times\tilde{\boldsymbol{\omega}}_{ib}^b\right)^{\mathrm{T}}/\left\|\tilde{\boldsymbol{f}}^b\times\tilde{\boldsymbol{\omega}}_{ib}^b\right\| \\ \left(\tilde{\boldsymbol{f}}^b\times\tilde{\boldsymbol{\omega}}_{ib}^b\times\tilde{\boldsymbol{f}}^b\right)^{\mathrm{T}}/\left\|\tilde{\boldsymbol{f}}^b\times\tilde{\boldsymbol{\omega}}_{ib}^b\times\tilde{\boldsymbol{f}}^b\right\| \end{bmatrix} \end{aligned} \tag{5-23}$$

将式(5-1)与式(5-2)代入式(5-23)，得到

$$\boldsymbol{C}_b^n = \begin{bmatrix} 0 & -1 & 0 \\ 0 & 0 & 1 \\ 1 & 0 & 0 \end{bmatrix} \begin{bmatrix} \left(\tilde{\boldsymbol{f}}^b\right)^{\mathrm{T}}/\left\|\tilde{\boldsymbol{f}}^b\right\| \\ \left(\tilde{\boldsymbol{f}}^b\times\tilde{\boldsymbol{\omega}}_{ib}^b\right)^{\mathrm{T}}/\left\|\tilde{\boldsymbol{f}}^b\times\tilde{\boldsymbol{\omega}}_{ib}^b\right\| \\ \left(\tilde{\boldsymbol{f}}^b\times\tilde{\boldsymbol{\omega}}_{ib}^b\times\tilde{\boldsymbol{f}}^b\right)^{\mathrm{T}}/\left\|\tilde{\boldsymbol{f}}^b\times\tilde{\boldsymbol{\omega}}_{ib}^b\times\tilde{\boldsymbol{f}}^b\right\| \end{bmatrix} = \begin{bmatrix} -\left(\tilde{\boldsymbol{f}}^b\times\tilde{\boldsymbol{\omega}}_{ib}^b\right)^{\mathrm{T}}/\left\|\tilde{\boldsymbol{f}}^b\times\tilde{\boldsymbol{\omega}}_{ib}^b\right\| \\ \left(\tilde{\boldsymbol{f}}^b\times\tilde{\boldsymbol{\omega}}_{ib}^b\times\tilde{\boldsymbol{f}}^b\right)^{\mathrm{T}}/\left\|\tilde{\boldsymbol{f}}^b\times\tilde{\boldsymbol{\omega}}_{ib}^b\times\tilde{\boldsymbol{f}}^b\right\| \\ \left(\tilde{\boldsymbol{f}}^b\right)^{\mathrm{T}}/\left\|\tilde{\boldsymbol{f}}^b\right\| \end{bmatrix} \tag{5-24}$$

通过理论推导，可以得到解析式粗对准误差表达式为

$$\begin{cases} \phi_x = -\dfrac{\delta f_N}{g} \\ \phi_y = \dfrac{\delta f_E}{g} \\ \phi_z = -\dfrac{\delta \omega_{ibE}^n}{\omega_{ie}\cos L} + \delta f_E \cdot \dfrac{\tan L}{g} \end{cases} \tag{5-25}$$

式中，ϕ_x、ϕ_y、ϕ_z 为计算导航坐标系与理想导航坐标系之间的失准角，即对准误差；δf_E、δf_N 为加速度计等效水平测量误差；$\delta\omega_{ibE}^n$ 为陀螺仪等效东向测量误差。

通过以上分析可以看出，解析式粗对准方法只适用于静基座条件，但是，实际工程应用中，上述使用条件往往难以满足。例如，舰船在系泊状态下进行初始对准时，运载体存在明显的干扰角运动与干扰线运动，利用解析式粗对准方法将带来较大的对准误差。另外，在纯静基座条件下，该对准方法的极限对准精度主要受限于惯性器件误差。其中，水平失准角的对准误差主要取决于加速度计等效水平测量误差，而方位失准角的对准误差主要取决于陀螺仪的等效东向测量误差。因此，如果无法对惯性器件误差进行估计或校正，则解析式粗对准方法很难获得较高的对准精度。

◆　**小实践：**解析式粗对准方法本质上是一种双矢量定姿方法。假如三维空间中有多于 2 个不共面的矢量，在载体坐标系与导航坐标系中同时对这些矢量进行测量，通过构建指标函数从而利用优化算法求解最优捷联姿态矩阵是一种新的对准思路，即利用多矢量定姿原理实现初始对准。请根据文献(SHUSTER M D, OH S D. Three-axis attitude determination from vector observations. Journal of guidance control and dynamics, 1981, 4(1): 70-77.)学习基于多矢量定姿原理的初始对准方法。

5.1.2　惯性系粗对准原理

舰船在系泊状态下存在不规则摇荡运动，从而导致加速度计敏感分量包含了除重力加速度以外的其他干扰加速度影响，陀螺仪也一样存在干扰角速度影响。因此，基于地理坐标系的解析式粗对准方法存在适用性问题。区别于以地理坐标系作为参考基准，惯性系粗对准方法则是在惯性系中选取满足晃动基座对准需求的参考矢量，建立载体坐标系与导航坐标系之间的方向余弦矩阵。

为简化分析，重新定义地球坐标系 $Ox_ey_ez_e$。地球坐标系 $Ox_ey_ez_e$ 原点位于地心，Ox_e 轴位于赤道平面内并指向舰船所在子午线，Oz_e 轴指向地球自转角速度方向，三轴构成右手笛卡尔坐标系。在此基础上，定义两个新的惯性凝固坐标系，即地心惯性凝固坐标系与载体惯性凝固坐标系。其中，地心惯性凝固坐标系是粗对准过程初始时刻 t_0 将地球坐标系惯性凝固后形成的坐标系，用 $Ox_{i_0}y_{i_0}z_{i_0}$ 表示(简记为 i_0 系)。载体惯性凝固坐标系是粗对准初始时刻 t_0 将载体坐标系惯性凝固后形成的坐标系，用 $ox_{i_{b0}}y_{i_{b0}}z_{i_{b0}}$ 表示(简记为 i_{b0} 系)。惯性凝固坐标系相对惯性空间静止而不随运载体晃动而运动。因此，地球坐标系相对地心惯性凝固坐标系绕地球极轴以地球自转角速度 $\boldsymbol{\omega}_{ie}$ 转动。

如图 5-1 所示，从惯性坐标系中观察地球表面上某固定点处的重力加速度，它的方向将

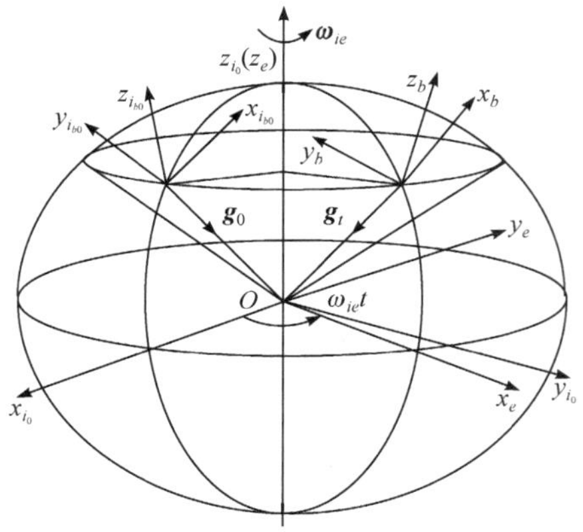

图 5-1　重力加速度矢量在惯性坐标系下的锥面运动图

随着地球自转而改变，24h 内旋转一圈从而形成一个锥面。重力加速度的方向为地垂线方向，而其变化率方向为东西向，因此重力加速度矢量及其变化中包含了地理坐标系的信息，即水平信息与方位信息。

根据方向余弦矩阵的链式准则，可以将捷联姿态矩阵 $\boldsymbol{C}_b^n$ 表示为

$$\boldsymbol{C}_b^n = \boldsymbol{C}_e^n \boldsymbol{C}_{i_0}^e \boldsymbol{C}_{i_{b0}}^{i_0} \boldsymbol{C}_b^{i_{b0}} \tag{5-26}$$

式(5-26)中矩阵 $\boldsymbol{C}_e^n$ 与 $\boldsymbol{C}_{i_0}^e$ 可以由当地纬度 L 与粗对准时间 t 确定，即

$$\boldsymbol{C}_e^n = \begin{bmatrix} 0 & 1 & 0 \\ -\sin L & 0 & \cos L \\ \cos L & 0 & \sin L \end{bmatrix}, \quad \boldsymbol{C}_{i_0}^e = \begin{bmatrix} \cos\omega_{ie}(t-t_0) & \sin\omega_{ie}(t-t_0) & 0 \\ -\sin\omega_{ie}(t-t_0) & \cos\omega_{ie}(t-t_0) & 0 \\ 0 & 0 & 1 \end{bmatrix} \tag{5-27}$$

式中，t_0 为粗对准初始时刻。

矩阵 $\boldsymbol{C}_b^{i_{b0}}$ 描述了 t 时刻载体坐标系 b 与载体惯性凝固坐标系 i_{b0} 之间的方向余弦矩阵，可以利用陀螺仪角速度输出 $\boldsymbol{\omega}_{ib}^b$ 求解获得，即

$$\dot{\boldsymbol{C}}_b^{i_{b0}}(t) = \boldsymbol{C}_b^{i_{b0}}(t)\left[\left(\boldsymbol{\omega}_{ib}^b\right)\times\right] \tag{5-28}$$

$\boldsymbol{C}_b^{i_{b0}}$ 的初始值为

$$\boldsymbol{C}_b^{i_{b0}}(0) = \boldsymbol{I}_{3\times3} \tag{5-29}$$

根据以上分析可以知道，捷联姿态矩阵 $\boldsymbol{C}_b^n$ 求解的关键是确定 $\boldsymbol{C}_{i_{b0}}^{i_0}$。由定义可知，$\boldsymbol{C}_{i_{b0}}^{i_0}$ 描述了粗对准初始时刻载体坐标系与地球坐标系之间的角位置关系，因此是常值矩阵，并不随运载体晃动而变化。对于常值矩阵 $\boldsymbol{C}_{i_{b0}}^{i_0}$，可以利用双矢量定姿原理对其进行求解，即寻找两个合适的矢量并确定它们在地心惯性凝固坐标系 i_0 与载体惯性凝固坐标系 i_{b0} 的投影来确定这两个坐标系之间的姿态变化矩阵。在摇摆基座上，地球自转角速度矢量受运载体晃动影响而具有较大误差。如前面所述，重力加速度矢量及其变化中包含了地理坐标系的信息，且相对干扰加速度较小。因此，可以选择两个不同时刻的重力加速度矢量通过双矢量定姿原理确定 $\boldsymbol{C}_{i_{b0}}^{i_0}$。

将 t_{k1} 与 t_{k2} 两个时刻($t_{k1} < t_{k2}$)的重力加速度 $\boldsymbol{g}_{t_{k1}}$ 与 $\boldsymbol{g}_{t_{k2}}$ 选作参考矢量，由双矢量定姿原理确定 $\boldsymbol{C}_{i_{b0}}^{i_0}$ 为

$$\boldsymbol{C}_{i_{b0}}^{i_0} = \begin{bmatrix} \left(\boldsymbol{g}_{t_{k1}}^{i_0}\right)^{\mathrm{T}} \\ \left(\boldsymbol{g}_{t_{k2}}^{i_0}\right)^{\mathrm{T}} \\ \left(\boldsymbol{g}_{t_{k1}}^{i_0} \times \boldsymbol{g}_{t_{k2}}^{i_0}\right)^{\mathrm{T}} \end{bmatrix}^{-1} \cdot \begin{bmatrix} \left(\boldsymbol{g}_{t_{k1}}^{i_{b0}}\right)^{\mathrm{T}} \\ \left(\boldsymbol{g}_{t_{k2}}^{i_{b0}}\right)^{\mathrm{T}} \\ \left(\boldsymbol{g}_{t_{k1}}^{i_{b0}} \times \boldsymbol{g}_{t_{k2}}^{i_{b0}}\right)^{\mathrm{T}} \end{bmatrix} \tag{5-30}$$

式中，t_k 时刻重力加速度矢量在地心惯性凝固坐标系 i_0 与载体惯性凝固坐标系 i_{b0} 的投影可以表示为

$$\begin{cases} \boldsymbol{g}_{t_k}^{i_0} = \left[\boldsymbol{C}_{i_0}^{n}\left(t_k\right)\right]^{\mathrm{T}} \cdot \boldsymbol{g}^{n} \\ \boldsymbol{g}_{t_k}^{i_{b0}} = \boldsymbol{C}_{b}^{i_{b0}}\left(t_k\right) \cdot \boldsymbol{g}^{b} \end{cases} \tag{5-31}$$

式中，$\boldsymbol{C}_b^{i_{b0}}\left(t_k\right)$ 可由式(5-28)更新计算得到；$\boldsymbol{C}_{i_0}^{n}\left(t_k\right)=\boldsymbol{C}_e^{n}\left(t_k\right)\boldsymbol{C}_{i_0}^{e}\left(t_k\right)$ 由式(5-27)计算得到；$\boldsymbol{g}^b \approx -\tilde{\boldsymbol{f}}^b$ 可由加速度计输出近似获得。

考虑到系泊晃动状态下加速度计输出 $\tilde{\boldsymbol{f}}^b$ 除受本身器件误差影响以外，还包含因运载体晃动引起的周期性干扰线加速度，因此，通常对重力加速度矢量进行积分以消除晃动带来的周期性干扰加速度。为此，对式(5-31)两端进行积分，即

$$\boldsymbol{V}^{i_0}(t_k)=\int_{t_0}^{t_k}\boldsymbol{g}_{t_k}^{i_0}\mathrm{d}t=\int_{t_0}^{t_k}\left[\boldsymbol{C}_{i_0}^{n}\left(t_k\right)\right]^{\mathrm{T}}\cdot\boldsymbol{g}^{n}\mathrm{d}t=\begin{bmatrix} \dfrac{g\cos L}{\omega_{ie}}\sin\omega_{ie}\left(t_k-t_0\right) \\ \dfrac{g\cos L}{\omega_{ie}}\left[1-\cos\omega_{ie}\left(t_k-t_0\right)\right] \\ g\sin L\left(t_k-t_0\right) \end{bmatrix} \tag{5-32}$$

$$\boldsymbol{V}^{i_{b0}}\left(t_k\right)=\int_{t_0}^{t_k}\boldsymbol{g}_{t_k}^{i_{b0}}\mathrm{d}t=\int_{t_0}^{t_k}\boldsymbol{C}_b^{i_{b0}}\left(t_k\right)\cdot\boldsymbol{g}^{b}\mathrm{d}t \tag{5-33}$$

在 $\left[t_0,t_{k1}\right]$ 与 $\left[t_0,t_{k2}\right]$ 两个区间内，在地心惯性凝固坐标系 i_0 与载体惯性凝固坐标系 i_{b0} 下构建两组矢量 $\boldsymbol{V}\left(t_{k1}\right)$、$\boldsymbol{V}\left(t_{k2}\right)$、$\boldsymbol{V}\left(t_{k1}\right)\times\boldsymbol{V}\left(t_{k2}\right)$，以此建立矩阵 $\boldsymbol{C}_{i_{b0}}^{i_0}$ 为

$$\boldsymbol{C}_{i_{b0}}^{i_0}=\begin{bmatrix} \left[\boldsymbol{V}^{i_0}\left(t_{k1}\right)\right]^{\mathrm{T}} \\ \left[\boldsymbol{V}^{i_0}\left(t_{k2}\right)\right]^{\mathrm{T}} \\ \left[\boldsymbol{V}^{i_0}\left(t_{k1}\right)\times\boldsymbol{V}^{i_0}\left(t_{k2}\right)\right]^{\mathrm{T}} \end{bmatrix}^{-1}\begin{bmatrix} \left[\boldsymbol{V}^{i_{b0}}\left(t_{k1}\right)\right]^{\mathrm{T}} \\ \left[\boldsymbol{V}^{i_{b0}}\left(t_{k2}\right)\right]^{\mathrm{T}} \\ \left[\boldsymbol{V}^{i_{b0}}\left(t_{k1}\right)\times\boldsymbol{V}^{i_{b0}}\left(t_{k2}\right)\right]^{\mathrm{T}} \end{bmatrix} \tag{5-34}$$

将式(5-27)、式(5-28)以及式(5-34)代入式(5-26)，即可求解初始捷联姿态矩阵 $\boldsymbol{C}_b^n$ 。通过理论推导可知，惯性系粗对准的极限对准误差与解析式粗对准一致，即式(5-25)，但是，与解析式粗对准方法不同，惯性系粗对准方法由于将捷联姿态矩阵 $\boldsymbol{C}_b^n$ 的求解问题转化为求解常值矩阵 $\boldsymbol{C}_{i_{b0}}^{i_0}$ 而不受角晃动干扰。因此，惯性系粗对准方法可以解决晃动基座下捷联式惯性导航系统粗对准问题，是实际工程中常用的一种对准方法。

5.1.3 基于外速度辅助的惯性系动基座粗对准原理

传统惯性系粗对准方法只适用于晃动基座，舰船航行过程中地理位置发生变化，且加速度计测量的比力信息也不能真实反映当地重力加速度。因此，为将惯性系粗对准方法推广至动基座，需要在传统惯性系粗对准方法的基础上利用多普勒计程仪等测速设备提供外速度辅助完成惯性系动基座粗对准。

在动基座初始对准过程中，捷联姿态矩阵 $\boldsymbol{C}_b^n(t)$ 可拆写成如下形式：

$$\boldsymbol{C}_b^n(t)=\boldsymbol{C}_{i_0}^n(t)\boldsymbol{C}_b^{i_0}(t)=\boldsymbol{C}_e^n(t)\boldsymbol{C}_{i_0}^e(t)\boldsymbol{C}_b^{i_0}(t) \tag{5-35}$$

需要注意的是，式(5-35)中的地心惯性凝固坐标系 i_0 与 5.1.2 节的定义一致，即 Ox_{i_0} 轴位于赤道平面内并指向舰船所在子午线，Oz_{i_0} 轴指向地球自转角速度方向，三轴满足右手定则。除此之外，载体惯性凝固坐标系 i_{b0} 的定义也与 5.1.2 节一致，但是，地球坐标系 e 仍然采用 2.2.1 节的定义方式。通过以上定义方式可知，粗对准初始时刻的地球坐标系 e 与地心惯性凝固坐标系 i_0 绕地球极轴相差角度 λ_0，即舰船初始经度。

舰船航行导致其经纬度不断发生变化，矩阵 $\boldsymbol{C}_e^n(t)$ 由 t 时刻的经度 λ_t 与纬度 L_t 确定，即

$$\boldsymbol{C}_e^n(t)=\begin{bmatrix} -\sin\lambda_t & \cos\lambda_t & 0 \\ -\sin L_t\cos\lambda_t & -\sin L_t\sin\lambda_t & \cos L_t \\ \cos L_t\cos\lambda_t & \cos L_t\sin\lambda_t & \sin L_t \end{bmatrix} \tag{5-36}$$

t 时刻矩阵 $\boldsymbol{C}_{i_0}^e(t)$ 可以表示为

$$\boldsymbol{C}_{i_0}^e(t)=\begin{bmatrix} \cos(\omega_{ie}t-\lambda_0) & \sin(\omega_{ie}t-\lambda_0) & 0 \\ -\sin(\omega_{ie}t-\lambda_0) & \cos(\omega_{ie}t-\lambda_0) & 0 \\ 0 & 0 & 1 \end{bmatrix} \tag{5-37}$$

将式(5-36)、式(5-37)代入式(5-35)，可以得到 $\boldsymbol{C}_{i_0}^n(t)$ 为

$$\begin{aligned}\boldsymbol{C}_{i_0}^n(t)&=\boldsymbol{C}_e^n(t)\boldsymbol{C}_{i_0}^e(t)\\ &=\begin{bmatrix} -\sin\lambda_t & \cos\lambda_t & 0 \\ -\sin L_t\cos\lambda_t & -\sin L_t\sin\lambda_t & \cos L_t \\ \cos L_t\cos\lambda_t & \cos L_t\sin\lambda_t & \sin L_t \end{bmatrix}\begin{bmatrix} \cos(\omega_{ie}t-\lambda_0) & \sin(\omega_{ie}t-\lambda_0) & 0 \\ -\sin(\omega_{ie}t-\lambda_0) & \cos(\omega_{ie}t-\lambda_0) & 0 \\ 0 & 0 & 1 \end{bmatrix}\\ &=\begin{bmatrix} -\sin(\omega_{ie}t+\lambda_t-\lambda_0) & \cos(\omega_{ie}t+\lambda_t-\lambda_0) & 0 \\ -\sin L_t\cos(\omega_{ie}t+\lambda_t-\lambda_0) & -\sin L_t\sin(\omega_{ie}t+\lambda_t-\lambda_0) & \cos L_t \\ \cos L_t\cos(\omega_{ie}t+\lambda_t-\lambda_0) & \cos L_t\sin(\omega_{ie}t+\lambda_t-\lambda_0) & \sin L_t \end{bmatrix}\end{aligned} \tag{5-38}$$

获得矩阵 $\boldsymbol{C}_{i_0}^n(t)$ 之后，捷联姿态矩阵 $\boldsymbol{C}_b^n(t)$ 的实现就转换为求解矩阵 $\boldsymbol{C}_b^{i_0}(t)$，$\boldsymbol{C}_b^{i_0}(t)$ 表示载体坐标系 b 与地心惯性凝固坐标系 i_0 的方向余弦矩阵。至此，与 5.1.2 节一样，将捷联姿态矩阵 $\boldsymbol{C}_b^n(t)$ 的求解问题转化为矩阵 $\boldsymbol{C}_b^{i_0}(t)$ 的求解问题。进一步，可以将 $\boldsymbol{C}_b^{i_0}(t)$ 拆写成两部分，即

$$\boldsymbol{C}_b^{i_0}(t)=\boldsymbol{C}_{i_{b0}}^{i_0}\boldsymbol{C}_b^{i_{b0}}(t) \tag{5-39}$$

利用陀螺仪输出角速度信息并根据式(5-28)可以计算矩阵 $\boldsymbol{C}_b^{i_{b0}}(t)$。与传统惯性系粗对准方法一样，常值矩阵 $\boldsymbol{C}_{i_{b0}}^{i_0}$ 可以通过双矢量定姿原理确定。这里，仍然选择重力加速度 $\boldsymbol{g}$ 在 i_0 系与 i_{b0} 系的投影实现双矢量定姿，但是，舰船航行导致重力加速度在两个坐标系的投影有所变化。下面推导重力加速度在两个坐标系的投影关系，注意，为简化推导，省略符号 t。

根据式(5-3)，捷联式惯性导航系统比力方程可以表示为

$$\dot{V}^n = C_b^n f^b - \left(2\omega_{ie}^n + \omega_{en}^n\right)\times V^n + g^n \tag{5-40}$$

对$V^n = C_b^n V^b$两边同时求导，即

$$\dot{V}^n = \dot{C}_b^n V^b + C_b^n \dot{V}^b \tag{5-41}$$

考虑到$\dot{C}_b^n = C_b^n\left(\omega_{nb}^b \times\right)$，式(5-41)可以进一步表示为

$$\dot{V}^n = C_b^n\left(\omega_{nb}^b \times\right)V^b + C_b^n \dot{V}^b = C_b^n\left(\dot{V}^b + \omega_{nb}^b \times V^b\right) \tag{5-42}$$

将式(5-42)代入式(5-40)，得到

$$C_b^n\left(\dot{V}^b + \omega_{nb}^b \times V^b\right) + \left(2\omega_{ie}^n + \omega_{en}^n\right)\times V^n - C_b^n f^b = g^n \tag{5-43}$$

将式(5-43)进一步整理，得到

$$C_b^n\left(\dot{V}^b + \omega_{nb}^b \times V^b\right) + C_b^n\left[\left(2\omega_{ie}^b + \omega_{en}^b\right)\times V^b\right] - C_b^n f^b = g^n \tag{5-44}$$

根据式(5-44)，可以进一步得到

$$C_b^n\left[\dot{V}^b + \left(\omega_{ie}^b + \omega_{ib}^b\right)\times V^b - f^b\right] = g^n \tag{5-45}$$

将式(5-45)两边同时左乘$C_n^{i_{b0}}$，得到

$$C_n^{i_{b0}} C_b^n\left[\dot{V}^b + \left(\omega_{ie}^b + \omega_{ib}^b\right)\times V^b - f^b\right] = C_n^{i_{b0}} g^n \tag{5-46}$$

进一步，写为

$$C_b^{i_{b0}}\left[\dot{V}^b + \left(\omega_{ie}^b + \omega_{ib}^b\right)\times V^b - f^b\right] = C_{i_0}^{i_{b0}} C_n^{i_0} g^n \tag{5-47}$$

式中，V^b是载体坐标系 b 上的速度投影，可借助多普勒计程仪等测速设备测量。

考虑到粗对准结束之前，捷联姿态矩阵C_b^n都是未知的，因此式(5-47)中的ω_{ie}^b无法获得。同时，对于舰船等低速航行运载体来说，$\omega_{ie}^b \times V^b$这一项与惯性级加速度计测量误差同量级，因此通常直接忽略处理。另外，考虑到粗对准时间较短，而短时间内舰船经纬度变化不大，所以式(5-47)中的$C_n^{i_0} = \left(C_{i_0}^n\right)^{-1}$一般用$C_{n_0}^{i_0}$代替，即利用初始时刻的经纬度$\lambda_0$、$L_0$代替 t 时刻经纬度λ_t、L_t。在上述近似条件下，式(5-47)可以化简为

$$C_b^{i_{b0}}\left(\dot{V}^b + \omega_{ib}^b \times V^b - f^b\right) \approx C_{i_0}^{i_{b0}} C_{n_0}^{i_0} g^n \tag{5-48}$$

式(5-48)中，$\dot{V}^b$可以通过外参考速度离散采样值的差分获得，但由于多普勒计程仪采样频率比较低(一般为 1Hz)，差分会带来较大误差。这里将式(5-48)两边同时积分，并考虑到零速初始值，得到

$$r_t^{i_{b0}} = C_{i_0}^{i_{b0}} u_t^{i_0} \tag{5-49}$$

式中

$$r_t^{i_{b0}} = \int_{t_0}^{t} C_b^{i_{b0}}(s)\left[\dot{V}^b(s) - f^b(s) + \omega_{ib}^b(s)\times V^b(s)\right]\mathrm{d}s \tag{5-50}$$

$$u_t^{i_0} = \int_{t_0}^{t} C_{n_0}^{i_0}(s)\, g^n \mathrm{d}s \tag{5-51}$$

进一步，将式(5-50)中的积分项部分展开，利用不定积分分部积分法作如下处理：

$$\begin{aligned}\boldsymbol{r}_t^{i_{b0}} &= \boldsymbol{C}_b^{i_{b0}}(s)\boldsymbol{V}^b(s)\Big|_{t_0}^{t} - \int_{t_0}^{t}\boldsymbol{C}_b^{i_{b0}}(s)\boldsymbol{\omega}_{ib}^b(s)\times\boldsymbol{V}^b(s)\mathrm{d}s \\ &\quad + \int_{t_0}^{t}\boldsymbol{C}_b^{i_{b0}}(s)\left[\boldsymbol{\omega}_{ib}^b(s)\times\boldsymbol{V}^b(s) - \boldsymbol{f}^b(s)\right]\mathrm{d}s \\ &= \boldsymbol{C}_b^{i_{b0}}(t)\boldsymbol{V}^b(t) - \boldsymbol{V}^b(t_0) - \int_{t_0}^{t}\boldsymbol{C}_b^{i_{b0}}(s)\boldsymbol{f}^b(s)\mathrm{d}s\end{aligned} \tag{5-52}$$

分别取 $t=t_{k1}$ 与 $t=t_{k2}$ 两个时刻作为对准时间点，根据式(5-51)与式(5-52)计算两组矢量 $\boldsymbol{u}_{t_{k1}}^{i_0}$、$\boldsymbol{u}_{t_{k2}}^{i_0}$ 与 $\boldsymbol{r}_{t_{k1}}^{i_{b0}}$、$\boldsymbol{r}_{t_{k2}}^{i_{b0}}$ 并构建如下关系式：

$$\begin{cases}\boldsymbol{C}_{i_0}^{i_{b0}}\boldsymbol{u}_{t_{k1}}^{i_0} = \boldsymbol{r}_{t_{k1}}^{i_{b0}} \\ \boldsymbol{C}_{i_0}^{i_{b0}}\boldsymbol{u}_{t_{k2}}^{i_0} = \boldsymbol{r}_{t_{k2}}^{i_{b0}}\end{cases} \tag{5-53}$$

通过构造第三个矢量并根据双矢量定姿原理可以确定矩阵 $\boldsymbol{C}_{i_{b0}}^{i_0}$ 为

$$\boldsymbol{C}_{i_{b0}}^{i_0} = \begin{bmatrix}\left(\boldsymbol{u}_{t_{k1}}^{i_0}\right)^{\mathrm{T}} \\ \left(\boldsymbol{u}_{t_{k2}}^{i_0}\right)^{\mathrm{T}} \\ \left(\boldsymbol{u}_{t_{k1}}^{i_0}\times\boldsymbol{u}_{t_{k2}}^{i_0}\right)^{\mathrm{T}}\end{bmatrix}^{-1}\begin{bmatrix}\left(\boldsymbol{r}_{t_{k1}}^{i_{b0}}\right)^{\mathrm{T}} \\ \left(\boldsymbol{r}_{t_{k2}}^{i_{b0}}\right)^{\mathrm{T}} \\ \left(\boldsymbol{r}_{t_{k1}}^{i_{b0}}\times\boldsymbol{r}_{t_{k2}}^{i_{b0}}\right)^{\mathrm{T}}\end{bmatrix} \tag{5-54}$$

综上所述，基于外速度辅助的惯性系粗对准方法通过引入外参考速度避免了运载体线运动对于粗对准的影响。同时，在惯性系下积分比力可以避免角运动与线运动的干扰影响，达到较好的粗对准效果。

5.2　基于经典控制理论的罗经精对准方法

基于经典控制理论的罗经精对准方法是利用罗经效应调整方位角的一种方位对准方法。这种方位对准方法是在水平调平的基础上进行的，因此实施过程中需要结合水平调平一起完成。通常来说，把水平调平加方位罗经效应对准统称为罗经精对准方法，或简称为罗经对准方法。由前述分析可知，粗对准可以在短时间内建立一个相对粗略的捷联姿态矩阵 $\boldsymbol{C}_b^{n'}$，通过罗经精对准则可以进一步修正 $\boldsymbol{C}_b^{n'}$，从而获得更加精准的捷联姿态矩阵 $\boldsymbol{C}_b^{n}$。

捷联式惯性导航系统的罗经对准方法是从平台罗经原理演变而来的一种初始对准方法。因此，本节首先从平台式惯性导航系统出发讨论罗经对准方法的基本原理，在此基础上将该对准方法推广至捷联式惯性导航系统中讨论其实现方式。

5.2.1　水平精对准原理

静基座条件下运载体速度为零，且不考虑纬度误差。那么，根据 3.3 节可以写出平台式惯性导航系统中与北向水平通道相关的北向速度误差 δV_N 以及水平失准角 α 的误差微分方程，如式(5-55)所示：

$$\begin{cases}\delta\dot{V}_N = -2\omega_{ie}\delta V_E \sin L + \alpha g + \Delta A_y \\ \dot{\alpha} = -\dfrac{\delta V_N}{R_e} - \gamma\omega_{ie}\cos L + \beta\omega_{ie}\sin L + \varepsilon_x\end{cases} \tag{5-55}$$

假设有害加速度已经得到全部补偿，且忽略各通道之间的交叉耦合影响。在上述简化条件下，可以根据式(5-55)绘制如图 5-2 所示的北向水平回路误差方框图。

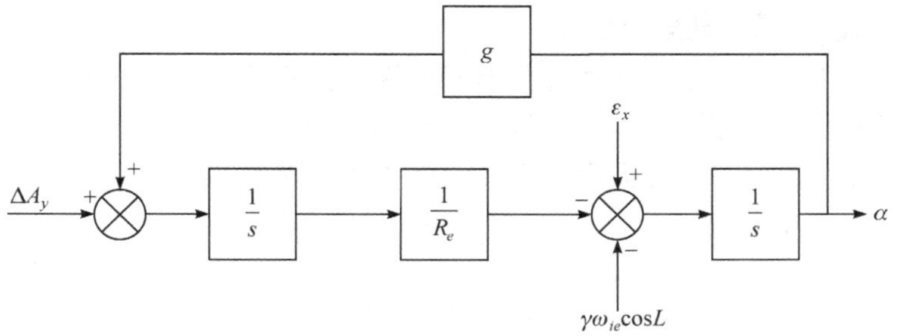

图 5-2　北向水平回路误差方框图

同理，可以写出与东向水平通道相关的东向速度误差 δV_E 以及水平失准角 β 的微分方程，如式(5-56)所示：

$$\begin{cases}\delta\dot{V}_E = 2\omega_{ie}\delta V_N \sin L - \beta g + \Delta A_x \\ \dot{\beta} = \dfrac{\delta V_E}{R_e} - \alpha\omega_{ie}\sin L + \varepsilon_y\end{cases} \tag{5-56}$$

根据式(5-56)可以绘制如图 5-3 所示的东向水平回路误差方框图。

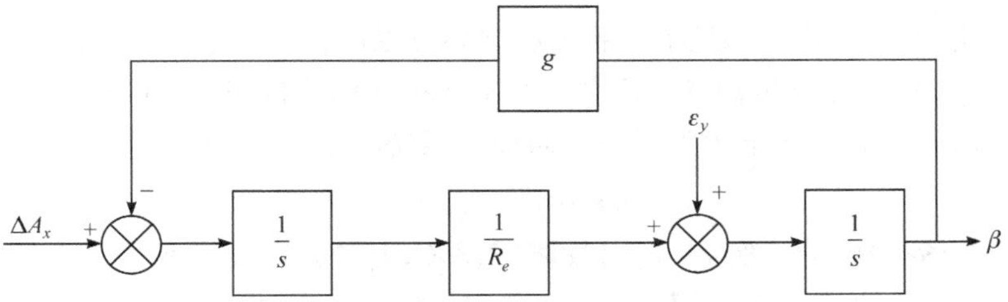

图 5-3　东向水平回路误差方框图

需要注意的是，经过粗对准以后，水平失准角 α、β 较小，而方位失准角 γ 仍然较大。因此，在图 5-2 中只保留 $\gamma\omega_{ie}\cos L$ 项作为水平精对准的误差源，而与 α、β 相关的交叉耦合误差项可以忽略。

以北向水平通道为例，根据图 5-2 可以得到加速度计输出表达式为

$$\delta\dot{V}_N = \alpha g + \Delta A_y \tag{5-57}$$

图 5-2 中，$\delta\dot{V}_N$ 经过积分环节以后可以得到北向速度误差 δV_N，然后将 $\delta V_N/R_e$ 施加给陀螺仪力矩器，从而使平台产生进动，通过改变 αg 使得 $\delta\dot{V}_N = \alpha g + \Delta A_y = 0$，当 $\alpha = -\Delta A_y/g$ 时，系统若能处于平衡状态，则平台被校准到 $\alpha = -\Delta A_y/g$ 的精度。从系统来看，要求 $\dot{\alpha} = 0°$

但 $\alpha \neq 0°$。通过以上分析可以看出，平台式惯性导航系统水平精对准的基本原理是：如果存在水平失准角 α、β，即平台不水平，则安装在平台上的加速度计将敏感重力加速度分量，并通过反馈回路将其作用于加速度计输出。

根据图 5-2、图 5-3 可知，两个水平回路都为二阶无阻尼系统，与它们对应的特征方程可以表示为

$$\Delta(s) = s^2 + \frac{g}{R_e} = s^2 + \omega_s^2 \tag{5-58}$$

式中，$\omega_s = \sqrt{g / R_e}$ 表示舒勒角频率。

根据特征方程分析可知，水平回路具有舒勒周期振荡特性，其振荡周期为 84.4min，这在第 3 章中已经分析过，此处不再赘述。由于水平失准角始终处于振荡状态而无法收敛，为实现水平精对准，可以考虑在无阻尼水平回路中加入阻尼，如图 5-4 所示。东向水平回路精对准原理图与图 5-4 类似。

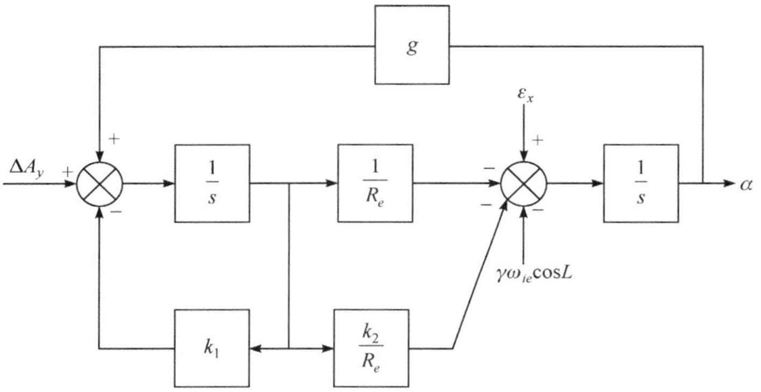

图 5-4　北向水平回路精对准原理图

如图 5-4 所示，在加入系数为 k_1 的负反馈环节以后，该环节的输入信号为 δV_N，输出信号 $k_1\delta V_N$ 反馈至加速度计输出端。这样，加速度积分环节就变为惯性环节，系统将处于阻尼状态。加入阻尼以后，两个水平回路所对应的系统特征方程为

$$\Delta(s) = s^2 + k_1 s + \omega_s^2 \tag{5-59}$$

根据典型二阶系统单位阶跃响应可知阻尼比 $\xi = k_1/2\omega_s$，当负反馈调节系数 k_1 大于 0 时，系统稳定且水平失准角可以逐渐收敛。但是，系统振荡周期仍为 84.4min，不能满足初始对准的快速性需求。要使系统振荡周期缩短，则必须提高振荡频率。这样，考虑在系统中再加入顺馈并联环节 k_2/R_e，如图 5-4 所示。此时，系统特征方程变为

$$\Delta(s) = s^2 + k_1 s + (1 + k_2)\omega_s^2 \tag{5-60}$$

从系统特征方程可以看出，增加并联环节 k_2/R_e 以后，系统振荡周期将缩短为原来的 $1/\sqrt{1+k_2}$，因此可以有效提高收敛速度。由以上分析可知，通过改变 k_1 可以控制阻尼大小，通过改变 k_2 可以控制振荡周期长短。

进一步，可以写出系统传递函数为

$$\frac{\alpha(s)}{\Delta A_y(s)} = -\frac{1 + k_2}{R_e\left[s^2 + k_1 s + (1 + k_2)\omega_s^2\right]} \tag{5-61}$$

考虑加速度计零偏 ΔA_y 为常值，则根据终值定理可以得到加速度计零偏所引起的水平失准角 $\alpha(s)$ 稳态值表达式为

$$\alpha_{1s}=\lim_{s\to 0}\frac{-s(1+k_2)}{R_e\left[s^2+k_1s+(1+k_2)\omega_s^2\right]}\cdot\frac{\Delta A_y}{s}=-\frac{\Delta A_y}{g} \tag{5-62}$$

同理，可以得到陀螺仪漂移 ε_x 以及 $\gamma\omega_{ie}\cos L$ 引起的稳态误差为

$$\alpha_{2s}=\lim_{s\to 0}\frac{s(s+k_1)}{s^2+k_1s+(1+k_2)\omega_s^2}\cdot\frac{\varepsilon_x-\gamma\omega_{ie}\cos L}{s}=\frac{k_1R_e}{(1+k_2)g}(\varepsilon_x-\gamma\omega_{ie}\cos L) \tag{5-63}$$

通过以上分析可知，陀螺仪漂移 ε_x 、加速度计零偏 ΔA_y 以及 $\gamma\omega_{ie}\cos L$ 都会引入稳态误差。为了消除稳态误差，考虑在陀螺仪力矩器输入端增加一个积分环节 k_3/s ，即储能环节。当 $\delta V_N=0$ 时，回路中产生一个信号抵消误差源 $\varepsilon_x-\gamma\omega_{ie}\cos L$ ，这样便可以消除 $\varepsilon_x-\gamma\omega_{ie}\cos L$ 引起的稳态误差。这个积分环节 k_3/s 的输入信号为 δV_N ，输出信号控制陀螺仪力矩器。增加储能环节以后，北向水平回路精对准原理图如图 5-5 所示。

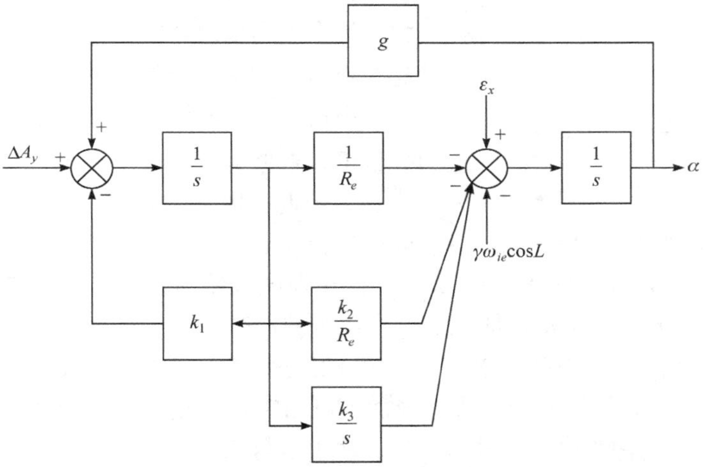

图 5-5　加入储能环节后的北向水平回路精对准原理图

此时，系统特征方程为

$$\Delta(s)=s^3+k_1s^2+(1+k_2)\omega_s^2s+gk_3 \tag{5-64}$$

进一步，可以写出 $\alpha(s)$ 的表达式为

$$\alpha(s)=\frac{(s+k_1)(\varepsilon_x-\gamma\omega_{ie}\cos L)-\Delta A_y\left(\dfrac{1+k_2}{R_e}+\dfrac{k_3}{s}\right)}{s^3+k_1s^2+(1+k_2)\omega_s^2s+gk_3} \tag{5-65}$$

同理，可以得到 $\alpha(s)$ 的稳态值表达式为

$$\alpha_s=\lim_{s\to 0}s\alpha(s)=-\frac{\Delta A_y}{g} \tag{5-66}$$

通过以上分析可以看出，加入储能环节以后可以有效消除陀螺仪漂移 ε_x 以及 $\gamma\omega_{ie}\cos L$

引入的稳态误差，水平失准角对准极限精度只取决于加速度计零偏 ΔA_y 。

加入储能环节后，东向水平回路的精对准原理图与图 5-5 相似，此处不再赘述。经过理论推导，同样可以得到水平失准角 $\beta(s)$ 的稳态值表达式为

$$\beta_s = \frac{\Delta A_x}{g} \tag{5-67}$$

5.2.2　罗经方位精对准原理

通过对比图 5-2 与图 5-3 可以发现，北向水平回路中的扰动误差除了陀螺仪漂移 ε_x 以外，还存在 $\gamma\omega_{ie}\cos L$ 这一误差耦合项，而东向水平回路则没有这一项。显然，误差耦合项 $\gamma\omega_{ie}\cos L$ 与方位失准角 γ 成比例，且其作用性质与陀螺仪漂移 ε_x 相同。这说明北向水平回路与方位轴有密切关系，把 $\gamma\omega_{ie}\cos L$ 的影响称为罗经效应，而罗经方位对准正是利用罗经效应控制方位轴寻北。

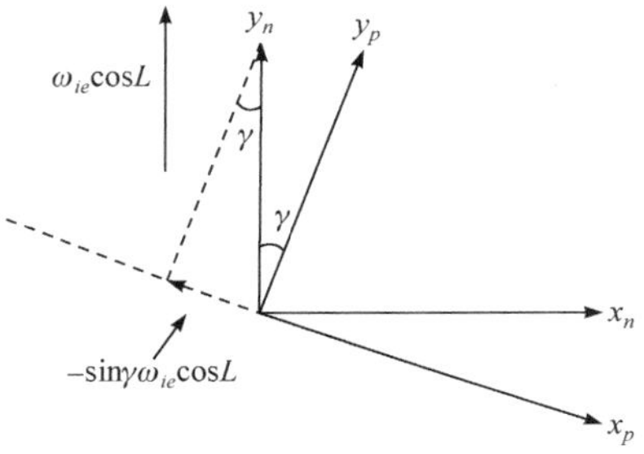

图 5-6　罗经效应原理示意图

如图 5-6 所示，当平台坐标系与导航坐标系存在方位失准角 γ 时，平台上的陀螺仪将敏感地球自转角速度在平台坐标系 x_p 轴上的分量 $\omega_{ie}\sin\gamma\cos L$ 。由于方位精对准是在粗对准的基础上进行的，所以可以认为方位失准角 γ 是小角度，即满足 $\sin\gamma\approx\gamma$ ，所以平台坐标系 x_p 轴上的分量可以近似为 $\gamma\omega_{ie}\cos L$ 。此分量使平台产生水平失准角 α ，与此同时北向加速度计敏感到 αg 分量，经过积分以后引起北向速度误差 δV_N 。罗经方位对准即是利用这种水平回路与方位误差的耦合关系，使用速度误差信息控制平台方位轴寻北。

既然要通过水平失准角 α 才能在 δV_N 中反映罗经效应项，那么在水平回路中就不应再设置消除由 ε_x 与 $\gamma\omega_{ie}\cos L$ 引起的水平失准角 α 稳态误差的积分环节 k_3/s 。除此之外，要想控制方位失准角 γ ，必须给方位陀螺仪施加控制力矩。根据这样的物理过程，可以设计一个控制环节 $k(s)$ ，使它的输入信号为 δV_N ，输出信号为 $k(s)\delta V_N$ ，以控制方位陀螺仪。从方位失准角 γ 开始，经过罗经效应影响的各个环节到 δV_N 输出，然后经过方位控制环节 $k(s)$ 至方位陀螺仪，直到输出 γ 角为止，这样一个回路称为罗经回路。综上所述，利用罗经效应实现的方位精对准原理图如图 5-7 所示。

以 δV_N 、 α 和 γ 为状态量，结合图 5-7 可以写出静基座条件下罗经方位精对准状态方程为

$$\begin{cases}\delta\dot{V}_N = \Delta A_y + \alpha g - \delta V_N k_1 \\ \dot{\alpha} = \varepsilon_x - \gamma\omega_{ie}\cos L - \delta V_N(1+k_2)/R_e \\ \dot{\gamma} = \varepsilon_z + k(s)\delta V_N\end{cases} \tag{5-68}$$

可以写出系统特征方程为

$$\Delta(s) = s^3 + k_1 s^2 + (1+k_2)\omega_s^2 s + \omega_{ie}k(s)g\cos L \tag{5-69}$$

式(5-69)中， $\omega_{ie}\cos L$ 随纬度变化而变化，为了使系统特征方程变为常系数方程，可以

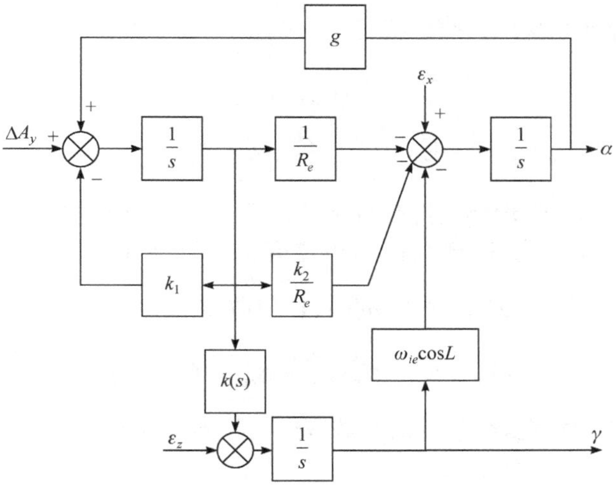

图 5-7　方位精对准原理图

将 $k(s)$ 设计为

$$k(s)=\frac{k_3}{\omega_{ie}\cos L(s+k_4)} \tag{5-70}$$

至于将式(5-70)设计为惯性环节 $1/(s+k_4)$，是为了加强方位回路的滤波作用，改善系统的性能。将式(5-70)代入式(5-69)，可以得到系统特征方程为

$$\Delta(s)=s^4+(k_1+k_4)s^3+\left[k_1k_4+(1+k_2)\omega_s^2\right]s^2+(1+k_2)k_4\omega_s^2 s+k_3 g \tag{5-71}$$

通过系统特征方程可以看出这是一个四阶系统，即四阶方位罗经对准系统。进一步，可以写出 $\gamma(s)$ 的表达式为

$$\gamma(s)=\frac{1}{\Delta'(s)}\left\{sk(s)\Delta A_y(s)+\left[\varepsilon_z+k(s)\delta V_N(0)\right]s^2+gk(s)\varepsilon_x+gk(s)\alpha(0)+s^3\gamma(0)\right\} \tag{5-72}$$

式中，$\Delta'(s)=s^3+k_1s^2+\omega_s^2(1+k_2)s+\dfrac{gk_3}{s+k_4}$。

进一步，$\gamma(s)$ 的稳态值可以表示为

$$\gamma_s=\lim_{s\to 0}s\gamma(s)=\frac{\varepsilon_x}{\omega_{ie}\cos L} \tag{5-73}$$

5.2.3　捷联罗经对准算法

1. 实现原理

在平台式惯性导航系统罗经对准的过程中，通过设计合适的控制回路产生控制角速度并将其作用于陀螺仪力矩器来带动平台的三根轴指向东向、北向以及天向。在捷联式惯性导航系统中没有实体物理稳定平台，取而代之的是数学平台。因此，若要在捷联式惯性导航系统中实施罗经对准过程，只需要利用通过罗经对准方法计算得到的控制角速度对捷联姿态矩阵进行修正即可。

在捷联式惯性导航系统中，捷联姿态矩阵 $\boldsymbol{C}_b^n$ 的修正算法如下：

$$\begin{cases}\dot{\boldsymbol{C}}_b^n = \boldsymbol{C}_b^n\left(\boldsymbol{\omega}_{nb}^b \times\right) \\ \boldsymbol{\omega}_{nb}^b = \boldsymbol{\omega}_{ib}^b - \boldsymbol{C}_n^b\left(\boldsymbol{\omega}_{ie}^n + \boldsymbol{\omega}_{en}^n\right)\end{cases} \tag{5-74}$$

式(5-74)中，可以将 $\boldsymbol{\omega}_{nb}^b$ 理解为控制数学平台 $\boldsymbol{C}_b^n$ 变化的角速度，因此捷联式惯性导航系统中通过罗经对准方法计算得到的控制角速度也应该作用在此处。在加入控制角速度 $\boldsymbol{\omega}_c^n = \begin{bmatrix}\omega_c^E & \omega_c^N & \omega_c^U\end{bmatrix}^{\mathrm{T}}$ 以后，式(5-74)中 $\boldsymbol{\omega}_{nb}^b$ 可以修改为

$$\boldsymbol{\omega}_{nb}^b = \boldsymbol{\omega}_{ib}^b - \boldsymbol{C}_n^b\left(\boldsymbol{\omega}_{ie}^n + \boldsymbol{\omega}_{en}^n\right) - \boldsymbol{C}_n^b\left(\boldsymbol{\omega}_c^n\right) \tag{5-75}$$

图 5-8 给出了实现捷联式惯性导航系统罗经法初始对准的运算原理图。

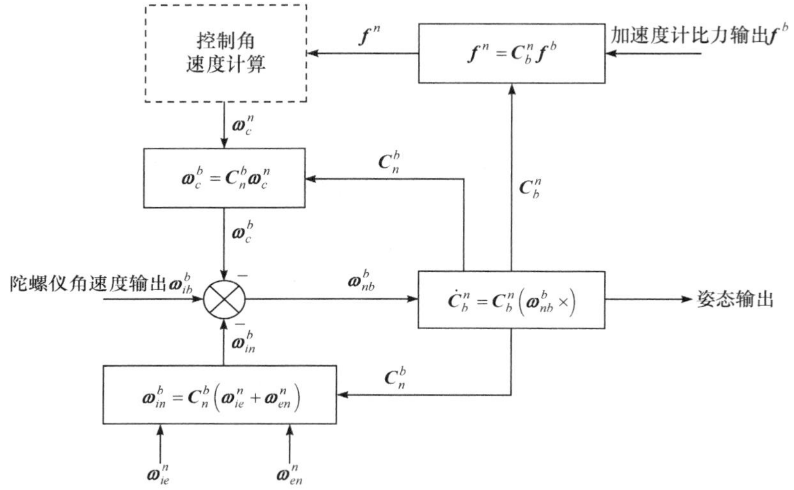

图 5-8　捷联式惯性导航系统罗经法初始对准运算原理图

图 5-8 中，虚线框模块所对应的即是利用罗经对准方法计算控制角速度，根据图 5-5 可以绘制控制角速度 ω_c^E 计算原理图，如图 5-9 所示。图 5-9 中，$\tilde{f}_N$ 为加速度计测量值在导航坐标系北向上的投影，$\tilde{f}_N$ 中包含了加速度计零偏以及重力加速度在水平方向的投影。

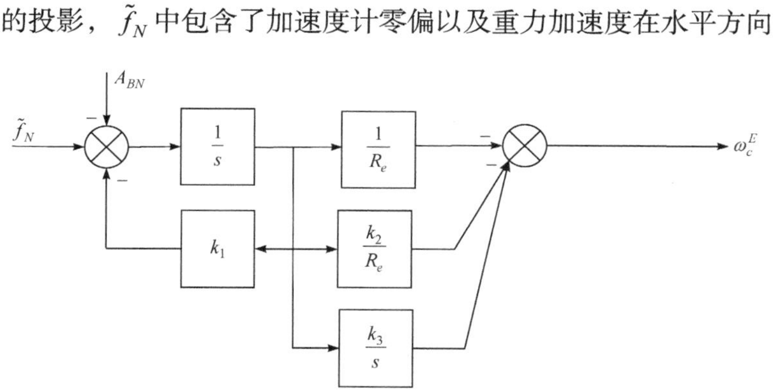

图 5-9　控制角速度 ω_c^E 计算原理图

控制角速度 ω_c^N 的计算原理与 ω_c^E 相似，此处不再赘述。除此之外，根据图 5-7 可以绘制控制角速度 ω_c^U 的计算原理图。计算得到控制角速度 $\boldsymbol{\omega}_c^n=\begin{bmatrix}\omega_c^E & \omega_c^N & \omega_c^U\end{bmatrix}^{\mathrm{T}}$ 后，将其代入式(5-75)中即可在粗对准的基础上不断修正捷联姿态矩阵。当达到收敛条件时，即可以得到满足精对准需求的捷联姿态矩阵 $\boldsymbol{C}_b^n$ 。

2. 参数设计

以图 5-5 所示的北向水平对准回路为例，分析阻尼参数设计原理。由式(5-64)可知，北向水平对准回路特征方程为

$$\varDelta_N(s)=s^3+k_1s^2+(1+k_2)\omega_s^2s+gk_3 \tag{5-76}$$

由式(5-76)可知，北向水平对准回路的稳态对准精度不受参数选择的影响，所以只需要针对对准收敛速度需求来确定阻尼参数。根据对准快速性指标要求，假设水平对准回路的衰减系数为 σ ，阻尼自振频率为 ω_d ，则三阶系统的特征根为 $s_1=-\sigma$ ， $s_2=-\sigma+\mathrm{j}\omega_d$ ， $s_3=-\sigma-\mathrm{j}\omega_d$ ，所以系统的特征方程可以表示为

$$\varDelta_N(s)=s^3+3\sigma s^2+\left(3\sigma^2+\omega_d^2\right)s+\sigma^3+\sigma\omega_d^2 \tag{5-77}$$

根据系数对应法则，比较式(5-76)与式(5-77)的系数，可以得到

$$\begin{cases}k_1=3\sigma\\ k_2=\dfrac{3\sigma^2+\omega_d^2}{\omega_s^2}-1\\ k_3=\dfrac{\sigma^3+\sigma\omega_d^2}{g}\end{cases} \tag{5-78}$$

若已知系统要求的阻尼比为 ξ ，衰减系数为 σ ，则可以进一步得到如下表达式：

$$\begin{cases}k_1=3\sigma\\ k_2=\dfrac{\sigma^2}{\omega_s^2}\left(2+\dfrac{1}{\xi^2}\right)-1\\ k_3=\dfrac{\sigma^3}{g\xi^2}\end{cases} \tag{5-79}$$

根据系统设置的阻尼比与衰减系数的值，将其代入式(5-79)，则可以获得 k_1、k_2、k_3 的具体数值。

在方位对准中，根据动态响应的需求，一般要求为最佳阻尼比即 $\xi=0.707$ ，并设衰减系数为 σ ，阻尼自振频率为 $\omega_d=\sigma$ ，则系统的特征根为 $s_{1,2}=-\sigma-\mathrm{j}\sigma$ ， $s_{3,4}=-\sigma+\mathrm{j}\sigma$ ，此时，系统特征方程可以表示为

$$\varDelta_U=s^4+4\sigma s^3+8\sigma^2s^2+8\sigma^3s+4\sigma^4 \tag{5-80}$$

根据式(5-71)，罗经方位对准回路的特征方程为

$$\varDelta_U=s^4+(k_1+k_4)s^3+\left[\omega_s^2(k_2+1)+k_1k_4\right]s^2+\omega_s^2(k_2+1)k_4s+gk_3 \tag{5-81}$$

同理，比较式(5-80)与式(5-81)对应系数，可得

$$\begin{cases} k_1 + k_4 = 4\sigma \\ \omega_s^2\left(k_2+1\right) + k_1k_4 = 8\sigma^2 \\ \omega_s^2\left(k_2+1\right)k_4 = 8\sigma^3 \\ gk_3 = 4\sigma^4 \end{cases} \tag{5-82}$$

显然，式(5-82)是关于未知参数的非线性代数方程组，且该方程组具有多解性，选 $k_1 = k_4$，基于此可获得如下唯一解：

$$\begin{cases} k_1 = k_4 = 2\sigma \\ k_2 = \dfrac{4\sigma^2}{\omega_s^2} - 1 \\ k_3 = \dfrac{4\sigma^4}{g} \end{cases} \tag{5-83}$$

根据式(5-79)与式(5-83)即可设计满足动态响应需求的阻尼参数。需要注意的是，上述推导的罗经精对准方法只适用于静基座与晃动基座，而不适用于动基座。如果要将罗经精对准方法应用于动基座，同样需要其他速度传感器进行外速度辅助。由于篇幅限制，本书不做扩展，可以参考相关文献。

5.3　基于现代估计理论的卡尔曼滤波精对准方法

粗对准可以在短时间内建立一个相对粗略的捷联姿态矩阵 $\boldsymbol{C}_b^{n'}$，传统罗经精对准方法利用计算的控制角速度对 $\boldsymbol{C}_b^{n'}$ 不断进行修正，从而获得更为精确的捷联姿态矩阵 $\boldsymbol{C}_b^n$。与罗经精对准方法不同，基于现代估计理论的卡尔曼滤波精对准方法主要是通过估计计算导航坐标系 n' 与理想导航坐标系 n 之间的失准角 ϕ_x、ϕ_y、ϕ_z，获得描述计算导航坐标系 n' 与理想导航坐标系 n 之间角位置关系的方向余弦矩阵，即

$$\boldsymbol{C}_n^{n'} = \begin{bmatrix} 1 & \phi_z & -\phi_y \\ -\phi_z & 1 & \phi_x \\ \phi_y & -\phi_x & 1 \end{bmatrix} \tag{5-84}$$

进一步，利用矩阵 $\boldsymbol{C}_n^{n'}$ 修正粗对准过程建立的捷联姿态矩阵 $\boldsymbol{C}_b^{n'}$，从而获得更加精确的捷联姿态矩阵 $\boldsymbol{C}_b^n$，即

$$\boldsymbol{C}_b^n = \boldsymbol{C}_{n'}^n\boldsymbol{C}_b^{n'} = \left(\boldsymbol{C}_n^{n'}\right)^{\mathrm{T}}\boldsymbol{C}_b^{n'} \tag{5-85}$$

通过以上分析可知，基于卡尔曼滤波的精对准方法的本质是通过估计失准角 ϕ_x、ϕ_y、ϕ_z 来完成精对准过程。因此，基于现代估计理论的滤波技术是这类精对准方法的核心。现代估计也称为状态估计或过程估计，其特点是依据动态的状态方程与量测方程，利用滤波理论来估计系统的状态。卡尔曼滤波属于最优估计理论，是一种递推线性最小方差估计方法。本节主要介绍卡尔曼滤波的基本原理，在此基础上进一步讨论基于卡尔曼滤波的捷联式惯性导航系统精对准方法。

5.3.1　卡尔曼滤波原理

卡尔曼滤波属于递归估计，即只要获知上一时刻状态的估计值以及当前状态的观测值就可以计算出当前状态的估计值，因此，不需要记录观测或者估计的历史信息。卡尔曼滤波的每个递推周期中包含待估计量的时间更新与量测更新两个过程。其中，时间更新由上一步的量测更新结果与设计卡尔曼滤波器时的先验信息确定，量测更新则是在时间更新的基础上根据实时获得的量测值确定。

卡尔曼滤波模型包括系统的状态方程与量测方程。状态方程描述了系统在 t 时刻的状态与在 $t-1$ 时刻的状态的递推关系，可以表示为

$$\boldsymbol{x}_t = \boldsymbol{F}_t \boldsymbol{x}_{t-1} + \boldsymbol{B}_t \boldsymbol{u}_t + \boldsymbol{w}_t \tag{5-86}$$

式中，$\boldsymbol{x}_t$ 为状态向量，包含 t 时刻待估计的系统状态变量；$\boldsymbol{u}_t$ 为控制输入向量；$\boldsymbol{F}_t$ 为状态转移矩阵；$\boldsymbol{B}_t$ 为控制输入矩阵；$\boldsymbol{w}_t$ 为过程噪声，通常假设其满足零均值高斯白噪声分布，且协方差矩阵由 $\boldsymbol{Q}_t$ 表示。

系统量测方程表示为

$$z_t = \boldsymbol{H}_t \boldsymbol{x}_t + \boldsymbol{v}_t \tag{5-87}$$

式中，z_t 为量测向量；$\boldsymbol{H}_t$ 为量测矩阵；$\boldsymbol{v}_t$ 为量测噪声，与过程噪声一样，通常假设其是具有协方差矩阵 $\boldsymbol{R}_t$ 的零均值高斯白噪声序列。

下面以一个简单的列车一维跟踪问题为例，结合式(5-86)与式(5-87)推导卡尔曼滤波公式。在列车一维跟踪问题中，状态向量 $\boldsymbol{x}_t$ 包含列车的位置 x_t 与速度 $\dot{x}_t$，即

$$\boldsymbol{x}_t = \begin{bmatrix} x_t \\ \dot{x}_t \end{bmatrix} \tag{5-88}$$

如图 5-10 所示，列车沿轨道行进，希望可以获得列车实时位置信息。列车顶部安装了无线电装置，该装置与安装在起始点处的无线电测距系统配合使用可以获得列车的实时位置量测信息，但该量测信息存在误差。同时，可以利用列车上一时刻的位置信息与当前时刻的加速度信息递推获得列车实时位置信息，这种递推得到的位置信息同样存在误差。卡尔曼滤波正是基于递推位置信息与无线电测距系统量测信息实现对列车实时位置信息的最小方差估计的。

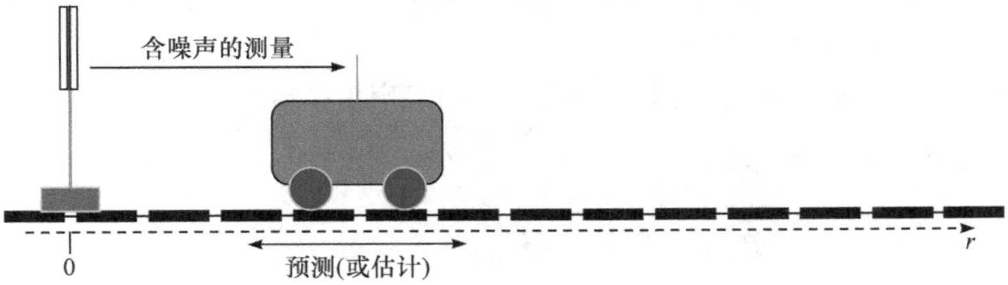

图 5-10　列车一维跟踪示意图

如前所述，将列车加速度看作系统控制输入，可以表示为

$$u_t = \frac{f_t}{m} \tag{5-89}$$

式中，f_t 为对列车施加的推进力；m 为列车质量。

系统状态方程可以表示为

$$\begin{cases} x_t = x_{t-1} + \dot{x}_{t-1} \cdot \Delta t + \dfrac{f_t}{2m}(\Delta t)^2 \\ \dot{x}_t = \dot{x}_{t-1} + \dfrac{f_t}{m}\Delta t \end{cases} \tag{5-90}$$

式(5-90)用矩阵形式表示为

$$\boldsymbol{x}_t = \boldsymbol{F}_t \boldsymbol{x}_{t-1} + \boldsymbol{B}_t u_t = \begin{bmatrix} 1 & \Delta t \\ 0 & 1 \end{bmatrix} \begin{bmatrix} x_{t-1} \\ \dot{x}_{t-1} \end{bmatrix} + \begin{bmatrix} \dfrac{(\Delta t)^2}{2} \\ \Delta t \end{bmatrix} \frac{f_t}{m} \tag{5-91}$$

式(5-91)中状态转移矩阵 $\boldsymbol{F}_t$ 与控制输入矩阵 $\boldsymbol{B}_t$ 分别为

$$\boldsymbol{F}_t = \begin{bmatrix} 1 & \Delta t \\ 0 & 1 \end{bmatrix}, \quad \boldsymbol{B}_t = \begin{bmatrix} \dfrac{(\Delta t)^2}{2} \\ \Delta t \end{bmatrix} \tag{5-92}$$

根据式(5-91)，虽然可以由 t–1 时刻的位置信息递推得到 t 时刻的位置信息，但该递推位置信息存在累积误差。同样，由于量测误差的存在，系统状态向量 $\boldsymbol{x}_t$ 的真实状态也不能被直接观察到。卡尔曼滤波器提供了一种解决思路，即通过结合系统状态方程和含有噪声的直接或间接量测值来确定系统状态变量的估计值 $\hat{\boldsymbol{x}}_t$ 。系统状态变量的估计值是以概率密度函数形式给出的，而不是离散数值形式。

卡尔曼滤波器是基于高斯概率密度函数推导得到的，而为了描述高斯函数，需要知道协方差矩阵 $\boldsymbol{P}_t$ 。协方差矩阵 $\boldsymbol{P}_t$ 对角线上的元素是各状态变量的方差，而非对角线元素则是状态变量之间的协方差。

卡尔曼滤波算法包括时间更新与量测更新两个阶段，在时间更新阶段，t 时刻的预测状态 $\hat{\boldsymbol{x}}_{t|t-1}$ 及预测协方差矩阵 $\boldsymbol{P}_{t|t-1}$ 分别表示为

$$\hat{\boldsymbol{x}}_{t|t-1} = \boldsymbol{F}_t \hat{\boldsymbol{x}}_{t-1|t-1} + \boldsymbol{B}_t \boldsymbol{u}_t \tag{5-93}$$

$$\boldsymbol{P}_{t|t-1} = \boldsymbol{F}_t \boldsymbol{P}_{t-1|t-1} \boldsymbol{F}_t^{\mathrm{T}} + \boldsymbol{Q}_t \tag{5-94}$$

式中，符号“ˆ”表示估计值；下角标 $t-1|t-1$ 表示 $t-1$ 时刻的估计值；下角标 $t|t-1$ 表示根据 $t-1$ 时刻估计值得到的一步预测值。

式(5-93)可以由式(5-91)直接得到，下面讨论预测协方差矩阵 $\boldsymbol{P}_{t|t-1}$ 的推导过程。根据定义可知，预测协方差矩阵 $\boldsymbol{P}_{t|t-1}$ 可以表示为

$$\boldsymbol{P}_{t|t-1} = E\left[\left(\boldsymbol{x}_t - \hat{\boldsymbol{x}}_{t|t-1}\right)\left(\boldsymbol{x}_t - \hat{\boldsymbol{x}}_{t|t-1}\right)^{\mathrm{T}}\right] \tag{5-95}$$

将式(5-86)和式(5-93)作差，可得

$$\boldsymbol{x}_t - \hat{\boldsymbol{x}}_{t|t-1} = \boldsymbol{F}_t\left(\boldsymbol{x}_{t-1} - \hat{\boldsymbol{x}}_{t-1|t-1}\right) + \boldsymbol{w}_t \tag{5-96}$$

将式(5-96)代入式(5-95)，得到

$$
\begin{aligned}
\boldsymbol{P}_{t|t-1} &= E\left[\left[\boldsymbol{F}_t\left(\boldsymbol{x}_{t-1}-\hat{\boldsymbol{x}}_{t-1|t-1}\right)+\boldsymbol{w}_t\right]\times\left[\boldsymbol{F}_t\left(\boldsymbol{x}_{t-1}-\hat{\boldsymbol{x}}_{t-1|t-1}\right)+\boldsymbol{w}_t\right]^{\mathrm{T}}\right] \\
&= \boldsymbol{F}_t E\left[\left(\boldsymbol{x}_{t-1}-\hat{\boldsymbol{x}}_{t-1|t-1}\right)\times\left(\boldsymbol{x}_{t-1}-\hat{\boldsymbol{x}}_{t-1|t-1}\right)^{\mathrm{T}}\right]\boldsymbol{F}_t^{\mathrm{T}} \\
&\quad + \boldsymbol{F}_t E\left[\left(\boldsymbol{x}_{t-1}-\hat{\boldsymbol{x}}_{t-1|t-1}\right)\boldsymbol{w}_t^{\mathrm{T}}\right]+E\left[\boldsymbol{w}_t\left(\boldsymbol{x}_{t-1}-\hat{\boldsymbol{x}}_{t-1|t-1}\right)^{\mathrm{T}}\right]\boldsymbol{F}_t^{\mathrm{T}}+E\left[\boldsymbol{w}_t\boldsymbol{w}_t^{\mathrm{T}}\right]
\end{aligned} \tag{5-97}
$$

考虑到状态估计误差 $\boldsymbol{x}_{t-1}-\hat{\boldsymbol{x}}_{t-1|t-1}$ 与过程噪声 $\boldsymbol{w}_t$ 不相关，有

$$
E\left[\left(\boldsymbol{x}_{t-1}-\hat{\boldsymbol{x}}_{t-1|t-1}\right)\boldsymbol{w}_t^{\mathrm{T}}\right]=E\left[\boldsymbol{w}_t\left(\boldsymbol{x}_{t-1}-\hat{\boldsymbol{x}}_{t-1|t-1}\right)^{\mathrm{T}}\right]=\boldsymbol{0} \tag{5-98}
$$

将式(5-98)代入式(5-97)，得到

$$
\begin{aligned}
\boldsymbol{P}_{t|t-1} &= \boldsymbol{F}_t E\left[\left(\boldsymbol{x}_{t-1}-\hat{\boldsymbol{x}}_{t-1|t-1}\right)\left(\boldsymbol{x}_{t-1}-\hat{\boldsymbol{x}}_{t-1|t-1}\right)^{\mathrm{T}}\right]\boldsymbol{F}_t^{\mathrm{T}}+E\left[\boldsymbol{w}_t\boldsymbol{w}_t^{\mathrm{T}}\right] \\
&= \boldsymbol{F}_t\boldsymbol{P}_{t-1|t-1}\boldsymbol{F}_t^{\mathrm{T}}+\boldsymbol{Q}_t
\end{aligned} \tag{5-99}
$$

式(5-99)即是预测协方差矩阵 $\boldsymbol{P}_{t|t-1}$ 的递推方程。

卡尔曼滤波器的量测更新方程如下：

$$
\hat{\boldsymbol{x}}_{t|t}=\hat{\boldsymbol{x}}_{t|t-1}+\boldsymbol{K}_t\left(\boldsymbol{z}_t-\boldsymbol{H}_t\hat{\boldsymbol{x}}_{t|t-1}\right) \tag{5-100}
$$

$$
\boldsymbol{P}_{t|t}=\boldsymbol{P}_{t|t-1}-\boldsymbol{K}_t\boldsymbol{H}_t\boldsymbol{P}_{t|t-1} \tag{5-101}
$$

$$
\boldsymbol{K}_t=\boldsymbol{P}_{t|t-1}\boldsymbol{H}_t^{\mathrm{T}}\left(\boldsymbol{H}_t\boldsymbol{P}_{t|t-1}\boldsymbol{H}_t^{\mathrm{T}}+\boldsymbol{R}_t\right)^{-1} \tag{5-102}
$$

下面来推导量测更新方程式(5-100)～式(5-102)。如图 5-11 所示，系统初始状态已知，即 t=0s 时列车位置的初始信息由一个已知的高斯概率密度函数给出，列车速度方向如图中箭头所示。

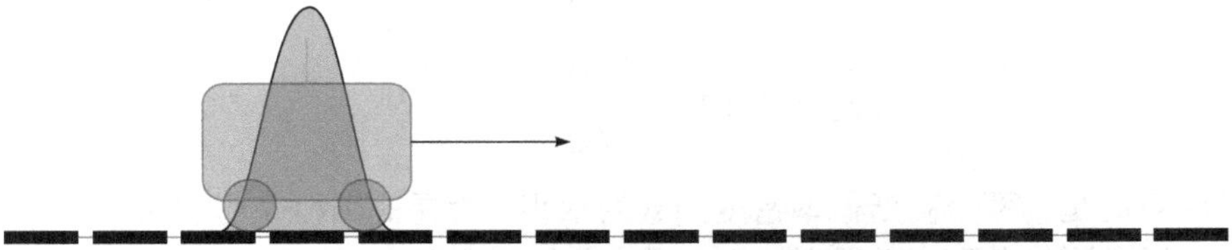

图 5-11　一维跟踪系统在 t = 0s 时的初始信息

下一时刻，即 t = 1s 时，可以根据已知条件(如 t = 0s 时列车的位置与加速度等)预测列车当前的位置信息。如图 5-12 所示，t = 1s 时列车的位置信息可以表示为一个新的高斯概率密度函数。该密度函数与 t = 0s 时的密度函数相比，位置精度的不确定性增加了，这主要是由于在 t = 0s 到 t = 1s 时间段内所进行的加速或减速导致过程噪声的不确定性。同理，可以获得任意时刻列车位置的预测信息。该过程相当于卡尔曼滤波的时间更新。

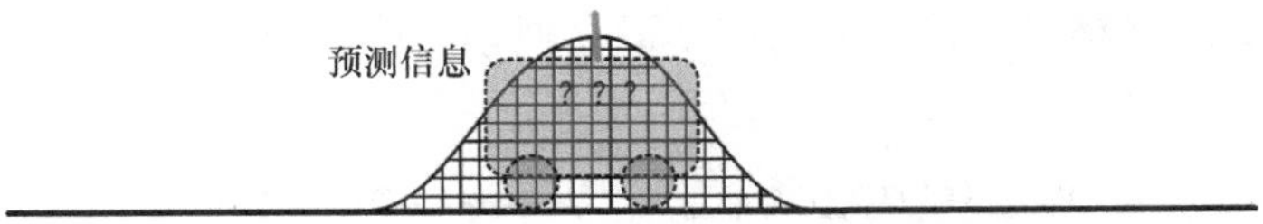

图 5-12　一维跟踪系统在 t = 1s 时的预测信息

同时，$t=1\mathrm{s}$ 时可以通过无线电测距系统对列车位置进行量测，该量测位置如图 5-13 中的斜线图高斯概率密度函数所示。

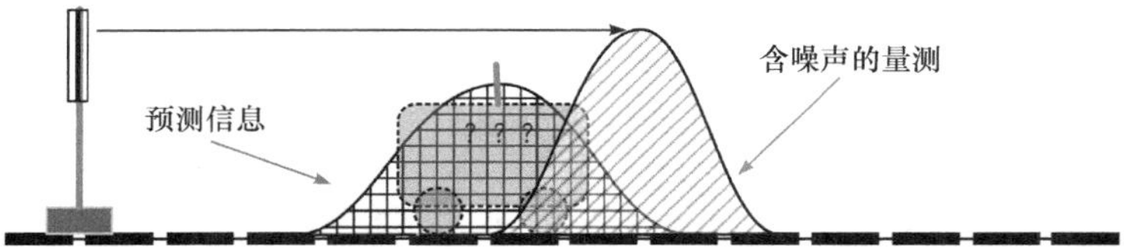

图 5-13　一维跟踪系统在 $t=1\mathrm{s}$ 时的量测信息

在卡尔曼滤波的量测更新过程中，通过融合列车的位置预测值与位置量测值可以获得列车位置的最优估计。该最优估计值是通过将两个相应的高斯概率密度函数相乘来实现，相乘后的高斯概率密度函数由图 5-14 中的点状图表示。

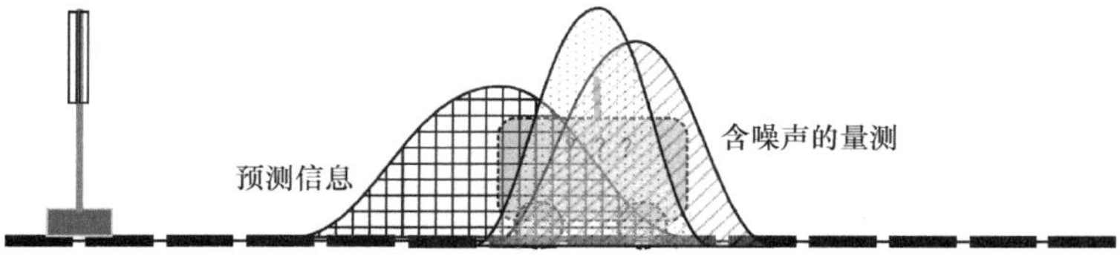

图 5-14　一维跟踪系统在 $t=1\mathrm{s}$ 时融合预测信息与量测信息

上述物理过程可以通过以下数学形式表示，图 5-14 中的格状图高斯概率密度函数可以表示为

$$y_1(r;\mu_1,\sigma_1)=\frac{1}{\sqrt{2\pi\sigma_1^2}}\mathrm{e}^{-\frac{(r-\mu_1)^2}{2\sigma_1^2}} \tag{5-103}$$

斜线图高斯概率密度函数可以表示为

$$y_2(r;\mu_2,\sigma_2)=\frac{1}{\sqrt{2\pi\sigma_2^2}}\mathrm{e}^{-\frac{(r-\mu_2)^2}{2\sigma_2^2}} \tag{5-104}$$

值得注意的是，两个高斯概率密度函数的乘积仍然是高斯概率密度函数，因此位置预测信息与位置量测信息融合后得到的位置最优估计值可以表示为

$$\begin{aligned} y_{\text{fused}}(r;\mu_1,\sigma_1,\mu_2,\sigma_2) &= \frac{1}{\sqrt{2\pi\sigma_1^2}}\mathrm{e}^{-\frac{(r-\mu_1)^2}{2\sigma_1^2}}\cdot\frac{1}{\sqrt{2\pi\sigma_2^2}}\mathrm{e}^{-\frac{(r-\mu_2)^2}{2\sigma_2^2}} \\ &= \frac{1}{2\pi\sqrt{\sigma_1^2\sigma_2^2}}\mathrm{e}^{-\left(\frac{(r-\mu_1)^2}{2\sigma_1^2}+\frac{(r-\mu_2)^2}{2\sigma_2^2}\right)} \end{aligned} \tag{5-105}$$

将式(5-105)进一步整理，可以写为如下高斯概率密度函数形式：

$$y_{\text{fused}}(r;\mu_{\text{fused}},\sigma_{\text{fused}})=\frac{1}{\sqrt{2\pi\sigma_{\text{fused}}^2}}\mathrm{e}^{-\frac{(r-\mu_{\text{fused}})^2}{2\sigma_{\text{fused}}^2}} \tag{5-106}$$

式中

$$\mu_{\text{fused}}=\frac{\mu_1\sigma_2^2+\mu_2\sigma_1^2}{\sigma_1^2+\sigma_2^2}=\mu_1+\frac{\sigma_1^2(\mu_2-\mu_1)}{\sigma_1^2+\sigma_2^2} \tag{5-107}$$

$$\sigma_{\text{fused}}^2=\frac{\sigma_1^2\sigma_2^2}{\sigma_1^2+\sigma_2^2}=\sigma_1^2-\frac{\sigma_1^4}{\sigma_1^2+\sigma_2^2} \tag{5-108}$$

式(5-107)与式(5-108)即为卡尔曼滤波量测更新方程。但是，为了推导出如式(5-100)～式(5-102)所示的更具有一般性的量测更新方程，需要将上述一维跟踪问题进行扩展。在上述一维跟踪问题中，位置的预测信息与量测信息在同一坐标系且具有相同单位。但是，实际应用中两者通常需要进行转换才能具有相同的物理意义以及单位，进而通过概率密度函数相乘的形式获得最优估计值。一般情况下，需要通过量测矩阵 $\boldsymbol{H}_t$ 将预测信息映射到量测域。

现在改写式(5-103)和式(5-104)，y_1 与 y_2 不再表示沿铁路轨道以米为单位的位移量。其中，y_2 分布用来表示无线电信号从位于 x=0 的发射机传播到列车天线的飞行时间，以秒为单位。因此，位置预测信息所对应的概率密度函数 y_1 需要通过光速 c 的缩放映射到量测域。综上所述，式(5-103)与式(5-104)改写为

$$y_1(s;\mu_1,\sigma_1,c)=\frac{1}{\sqrt{2\pi\left(\frac{\sigma_1}{c}\right)^2}}\mathrm{e}^{-\frac{\left(s-\frac{\mu_1}{c}\right)^2}{2\left(\frac{\sigma_1}{c}\right)^2}} \tag{5-109}$$

$$y_2(s;\mu_2,\sigma_2)=\frac{1}{\sqrt{2\pi\sigma_2^2}}\mathrm{e}^{-\frac{(s-\mu_2)^2}{2\sigma_2^2}} \tag{5-110}$$

根据式(5-109)与式(5-110)，式(5-107)可以表示为

$$\frac{\mu_{\text{fused}}}{c}=\frac{\mu_1}{c}+\frac{\left(\frac{\sigma_1}{c}\right)^2\left(\mu_2-\frac{\mu_1}{c}\right)}{\left(\frac{\sigma_1}{c}\right)^2+\sigma_2^2} \tag{5-111}$$

进一步整理式(5-111)，可以得到

$$\mu_{\text{fused}}=\mu_1+\left[\frac{\frac{\sigma_1^2}{c}}{\left(\frac{\sigma_1}{c}\right)^2+\sigma_2^2}\right]\cdot\left(\mu_2-\frac{\mu_1}{c}\right) \tag{5-112}$$

令 $H=\frac{1}{c}$，$K=\frac{H\sigma_1^2}{H^2\sigma_1^2+\sigma_2^2}$，并将其代入式(5-112)，可以得到

$$\mu_{\text{fused}}=\mu_1+K\cdot(\mu_2-H\mu_1) \tag{5-113}$$

同理，式(5-108)可以表示为

$$\sigma_{\text{fused}}^2=\sigma_1^2-\left[\frac{\dfrac{\sigma_1^2}{c}}{\left(\dfrac{\sigma_1}{c}\right)^2+\sigma_2^2}\right]\frac{\sigma_1^2}{c}=\sigma_1^2-KH\sigma_1^2 \tag{5-114}$$

通过比较上述标量形式的量测更新过程与卡尔曼滤波量测更新方程，即式(5-100)～式(5-102)，可以定义如下变量。

(1) $\mu_{\text{fused}}\to\hat{\boldsymbol{x}}_{t|t}$：数据融合后的状态向量。

(2) $\mu_1\to\hat{\boldsymbol{x}}_{t|t-1}$：数据融合前的状态向量，即预测量。

(3) $\sigma_{\text{fused}}^2\to\boldsymbol{P}_{t|t}$：数据融合后的状态误差协方差矩阵。

(4) $\sigma_1^2\to\boldsymbol{P}_{t|t-1}$：数据融合前的状态误差协方差矩阵。

(5) $\mu_2\to\boldsymbol{z}_t$：量测向量。

(6) $\sigma_2^2\to\boldsymbol{R}_t$：量测噪声协方差矩阵。

(7) $H\to\boldsymbol{H}_t$：将状态向量映射到量测域的量测矩阵。

(8) $K=\dfrac{H\sigma_1^2}{H^2\sigma_1^2+\sigma_2^2}\to\boldsymbol{K}_t=\boldsymbol{P}_{t|t-1}\boldsymbol{H}_t^{\mathrm{T}}\left(\boldsymbol{H}_t\boldsymbol{P}_{t|t-1}\boldsymbol{H}_t^{\mathrm{T}}+\boldsymbol{R}_t\right)^{-1}$：卡尔曼滤波增益。

进一步，可以得到

$$\mu_{\text{fused}}=\mu_1+\left(\frac{H\sigma_1^2}{H^2\sigma_1^2+\sigma_2^2}\right)\cdot(\mu_2-H\mu_1)\to\hat{\boldsymbol{x}}_{t|t}=\hat{\boldsymbol{x}}_{t|t-1}+\boldsymbol{K}_t\left(\boldsymbol{z}_t-\boldsymbol{H}_t\hat{\boldsymbol{x}}_{t|t-1}\right) \tag{5-115}$$

$$\sigma_{\text{fused}}^2=\sigma_1^2-\left(\frac{H\sigma_1^2}{H^2\sigma_1^2+\sigma_2^2}\right)H\sigma_1^2\to\boldsymbol{P}_{t|t}=\boldsymbol{P}_{t|t-1}-\boldsymbol{K}_t\boldsymbol{H}_t\boldsymbol{P}_{t|t-1} \tag{5-116}$$

至此，卡尔曼滤波的时间更新方程与量测更新方程推导完成。完整的卡尔曼滤波基本方程如下：

$$\hat{\boldsymbol{x}}_{t|t-1}=\boldsymbol{F}_t\hat{\boldsymbol{x}}_{t-1|t-1}+\boldsymbol{B}_t\boldsymbol{u}_t \tag{5-117a}$$

$$\boldsymbol{P}_{t|t-1}=\boldsymbol{F}_t\boldsymbol{P}_{t-1|t-1}\boldsymbol{F}_t^{\mathrm{T}}+\boldsymbol{Q}_t \tag{5-117b}$$

$$\hat{\boldsymbol{x}}_{t|t}=\hat{\boldsymbol{x}}_{t|t-1}+\boldsymbol{K}_t\left(\boldsymbol{z}_t-\boldsymbol{H}_t\hat{\boldsymbol{x}}_{t|t-1}\right) \tag{5-117c}$$

$$\boldsymbol{P}_{t|t}=\boldsymbol{P}_{t|t-1}-\boldsymbol{K}_t\boldsymbol{H}_t\boldsymbol{P}_{t|t-1} \tag{5-117d}$$

$$\boldsymbol{K}_t=\boldsymbol{P}_{t|t-1}\boldsymbol{H}_t^{\mathrm{T}}\left(\boldsymbol{H}_t\boldsymbol{P}_{t|t-1}\boldsymbol{H}_t^{\mathrm{T}}+\boldsymbol{R}_t\right)^{-1} \tag{5-117e}$$

在建立系统状态方程式(5-86)与量测方程式(5-87)，设置初始值 $\boldsymbol{x}_{0|0}$、$\boldsymbol{P}_{0|0}$ 的基础上，利用式(5-117)可以估计状态变量 $\hat{\boldsymbol{x}}_{t|t}$。需要注意的两点如下。

(1) 对于线性系统来说，卡尔曼滤波是一种最优估计方法，但实际系统经常具有非线性。针对非线性系统状态估计问题，研究人员提出了扩展卡尔曼滤波(Extended Kalman Filter，EKF)、无迹卡尔曼滤波(Unscented Kalman Filter，UKF)、容积卡尔曼滤波(Cubature Kalman Filter，CKF)等。经过粗对准以后，捷联式惯性导航系统失准角是小角度，属于线性误差模型，因此利用卡尔曼滤波就可以实现对失准角的估计。

(2) 实际系统通常为连续系统，而上述推导的卡尔曼滤波方程属于离散方程，因此实际应用中一般需要先对系统状态方程与量测方程进行离散化，在此基础上再利用式(5-117)进行滤波估计。

◆ **小实践**：请利用下载的“基于卡尔曼滤波的一维跟踪问题”MATLAB 程序，自己动手尝试调试程序，同时通过程序仿真结果分析系统噪声协方差矩阵 $\boldsymbol{Q}$ 与量测噪声协方差矩阵 $\boldsymbol{R}$ 对滤波估计性能的影响。

5.3.2 基于卡尔曼滤波的精对准方法

捷联式惯性导航系统精对准的主要目的是估计失准角 ϕ_x、ϕ_y、ϕ_z，因此待估计状态变量就是失准角 ϕ_x、ϕ_y、ϕ_z。除估计失准角以外，捷联式惯性导航系统精对准过程中通常还需要对速度误差 δV_E 和 δV_N、位置误差 $\delta\lambda$ 和 δL 以及惯性器件误差进行估计。因此，捷联式惯性导航系统精对准过程中所选择的状态变量通常为

$$\boldsymbol{X}=\begin{bmatrix}\delta\lambda & \delta L & \delta V_E & \delta V_N & \phi_x & \phi_y & \phi_z & \Delta A_x & \Delta A_y & \Delta A_z & \varepsilon_x & \varepsilon_y & \varepsilon_z\end{bmatrix}^{\mathrm{T}} \tag{5-118}$$

式中，ΔA_x、ΔA_y 为载体坐标系加速度计零偏；ε_x、ε_y、ε_z 为载体坐标系陀螺仪漂移。

如前所述，为利用卡尔曼滤波对状态变量进行估计，首先需要建立描述状态变量在 t 时刻与 $t-1$ 时刻的递推关系的状态方程。显然，4.3 节推导得到的捷联式惯性导航系统速度误差方程、位置误差方程以及姿态误差方程描述了导航参数误差的变化规律，这正是滤波所需要的系统状态方程。重新列写捷联式惯性导航系统误差方程，即

$$\begin{cases}
\delta\dot{\lambda}=\dfrac{\sec L}{R_N}\delta V_E+\dfrac{V_E\sec L\tan L}{R_N}\delta L \\
\delta\dot{L}=\dfrac{\delta V_N}{R_M} \\
\delta\dot{V}_E=-f_U\phi_y+f_N\phi_z+\dfrac{V_N\tan L}{R_N}\delta V_E+\left(2\omega_{ie}\sin L+\dfrac{V_E\tan L}{R_N}\right)\delta V_N \\
\qquad\quad+\left(2V_N\omega_{ie}\cos L+\dfrac{V_EV_N\sec^2 L}{R_N}\right)\delta L+\Delta A_E \\
\delta\dot{V}_N=f_U\phi_x-f_E\phi_z-2\left(\omega_{ie}\sin L+\dfrac{V_E\tan L}{R_N}\right)\delta V_E \\
\qquad\quad-V_E\left(2\omega_{ie}\cos L+\dfrac{V_E\sec^2 L}{R_N}\right)\delta L+\Delta A_N \\
\dot{\phi}_x=\left(\omega_{ie}\sin L+\dfrac{V_E\tan L}{R_N}\right)\phi_y-\left(\omega_{ie}\cos L+\dfrac{V_E}{R_N}\right)\phi_z-\dfrac{\delta V_N}{R_M}-\varepsilon_E \\
\dot{\phi}_y=-\left(\omega_{ie}\sin L+\dfrac{V_E\tan L}{R_N}\right)\phi_x-\dfrac{V_N}{R_M}\phi_z+\dfrac{\delta V_E}{R_N}-\omega_{ie}\sin L\cdot\delta L-\varepsilon_N \\
\dot{\phi}_z=\left(\omega_{ie}\cos L+\dfrac{V_E}{R_N}\right)\phi_x+\dfrac{V_N}{R_M}\phi_y+\dfrac{\tan L}{R_N}\delta V_E+\left(\omega_{ie}\cos L+\dfrac{V_E\sec^2 L}{R_N}\right)\delta L-\varepsilon_U
\end{cases} \tag{5-119}$$

对于加速度计零偏 $\Delta\boldsymbol{A}^b=\begin{bmatrix}\Delta A_x & \Delta A_y & \Delta A_z\end{bmatrix}^{\mathrm{T}}$ 与陀螺仪漂移 $\boldsymbol{\varepsilon}^b=\begin{bmatrix}\varepsilon_x & \varepsilon_y & \varepsilon_z\end{bmatrix}^{\mathrm{T}}$，一般假设其为常值，即

$$\begin{cases}\Delta\dot{\boldsymbol{A}}^b=\boldsymbol{0}\\ \dot{\boldsymbol{\varepsilon}}^b=\boldsymbol{0}\end{cases} \tag{5-120}$$

需要注意的是，式(5-119)中出现的惯性器件误差是在导航坐标系的投影，而待估计状态变量则是惯性器件误差在载体坐标系的投影，两者具有如下关系：

$$\begin{bmatrix}\Delta A_E\\ \Delta A_N\end{bmatrix}=\begin{bmatrix}C_{11} & C_{12} & C_{13}\\ C_{21} & C_{22} & C_{23}\end{bmatrix}\begin{bmatrix}\Delta A_x\\ \Delta A_y\\ \Delta A_z\end{bmatrix},\quad \begin{bmatrix}\varepsilon_E\\ \varepsilon_N\\ \varepsilon_U\end{bmatrix}=\begin{bmatrix}C_{11} & C_{12} & C_{13}\\ C_{21} & C_{22} & C_{23}\\ C_{31} & C_{32} & C_{33}\end{bmatrix}\begin{bmatrix}\varepsilon_x\\ \varepsilon_y\\ \varepsilon_z\end{bmatrix} \tag{5-121}$$

式(5-119)与式(5-120)组成系统状态方程，可以表示为

$$\dot{\boldsymbol{X}}(t)=\boldsymbol{F}(t)\boldsymbol{X}(t)+\boldsymbol{G}(t)\boldsymbol{W}(t) \tag{5-122}$$

式中，状态转移矩阵 $\boldsymbol{F}(t)$ 是 13×13 的矩阵，具体表达式为

$$\boldsymbol{F}(t)=\begin{bmatrix}\boldsymbol{F}_1 & \boldsymbol{F}_2 & \boldsymbol{0}_{2\times6}\\ \boldsymbol{F}_3 & \boldsymbol{F}_4 & \boldsymbol{T}_{5\times6}\\ \boldsymbol{0}_{6\times2} & \boldsymbol{0}_{6\times5} & \boldsymbol{0}_{6\times6}\end{bmatrix},\quad \boldsymbol{F}_1=\begin{bmatrix}0 & \dfrac{V_E}{R_N}\tan L\sec L\\ 0 & 0\end{bmatrix},\quad \boldsymbol{F}_2=\begin{bmatrix}\dfrac{\sec L}{R_N} & 0 & 0 & 0 & 0\\ 0 & \dfrac{1}{R_M} & 0 & 0 & 0\end{bmatrix}$$

$$\boldsymbol{F}_3=\begin{bmatrix}0 & 2V_N\omega_{ie}\cos L+\dfrac{V_EV_N}{R_N}\sec^2 L\\ 0 & -\left(2V_E\omega_{ie}\cos L+\dfrac{V_E^2}{R_N}\sec^2 L\right)\\ 0 & 0\\ 0 & -\omega_{ie}\sin L\\ 0 & \omega_{ie}\cos L+\dfrac{V_E}{R_N}\sec^2 L\end{bmatrix},\quad \boldsymbol{F}_4=\begin{bmatrix}\boldsymbol{F}_{41} & \boldsymbol{F}_{42}\\ \boldsymbol{F}_{43} & \boldsymbol{F}_{44}\end{bmatrix}$$

$$\boldsymbol{F}_{41}=\begin{bmatrix}\dfrac{V_N\tan L}{R_N} & 2\omega_{ie}\sin L+\dfrac{V_E\tan L}{R_N}\\ -2\left(\omega_{ie}\sin L+\dfrac{V_E\tan L}{R_N}\right) & 0\end{bmatrix},\quad \boldsymbol{F}_{42}=\begin{bmatrix}0 & -f_U & f_N\\ f_U & 0 & -f_E\end{bmatrix}$$

$$\boldsymbol{F}_{43}=\begin{bmatrix}0 & -\dfrac{1}{R_M}\\ \dfrac{1}{R_N} & 0\\ \dfrac{\tan L}{R_N} & 0\end{bmatrix},\quad \boldsymbol{F}_{44}=\begin{bmatrix}0 & \omega_{ie}\sin L+\dfrac{V_E\tan L}{R_N} & -\left(\omega_{ie}\cos L+\dfrac{V_E}{R_N}\right)\\ -\left(\omega_{ie}\sin L+\dfrac{V_E\tan L}{R_N}\right) & 0 & -\dfrac{V_N}{R_M}\\ \omega_{ie}\cos L+\dfrac{V_E}{R_N} & \dfrac{V_N}{R_M} & 0\end{bmatrix}$$

令 $\boldsymbol{C}_b^n = \begin{bmatrix} C_{11} & C_{12} & C_{13} \\ C_{21} & C_{22} & C_{23} \\ C_{31} & C_{32} & C_{33} \end{bmatrix}$，$C_{ij}$ 为捷联姿态矩阵 $\boldsymbol{C}_b^n$ 中的第 i 行第 j 列元素，则

$$\boldsymbol{T}_{5\times6} = \begin{bmatrix} C_{11} & C_{12} & C_{13} & 0 & 0 & 0 \\ C_{21} & C_{22} & C_{23} & 0 & 0 & 0 \\ 0 & 0 & 0 & -C_{11} & -C_{12} & -C_{13} \\ 0 & 0 & 0 & -C_{21} & -C_{22} & -C_{23} \\ 0 & 0 & 0 & -C_{31} & -C_{32} & -C_{33} \end{bmatrix}$$

系统噪声向量 $\boldsymbol{W}(t)$ 是满足零均值且协方差矩阵为 $\boldsymbol{Q}(t)$ 的高斯白噪声序列，即

$$\boldsymbol{W}(t) = \begin{bmatrix} w_{ax}^b & w_{ay}^b & w_{az}^b & w_{gx}^b & w_{gy}^b & w_{gz}^b \end{bmatrix}^{\mathrm{T}}$$

噪声分配矩阵 $\boldsymbol{G}(t)$ 的表达式为

$$\boldsymbol{G}(t) = \begin{bmatrix} \boldsymbol{0}_{2\times6} \\ \boldsymbol{T}_{5\times6} \\ \boldsymbol{0}_{6\times6} \end{bmatrix}$$

在动基座初始对准的条件下，一般需要通过其他辅助导航传感器获得量测信息。例如，利用 GNSS 获得速度与位置信息，或者利用 DVL 获得速度信息。在此基础上，将辅助导航传感器输出的导航信息与捷联式惯性导航系统解算得到的相应导航信息作差，从而获得量测信息。

以 GNSS 辅助精对准为例，假设捷联式惯性导航系统解算的速度信息 $V_{E,\mathrm{SINS}}$、$V_{N,\mathrm{SINS}}$ 可以表示为

$$\begin{cases} V_{E,\mathrm{SINS}} = V_{E,T} + \delta V_E \\ V_{N,\mathrm{SINS}} = V_{N,T} + \delta V_N \end{cases} \tag{5-123}$$

式中，$V_{E,T}$、$V_{N,T}$ 为真实东向速度与北向速度；δV_E、δV_N 为捷联式惯性导航系统速度误差。

同理，捷联式惯性导航系统解算的经纬度位置信息 L_{SINS}、λ_{SINS} 可以表示为

$$\begin{cases} L_{\mathrm{SINS}} = L_T + \delta L \\ \lambda_{\mathrm{SINS}} = \lambda_T + \delta\lambda \end{cases} \tag{5-124}$$

式中，L_T、λ_T 为真实经纬度；δL、$\delta\lambda$ 为捷联式惯性导航系统位置误差。

系统量测信息为捷联式惯性导航系统解算的速度信息、位置信息与 GNSS 提供的速度信息 $V_{E,\mathrm{GNSS}}$ 和 $V_{N,\mathrm{GNSS}}$、位置信息 L_{GNSS} 和 λ_{GNSS} 差值，即

$$\boldsymbol{Z}(t) = \begin{bmatrix} L_{\mathrm{SINS}} - L_{\mathrm{GNSS}} \\ \lambda_{\mathrm{SINS}} - \lambda_{\mathrm{GNSS}} \\ V_{E,\mathrm{SINS}} - V_{E,\mathrm{GNSS}} \\ V_{N,\mathrm{SINS}} - V_{N,\mathrm{GNSS}} \end{bmatrix} = \boldsymbol{HX}(t) + \boldsymbol{V}(t) \tag{5-125}$$

式中，$\boldsymbol{V}(t) = \begin{bmatrix} v_L & v_\lambda & v_{VE} & v_{VN} \end{bmatrix}^{\mathrm{T}}$ 为 GNSS 量测噪声，一般认为是满足协方差矩阵为 $\boldsymbol{R}(t)$ 的

零均值高斯白噪声序列。

需要注意的是，式(5-125)中认为 GNSS 位置信息与速度信息为真实值加白噪声，其与捷联式惯性导航系统位置信息、速度信息的差值为惯性导航解算误差，即待估计导航参数误差。因此，式(5-125)中的量测矩阵为常值矩阵：

$$\boldsymbol{H}=\begin{bmatrix}1&0&0&0&0&0&0&0&0&0&0&0&0\\0&1&0&0&0&0&0&0&0&0&0&0&0\\0&0&1&0&0&0&0&0&0&0&0&0&0\\0&0&0&1&0&0&0&0&0&0&0&0&0\end{bmatrix} \tag{5-126}$$

式(5-122)与式(5-125)构成卡尔曼滤波精对准模型，在此基础上利用卡尔曼滤波算法即可实现对导航参数误差的估计。

通过观察捷联式惯性导航系统卡尔曼滤波精对准模型，做如下简单讨论。

(1) 式(5-122)与式(5-125)构成的卡尔曼滤波精对准模型属于连续时间动态模型，这也是实际应用中大多数的系统模型。但是，状态估计算法经常在数字电路中实现，而且前面推导的卡尔曼滤波方程也是针对离散模型的，因此需要把连续时间动态系统转化为离散时间动态系统。考虑如下一个时间连续的线性模型：

$$\begin{cases}\dot{\boldsymbol{x}}=\boldsymbol{A}\boldsymbol{x}+\boldsymbol{B}\boldsymbol{u}\\ \boldsymbol{y}=\boldsymbol{C}\boldsymbol{x}\end{cases} \tag{5-127}$$

式中，$\boldsymbol{x}$ 是状态向量；$\boldsymbol{u}$ 是控制向量，也是输出向量；矩阵 $\boldsymbol{A}$、$\boldsymbol{B}$、$\boldsymbol{C}$ 为适当维数的矩阵。一般来说，$\boldsymbol{A}$、$\boldsymbol{B}$ 与 $\boldsymbol{C}$ 可以是时变矩阵，这时系统仍然是线性的。如果 $\boldsymbol{A}$、$\boldsymbol{B}$ 与 $\boldsymbol{C}$ 是常值，则式(5-127)的解为

$$\begin{cases}\boldsymbol{x}(t)=\mathrm{e}^{\boldsymbol{A}(t-t_0)}\boldsymbol{x}(t_0)+\int_{t_0}^{t}\mathrm{e}^{\boldsymbol{A}(t-\tau)}\boldsymbol{B}\boldsymbol{u}(\tau)\mathrm{d}\tau\\ \boldsymbol{y}(t)=\boldsymbol{C}\boldsymbol{x}(t)\end{cases} \tag{5-128}$$

式中，t_0 是系统的初始时间。

设 $t=t_k$ 与初始时间 $t_0=t_{k-1}$，假设 $\boldsymbol{A}(\tau)$、$\boldsymbol{B}(\tau)$ 与 $\boldsymbol{u}(\tau)$ 在积分区间都近似为常值，可以得到

$$\boldsymbol{x}(t_k)=\mathrm{e}^{\boldsymbol{A}(t_k-t_{k-1})}\boldsymbol{x}(t_{k-1})+\int_{t_{k-1}}^{t_k}\mathrm{e}^{\boldsymbol{A}(t_k-\tau)}\mathrm{d}\tau\boldsymbol{B}\boldsymbol{u}(t_{k-1}) \tag{5-129}$$

定义 $\Delta t=t_k-t_{k-1}$，$\alpha=\tau-t_{k-1}$，则式(5-129)可以进一步写为

$$\begin{aligned}\boldsymbol{x}(t_k)&=\mathrm{e}^{\boldsymbol{A}\Delta t}\boldsymbol{x}(t_{k-1})+\int_0^{\Delta t}\mathrm{e}^{\boldsymbol{A}(\Delta t-\alpha)}\mathrm{d}\alpha\boldsymbol{B}\boldsymbol{u}(t_{k-1})\\&=\mathrm{e}^{\boldsymbol{A}\Delta t}\boldsymbol{x}(t_{k-1})+\mathrm{e}^{\boldsymbol{A}\Delta t}\int_0^{\Delta t}\mathrm{e}^{-\boldsymbol{A}\alpha}\mathrm{d}\alpha\boldsymbol{B}\boldsymbol{u}(t_{k-1})\end{aligned} \tag{5-130}$$

式(5-130)可以进一步写为

$$\boldsymbol{x}_k=\boldsymbol{F}_{k-1}\boldsymbol{x}_{k-1}+\boldsymbol{G}_{k-1}\boldsymbol{u}_{k-1} \tag{5-131}$$

式中，$\boldsymbol{F}_{k-1}=\mathrm{e}^{\boldsymbol{A}\Delta t}$，$\boldsymbol{G}_{k-1}=\mathrm{e}^{\boldsymbol{A}\Delta t}\int_0^{\Delta t}\mathrm{e}^{-\boldsymbol{A}\alpha}\mathrm{d}\alpha\boldsymbol{B}$。

式(5-131)即为连续时间动态系统的线性化离散近似。值得注意的是，在离散时间动态系统中定义的 $\boldsymbol{x}_k$ 仅指系统在离散时间点 $\{t_k\}$ 的状态，它不能说明在连续时间动态系统中信号 $\boldsymbol{x}_t$ 在两个连续时间点之间发生的所有情况。

上述离散时间动态系统计算的困难在于矩阵自然对数积分，这在计算矩阵 $\boldsymbol{G}$ 时是必要的。如果矩阵 $\boldsymbol{A}$ 可逆，$\boldsymbol{G}$ 的计算可以被简化为

$$\begin{aligned}\int_0^{\Delta t}\mathrm{e}^{-\boldsymbol{A}\tau}\mathrm{d}\tau&=\int_0^{\Delta t}\sum_{j=0}^{\infty}\frac{(-\boldsymbol{A}\tau)^j}{j!}\mathrm{d}\tau=\int_0^{\Delta t}\left[\boldsymbol{I}-\boldsymbol{A}\tau+\boldsymbol{A}^2\tau^2/2!-\cdots\right]\mathrm{d}\tau\\&=\left[\boldsymbol{I}\tau-\boldsymbol{A}\tau^2/2!+\boldsymbol{A}^3\tau^3/3!-\cdots\right]_0^{\Delta t}=\left[\boldsymbol{I}\Delta t-\boldsymbol{A}(\Delta t)^2/2!+\boldsymbol{A}^3(\Delta t)^3/3!-\cdots\right]\\&=\left[\boldsymbol{A}\Delta t-(\boldsymbol{A}\Delta t)^2/2!+(\boldsymbol{A}\Delta t)^3/3!-\cdots\right]\boldsymbol{A}^{-1}=\left[\boldsymbol{I}-\mathrm{e}^{-\boldsymbol{A}\Delta t}\right]\boldsymbol{A}^{-1}\end{aligned}\tag{5-132}$$

综上所述，连续时间动态系统的矩阵 $\boldsymbol{A}$ 与 $\boldsymbol{B}$ 到离散时间动态系统的矩阵 $\boldsymbol{F}$ 与 $\boldsymbol{G}$ 之间的转换可以总结如下：

$$\begin{cases}\boldsymbol{F}=\mathrm{e}^{\boldsymbol{A}\Delta t}\\\boldsymbol{G}=\boldsymbol{F}\left[\boldsymbol{I}-\mathrm{e}^{-\boldsymbol{A}\Delta t}\right]\boldsymbol{A}^{-1}\boldsymbol{B}\end{cases}\tag{5-133}$$

式中，Δt 是离散步长。

(2) 将式(5-122)所示的系统状态方程与式(5-86)相比，可以发现捷联式惯性导航系统滤波精对准状态方程中并没有控制输入项 $\boldsymbol{B}_t\boldsymbol{u}_t$。除此之外，系统噪声 $\boldsymbol{w}_t$ 前存在噪声分配矩阵 $\boldsymbol{G}$。这种情况下，式(5-99)改写为

$$\begin{aligned}\boldsymbol{P}_{t|t-1}&=E\left[\left[\boldsymbol{F}_t\left(\boldsymbol{x}_{t-1}-\hat{\boldsymbol{x}}_{t-1|t-1}\right)+\boldsymbol{G}_t\boldsymbol{w}_t\right]\times\left[\boldsymbol{F}_t\left(\boldsymbol{x}_{t-1}-\hat{\boldsymbol{x}}_{t-1|t-1}\right)+\boldsymbol{G}_t\boldsymbol{w}_t\right]^{\mathrm{T}}\right]\\&=\boldsymbol{F}_tE\left[\left(\boldsymbol{x}_{t-1}-\hat{\boldsymbol{x}}_{t-1|t-1}\right)\times\left(\boldsymbol{x}_{t-1}-\hat{\boldsymbol{x}}_{t-1|t-1}\right)^{\mathrm{T}}\right]\boldsymbol{F}_t^{\mathrm{T}}\\&\quad+\boldsymbol{F}_tE\left[\left(\boldsymbol{x}_{t-1}-\hat{\boldsymbol{x}}_{t-1|t-1}\right)\boldsymbol{w}_t^{\mathrm{T}}\boldsymbol{G}_t^{\mathrm{T}}\right]+E\left[\boldsymbol{G}_t\boldsymbol{w}_t\left(\boldsymbol{x}_{t-1}-\hat{\boldsymbol{x}}_{t-1|t-1}\right)^{\mathrm{T}}\right]\boldsymbol{F}_t^{\mathrm{T}}+\boldsymbol{G}_tE\left[\boldsymbol{w}_t\boldsymbol{w}_t^{\mathrm{T}}\right]\boldsymbol{G}_t^{\mathrm{T}}\\&=\boldsymbol{F}_t\boldsymbol{P}_{t-1|t-1}\boldsymbol{F}_t^{\mathrm{T}}+\boldsymbol{G}_t\boldsymbol{Q}_t\boldsymbol{G}_t^{\mathrm{T}}\end{aligned}\tag{5-134}$$

(3) 上述滤波精对准模型适用于动基座对准，因此可以满足舰船在航行过程中进行捷联式惯性导航系统精对准的需求。在静基座精对准的条件下，模型中与速度相关的误差项可以省略，因此可以对精对准模型进行相应简化。

(4) 如果一个系统是可观的，则初始状态是可以被确定的，进而所有介于初始时刻和最后时刻的状态都可以被确定。因此，若想精确估计各状态变量，需要系统可观。对于捷联式惯性导航系统精对准，系统的可观性与滤波模型、舰船机动状态有关。例如，在静基座以零速作为量测信息的条件下，等效东向与北向加速度计零偏以及等效东向陀螺仪漂移不可观。

(5) 与罗经精对准相比，由于卡尔曼滤波精对准过程中，在对失准角进行估计的同时也对惯性器件误差进行估计，如果惯性器件误差可以得到准确估计并补偿，则其对准精度将

优于罗经对准，因为罗经对准无法对惯性器件误差进行补偿。

● **小思考：** 这一章讨论的是“粗对准+精对准”这种常规两步对准的方案。除常规的两步对准方案以外，不进行粗对准直接进行精对准采取的则是一步对准的思想。那么，不进行粗对准直接进行精对准情况下的精对准与两步对准方案中的精对准有什么不同？

5.4 仿真实验与分析

为验证 5.1.1 节的解析式粗对准方法与 5.1.2 节的惯性系粗对准方法，对两种粗对准方法分别进行 50 次仿真实验，并对仿真实验结果进行对比分析。

为便于说明两种对准方法适用性的不同，设置两种仿真条件。其中，静基座仿真条件如表 5-1 所示，晃动基座仿真条件如表 5-2 所示。

表 5-1　静基座仿真条件

仿真条件	参数设置
加速度计参数设置	常值零偏 $\Delta A_x = \Delta A_y = \Delta A_z = 1\times 10^{-4} g$ ，随机噪声 $0.2\times 10^{-4} g\sqrt{\text{Hz}}$
陀螺仪参数设置	常值漂移 $\varepsilon_x = \varepsilon_y = \varepsilon_z = 0.01^\circ/\text{h}$ ，随机噪声 $0.002^\circ/\sqrt{\text{h}}$
初始姿态角	5°、10°、30°

表 5-2　晃动基座仿真条件

仿真条件	参数设置
加速度计参数设置	常值零偏 $\Delta A_x = \Delta A_y = \Delta A_z = 1\times 10^{-4} g$ ，随机噪声 $0.2\times 10^{-4} g\sqrt{\text{Hz}}$
陀螺仪参数设置	常值漂移 $\varepsilon_x = \varepsilon_y = \varepsilon_z = 0.01^\circ/\text{h}$ ，随机噪声 $0.002^\circ/\sqrt{\text{h}}$
摇摆幅值(A)	$A_\theta = 5^\circ$ ， $A_\gamma = 6^\circ$ ， $A_\psi = 4^\circ$
摇摆周期(T)	$T_\theta = 4\text{s}$ ， $T_\gamma = 5\text{s}$ ， $T_\psi = 8\text{s}$
摇摆中心(K)	$K_\theta = 1^\circ$ ， $K_\gamma = 0.5^\circ$ ， $K_\psi = 30^\circ$

仿真实验中，利用 4.4 节的捷联式惯性导航系统数字模拟器生成陀螺仪与加速度计原始数据，传感器采样频率设为 100Hz，地理位置设为东经 126.67°与北纬 45.78°。另外，表 5-2 中假设运载体按式(5-135)进行三轴摇摆运动，即

$$y(t) = A\cos\frac{2\pi}{T}t + K \tag{5-135}$$

5.4.1　解析式粗对准仿真实验

分别在静基座与晃动基座条件下利用解析式粗对准方法进行 50 次粗对准仿真实验，每次仿真时间为 60s。图 5-15 与图 5-16 分别为解析式粗对准方法在静基座条件下与晃动基座

条件下的对准误差。

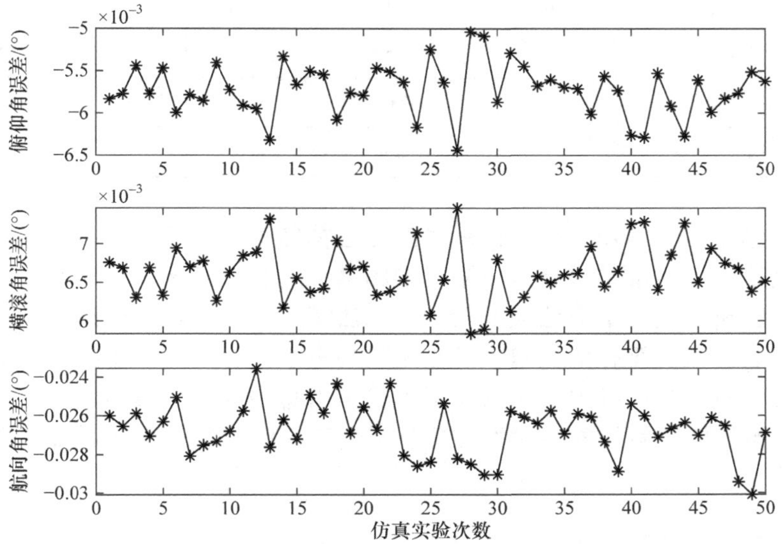

图 5-15　解析式粗对准方法在静基座条件下的对准误差

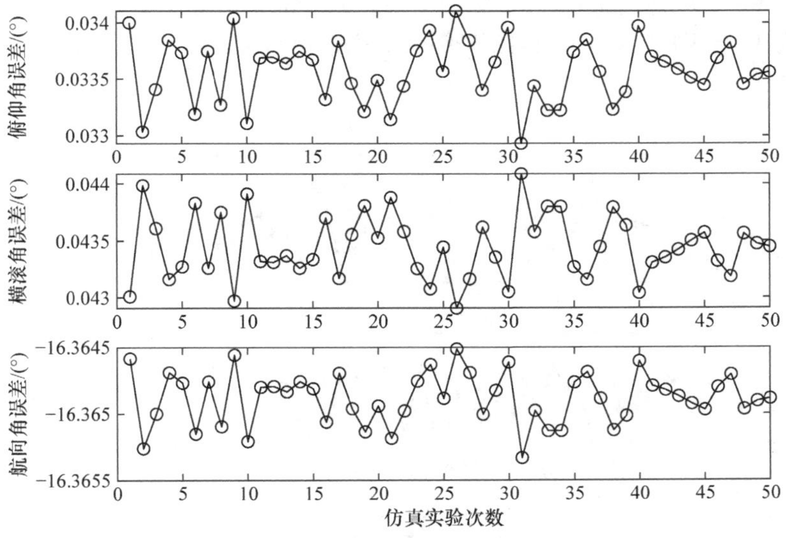

图 5-16　解析式粗对准方法在晃动基座条件下的对准误差

进一步，为定量分析解析式粗对准方法在两种仿真条件下的对准性能，计算 50 次仿真实验中俯仰角误差、横滚角误差以及航向角误差的均方根(Root Mean Square，RMS)，如表 5-3 所示。RMS 计算公式如下：

$$X_{\text{RMS}} = \sqrt{\sum_{i=1}^{N} X_i^2 \Big/ N} = \sqrt{\frac{X_1^2 + X_2^2 + \cdots + X_N^2}{N}} \tag{5-136}$$

式中，$N = 50$；X_i 是第 $i(i = 1, 2, \cdots, N)$ 个采样点值。

表 5-3　解析式粗对准误差 RMS 统计

RMS	静基座	晃动基座
俯仰角误差/(°)	0.0057	0.0336
横滚角误差/(°)	0.0066	0.0434
航向角误差/(°)	0.0268	16.3649

根据实验结果可以看出，解析式粗对准方法在静基座条件下具有良好的稳定性以及较高的对准精度，其对准结果接近极限对准精度，能够较好地满足对准要求。但在晃动基座条件下，解析式粗对准方法误差较大，无法满足对准要求。这是由于解析式粗对准方法选择地球自转角速度作为矢量，而在晃动基座条件下陀螺仪输出将受到运载体三轴摇摆角速度的干扰，从而导致无法从陀螺仪输出信息中准确分离出地球自转角速度。因此，仿真结果也证明了解析式粗对准方法只适用于捷联式惯性导航系统在静基座条件下进行初始对准。

5.4.2　惯性系粗对准仿真实验

分别在静基座与晃动基座条件下利用惯性系粗对准方法进行 50 次粗对准仿真实验，每次仿真时间为 180s。图 5-17 与图 5-18 分别为惯性系粗对准方法在静基座条件下与晃动基座条件下的对准误差。

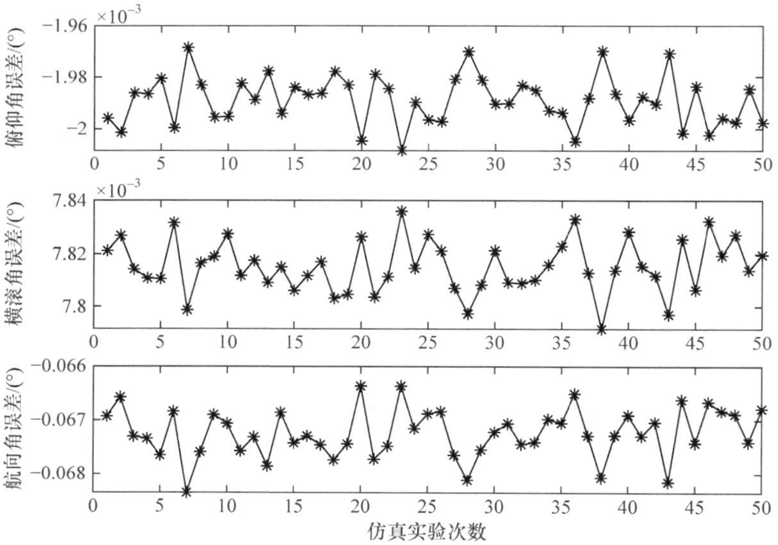

图 5-17　惯性系粗对准方法在静基座条件下的对准误差

同理，计算 50 次仿真实验中俯仰角误差、横滚角误差以及航向角误差的均方根，如表 5-4 所示。根据实验结果可以看出，惯性系粗对准方法在静基座以及晃动基座条件下均具有较高的对准性能。

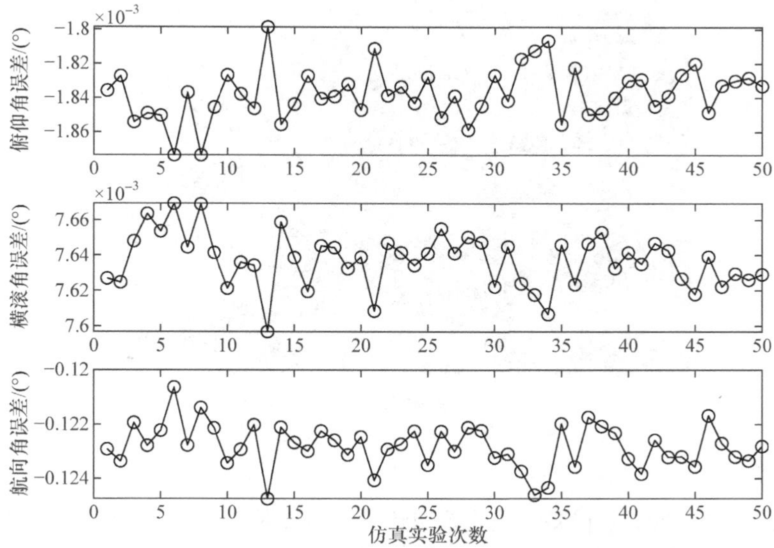

图 5-18　惯性系粗对准方法在晃动基座条件下的对准误差

表 5-4　惯性系粗对准误差 RMS 统计

RMS	静基座	晃动基座
俯仰角误差/(°)	0.0021	0.0018
横滚角误差/(°)	0.0078	0.0076
航向角误差/(°)	0.0672	0.1228

5.5 案 例 分 析

5.5.1 实验条件

为验证惯性系粗对准方法在实际工程应用中的性能，利用码头系泊状态下的船载捷联式惯性导航设备数据进行实验验证。实验过程中，在船舱内搭载自研光纤捷联式惯性导航设备，利用法国 iXBlue 公司研制生产的高精度光纤捷联式惯性导航系统 PHINS 与 GPS 工作在组合导航状态下的输出信息作为对准基准。在对准实验开始前，完成自研捷联式惯性导航设备与基准设备之间安装误差的标定工作。船载实验位置为北纬 19.5456°、东经 110.8345°，惯性设备数据更新率为 100Hz。实验设备主要性能指标如表 5-5 所示。

表 5-5　实验设备主要性能指标

实验设备	性能指标
自研光纤捷联式惯性导航设备	陀螺仪漂移约 0.01°/h，加速度计零偏约 $1\times10^{-4}g$
PHINS/GPS 组合导航基准设备	定位精度<3m，航向精度 $<0.01°\sec L$，水平精度 $<0.01°$(RMS)

船载实验设备安装图如图 5-19 所示。

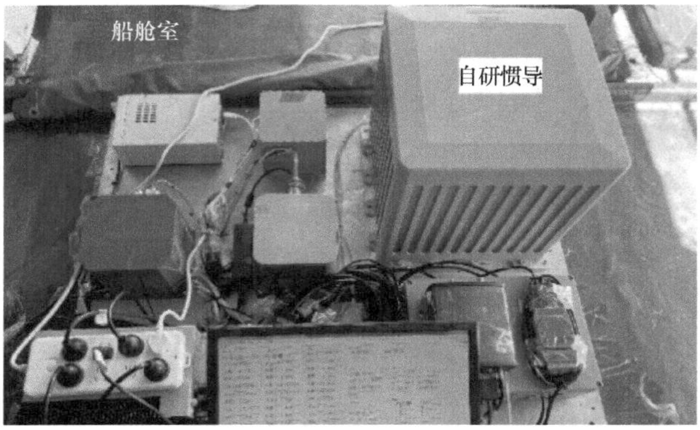

图 5-19　船载实验设备安装图

5.5.2　实验结果分析

采集自研捷联式惯性导航设备在码头系泊状态下的数据，以 180s 为一个实验周期，共采集 10 组数据。利用惯性系粗对准方法对实验数据进行处理，将对准结果与工作在组合导航状态下的 PHINS 解算的姿态作差。惯性系粗对准方法中 $t_{k1} = 60\text{s}$ ，60s 后每一次采集数据得到的向量积分后作为第二个矢量并完成姿态角解算。10 组实验数据处理后得到的对准误差如图 5-20 所示。

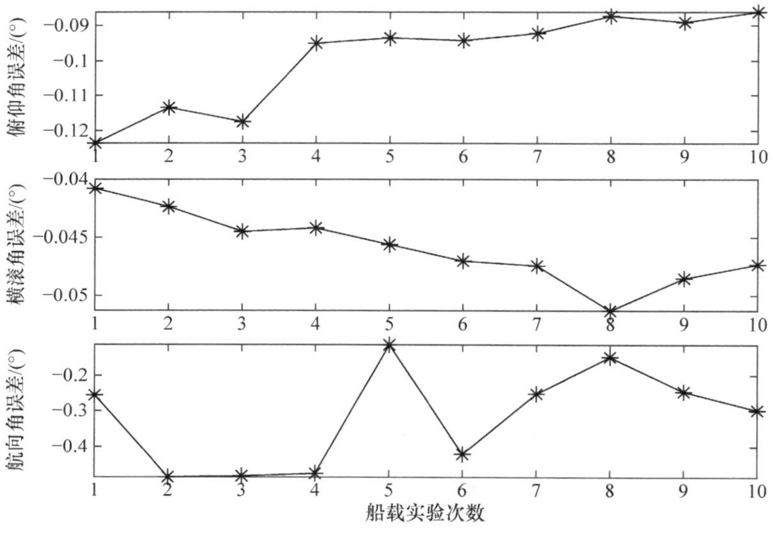

图 5-20　惯性系粗对准船载实验对准误差

为分析惯性系粗对准船载实验结果，计算 10 组实验中的俯仰角误差、横滚角误差以及航向角误差的 RMS、最大值(MAX)、最小值(MIN)，其结果如表 5-6 所示。

表 5-6　10 组惯性系粗对准船载实验对准误差统计

对准误差	RMS	MAX	MIN
$\delta\theta$ / (°)	0.1002	0.1232	0.0863
$\delta\gamma$ / (°)	0.0459	0.0513	0.0408
$\delta\psi$ / (°)	0.344	0.485	0.114

由图 5-20 与表 5-6 不难发现，10 组惯性系粗对准船载实验得到的对准误差最大值均在粗对准精度要求范围内，验证了惯性系粗对准方法在实际工程应用中具有良好的适用性。

为方便观察对准过程中姿态误差角的变化情况，绘制第 4 组船载实验数据的对准误差收敛曲线，如图 5-21 所示。

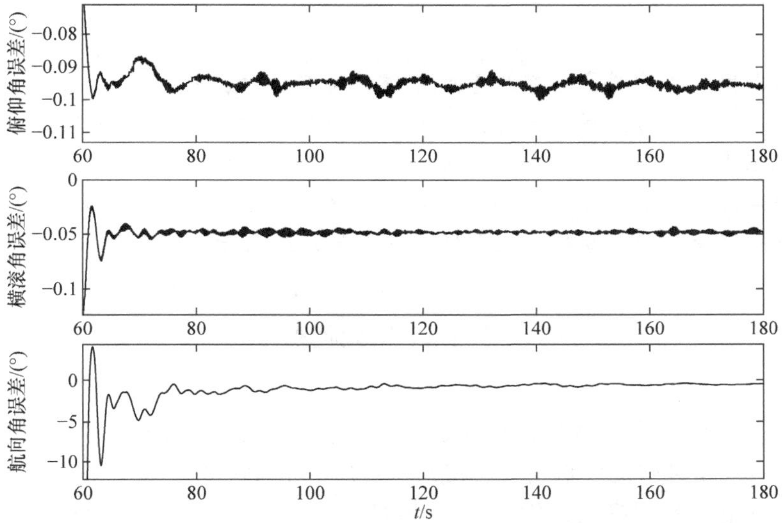

图 5-21　第 4 组船载实验数据的对准误差收敛曲线

◆　**小实践**：请利用下载的“解析式粗对准与惯性系粗对准”MATLAB 程序，自己动手尝试调试程序，同时通过程序仿真结果分析不同仿真实验条件对对准精度的影响。

第 6 章　惯性导航系统标定技术

■ **学习导言**　本章将介绍惯性导航系统的标定技术，包括标定技术的概念与分类、惯性器件的误差模型、分立式标定方法以及系统级标定方法。本章的内容是惯性导航技术中必不可少的环节。

■ **学习目标**　了解标定技术的基本概念；掌握惯性器件误差模型；了解标定误差对惯性导航系统的影响机理；掌握分立式标定技术与系统级标定技术的基本思想及方法。

6.1　标定技术概述

随着惯性设备测量精度要求的不断提高，仅靠改进惯性设备的设计与工艺来提高其测量精度十分困难，同时这也会给生产、装配、维护等带来诸多不便。因此，利用标定技术通过误差补偿措施进一步提高惯性设备测量精度对于实际应用具有重要意义，而标定实验已成为惯性设备在生产和实际使用过程中必不可少的环节。

6.1.1　标定技术的概念与分类

惯性测量单元以陀螺仪和加速度计为核心，是惯性导航系统的硬件基础。为了实现对运载体在三维空间中的全方位测量和导航，惯性测量单元中一般至少包含三轴陀螺仪和三轴加速度计。惯性导航系统标定主要是针对惯性测量单元的标定，而惯性测量单元的标定本质上属于一种误差补偿技术。通过构建误差标定数学模型，设计合理的误差激励方式，快速、精确地辨识出误差模型的各项系数，并利用误差模型对惯性设备进行补偿，从而提高惯性设备测量精度。惯性设备出厂之前，必须通过标定来确定惯性测量单元基本的误差模型参数，以保证设备正常工作。此外，惯性器件高阶误差项的研究、惯性导航系统在高动态环境下的误差补偿技术研究等都是在标定基础上进行的，因此惯性导航系统的标定技术在惯性导航领域具有举足轻重的地位。

一般标定流程主要包括以下内容：

(1) 建立与应用环境相适应的误差标定数学模型；

(2) 给惯性器件提供精确已知的输入量；

(3) 观测并记录惯性器件的输出；

(4) 确定标定的输入输出关系和传递函数，完成标定。

标定技术按照不同的分类方式有如下分类。

根据标定场所的不同，一般可以分为内场标定和外场标定。这也是标定过程的两个不同阶段，内场标定是外场标定的基础。内场标定指在实验室内利用惯性测试设备实现惯性设备标定，此时标定出的参数是相对于实验室北向基准与水平基准的；外场标定则是将惯性设备安装在运载体上来实现标定。

根据标定观测量的不同，一般可以分为分立式标定和系统级标定。分立式标定直接利用陀螺仪和加速度计输出作为观测量，一般采用最小二乘法对误差系数进行辨识。系统级标定则利用陀螺仪和加速度计输出进行导航解算，并以导航参量误差(位置误差、速度误差及姿态误差)作为观测量，一般采用卡尔曼滤波器对误差系数进行辨识。本章后续内容将对分立式标定技术和系统级标定技术展开深入分析，并给出具体标定方案供读者参考。

6.1.2　惯性测试设备

惯性测试设备是用来产生高精度角速度、比力及环境条件等基准的设备，具体分类如图 6-1 所示。这些设备为各种加速度计、陀螺仪以及由它们组成的惯性测量单元提供高精度输入基准，以实现惯性设备误差模型参数的高精度辨识。随着对惯性导航系统标定技术研究的不断深入和对惯性导航精度要求的不断提高，很多研究者不惜以高昂代价研制高精度的惯性测试设备。

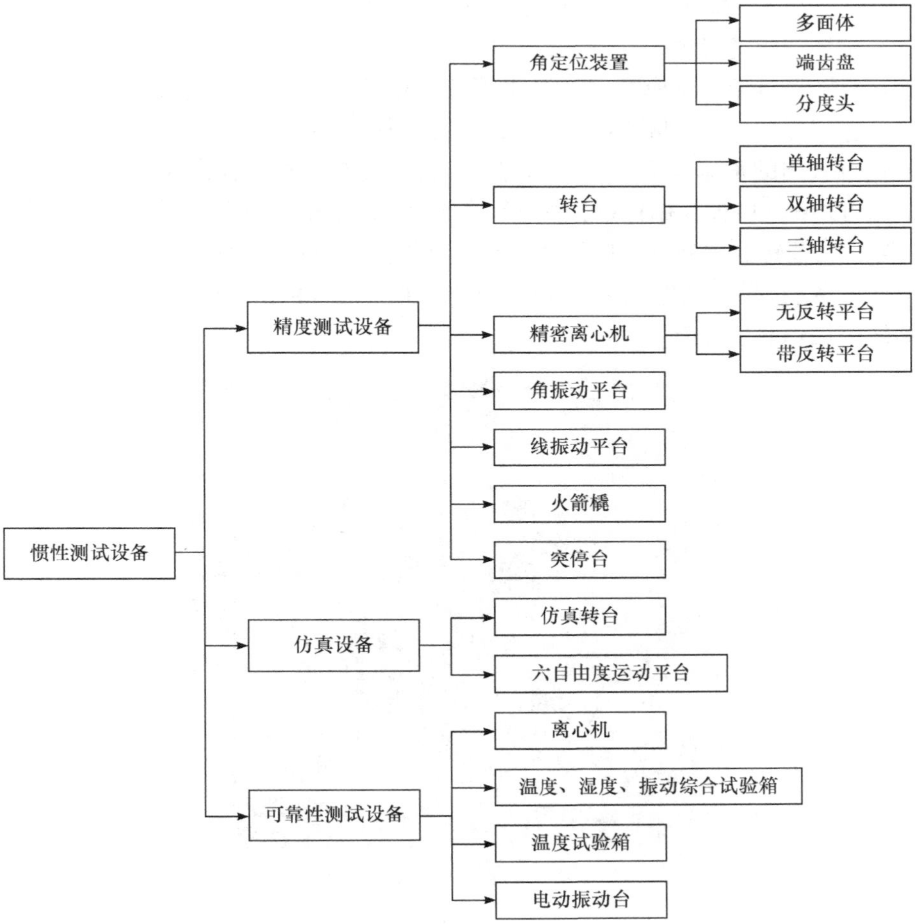

图 6-1　惯性测试设备分类

根据测试对象的静态、动态特性和测试基准的差异，惯性测试设备通常又可分为重力场测试设备、高过载测试设备和动态测试设备。重力场测试设备包括各类具有位置、速率及伺服功能的角定位装置和转台，它们利用重力场作为标准激励，主要用于对惯性设备进行静态误差测试；高过载测试设备包括精密离心机和低频线振动平台，利用离心机的向心加速度和振动平台的振动加速度对惯性设备进行激励，主要用于测试高阶误差项；动态测试设备包括线振动平台和角振动平台，它们对惯性设备进行线、角振动激励，主要用于测试设备的各项动态误差。

惯性设备的环境条件通常由气候环境、力学环境、电磁环境和空间环境等组成。气候环境包括温度环境、压力环境等；力学环境包括加速度环境、振动环境、冲击环境和噪声环境等；电磁环境包括电场环境、磁场环境；空间环境包括真空环境、微重力环境等。模拟这些环境的试验设备有许多种，在惯性设备标定中比较常用的有温度试验箱、湿度试验箱、压力箱、冲击台、振动台等。

下面介绍一种常用惯性测试设备——速率转台。速率转台又称为角速度转台，是分析、研制、生产惯性设备的过程中最重要的测试设备之一。速率转台按转轴的数目可分为单轴转台、双轴转台以及三轴转台等，其中高精度三轴速率转台通常被认为是用来进行大型、多功能惯性测试最理想的设备。

三轴速率转台主要由基座和三个框架(外框、中框、内框)系统组成，每个框架系统都可独立进行角速率控制。一般测试对象安装固定在内框上，由于三框构成了万向支架，因此可进行空间任意方向的角速度运动。三轴速率转台主要有立式和卧式两种结构。立式三轴转台的外框为方位框，中框为俯仰框，内框为横滚框，多用于常规水平航行式运载体惯性设备的测试；卧式三轴转台的外框为俯仰框，中框为方位框，内框为横滚框，多用于垂直发射式运载体惯性设备的测试。中国航空工业集团公司北京航空精密机械研究所生产的 SGT-8 型立式三轴转台如图 6-2 所示。

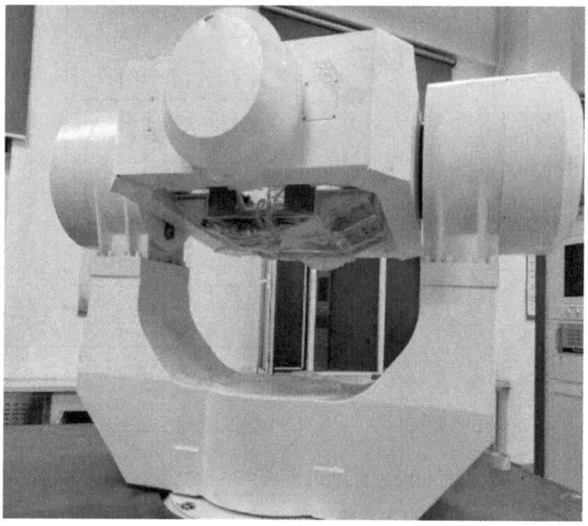

图 6-2　SGT-8 型立式三轴转台

SGT-8 型立式三轴转台的主要技术指标如表 6-1 所示。

表 6-1　SGT-8 型立式三轴转台的主要技术指标

<table>
<tr><td colspan="2">倾角回转误差(三轴)/(″)</td><td>±2</td><td colspan="2">外框定位精度/(″)</td><td>±2</td></tr>
<tr><td rowspan="2">回转轴线垂直度/(″)</td><td>内框</td><td>±2</td><td colspan="2">定位重复性(三轴)/(″)</td><td>±1</td></tr>
<tr><td>中框</td><td>±2</td><td rowspan="3">速率范围/[(°)/s]</td><td>内框轴</td><td>±0.001～±400</td></tr>
<tr><td colspan="2">内框定位精度/(″)</td><td>±2</td><td>中框轴</td><td>±0.001～±200</td></tr>
<tr><td colspan="2">中框定位精度/(″)</td><td>±3</td><td>外框轴</td><td>±0.001～±150</td></tr>
</table>

速率转台的主要技术指标是速率范围、速率精度和速率均匀性，它们的定义以及其他性能指标可参见《惯性技术测试设备主要性能试验方法》(GJB 1801—93)。转台速率范围必须满足被测试陀螺仪测量范围的要求，速率精度和速率均匀性必须满足被测试陀螺仪工作精度的要求。下面分别对这三个技术指标进行简要说明。

1) 速率范围

速率范围是指速率转台的最高与最低速率之间的范围。在某些特殊应用场合，有的转台最高速率可达 10000 °/s，而有的转台最低速率可至 0.00001 °/s。常见速率转台的速率范围一般为 0.0002 °/s ～2000 °/s，最高速率与最低速率之比为10^7，能够满足惯性设备的测试要求。

2) 速率精度

转台速率精度的表示方法一般有两种：分级表示法与整级表示法。分级表示法是把速率转台的整个速率范围划分为若干速率段，每个速率段的测量误差不同，通常情况下速率低时测量误差相对大些，而速率高时则相对小些；整级表示法是指在整个速率范围内，其相对误差都小于某一规定值。

3) 速率均匀性

速率均匀性是指转台实际速率对其平均速率的波动程度，它的表示方法也有两种，与速率精度的表示方法类似。

目前，速率转台正朝着低成本和多用途的方向发展，一些速率转台除了具备基本的角位置和速率功能外，还具备如精密温度控制试验、飞行模拟仿真试验、离心试验、振动试验和伺服试验等多种试验能力。

6.1.3　惯性测试环境

惯性测试环境主要包括确定标定的试验场地，以及确定方位基准和水平基准。惯性试验场地的理想条件是地基稳定、室内恒温、没有磁场干扰等。但是，由于地下水位变化、土壤性质与季节性变化、周围环境变化、人员活动、附近车辆来往、电子设备磁辐射和发热等各种因素的影响，这种理想场地通常难以建立，并且对试验场地的要求越高，建设成本往往也越大。实际工作中，对于一定精度的惯性器件，只要试验场地的影响小于器件精度一个数量级以上，便可认为符合要求，而不必过于苛求。一般将实验室和实验台建在坚硬的岩层地基上，或者至少应将实验台安装在由水泥浇灌的大型基座上，尽量减少力学环境干扰的影响。

实验室内的方位基准主要用于确定实验台有关轴线的方位，它与陀螺仪测试的关系最为密切。通常使用天文观测的方法观测北极星来确定地理子午线。然而，由于北极星并不在地球自转轴的真北方向上，存在约 1° 的误差，因此需要做适当修正。借助光学经纬仪将北极星的方向引入试验室内，在试验室内设置固定基座并在其上安装一个高精度光学平面镜或棱镜，精确测出平面镜法线与地理子午线的夹角，之后便可将该平面镜的法线作为实验室内的方位基准使用。

高精度方位基准精度优于 1″，如果对方位基准精度要求不高，误差可放宽到 5″～10″。这种情况下可以利用高精度陀螺经纬仪进行自主寻北，再将该方位传递给固定基座上的镜面法线，从而建立北向基准。这种方法的优点是不像天文观测寻北一样受天气条件和周围视线的限制。需要注意的是，高精度原子钟和天文观测结果表明地球自转运动并不是均匀的，不同年份之间的时间长短可能相差 1s，这可能会影响超高精度陀螺仪的测试。

一般使用水平仪建立当地水平基准，最高精度可达 0.2″。惯性级陀螺仪精度为 $0.01°/\mathrm{h}$，加速度计精度为 $10^{-4}g$。考虑到惯性测试设备的角度参考基准精度通常需要高出惯性器件精度约一个数量级，为了精确分离出地球自转角速度或重力加速度对惯性器件的影响，对陀螺仪和加速度计进行测试时的角度参考基准应分别高于如下公式计算所得值：

$$\frac{0.01°/\mathrm{h}}{\omega_{ie}}\times\frac{1}{10}\approx 20'' \tag{6-1}$$

$$\frac{10^{-4}g}{g}\times\frac{1}{10}\approx 2'' \tag{6-2}$$

式中，ω_{ie} 为地球自转角速率；g 为重力加速度的大小。

天体研究表明，太阳引力传播至地球上时大小约为 $6.05\times10^{-4}g$，同时月球引力在地球上约为 $3.4\times10^{-6}g$。假设加速度计放置在地心上，加速度计将与地球一起在日月引力下做加速运动，而当以地心准惯性坐标系作为观察参考时，此加速运动与日月引力作用正好相抵消，即相对于日月引力来说，加速度计类似处于失重状态。因此，日月引力并不会对加速度计测试和导航应用产生负面影响。但是，实际测试中加速度计测试总是在地球表面进行。由于与地心不重合，会引起日月摄动力，其量级约为 $10^{-7}g$，这将给超高精度加速度计测试带来一定影响。因此，对 $1\times10^{-7}g$ 精度量级以上的加速度计进行测试时，常规方法建立的水平基准、测试设备以及测试环境都很难满足要求。

6.1.4　惯性器件标定模型

加速度计工作的基本原理一般都是通过测量检测质量(或称为敏感质量)的惯性力来确定加速度。本章主要以石英挠性加速度计为例讨论其标定方法。

《石英挠性加速度计通用规范》(GJB 2504—95)给出的加速度计静态数学模型一般形式为

$$A_{\mathrm{ind}}=\frac{N}{K_1}=K_0+a_i+K_2a_i^2+K_3a_i^3+K_{ip}a_ia_p+K_{io}a_ia_o-\delta_p a_o+\delta_o a_p \tag{6-3}$$

式中，A_{ind} 为加速度计输出指示的加速度值，一般用重力加速度的大小 g 为单位表示；N 为加速度计输出，单位一般为 V 、mA 或脉冲数 $1/\text{s}$ 等；a_i 、a_o 和 a_p 分别为沿加速度计输入基准轴、输出基准轴和摆基准轴方向的加速度分量；K_0 为偏值；K_1 为标度因数，单位一般为 V/g 、mA/g 或 $(1/\text{s})/g$；K_2 为二阶非线性系数 (g/g^2)；K_3 为三阶非线性系数 $\left(g/g^3\right)$；K_{ip} 、K_{io} 分别为输入基准轴与摆基准轴、输入基准轴与输出基准轴之间的交叉耦合系数 $\left(g/g^2\right)$；δ_o 、δ_p 分别为输入轴绕输出轴、输入轴绕摆轴的失准角 (rad)。

经过精心设计和工艺完善的加速度计，参数 K_2 、K_3 、K_{ip} 、K_{io} 、δ_o 、δ_p 均为小量，若测试时发现其中某个参数比较大，则可初步判断该加速度计性能比较低劣。因此，从补偿精度和试验难度等方面综合考虑，可以将式(6-3)简化重写，简化后的三轴加速度计静态数学模型如下：

$$\begin{bmatrix} N_{ax} \\ N_{ay} \\ N_{az} \end{bmatrix} = \begin{bmatrix} K_{ax} & K_{ax}E_{axz} & K_{ax}E_{axy} \\ K_{ay}E_{ayz} & K_{ay} & K_{ay}E_{ayx} \\ K_{az}E_{azy} & K_{az}E_{azx} & K_{az} \end{bmatrix} \begin{bmatrix} f_x^b \\ f_y^b \\ f_z^b \end{bmatrix} + \begin{bmatrix} K_{0x} \\ K_{0y} \\ K_{0z} \end{bmatrix} \tag{6-4}$$

式中，N_{ai} $(i = x,y,z)$ 为 i 轴加速度计输出值；K_{ai} 为 i 轴加速度计标度因数；E_{aij} $(i \neq j$ ，$i,j = x,y,z)$ 为加速度计安装误差；K_{0i} 为 i 轴加速度计零位误差；f_i^b 为加速度计测量比力。

式(6-4)即为本章标定所使用的加速度计静态数学模型，可以简化写成：

$$\boldsymbol{N}_a = \boldsymbol{K}_a \boldsymbol{f}^b + \boldsymbol{K}_0 \tag{6-5}$$

对式(6-5)进行处理可得加速度计静态标定模型为

$$\boldsymbol{f}^b = \boldsymbol{K}_a^{-1}\left(\boldsymbol{N}_a - \boldsymbol{K}_0\right) \tag{6-6}$$

式中，$\boldsymbol{K}_a^{-1}$ 的表达式为(忽略高阶小量)

$$\boldsymbol{K}_a^{-1} = \begin{bmatrix} \dfrac{1}{K_{ax}} & -\dfrac{E_{axz}}{K_{ay}} & -\dfrac{E_{axy}}{K_{az}} \\ -\dfrac{E_{ayz}}{K_{ax}} & \dfrac{1}{K_{ay}} & -\dfrac{E_{ayx}}{K_{az}} \\ -\dfrac{E_{azy}}{K_{ax}} & -\dfrac{E_{azx}}{K_{ay}} & \dfrac{1}{K_{az}} \end{bmatrix} \tag{6-7}$$

通过加速度计标定试验确定模型系数矩阵 $\boldsymbol{K}_a$ 、$\boldsymbol{K}_0$ 后，可以进一步根据式(6-6)以及加速度计输出 $\boldsymbol{N}_a$ 确定比力测量值。

在捷联式惯性导航系统中，常选用激光陀螺仪或光纤陀螺仪构建系统。相较于传统的机械转子陀螺仪，光学陀螺仪具有标度因数线性度好、动态和静态误差小等优点。因此，本章主要以光纤陀螺仪为例讨论其标定方法。为了试验和解算简便，建立和加速度计静态数学模型类似的光纤陀螺仪静态数学模型如下：

$$\begin{bmatrix} N_{gx} \\ N_{gy} \\ N_{gz} \end{bmatrix} = \begin{bmatrix} K_{gx} & K_{gx}E_{gxz} & K_{gx}E_{gxy} \\ K_{gy}E_{gyz} & K_{gy} & K_{gy}E_{gyx} \\ K_{gz}E_{gzy} & K_{gz}E_{gzx} & K_{gz} \end{bmatrix} \begin{bmatrix} \omega_x^b \\ \omega_y^b \\ \omega_z^b \end{bmatrix} + \begin{bmatrix} D_{0x} \\ D_{0y} \\ D_{0z} \end{bmatrix} \tag{6-8}$$

式中，$N_{gi}(i=x,y,z)$ 为 i 轴陀螺仪输出值；K_{gi} 为 i 轴陀螺仪标度因数；$E_{gij}(i \neq j\ ,\ i,j=x,y,z)$ 为陀螺仪安装误差；D_{0i} 为 i 轴陀螺仪零位误差；ω_i^b 为陀螺仪角速率测量值。

式(6-8)即为本章标定所使用的陀螺仪静态数学模型，可以简化写成：

$$\boldsymbol{N}_g = \boldsymbol{K}_g \boldsymbol{\omega}^b + \boldsymbol{D}_0 \tag{6-9}$$

对式(6-9)进行处理可得陀螺仪静态标定模型为

$$\boldsymbol{\omega}^b = \boldsymbol{K}_g^{-1}\left(\boldsymbol{N}_g - \boldsymbol{D}_0\right) \tag{6-10}$$

式中，$\boldsymbol{K}_g^{-1}$ 的表达式为(忽略高阶小量)

$$\boldsymbol{K}_g^{-1} = \begin{bmatrix} \dfrac{1}{K_{gx}} & -\dfrac{E_{gxz}}{K_{gy}} & -\dfrac{E_{gxy}}{K_{gz}} \\ -\dfrac{E_{gyz}}{K_{gx}} & \dfrac{1}{K_{gy}} & -\dfrac{E_{gyx}}{K_{gz}} \\ -\dfrac{E_{gzy}}{K_{gx}} & -\dfrac{E_{gzx}}{K_{gy}} & \dfrac{1}{K_{gz}} \end{bmatrix} \tag{6-11}$$

同理，通过陀螺仪标定试验确定模型系数矩阵 $\boldsymbol{K}_g$ 、$\boldsymbol{D}_0$ 后，可以进一步根据式(6-10)以及陀螺仪输出 $\boldsymbol{N}_g$ 确定角速度测量值。

6.2　标定误差对惯性导航系统的影响

标定误差会引起导航过程中运载体角速度和比力的测量误差。本节在 6.1 节所述的加速度计和陀螺仪静态数学模型基础上，分析惯性器件各标定参数误差对运载体角速度和比力的解算影响，进而分析其对捷联式惯性导航系统性能的影响。

若定义 $\tilde{f}_i^b$ 和 $\tilde{\omega}_i^b\left(i=x,y,z\right)$ 分别为比力和角速率计算值，则加速度计比力测量误差和陀螺仪角速率测量误差分别表示为

$$\begin{cases} \delta f_i^b = \tilde{f}_i^b - f_i^b \\ \delta \omega_i^b = \tilde{\omega}_i^b - \omega_i^b \end{cases} \tag{6-12}$$

6.2.1　标度因数误差对惯性导航系统的影响

若 $\tilde{K}_{ai}$ 、$\tilde{K}_{gi}\left(i=x,y,z\right)$ 分别为通过标定试验获得的加速度计和陀螺仪标度因数计算值，则加速度计和陀螺仪标度因数误差可分别定义为

$$\begin{cases} \delta K_{ai} = \left(\tilde{K}_{ai} - K_{ai}\right) / \tilde{K}_{ai} \\ \delta K_{gi} = \left(\tilde{K}_{gi} - K_{gi}\right) / \tilde{K}_{gi} \end{cases} \tag{6-13}$$

讨论加速度计标度因数误差对惯性导航系统的影响，假设加速度计零位误差和安装误差均为真值。根据式(6-6)可知，比力计算值 $\tilde{\boldsymbol{f}}^b$ 可以表示为

$$\begin{bmatrix} \tilde{f}_x^b \\ \tilde{f}_y^b \\ \tilde{f}_z^b \end{bmatrix} = \begin{bmatrix} \dfrac{1}{\tilde{K}_{ax}} & -\dfrac{E_{axz}}{\tilde{K}_{ay}} & -\dfrac{E_{axy}}{\tilde{K}_{az}} \\ -\dfrac{E_{ayz}}{\tilde{K}_{ax}} & \dfrac{1}{\tilde{K}_{ay}} & -\dfrac{E_{ayx}}{\tilde{K}_{az}} \\ -\dfrac{E_{azy}}{\tilde{K}_{ax}} & -\dfrac{E_{azx}}{\tilde{K}_{ay}} & \dfrac{1}{\tilde{K}_{az}} \end{bmatrix} \begin{bmatrix} N_{ax} - K_{0x} \\ N_{ay} - K_{0y} \\ N_{az} - K_{0z} \end{bmatrix} \tag{6-14}$$

由式(6-6)和式(6-14)得到的比力测量误差 $\delta\boldsymbol{f}^b$ 的表达式为

$$\begin{aligned} \begin{bmatrix} \delta f_x^b \\ \delta f_y^b \\ \delta f_z^b \end{bmatrix} &= \begin{bmatrix} \dfrac{-\delta K_{ax}}{K_{ax}} & -E_{axz}\dfrac{-\delta K_{ay}}{K_{ay}} & -E_{axy}\dfrac{-\delta K_{az}}{K_{az}} \\ -E_{ayz}\dfrac{-\delta K_{ax}}{K_{ax}} & \dfrac{-\delta K_{ay}}{K_{ay}} & -E_{ayx}\dfrac{-\delta K_{az}}{K_{az}} \\ -E_{azy}\dfrac{-\delta K_{ax}}{K_{ax}} & -E_{azx}\dfrac{-\delta K_{ay}}{K_{ay}} & \dfrac{-\delta K_{az}}{K_{az}} \end{bmatrix} \begin{bmatrix} N_{ax} - K_{0x} \\ N_{ay} - K_{0y} \\ N_{az} - K_{0z} \end{bmatrix} \\ &= (\boldsymbol{E}_a - \boldsymbol{I})\delta\boldsymbol{K}_a(\boldsymbol{I} + \boldsymbol{E}_a)\boldsymbol{f}^b \end{aligned} \tag{6-15}$$

式中，$\boldsymbol{E}_a$ 和 $\delta\boldsymbol{K}_a$ 的表达式如下：

$$\boldsymbol{E}_a = \begin{bmatrix} 0 & E_{axz} & E_{axy} \\ E_{ayz} & 0 & E_{ayx} \\ E_{azy} & E_{azx} & 0 \end{bmatrix}, \quad \delta\boldsymbol{K}_a = \begin{bmatrix} \delta K_{ax} & 0 & 0 \\ 0 & \delta K_{ay} & 0 \\ 0 & 0 & \delta K_{az} \end{bmatrix} \tag{6-16}$$

将式(6-15)代入式(4-92)捷联式惯性导航系统速度误差方程，得到

$$\begin{aligned} \delta\dot{\boldsymbol{V}}^n =& \boldsymbol{f}^n \times \boldsymbol{\phi} + \boldsymbol{V}^n \times (2\delta\boldsymbol{\omega}_{ie}^n + \delta\boldsymbol{\omega}_{en}^n) - (2\boldsymbol{\omega}_{ie}^n + \boldsymbol{\omega}_{en}^n) \times \delta\boldsymbol{V}^n \\ &+ \boldsymbol{C}_b^n(\boldsymbol{E}_a - \boldsymbol{I})\delta\boldsymbol{K}_a(\boldsymbol{I} + \boldsymbol{E}_a)\boldsymbol{f}^b + \delta\boldsymbol{g}^n \end{aligned} \tag{6-17}$$

由式(6-17)可以看出，加速度计标度因数误差对惯性导航系统速度误差的影响与比力 $\boldsymbol{f}^b$ 有关，$\boldsymbol{f}^b$ 越大，加速度计标度因数误差对速度误差的影响就越大。在静基座条件下，加速度计敏感比力 $\boldsymbol{f}^b$ 为地球重力加速度 $\boldsymbol{g}$；当运载体加速运动时，加速度计标度因数误差将被激化。

同理，根据上述步骤可推得陀螺仪标度因数误差引起的角速度测量误差为

$$\delta\boldsymbol{\omega}^b = (\boldsymbol{E}_g - \boldsymbol{I})\delta\boldsymbol{K}_g(\boldsymbol{I} + \boldsymbol{E}_g)\boldsymbol{\omega}^b \tag{6-18}$$

式中，$\boldsymbol{E}_g$ 和 $\delta\boldsymbol{K}_g$ 的表达式如下：

$$\boldsymbol{E}_g = \begin{bmatrix} 0 & E_{gxz} & E_{gxy} \\ E_{gyz} & 0 & E_{gyx} \\ E_{gzy} & E_{gzx} & 0 \end{bmatrix}, \quad \delta\boldsymbol{K}_g = \begin{bmatrix} \delta K_{gx} & 0 & 0 \\ 0 & \delta K_{gy} & 0 \\ 0 & 0 & \delta K_{gz} \end{bmatrix} \tag{6-19}$$

将式(6-18)代入式(4-84)捷联式惯性导航系统姿态误差方程可得

$$\dot{\boldsymbol{\phi}} = \boldsymbol{\phi} \times \boldsymbol{\omega}_{in}^{n} + \delta\boldsymbol{\omega}_{in}^{n} - \boldsymbol{C}_{b}^{n}\left(\boldsymbol{E}_{g} - \boldsymbol{I}\right)\delta\boldsymbol{K}_{g}\left(\boldsymbol{I} + \boldsymbol{E}_{g}\right)\boldsymbol{\omega}^{b} \tag{6-20}$$

从式(6-20)可以得出，陀螺仪标度因数误差与运载体角速度 $\boldsymbol{\omega}^{b}$ 有关。当运载体处于静态时，陀螺仪敏感角速度为地球自转角速度；当运载体处于摇摆状态时，运载体角速度变大，陀螺仪标度因数误差将被激化，因此陀螺仪标度因数误差对摇摆状态下的导航姿态解算误差影响较大。

◆ **小实践**：陀螺仪标定模型如式(6-10)所示，请参考加速度计标度因数误差引起比力测量误差的推导过程(式(6-14)～式(6-17))，给出式(6-18)的推导过程。

6.2.2 安装误差的标定误差对惯性导航系统的影响

若 $\tilde{E}_{aij}$、$\tilde{E}_{gij}\left(i \neq j,\ i,j = x,y,z\right)$ 分别为通过标定试验获得的加速度计和陀螺仪安装误差计算值，则加速度计和陀螺仪安装误差的标定误差可分别定义为

$$\begin{cases} \delta E_{aij} = \tilde{E}_{aij} - E_{aij} \\ \delta E_{gij} = \tilde{E}_{gij} - E_{gij} \end{cases} \tag{6-21}$$

讨论加速度计安装误差的标定误差对惯性导航系统的影响，假设加速度计零位误差和标度因数均为真值。根据式(6-6)可知，比力计算值 $\tilde{\boldsymbol{f}}^{b}$ 可以表示为

$$\begin{bmatrix} \tilde{f}_x^b \\ \tilde{f}_y^b \\ \tilde{f}_z^b \end{bmatrix} = \begin{bmatrix} \dfrac{1}{K_{ax}} & -\dfrac{\tilde{E}_{axz}}{K_{ay}} & -\dfrac{\tilde{E}_{axy}}{K_{az}} \\ -\dfrac{\tilde{E}_{ayz}}{K_{ax}} & \dfrac{1}{K_{ay}} & -\dfrac{\tilde{E}_{ayx}}{K_{az}} \\ -\dfrac{\tilde{E}_{azy}}{K_{ax}} & -\dfrac{\tilde{E}_{azx}}{K_{ay}} & \dfrac{1}{K_{az}} \end{bmatrix} \begin{bmatrix} N_{ax} - K_{0x} \\ N_{ay} - K_{0y} \\ N_{az} - K_{0z} \end{bmatrix} \tag{6-22}$$

由式(6-6)和式(6-22)得到的比力测量误差 $\delta\boldsymbol{f}^{b}$ 可以表示为

$$\begin{aligned} \begin{bmatrix} \delta f_x^b \\ \delta f_y^b \\ \delta f_z^b \end{bmatrix} &= \begin{bmatrix} 0 & \dfrac{-\delta E_{axz}}{K_{ay}} & \dfrac{-\delta E_{axy}}{K_{az}} \\ \dfrac{-\delta E_{ayz}}{K_{ax}} & 0 & \dfrac{-\delta E_{ayx}}{K_{az}} \\ \dfrac{-\delta E_{azy}}{K_{ax}} & \dfrac{-\delta E_{azx}}{K_{ay}} & 0 \end{bmatrix} \begin{bmatrix} N_{ax} - K_{0x} \\ N_{ay} - K_{0y} \\ N_{az} - K_{0z} \end{bmatrix} \\ &= \begin{bmatrix} 0 & -\delta E_{axz} & -\delta E_{axy} \\ -\delta E_{ayz} & 0 & -\delta E_{ayx} \\ -\delta E_{azy} & -\delta E_{azx} & 0 \end{bmatrix} \begin{bmatrix} 1 & E_{axz} & E_{axy} \\ E_{ayz} & 1 & E_{ayx} \\ E_{azy} & E_{azx} & 1 \end{bmatrix} \begin{bmatrix} f_x^b \\ f_y^b \\ f_z^b \end{bmatrix} \\ &= \left(-\delta\boldsymbol{E}_{a}\right)\left(\boldsymbol{I} + \boldsymbol{E}_{a}\right)\boldsymbol{f}^{b} \end{aligned} \tag{6-23}$$

式中，$\delta\boldsymbol{E}_a$ 的表达式如下：

$$\delta\boldsymbol{E}_a=\begin{bmatrix}0 & \delta E_{axz} & \delta E_{axy}\\ \delta E_{ayz} & 0 & \delta E_{ayx}\\ \delta E_{azy} & \delta E_{azx} & 0\end{bmatrix} \tag{6-24}$$

同理，将式(6-23)代入式(4-92)捷联式惯性导航系统速度误差方程可得

$$\begin{aligned}\delta\dot{\boldsymbol{V}}^n=&\boldsymbol{f}^n\times\boldsymbol{\phi}+\boldsymbol{V}^n\times\left(2\delta\boldsymbol{\omega}_{ie}^n+\delta\boldsymbol{\omega}_{en}^n\right)-\left(2\boldsymbol{\omega}_{ie}^n+\boldsymbol{\omega}_{en}^n\right)\times\delta\boldsymbol{V}^n\\&+\boldsymbol{C}_b^n\left(-\delta\boldsymbol{E}_a\right)\left(\boldsymbol{I}+\boldsymbol{E}_a\right)\boldsymbol{f}^b+\delta\boldsymbol{g}^n\end{aligned} \tag{6-25}$$

由式(6-25)可以看出，加速度计安装误差的标定误差对惯性导航系统速度误差的影响与比力 $\boldsymbol{f}^b$ 有关，$\boldsymbol{f}^b$ 越大，其对速度误差的影响就越大。在静基座条件下，加速度计敏感比力 $\boldsymbol{f}^b$ 为地球重力加速度 $\boldsymbol{g}$；当运载体加速运动时，加速度计安装误差的标定误差将被激化。

同理，根据上述步骤可推得陀螺仪安装误差的标定误差引起的角速度测量误差为

$$\delta\boldsymbol{\omega}^b=\left(-\delta\boldsymbol{E}_g\right)\left(\boldsymbol{I}+\boldsymbol{E}_g\right)\boldsymbol{\omega}^b \tag{6-26}$$

式中，$\delta\boldsymbol{E}_g$ 的表达式如下：

$$\delta\boldsymbol{E}_g=\begin{bmatrix}0 & \delta E_{gxz} & \delta E_{gxy}\\ \delta E_{gyz} & 0 & \delta E_{gyx}\\ \delta E_{gzy} & \delta E_{gzx} & 0\end{bmatrix} \tag{6-27}$$

将式(6-26)代入式(4-84)捷联式惯性导航系统姿态误差方程可得

$$\dot{\boldsymbol{\phi}}=\boldsymbol{\phi}\times\boldsymbol{\omega}_{in}^n+\delta\boldsymbol{\omega}_{in}^n-\boldsymbol{C}_b^n\left(-\delta\boldsymbol{E}_g\right)\left(\boldsymbol{I}+\boldsymbol{E}_g\right)\boldsymbol{\omega}^b \tag{6-28}$$

从式(6-28)可以得出，陀螺仪安装误差的标定误差与运载体角速度 $\boldsymbol{\omega}^b$ 有关。当运载体处于静态时，陀螺仪敏感角速度为地球自转角速度；当运载体处于摇摆状态时，运载体角速度变大，陀螺仪安装误差的标定误差将被激化。

6.2.3　零位误差的标定误差对惯性导航系统的影响

若 $\tilde{K}_{0i}$、$\tilde{D}_{0i}\left(i=x,y,z\right)$ 分别为通过标定试验获得的加速度计和陀螺仪零位误差计算值，则加速度计和陀螺仪零位误差的标定误差可分别定义为

$$\begin{cases}\delta K_{0i}=\tilde{K}_{0i}-K_{0i}\\ \delta D_{0i}=\tilde{D}_{0i}-D_{0i}\end{cases} \tag{6-29}$$

讨论加速度计零位误差的标定误差对惯性导航系统的影响，假设加速度计标度因数和安装误差均为真值。根据式(6-6)可知，比力计算值 $\tilde{\boldsymbol{f}}^b$ 可以表示为

$$\begin{bmatrix}\tilde{f}_x^b\\\tilde{f}_y^b\\\tilde{f}_z^b\end{bmatrix}=\begin{bmatrix}\dfrac{1}{K_{ax}} & -\dfrac{E_{axz}}{K_{ay}} & -\dfrac{E_{axy}}{K_{az}}\\-\dfrac{E_{ayz}}{K_{ax}} & \dfrac{1}{K_{ay}} & -\dfrac{E_{ayx}}{K_{az}}\\-\dfrac{E_{azy}}{K_{ax}} & -\dfrac{E_{azx}}{K_{ay}} & \dfrac{1}{K_{az}}\end{bmatrix}\begin{bmatrix}N_{ax}-\tilde{K}_{0x}\\N_{ay}-\tilde{K}_{0y}\\N_{az}-\tilde{K}_{0z}\end{bmatrix}\tag{6-30}$$

由式(6-6)和式(6-30)得到的比力测量误差$\delta \boldsymbol{f}^b$可以表示为

$$\begin{bmatrix}\delta f_x^b\\\delta f_y^b\\\delta f_z^b\end{bmatrix}=\begin{bmatrix}\dfrac{1}{K_{ax}} & -\dfrac{E_{axz}}{K_{ay}} & -\dfrac{E_{axy}}{K_{az}}\\-\dfrac{E_{gyz}}{K_{ax}} & \dfrac{1}{K_{ay}} & -\dfrac{E_{ayx}}{K_{az}}\\-\dfrac{E_{azy}}{K_{ax}} & -\dfrac{E_{azx}}{K_{ay}} & \dfrac{1}{K_{az}}\end{bmatrix}\begin{bmatrix}-\delta K_{0x}\\-\delta K_{0y}\\-\delta K_{0z}\end{bmatrix}=\begin{bmatrix}\delta \nabla_{0x}\\\delta \nabla_{0y}\\\delta \nabla_{0z}\end{bmatrix}=\delta \boldsymbol{\nabla}_0\tag{6-31}$$

将式(6-31)代入式(4-92)捷联式惯性导航系统速度误差方程可得

$$\delta \dot{\boldsymbol{V}}^n=\boldsymbol{f}^n\times\boldsymbol{\phi}+\boldsymbol{V}^n\times\left(2\delta\boldsymbol{\omega}_{ie}^n+\delta\boldsymbol{\omega}_{en}^n\right)-\left(2\boldsymbol{\omega}_{ie}^n+\boldsymbol{\omega}_{en}^n\right)\times\delta\boldsymbol{V}^n+\boldsymbol{C}_b^n\delta\boldsymbol{\nabla}_0+\delta\boldsymbol{g}^n\tag{6-32}$$

同理，根据上述步骤可推得陀螺仪零位误差的标定误差引起的角速度测量误差为

$$\begin{bmatrix}\delta\omega_x^b\\\delta\omega_y^b\\\delta\omega_z^b\end{bmatrix}=\begin{bmatrix}\dfrac{1}{K_{gx}} & -\dfrac{E_{gxz}}{K_{gy}} & -\dfrac{E_{gxy}}{K_{gz}}\\-\dfrac{E_{gyz}}{K_{gx}} & \dfrac{1}{K_{gy}} & -\dfrac{E_{gyx}}{K_{gz}}\\-\dfrac{E_{gzy}}{K_{gx}} & -\dfrac{E_{gzx}}{K_{gy}} & \dfrac{1}{K_{gz}}\end{bmatrix}\begin{bmatrix}-\delta D_{0x}\\-\delta D_{0y}\\-\delta D_{0z}\end{bmatrix}=\begin{bmatrix}\delta\varepsilon_{0x}\\\delta\varepsilon_{0y}\\\delta\varepsilon_{0z}\end{bmatrix}=\delta\varepsilon_0\tag{6-33}$$

将式(6-33)代入式(4-84)捷联式惯性导航系统姿态误差方程可得

$$\dot{\boldsymbol{\phi}}=\boldsymbol{\phi}\times\boldsymbol{\omega}_{in}^n+\delta\boldsymbol{\omega}_{in}^n-\boldsymbol{C}_b^n\delta\boldsymbol{\varepsilon}_0\tag{6-34}$$

6.3　分立式标定方法

分立式标定方法是目前较为成熟的一种标定方法，该方法通过合理的标定路径编排实现对惯性测量单元标定模型系数的辨识。分立式标定方法的基本思想是在不同激励信号作用下，各误差源对观测量的影响不同，通过激励信号的变化以改变各模型系数的可观测性，从而使得惯性测量单元标定模型系数得到分离。分立式标定方法一般包括速率试验和位置试验两种。其中，速率试验是利用转台给惯性测量单元输入一系列标称角速度，并与惯性测量单元输出进行比较，在此基础上，根据惯性器件标定模型即可确定陀螺仪标度因数和安装误差。位置试验是利用转台提供的方位基准和水平基准，将地球自

转角速度和重力加速度作为惯性测量单元输入标称量，并与惯性测量单元输出进行比较。在此基础上，根据惯性器件标定模型即可确定陀螺仪零位误差以及加速度计标度因数、安装误差与零位误差。

分立式标定技术具有以下特点：

(1) 建模方法简单灵活，标定时间短，应用比较普及；

(2) 试验后需要记录与处理的数据较多，实时性较弱；

(3) 依赖高精度转台，转台需要同时提供精确的位置和速率；

(4) 数据处理通常使用最小二乘法，算法简单，处理方便，但产生的误差较大，对有色噪声抑制能力有限。实际使用过程中可通过多次测量取平均值的方法提高精度。

6.3.1　速率试验

速率试验的目的是确定 3 个陀螺仪标度因数和安装误差。其步骤如下：

(1) 将惯性测量单元安装在转台基座上，其 x、y、z 轴陀螺仪主轴分别与转台内、中、外框的自转轴平行；

(2) 按照图 6-3 所示的方位依次将 x、y、z 轴陀螺仪主轴处于天向；

(3) 以一定转速使转台按照顺时针和逆时针方向绕天向轴转动，记录整数圈内的陀螺仪输出值。

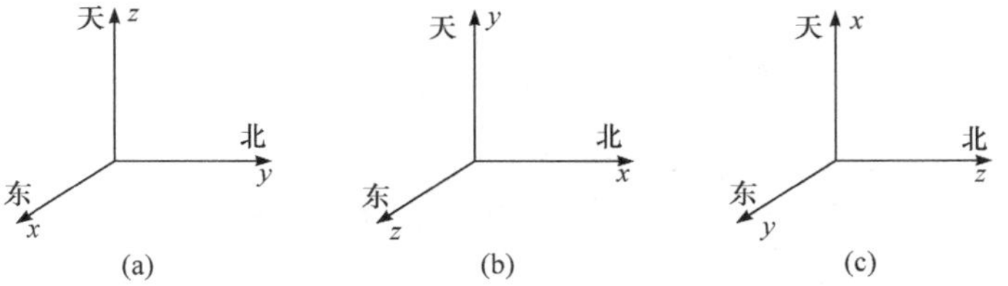

速率试验转位

图 6-3　分立式标定速率试验陀螺仪初始方位

标定试验中，如果转台输入角速率太小，会使陀螺仪处于非线性区，从而导致标定出来的标度因数精度不高，但角速率太大又会增加转台操作难度，而且不符合惯性器件实际应用范围。综合考虑标定精度和实际应用需求，标定试验时转台输入角速率一般为 $15°/\mathrm{s} \sim 60°/\mathrm{s}$。此外，为使地球自转角速率的水平分量在台体旋转一圈时被平均掉，提高标定精度，一般采用整圈标定法，即记录陀螺仪在转台整数圈内转动的输出值。标定过程中，在图 6-3(a)～(c)所示三个位置处三轴陀螺仪敏感到的角速率分别如下。

图 6-3(a)：

$$\begin{bmatrix} \omega_{x1} \\ \omega_{y1} \\ \omega_{z1} \end{bmatrix} = \begin{bmatrix} \cos\omega t & \sin\omega t & 0 \\ -\sin\omega t & \cos\omega t & 0 \\ 0 & 0 & 1 \end{bmatrix} \begin{bmatrix} 0 \\ \omega_{ie}\cos L \\ \omega + \omega_{ie}\sin L \end{bmatrix} \tag{6-35}$$

图 6-3(b)：

$$\begin{bmatrix} \omega_{x2} \\ \omega_{y2} \\ \omega_{z2} \end{bmatrix} = \begin{bmatrix} \cos\omega t & 0 & -\sin\omega t \\ 0 & 1 & 0 \\ \sin\omega t & 0 & \cos\omega t \end{bmatrix} \begin{bmatrix} \omega_{ie}\cos L \\ \omega + \omega_{ie}\sin L \\ 0 \end{bmatrix} \tag{6-36}$$

图 6-3(c)：

$$\begin{bmatrix}\omega_{x3}\\ \omega_{y3}\\ \omega_{z3}\end{bmatrix}=\begin{bmatrix}1 & 0 & 0\\ 0 & \cos\omega t & \sin\omega t\\ 0 & -\sin\omega t & \cos\omega t\end{bmatrix}\begin{bmatrix}\omega+\omega_{ie}\sin L\\ 0\\ \omega_{ie}\cos L\end{bmatrix} \tag{6-37}$$

式中，ω_{ie} 为地球自转角速率；L 为当地纬度信息；ω 为转台转动角速率。

将式(6-35)代入陀螺仪静态数学模型(6-8)中可得

$$\begin{cases}\dfrac{N_{gx1}(t)^{+}}{K_{gx1}}=\omega_{ie}\cos L\sin\omega t-E_{gxz}\omega_{ie}\cos L\cos\omega t+E_{gxy}\left(\omega+\omega_{ie}\sin L\right)+\dfrac{D_{0x}}{K_{gx1}}\\ \dfrac{N_{gy1}(t)^{+}}{K_{gy1}}=E_{gyz}\omega_{ie}\cos L\sin\omega t-\omega_{ie}\cos L\cos\omega t+E_{gyx}\left(\omega+\omega_{ie}\sin L\right)+\dfrac{D_{0y}}{K_{gy1}}\\ \dfrac{N_{gz1}(t)^{+}}{K_{gz1}}=E_{gzy}\omega_{ie}\cos L\sin\omega t-E_{gzx}\omega_{ie}\cos L\cos\omega t+\left(\omega+\omega_{ie}\sin L\right)+\dfrac{D_{0z}}{K_{gz1}}\end{cases} \tag{6-38}$$

式中，$N_{gx1}(t)$、$N_{gy1}(t)$、$N_{gz1}(t)$ 分别为陀螺仪在转动过程中任意时刻 t 的输出。

转台旋转一圈，式(6-38)中含有地球自转角速率分量的项互相抵消，因此对旋转一圈陀螺仪的输出值进行求和可得

$$\begin{cases}\sum\dfrac{N_{gx1}(t)^{+}}{K_{gx1}}=\left[E_{gxy}\left(\omega+\omega_{ie}\sin L\right)+\dfrac{D_{0x}}{K_{gx1}}\right]N\\ \sum\dfrac{N_{gy1}(t)^{+}}{K_{gy1}}=\left[E_{gyx}\left(\omega+\omega_{ie}\sin L\right)+\dfrac{D_{0y}}{K_{gy1}}\right]N\\ \sum\dfrac{N_{gz1}(t)^{+}}{K_{gz1}}=\left[\left(\omega+\omega_{ie}\sin L\right)+\dfrac{D_{0z}}{K_{gz1}}\right]N\end{cases} \tag{6-39}$$

式中，N 为一圈内数据记录的组数。

同理可得转台反向旋转时，旋转一圈陀螺仪输出的求和值：

$$\begin{cases}\sum\dfrac{N_{gx1}(t)^{-}}{K_{gx1}}=\left[E_{gxy}\left(-\omega+\omega_{ie}\sin L\right)+\dfrac{D_{0x}}{K_{gx1}}\right]N\\ \sum\dfrac{N_{gy1}(t)^{-}}{K_{gy1}}=\left[E_{gyx}\left(-\omega+\omega_{ie}\sin L\right)+\dfrac{D_{0y}}{K_{gy1}}\right]N\\ \sum\dfrac{N_{gz1}(t)^{-}}{K_{gz1}}=\left[\left(-\omega+\omega_{ie}\sin L\right)+\dfrac{D_{0z}}{K_{gz1}}\right]N\end{cases} \tag{6-40}$$

式(6-39)减去式(6-40)可得

$$\begin{cases}\Delta N_{gx1}=2\omega NK_{gx}E_{gxy}\\ \Delta N_{gy1}=2\omega NK_{gy}E_{gyx}\\ \Delta N_{gz1}=2\omega NK_{gz}\end{cases} \tag{6-41}$$

同理，由图 6-3(b)和(c)可得

$$\begin{cases}\Delta N_{gx2} = 2\omega N K_{gx} E_{gxz} \\ \Delta N_{gy2} = 2\omega N K_{gy} \\ \Delta N_{gz2} = 2\omega N K_{gz} E_{gzx}\end{cases} \tag{6-42}$$

$$\begin{cases}\Delta N_{gx3} = 2\omega N K_{gx} \\ \Delta N_{gy3} = 2\omega N K_{gy} E_{gyz} \\ \Delta N_{gz3} = 2\omega N K_{gz} E_{gzy}\end{cases} \tag{6-43}$$

由式(6-41)～式(6-43)可得陀螺仪标度因数及安装误差计算公式为

$$\begin{cases}K_{gx} = \Delta N_{gx3} / (2\omega N) \\ K_{gy} = \Delta N_{gy2} / (2\omega N) \\ K_{gz} = \Delta N_{gz1} / (2\omega N)\end{cases} \tag{6-44}$$

$$\begin{cases}E_{gxy} = \dfrac{\Delta N_{gx1}}{\Delta N_{gx3}}, \quad E_{gyx} = \dfrac{\Delta N_{gy1}}{\Delta N_{gy2}}, \quad E_{gzx} = \dfrac{\Delta N_{gz2}}{\Delta N_{gz1}} \\ E_{gxz} = \dfrac{\Delta N_{gx2}}{\Delta N_{gx3}}, \quad E_{gyz} = \dfrac{\Delta N_{gy3}}{\Delta N_{gy2}}, \quad E_{gzy} = \dfrac{\Delta N_{gz3}}{\Delta N_{gz1}}\end{cases} \tag{6-45}$$

需要注意的是，速率试验的关键是对陀螺仪在整数圈内进行数据处理和运算，目的是消除地球自转角速率在水平方向的影响。

6.3.2　位置试验

位置试验的目的是确定陀螺仪零位误差，加速度计标度因数、零位误差以及安装误差。其步骤如下：

(1) 将惯性测量单元安装在转台基座上，其 x 、 y 、 z 轴陀螺仪主轴分别与转台内、中、外框的自转轴平行；

(2) 按照图 6-4 所示方位依次将 x 、 y 、 z 轴陀螺仪主轴水平朝北；

(3) 每次陀螺仪主轴朝北时，绕该陀螺仪主轴将惯性测量单元按照逆时针方向依次转动 45°，连续转动 7 次，记录下陀螺仪输出值。

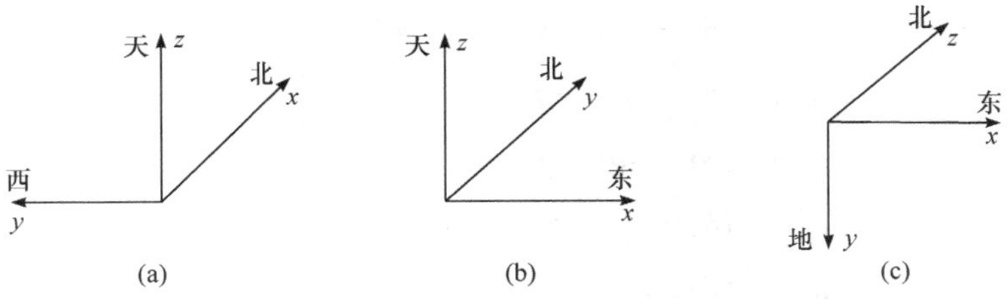

位置试验转位

图 6-4　分立式标定位置试验陀螺仪初始方位

位置试验中，为避免转台启动和停止对标定精度的影响，需在转台完全静止后再记录数据。每个陀螺仪主轴朝北时另外 2 轴陀螺仪旋转 7 次共有 8 个不同位置，整个试验包括

24 个位置的测试，所以该试验又称为“24 位置静态试验”。

当以图 6-4(a)为初始方位进行 8 个位置的旋转时，陀螺仪和加速度计输出分别如下：

$$\begin{bmatrix} \omega_x^b \\ \omega_y^b \\ \omega_z^b \end{bmatrix} = \begin{bmatrix} 1 & 0 & 0 \\ 0 & \cos\phi_{0\sim7} & \sin\phi_{0\sim7} \\ 0 & -\sin\phi_{0\sim7} & \cos\phi_{0\sim7} \end{bmatrix} \begin{bmatrix} \omega_{ie}\cos L \\ 0 \\ \omega_{ie}\sin L \end{bmatrix} \tag{6-46}$$

$$\begin{bmatrix} f_x^b \\ f_y^b \\ f_z^b \end{bmatrix} = \begin{bmatrix} 1 & 0 & 0 \\ 0 & \cos\phi_{0\sim7} & \sin\phi_{0\sim7} \\ 0 & -\sin\phi_{0\sim7} & \cos\phi_{0\sim7} \end{bmatrix} \begin{bmatrix} 0 \\ 0 \\ g \end{bmatrix} \tag{6-47}$$

式中，$\phi_{0\sim7}$ 为以 45° 为间隔绕 x 轴旋转的角度。

将式(6-46)和式(6-47)展开可得

$$\begin{cases} \omega_x^b(i) = \omega_{ie}\cos L \\ \omega_y^b(i) = \omega_{ie}\sin L\sin(i\cdot 45^\circ) \\ \omega_z^b(i) = \omega_{ie}\sin L\cos(i\cdot 45^\circ) \\ f_x^b(i) = 0 \\ f_y^b(i) = g\sin(i\cdot 45^\circ) \\ f_z^b(i) = g\cos(i\cdot 45^\circ) \end{cases} \quad (i = 0\sim7) \tag{6-48}$$

同理可得在图 6-4(b)和(c)中，陀螺仪和加速度计输出分别为

$$\begin{cases} \omega_x^b(i+8) = -\omega_{ie}\sin L\sin(i\cdot 45^\circ) \\ \omega_y^b(i+8) = \omega_{ie}\cos L \\ \omega_z^b(i+8) = \omega_{ie}\sin L\cos(i\cdot 45^\circ) \\ f_x^b(i+8) = -g\sin(i\cdot 45^\circ) \\ f_y^b(i+8) = 0 \\ f_z^b(i+8) = g\cos(i\cdot 45^\circ) \end{cases} \quad (i = 0\sim7) \tag{6-49}$$

$$\begin{cases} \omega_x^b(i+16) = -\omega_{ie}\sin L\sin(i\cdot 45^\circ) \\ \omega_y^b(i+16) = -\omega_{ie}\sin L\cos(i\cdot 45^\circ) \\ \omega_z^b(i+16) = \omega_{ie}\cos L \\ f_x^b(i+16) = -g\sin(i\cdot 45^\circ) \\ f_y^b(i+16) = -g\cos(i\cdot 45^\circ) \\ f_z^b(i+16) = 0 \end{cases} \quad (i = 0\sim7) \tag{6-50}$$

1．陀螺仪零位误差计算

将式(6-48)～式(6-50)代入陀螺仪静态数学模型(6-8)中，可得 x 轴陀螺仪输出表达式为

$$\begin{bmatrix} N_{gx}(1) \\ N_{gx}(2) \\ \vdots \\ N_{gx}(24) \end{bmatrix} = \begin{bmatrix} \omega_x^b(1) & \omega_y^b(1) & \omega_z^b(1) & 1 \\ \omega_x^b(2) & \omega_y^b(2) & \omega_z^b(2) & 1 \\ \vdots & \vdots & \vdots & \vdots \\ \omega_x^b(24) & \omega_y^b(24) & \omega_z^b(24) & 1 \end{bmatrix} \begin{bmatrix} K_{gx} \\ K_{gx}E_{gxz} \\ K_{gx}E_{gxy} \\ D_{0x} \end{bmatrix} \tag{6-51}$$

式中，$N_{gx}(i)$ 为 x 轴陀螺仪在上述 24 个位置的输出信号；K_{gx}、E_{gxz}、E_{gxy} 由速率试验确定；D_{0x} 为待求的陀螺仪零位误差。

同理，可以建立 y 轴、z 轴陀螺仪输出表达式。在此基础上，陀螺仪零位误差计算公式如下：

$$\begin{cases} D_{0x} = \dfrac{1}{24}\sum\limits_{i=1}^{24}\left(N_{gx}(i) - K_{gx}\omega_x^b(i) - K_{gx}\omega_y^b(i)E_{gxz} - K_{gx}\omega_z^b(i)E_{gxy}\right) \\ D_{0y} = \dfrac{1}{24}\sum\limits_{i=1}^{24}\left(N_{gy}(i) - K_{gy}\omega_x^b(i)E_{gyz} - K_{gy}\omega_y^b(i) - K_{gy}\omega_z^b(i)E_{gyx}\right) \\ D_{0z} = \dfrac{1}{24}\sum\limits_{i=1}^{24}\left(N_{gz}(i) - K_{gz}\omega_x^b(i)E_{gzy} - K_{gz}\omega_y^b(i)E_{gzx} - K_{gz}\omega_z^b(i)\right) \end{cases} \tag{6-52}$$

2. 加速度计各误差项计算

建立 x 轴加速度计静态数学模型的矩阵形式为

$$\begin{bmatrix} N_{ax}(1) \\ N_{ax}(2) \\ \vdots \\ N_{ax}(24) \end{bmatrix} = \begin{bmatrix} f_x^b(1) & f_y^b(1) & f_z^b(1) & 1 \\ f_x^b(2) & f_y^b(2) & f_z^b(2) & 1 \\ \vdots & \vdots & \vdots & \vdots \\ f_x^b(24) & f_y^b(24) & f_z^b(24) & 1 \end{bmatrix} \begin{bmatrix} K_{ax} \\ K_{ax}E_{axz} \\ K_{ax}E_{axy} \\ K_{0x} \end{bmatrix} \tag{6-53}$$

式中，$N_{ax}(i)$ 为 x 轴加速度计在上述 24 个位置的输出信号平均值。

式(6-53)可以化简为 $\boldsymbol{Z} = \boldsymbol{AX} + \boldsymbol{V}$ 的形式，进一步可以根据最小二乘原理计算 x 轴加速度计待估计模型系数。同理，可以建立 y 轴、z 轴加速度计静态数学模型矩阵形式，并求出相应模型系数。

● **小思考：**分立式标定过程中所使用的三轴转台的精度是否会对惯性测量单元标定结果产生影响？若会，那么对哪些标定参数的影响大？对哪些标定参数的影响小？

6.4　系统级标定方法

系统级标定方法是指系统在导航状态下，以导航参量误差(速度误差、姿态误差、位置误差)作为观测量对惯性测量单元数学模型参数进行辨识。其主要思想是在对惯性器件误差建模的基础上，建立导航参量误差与惯性器件待估计模型参数之间的关系，充分分析惯性器件模型参数的可辨识性，设计合理的标定路径，进而利用卡尔曼滤波等方法辨识出惯性器件的各项模型参数。随着标定技术的发展，系统级标定技术也逐渐成熟。

系统级标定方法具有以下特点：

(1) 惯性测量单元精度越高，系统级标定方法精度越高；

(2) 系统级标定方法主要以惯性导航系统输出量为基准，故在实际使用中可不依赖高精度转台；

(3) 由于待标定参数在模型中耦合性较强，因此需要设计合理的转位方案来提高其可观测性；

(4) 标定实验过程中标定参数会随着惯性导航系统的解算而更新，故其实时性较强。

6.4.1　系统观测量与标定参数关系的建立

考虑到分立式标定方法存在一定误差，且惯性测量单元标定参数随时间推移会缓慢变化，可以利用系统级标定方法对惯性测量单元标定参数剩余误差进一步估计。为此，建立加速度计比力测量输出模型为

$$\tilde{\boldsymbol{f}}^b = \boldsymbol{f}^b + \delta\boldsymbol{f}^b \tag{6-54}$$

式中，$\boldsymbol{f}^b$ 为真实比力；$\delta\boldsymbol{f}^b$ 为比力测量误差，可表示为

$$\begin{bmatrix} \delta f_x^b \\ \delta f_y^b \\ \delta f_z^b \end{bmatrix} = \begin{bmatrix} S_{ax} & M_{axz} & M_{axy} \\ M_{ayz} & S_{ay} & M_{ayx} \\ M_{azy} & M_{azx} & S_{az} \end{bmatrix} \begin{bmatrix} f_x^b \\ f_y^b \\ f_z^b \end{bmatrix} + \begin{bmatrix} \nabla_x^b \\ \nabla_y^b \\ \nabla_z^b \end{bmatrix} \tag{6-55}$$

式中，S_{ax}、S_{ay}、S_{az} 为三轴加速度计标度因数误差；M_{axz}、M_{axy}、M_{ayz}、M_{ayx}、M_{azy}、M_{azx} 为加速度计非正交安装误差；$\boldsymbol{\nabla} = \begin{bmatrix} \nabla_x^b & \nabla_y^b & \nabla_z^b \end{bmatrix}^{\mathrm{T}}$ 为加速度计等效零位误差。

同理，陀螺仪角速度测量输出模型为

$$\tilde{\boldsymbol{\omega}}^b = \boldsymbol{\omega}^b + \delta\boldsymbol{\omega}^b \tag{6-56}$$

式中，$\boldsymbol{\omega}^b$ 为真实角速度；$\delta\boldsymbol{\omega}^b$ 为角速度测量误差，可表示为

$$\begin{bmatrix} \delta \omega_x^b \\ \delta \omega_y^b \\ \delta \omega_z^b \end{bmatrix} = \begin{bmatrix} S_{gx} & M_{gxz} & M_{gxy} \\ M_{gyz} & S_{gy} & M_{gyx} \\ M_{gzy} & M_{gzx} & S_{gz} \end{bmatrix} \begin{bmatrix} \omega_x^b \\ \omega_y^b \\ \omega_z^b \end{bmatrix} + \begin{bmatrix} \varepsilon_x^b \\ \varepsilon_y^b \\ \varepsilon_z^b \end{bmatrix} \tag{6-57}$$

式中，S_{gx}、S_{gy}、S_{gz} 为三轴陀螺仪标度因数误差；M_{gxz}、M_{gxy}、M_{gyz}、M_{gyx}、M_{gzy}、M_{gzx} 为陀螺仪非正交安装误差；$\boldsymbol{\varepsilon} = \begin{bmatrix} \varepsilon_x^b & \varepsilon_y^b & \varepsilon_z^b \end{bmatrix}^{\mathrm{T}}$ 为陀螺仪等效零位误差。

6.4.2　标定位置编排方案

旋转顺序按如下原则确定：通过惯性测量单元不同次序的转位，使得单个标定参数与导航参量误差具有对应关系，且旋转顺序能将各标定参数与导航参量误差对应起来。为充分激励所有标定参数并尽可能减少冗余，给出一种三组 3 位置标定方案供读者参考，其具体位置编排如下。

第一组：
次序 1，由东-北-天初始位置 1 绕惯性测量单元坐标系 x 轴正向旋转180° 到位置 2；
次序 2，由位置 2 绕惯性测量单元坐标系 x 轴反向旋转180° 到位置 1；
次序 3，由位置 1 绕惯性测量单元坐标系 z 轴正向旋转 540° 到位置 3；
第二组：
次序 1，由天-东-北初始位置 1 绕惯性测量单元坐标系 y 轴正向旋转180° 到位置 2；
次序 2，由位置 2 绕惯性测量单元坐标系 y 轴反向旋转180° 到位置 1；
次序 3，由位置 1 绕惯性测量单元坐标系 x 轴正向旋转 540° 到位置 3；
第三组：
次序 1，由北-天-东初始位置 1 绕惯性测量单元坐标系 z 轴正向旋转180° 到位置 2；
次序 2，由位置 2 绕惯性测量单元坐标系 z 轴反向旋转180° 到位置 1；
次序 3，由位置 1 绕惯性测量单元坐标系 y 轴正向旋转 540° 到位置 3；
具体三组 3 位置标定方案如图 6-5 所示。

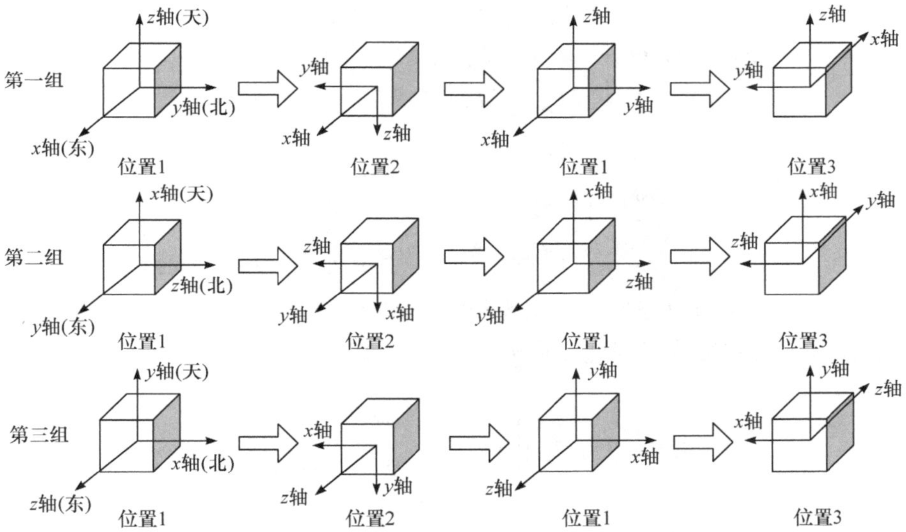

图 6-5　三组 3 位置标定方案

6.4.3　误差分离原理

在静基座条件下简化捷联式惯性导航系统的速度误差方程和姿态误差方程，并且假设纬度误差 $\delta L=0$，得到

$$\begin{cases}\delta\dot{V}_E^n=-g\phi_y+\delta f_x^n\\ \delta\dot{V}_N^n=g\phi_x+\delta f_y^n\\ \delta\dot{V}_U^n=\delta f_z^n\\ \dot{\phi}_x=\phi_y\omega_{ie}\sin L-\phi_z\omega_{ie}\cos L-\delta\omega_x^n\\ \dot{\phi}_y=-\phi_x\omega_{ie}\sin L-\delta\omega_y^n\\ \dot{\phi}_z=\phi_x\omega_{ie}\cos L-\delta\omega_z^n\end{cases}\tag{6-58}$$

式中，δf_i^n 、$\delta\omega_i^n\left(i=x,y,z\right)$为式(6-54)与式(6-56)所示的比力测量误差$\delta\boldsymbol{f}^b$与角速度测量误差$\delta\boldsymbol{\omega}^b$在导航坐标系的投影。由式(6-58)可知，重力加速度$\boldsymbol{g}$和地球自转角速度$\boldsymbol{\omega}_{ie}$作为外部输入量，可使惯性器件输出发生变化，从而可以用于确定加速度计标定参数误差和陀螺仪标定参数误差。

1. 旋转阶段

位置旋转前后时刻分别记为$t=0$和$t=T$，则由式(6-58)计算的位置旋转前后速度误差变化率的变化量为

$$\begin{cases}\delta\dot{V}_E^n(T)-\delta\dot{V}_E^n(0)=-g\Delta\phi_y+\Delta\delta f_x^n\\ \delta\dot{V}_N^n(T)-\delta\dot{V}_N^n(0)=g\Delta\phi_x+\Delta\delta f_y^n\\ \delta\dot{V}_U^n(T)-\delta\dot{V}_U^n(0)=\Delta\delta f_z^n\end{cases}\tag{6-59}$$

根据式(6-55)可以得到

$$\begin{aligned}\Delta\delta\boldsymbol{f}^n=&\boldsymbol{C}_b^n(T)\left(\begin{bmatrix}S_{ax}&M_{axz}&M_{axy}\\M_{ayz}&S_{ay}&M_{ayx}\\M_{azy}&M_{azx}&S_{az}\end{bmatrix}\begin{bmatrix}f_x^b(T)\\f_y^b(T)\\f_z^b(T)\end{bmatrix}+\begin{bmatrix}\nabla_x^b\\\nabla_y^b\\\nabla_z^b\end{bmatrix}\right)\\&-\boldsymbol{C}_b^n(0)\left(\begin{bmatrix}S_{ax}&M_{axz}&M_{axy}\\M_{ayz}&S_{ay}&M_{ayx}\\M_{azy}&M_{azx}&S_{az}\end{bmatrix}\begin{bmatrix}f_x^b(0)\\f_y^b(0)\\f_z^b(0)\end{bmatrix}+\begin{bmatrix}\nabla_x^b\\\nabla_y^b\\\nabla_z^b\end{bmatrix}\right)\end{aligned}\tag{6-60}$$

因为陀螺仪零位误差对姿态的影响要长时间才能显现出来，故在短时间旋转过程中可以忽略陀螺仪零位误差影响。因此，根据式(6-57)可以得到

$$\Delta\boldsymbol{\phi}=-\int_0^T\boldsymbol{C}_b^n(t)\begin{bmatrix}S_{gx}&M_{gxz}&M_{gxy}\\M_{gyz}&S_{gy}&M_{gyx}\\M_{gzy}&M_{gzx}&S_{gz}\end{bmatrix}\boldsymbol{\omega}^b\mathrm{d}t\tag{6-61}$$

2. 静止阶段

位置旋转后时刻记为$t=T$，下一次旋转前时刻记为$t=T_1$，此时速度误差变化率为$\delta\dot{\boldsymbol{V}}^n(T_1)$。静止时间为$T_1-T$，此时间段内速度误差变化率的变化量为$\delta\dot{\boldsymbol{V}}^n(T_1)-\delta\dot{\boldsymbol{V}}^n(T)$。在此时间段内，由于惯性测量单元静止，与地球自转角速度耦合的陀螺仪标度因数误差和安装误差远远小于陀螺仪零位误差引起的误差，因此可以忽略陀螺仪标度因数误差和安装误差带来的影响。同时，考虑在此时间段内加速度计测量误差恒定，故式(6-59)可化简为

$$\begin{cases}\delta\dot{V}_E^n(T_1)-\delta\dot{V}_E^n(T)=-g\Delta\phi_y\\ \delta\dot{V}_N^n(T_1)-\delta\dot{V}_N^n(T)=g\Delta\phi_x\\ \delta\dot{V}_U^n(T_1)-\delta\dot{V}_U^n(T)=0\end{cases}\tag{6-62}$$

根据式(6-57)可以得到

$$\Delta\boldsymbol{\phi} = -\int_T^{T_1} \boldsymbol{C}_b^n \begin{bmatrix} \varepsilon_x^b \\ \varepsilon_y^b \\ \varepsilon_z^b \end{bmatrix} \mathrm{d}t \tag{6-63}$$

以图 6-5 所示的三组 3 位置标定方案为例，进一步分析误差分离过程。

第一组：

第一次旋转阶段，惯性测量单元在位置 1 时的捷联姿态矩阵 $\boldsymbol{C}_b^n(0)$ 和比力 $\boldsymbol{f}^b(0)$ 为

$$\boldsymbol{C}_b^n(0) = \begin{bmatrix} 1 & 0 & 0 \\ 0 & 1 & 0 \\ 0 & 0 & 1 \end{bmatrix}, \quad \boldsymbol{f}^b(0) = \begin{bmatrix} 0 \\ 0 \\ g \end{bmatrix} \tag{6-64}$$

惯性测量单元在位置 2 时的捷联姿态矩阵 $\boldsymbol{C}_b^n(T)$ 和比力 $\boldsymbol{f}^b(T)$ 为

$$\boldsymbol{C}_b^n(T) = \begin{bmatrix} 1 & 0 & 0 \\ 0 & -1 & 0 \\ 0 & 0 & -1 \end{bmatrix}, \quad \boldsymbol{f}^b(T) = \begin{bmatrix} 0 \\ 0 \\ -g \end{bmatrix} \tag{6-65}$$

将式(6-64)和式(6-65)代入式(6-60)和式(6-61)，得到

$$\Delta\delta\boldsymbol{f}^n = \begin{bmatrix} 1 & 0 & 0 \\ 0 & -1 & 0 \\ 0 & 0 & -1 \end{bmatrix} \left(\begin{bmatrix} \nabla_x^b \\ \nabla_y^b \\ \nabla_z^b \end{bmatrix} - g \begin{bmatrix} M_{axy} \\ M_{ayx} \\ S_{az} \end{bmatrix} \right) - \left(\begin{bmatrix} \nabla_x^b \\ \nabla_y^b \\ \nabla_z^b \end{bmatrix} + g \begin{bmatrix} M_{axy} \\ M_{ayx} \\ S_{az} \end{bmatrix} \right) = \begin{bmatrix} -2gM_{axy} \\ -2\nabla_y^b \\ -2\nabla_z^b \end{bmatrix} \tag{6-66}$$

$$\begin{aligned} \Delta\boldsymbol{\phi} &= -\int_0^T \begin{bmatrix} 1 & 0 & 0 \\ 0 & \cos\theta & -\sin\theta \\ 0 & \sin\theta & \cos\theta \end{bmatrix} \begin{bmatrix} S_{gx} & M_{gxz} & M_{gxy} \\ M_{gyz} & S_{gy} & M_{gyx} \\ M_{gzy} & M_{gzx} & S_{gz} \end{bmatrix} \begin{bmatrix} \omega_x^b \\ 0 \\ 0 \end{bmatrix} \mathrm{d}t \\ &= -\int_0^\pi \begin{bmatrix} S_{gx} \\ M_{gyz}\cos\theta - M_{gzy}\sin\theta \\ M_{gyz}\sin\theta + M_{gzy}\cos\theta \end{bmatrix} \mathrm{d}\theta = -\begin{bmatrix} S_{gx}\pi \\ -2M_{gzy} \\ 2M_{gyz} \end{bmatrix} \end{aligned} \tag{6-67}$$

将式(6-66)和式(6-67)代入式(6-59)，得

$$\begin{cases} a_1^{\mathrm{I}} = \delta\dot{V}_E^n(T) - \delta\dot{V}_E^n(0) = -2gM_{axy} - 2gM_{gzy} \\ b_1^{\mathrm{I}} = \delta\dot{V}_N^n(T) - \delta\dot{V}_N^n(0) = -gS_{gx}\pi - 2\nabla_y^b \\ c_1^{\mathrm{I}} = \delta\dot{V}_U^n(T) - \delta\dot{V}_U^n(0) = -2\nabla_z^b \\ d_1^{\mathrm{I}} = \delta\dot{V}_U^n(T) + \delta\dot{V}_U^n(0) = 2gS_{az} \end{cases} \tag{6-68}$$

第一次静止阶段，根据式(6-63)可以得

$$\Delta\boldsymbol{\phi} = -\int_T^{T_1} \boldsymbol{C}_b^n \begin{bmatrix} \varepsilon_x^b \\ \varepsilon_y^b \\ \varepsilon_z^b \end{bmatrix} \mathrm{d}t = -\int_T^{T_1} \begin{bmatrix} 1 & 0 & 0 \\ 0 & -1 & 0 \\ 0 & 0 & -1 \end{bmatrix} \begin{bmatrix} \varepsilon_x^b \\ \varepsilon_y^b \\ \varepsilon_z^b \end{bmatrix} \mathrm{d}t = -\begin{bmatrix} \varepsilon_x^b(T_1 - T) \\ -\varepsilon_y^b(T_1 - T) \\ -\varepsilon_z^b(T_1 - T) \end{bmatrix} \tag{6-69}$$

将式(6-69)代入式(6-62)，化简得到

$$\begin{cases} e_1^{\mathrm{I}} = \delta\dot{V}_E^n(T_1) - \delta\dot{V}_E^n(T) = -g\varepsilon_y^b(T_1 - T) \\ f_1^{\mathrm{I}} = \delta\dot{V}_N^n(T_1) - \delta\dot{V}_N^n(T) = -g\varepsilon_x^b(T_1 - T) \end{cases} \tag{6-70}$$

第二次旋转阶段，惯性测量单元在位置 2 时的捷联姿态矩阵 $\boldsymbol{C}_b^n(0)$ 和比力 $\boldsymbol{f}^b(0)$ 为

$$\boldsymbol{C}_b^n(0) = \begin{bmatrix} 1 & 0 & 0 \\ 0 & -1 & 0 \\ 0 & 0 & -1 \end{bmatrix}, \quad \boldsymbol{f}^b(0) = \begin{bmatrix} 0 \\ 0 \\ -g \end{bmatrix} \tag{6-71}$$

惯性测量单元在位置 1 时的捷联姿态矩阵 $\boldsymbol{C}_b^n(T)$ 和比力 $\boldsymbol{f}^b(T)$ 为

$$\boldsymbol{C}_b^n(T) = \begin{bmatrix} 1 & 0 & 0 \\ 0 & 1 & 0 \\ 0 & 0 & 1 \end{bmatrix}, \quad \boldsymbol{f}^b(T) = \begin{bmatrix} 0 \\ 0 \\ g \end{bmatrix} \tag{6-72}$$

将式(6-71)和式(6-72)代入式(6-60)和式(6-61)，得

$$\Delta\delta\boldsymbol{f}^n = \begin{bmatrix} \nabla_x^b \\ \nabla_y^b \\ \nabla_z^b \end{bmatrix} + g\begin{bmatrix} M_{axy} \\ M_{ayx} \\ S_{az} \end{bmatrix} - \begin{bmatrix} 1 & 0 & 0 \\ 0 & -1 & 0 \\ 0 & 0 & -1 \end{bmatrix}\left(\begin{bmatrix} \nabla_x^b \\ \nabla_y^b \\ \nabla_z^b \end{bmatrix} - g\begin{bmatrix} M_{axy} \\ M_{ayx} \\ S_{az} \end{bmatrix}\right) = \begin{bmatrix} 2gM_{axy} \\ 2\nabla_y^b \\ 2\nabla_z^b \end{bmatrix} \tag{6-73}$$

$$\begin{aligned} \Delta\boldsymbol{\phi} &= -\int_0^T \begin{bmatrix} 1 & 0 & 0 \\ 0 & -\cos\theta & -\sin\theta \\ 0 & \sin\theta & -\cos\theta \end{bmatrix}\begin{bmatrix} S_{gx} & M_{gxz} & M_{gxy} \\ M_{gyz} & S_{gy} & M_{gyx} \\ M_{gzy} & M_{gzx} & S_{gz} \end{bmatrix}\begin{bmatrix} \omega_x^b \\ 0 \\ 0 \end{bmatrix}\mathrm{d}t \\ &= -\int_0^{\pi}\begin{bmatrix} -S_{gx} \\ -M_{gyz}\cos\theta - M_{gzy}\sin\theta \\ M_{gyz}\sin\theta - M_{gzy}\cos\theta \end{bmatrix}\mathrm{d}\theta = -\begin{bmatrix} -S_{gx}\pi \\ -2M_{gzy} \\ 2M_{gyz} \end{bmatrix} \end{aligned} \tag{6-74}$$

将式(6-73)和式(6-74)代入式(6-59)，得

$$\begin{cases} a_2^{\mathrm{I}} = \delta\dot{V}_E^n(T) - \delta\dot{V}_E^n(0) = 2gM_{axy} - 2gM_{gzy} \\ b_2^{\mathrm{I}} = \delta\dot{V}_N^n(T) - \delta\dot{V}_N^n(0) = gS_{gx}\pi + 2\nabla_y^b \\ c_2^{\mathrm{I}} = \delta\dot{V}_U^n(T) - \delta\dot{V}_U^n(0) = 2\nabla_z^b \\ d_2^{\mathrm{I}} = \delta\dot{V}_U^n(T) + \delta\dot{V}_U^n(0) = 2gS_{az} \end{cases} \tag{6-75}$$

第二次静止阶段，根据式(6-63)可以得

$$\Delta\boldsymbol{\phi} = -\int_T^{T_1} \boldsymbol{C}_b^n\begin{bmatrix} \varepsilon_x^b \\ \varepsilon_y^b \\ \varepsilon_z^b \end{bmatrix}\mathrm{d}t = -\int_T^{T_1}\begin{bmatrix} 1 & 0 & 0 \\ 0 & 1 & 0 \\ 0 & 0 & 1 \end{bmatrix}\begin{bmatrix} \varepsilon_x^b \\ \varepsilon_y^b \\ \varepsilon_z^b \end{bmatrix}\mathrm{d}t = -\begin{bmatrix} \varepsilon_x^b(T_1 - T) \\ \varepsilon_y^b(T_1 - T) \\ \varepsilon_z^b(T_1 - T) \end{bmatrix} \tag{6-76}$$

将式(6-76)代入式(6-62)，化简得

$$\begin{cases} e_2^{\mathrm{I}} = \delta\dot{V}_E^n(T_1) - \delta\dot{V}_E^n(T) = g\varepsilon_y^b(T_1 - T) \\ f_2^{\mathrm{I}} = \delta\dot{V}_N^n(T_1) - \delta\dot{V}_N^n(T) = -g\varepsilon_x^b(T_1 - T) \end{cases} \tag{6-77}$$

第三次旋转阶段，惯性测量单元在位置 1 时的捷联姿态矩阵 $\boldsymbol{C}_b^n(0)$ 和比力 $\boldsymbol{f}^b(0)$ 为

$$\boldsymbol{C}_b^n(0) = \begin{bmatrix} 1 & 0 & 0 \\ 0 & 1 & 0 \\ 0 & 0 & 1 \end{bmatrix}, \quad \boldsymbol{f}^b(0) = \begin{bmatrix} 0 \\ 0 \\ g \end{bmatrix} \tag{6-78}$$

惯性测量单元在位置 3 时的捷联姿态矩阵 $\boldsymbol{C}_b^n(T)$ 和比力 $\boldsymbol{f}^b(T)$ 为

$$\boldsymbol{C}_b^n(T) = \begin{bmatrix} -1 & 0 & 0 \\ 0 & -1 & 0 \\ 0 & 0 & 1 \end{bmatrix}, \quad \boldsymbol{f}^b(T) = \begin{bmatrix} 0 \\ 0 \\ g \end{bmatrix} \tag{6-79}$$

将式(6-78)和式(6-79)代入式(6-60)和式(6-61)，得

$$\Delta\delta\boldsymbol{f}^n = \begin{bmatrix} -1 & 0 & 0 \\ 0 & -1 & 0 \\ 0 & 0 & 1 \end{bmatrix}\left(\begin{bmatrix} \nabla_x^b \\ \nabla_y^b \\ \nabla_z^b \end{bmatrix} + g\begin{bmatrix} M_{axy} \\ M_{ayx} \\ S_{az} \end{bmatrix}\right) - \left(\begin{bmatrix} \nabla_x^b \\ \nabla_y^b \\ \nabla_z^b \end{bmatrix} + g\begin{bmatrix} M_{axy} \\ M_{ayx} \\ S_{az} \end{bmatrix}\right) = \begin{bmatrix} -2\nabla_x^b - 2gM_{axy} \\ -2\nabla_y^b - 2gM_{ayx} \\ 0 \end{bmatrix} \tag{6-80}$$

$$\begin{aligned} \Delta\boldsymbol{\phi} &= -\int_0^T \begin{bmatrix} \cos\theta & -\sin\theta & 0 \\ \sin\theta & \cos\theta & 0 \\ 0 & 0 & 1 \end{bmatrix}\begin{bmatrix} S_{gx} & M_{gxz} & M_{gxy} \\ M_{gyz} & S_{gy} & M_{gyx} \\ M_{gzy} & M_{gzx} & S_{gz} \end{bmatrix}\begin{bmatrix} 0 \\ 0 \\ \omega_z^b \end{bmatrix}\mathrm{d}t \\ &= -\int_0^{3\pi} \begin{bmatrix} M_{gxy}\cos\theta - M_{gyx}\sin\theta \\ M_{gxy}\sin\theta + M_{gyx}\cos\theta \\ S_{gz} \end{bmatrix}\mathrm{d}\theta = -\begin{bmatrix} -2M_{gyx} \\ 2M_{gxy} \\ 3S_{gz}\pi \end{bmatrix} \end{aligned} \tag{6-81}$$

将式(6-80)和式(6-81)代入式(6-59)，得

$$\begin{cases} a_3^{\mathrm{I}} = \delta\dot{V}_E^n(T) - \delta\dot{V}_E^n(0) = -2\nabla_x^b - 2gM_{axy} + 2gM_{gxy} \\ b_3^{\mathrm{I}} = \delta\dot{V}_N^n(T) - \delta\dot{V}_N^n(0) = 2gM_{gyx} - 2\nabla_y^b - 2gM_{ayx} \\ c_3^{\mathrm{I}} = \delta\dot{V}_U^n(T) - \delta\dot{V}_U^n(0) = 0 \\ d_3^{\mathrm{I}} = \delta\dot{V}_U^n(T) + \delta\dot{V}_U^n(0) = 2\nabla_z^b + 2gS_{az} \end{cases} \tag{6-82}$$

第三次静止阶段，根据式(6-63)可以得

$$\Delta\boldsymbol{\phi} = -\int_T^{T_1} \boldsymbol{C}_b^n \begin{bmatrix} \varepsilon_x^b \\ \varepsilon_y^b \\ \varepsilon_z^b \end{bmatrix}\mathrm{d}t = -\int_T^{T_1} \begin{bmatrix} -1 & 0 & 0 \\ 0 & -1 & 0 \\ 0 & 0 & 1 \end{bmatrix}\begin{bmatrix} \varepsilon_x^b \\ \varepsilon_y^b \\ \varepsilon_z^b \end{bmatrix}\mathrm{d}t = -\begin{bmatrix} -\varepsilon_x^b(T_1 - T) \\ -\varepsilon_y^b(T_1 - T) \\ \varepsilon_z^b(T_1 - T) \end{bmatrix} \tag{6-83}$$

将式(6-83)代入式(6-62)，化简得

$$\begin{cases} e_3^{\mathrm{I}} = \delta\dot{V}_E^n(T_1) - \delta\dot{V}_E^n(T) = -g\varepsilon_y^b(T_1 - T) \\ f_3^{\mathrm{I}} = \delta\dot{V}_N^n(T_1) - \delta\dot{V}_N^n(T) = g\varepsilon_x^b(T_1 - T) \end{cases} \tag{6-84}$$

由于第二组和第三组推导方式与第一组相同，故本书只给出第一组推导过程。

综合三组各次转动得到的观测方程组，如表 6-2 所示。

表 6-2　标定误差参数的观测方程组

	第一组	第二组	第三组
第一次转停	$a_1^{\mathrm{I}}=-2gM_{axy}-2gM_{gzy}$ $b_1^{\mathrm{I}}=-gS_{gx}\pi-2\nabla_y^b$ $c_1^{\mathrm{I}}=-2\nabla_z^b$ $d_1^{\mathrm{I}}=2gS_{az}$ $e_1^{\mathrm{I}}=-g\varepsilon_y^b(T_1-T)$ $f_1^{\mathrm{I}}=-g\varepsilon_x^b(T_1-T)$	$a_1^{\mathrm{II}}=-2gM_{ayz}-2gM_{gxz}$ $b_1^{\mathrm{II}}=-gS_{gy}\pi-2\nabla_z^b$ $c_1^{\mathrm{II}}=-2\nabla_x^b$ $d_1^{\mathrm{II}}=2gS_{ax}$ $e_1^{\mathrm{II}}=-g\varepsilon_z^b(T_1-T)$ $f_1^{\mathrm{II}}=-g\varepsilon_y^b(T_1-T)$	$a_1^{\mathrm{III}}=-2gM_{azx}-2gM_{gyx}$ $b_1^{\mathrm{III}}=-gS_{gz}\pi-2\nabla_x^b$ $c_1^{\mathrm{III}}=-2\nabla_y^b$ $d_1^{\mathrm{III}}=2gS_{ay}$ $e_1^{\mathrm{III}}=-g\varepsilon_x^b(T_1-T)$ $f_1^{\mathrm{III}}=-g\varepsilon_z^b(T_1-T)$
第二次转停	$a_2^{\mathrm{I}}=2gM_{axy}-2gM_{gzy}$ $b_2^{\mathrm{I}}=gS_{gx}\pi+2\nabla_y^b$ $c_2^{\mathrm{I}}=2\nabla_z^b$ $d_2^{\mathrm{I}}=2gS_{az}$ $e_2^{\mathrm{I}}=g\varepsilon_y^b(T_1-T)$ $f_2^{\mathrm{I}}=-g\varepsilon_x^b(T_1-T)$	$a_2^{\mathrm{II}}=2gM_{ayz}-2gM_{gxz}$ $b_2^{\mathrm{II}}=gS_{gy}\pi+2\nabla_z^b$ $c_2^{\mathrm{II}}=2\nabla_x^b$ $d_2^{\mathrm{II}}=2gS_{ax}$ $e_2^{\mathrm{II}}=g\varepsilon_z^b(T_1-T)$ $f_2^{\mathrm{II}}=-g\varepsilon_y^b(T_1-T)$	$a_2^{\mathrm{III}}=2gM_{azx}-2gM_{gyx}$ $b_2^{\mathrm{III}}=gS_{gz}\pi+2\nabla_x^b$ $c_2^{\mathrm{III}}=2\nabla_y^b$ $d_2^{\mathrm{III}}=2gS_{ay}$ $e_2^{\mathrm{III}}=g\varepsilon_x^b(T_1-T)$ $f_2^{\mathrm{III}}=-g\varepsilon_z^b(T_1-T)$
第三次转停	$a_3^{\mathrm{I}}=-2\nabla_x^b-2gM_{axy}+2gM_{gxy}$ $b_3^{\mathrm{I}}=2gM_{gyx}-2\nabla_y^b-2gM_{ayx}$ $c_3^{\mathrm{I}}=0$ $d_3^{\mathrm{I}}=2\nabla_z^b+2gS_{az}$ $e_3^{\mathrm{I}}=-g\varepsilon_y^b(T_1-T)$ $f_3^{\mathrm{I}}=g\varepsilon_x^b(T_1-T)$	$a_3^{\mathrm{II}}=-2\nabla_y^b-2gM_{ayz}+2gM_{gyz}$ $b_3^{\mathrm{II}}=-2\nabla_z^b+2gM_{gzy}-2gM_{azy}$ $c_3^{\mathrm{II}}=0$ $d_3^{\mathrm{II}}=2\nabla_x^b+2gS_{ax}$ $e_3^{\mathrm{II}}=-g\varepsilon_z^b(T_1-T)$ $f_3^{\mathrm{II}}=g\varepsilon_y^b(T_1-T)$	$a_3^{\mathrm{III}}=-2\nabla_z^b-2gM_{azx}+2gM_{gzx}$ $b_3^{\mathrm{III}}=-2\nabla_x^b+2gM_{gxz}-2gM_{axz}$ $c_3^{\mathrm{III}}=0$ $d_3^{\mathrm{III}}=2\nabla_y^b+2gS_{ay}$ $e_3^{\mathrm{III}}=-g\varepsilon_x^b(T_1-T)$ $f_3^{\mathrm{III}}=g\varepsilon_z^b(T_1-T)$

◆　**小实践：** 标定旋转过程中引起的速度误差变化率的变化量如式(6-59)～式(6-63)所示，请参考第一组观测方程组的推导过程(式(6-64)～式(6-84))，给出表 6-2 中第二组观测方程组的推导过程。

由上述结论可知，陀螺仪和加速度计的 12 个安装误差存在 3 组耦合关系，导致以 12 个安装误差描述的载体坐标系不唯一。为保证标定结果唯一，必须对载体坐标系做约束。对载体坐标系进行约束的方式有两种：一种是按陀螺仪敏感轴定义载体坐标系，即载体坐标系 ox_b 轴与陀螺仪敏感轴重合，oy_b 轴位于 oxy 平面内，oz_b 轴与 ox_b、oy_b 组成右手坐标系，此时 $M_{gxz}=0$，$M_{gxy}=0$，$M_{gyx}=0$；另一种是按加速度计敏感轴定义载体坐标系，即载体坐标系 ox_b 轴与加速度计敏感轴重合，oy_b 轴位于 oxy 平面内，oz_b 轴与 ox_b、oy_b 组成右手坐标系，此时 $M_{axz}=0$，$M_{axy}=0$，$M_{ayx}=0$。两种约束方式下的标定参数误差计算公式分别见表 6-3 和表 6-4。

表 6-3　陀螺仪敏感轴约束方式下的标定参数误差计算公式

陀螺仪零位误差	$\varepsilon_x^b=\dfrac{f_1^{\mathrm{I}}}{-g(T_1-T)}$	$\varepsilon_y^b=\dfrac{e_1^{\mathrm{I}}}{-g(T_1-T)}$	$\varepsilon_z^b=-\dfrac{e_1^{\mathrm{II}}}{g(T_1-T)}$
陀螺仪标度因数误差	$S_{gx}=-\dfrac{b_1^{\mathrm{I}}+c_2^{\mathrm{III}}}{\pi g}$	$S_{gy}=-\dfrac{b_1^{\mathrm{II}}+c_2^{\mathrm{I}}}{\pi g}$	$S_{gz}=-\dfrac{b_1^{\mathrm{III}}+c_2^{\mathrm{II}}}{\pi g}$

续表

陀螺仪安装误差	$M_{gxy}=0$ $M_{gyx}=0$	$M_{gyz}=\dfrac{a_3^{\mathrm{II}}+2\nabla_y^b}{2g}+M_{ayz}$ $M_{gzy}=\dfrac{a_1^{\mathrm{I}}}{-2g}-M_{axy}$	$M_{gxz}=0$ $M_{gzx}=\dfrac{a_3^{\mathrm{III}}+2\nabla_z^b}{2g}+M_{azx}$
加速度计零位误差	$\nabla_x^b=-\dfrac{1}{2}c_1^{\mathrm{II}}$	$\nabla_y^b=-\dfrac{1}{2}c_1^{\mathrm{III}}$	$\nabla_z^b=-\dfrac{1}{2}c_1^{\mathrm{I}}$
加速度计标度因数误差	$S_{ax}=\dfrac{d_1^{\mathrm{II}}}{2g}$	$S_{ay}=\dfrac{d_1^{\mathrm{III}}}{2g}$	$S_{az}=\dfrac{d_1^{\mathrm{I}}}{2g}$
加速度计安装误差	$M_{axy}=\dfrac{a_3^{\mathrm{I}}+2\nabla_x^b}{-2g}$ $M_{ayx}=\dfrac{b_3^{\mathrm{I}}+2\nabla_y^b}{-2g}$	$M_{ayz}=\dfrac{a_1^{\mathrm{II}}}{-2g}$ $M_{azy}=\dfrac{b_3^{\mathrm{II}}+2\nabla_z^b}{-2g}+M_{gzy}$	$M_{axz}=\dfrac{b_3^{\mathrm{III}}+2\nabla_x^b}{-2g}$ $M_{azx}=\dfrac{a_1^{\mathrm{III}}}{-2g}$

表 6-4　加速度计敏感轴约束方式下的标定参数误差计算公式

陀螺仪零位误差	$\varepsilon_x^b=\dfrac{f_1^{\mathrm{I}}}{-g(T_1-T)}$	$\varepsilon_y^b=\dfrac{e_1^{\mathrm{I}}}{-g(T_1-T)}$	$\varepsilon_z^b=-\dfrac{e_1^{\mathrm{II}}}{g(T_1-T)}$
陀螺仪标度因数误差	$S_{gx}=-\dfrac{b_1^{\mathrm{I}}+c_2^{\mathrm{III}}}{\pi g}$	$S_{gy}=-\dfrac{b_1^{\mathrm{II}}+c_2^{\mathrm{I}}}{\pi g}$	$S_{gz}=-\dfrac{b_1^{\mathrm{III}}+c_2^{\mathrm{II}}}{\pi g}$
陀螺仪安装误差	$M_{gxy}=\dfrac{a_3^{\mathrm{I}}+2\nabla_x^b}{2g}$ $M_{gyx}=\dfrac{b_3^{\mathrm{I}}+2\nabla_y^b}{2g}$	$M_{gyz}=\dfrac{a_3^{\mathrm{II}}+2\nabla_y^b}{2g}+M_{ayz}$ $M_{gzy}=-\dfrac{a_1^{\mathrm{I}}}{2g}$	$M_{gxz}=\dfrac{b_3^{\mathrm{III}}+2\nabla_x^b}{2g}$ $M_{gzx}=\dfrac{a_3^{\mathrm{III}}+2\nabla_z^b}{2g}+M_{azx}$
加速度计零位误差	$\nabla_x^b=-\dfrac{1}{2}c_1^{\mathrm{II}}$	$\nabla_y^b=-\dfrac{1}{2}c_1^{\mathrm{III}}$	$\nabla_z^b=-\dfrac{1}{2}c_1^{\mathrm{I}}$
加速度计标度因数误差	$S_{ax}=\dfrac{d_1^{\mathrm{II}}}{2g}$	$S_{ay}=\dfrac{d_1^{\mathrm{III}}}{2g}$	$S_{az}=\dfrac{d_1^{\mathrm{I}}}{2g}$
加速度计安装误差	$M_{axy}=0$ $M_{ayx}=0$	$M_{ayz}=\dfrac{a_1^{\mathrm{II}}}{-2g}-M_{gxz}$ $M_{azy}=\dfrac{b_3^{\mathrm{II}}+2\nabla_z^b}{-2g}+M_{gzy}$	$M_{axz}=0$ $M_{azx}=\dfrac{a_1^{\mathrm{III}}}{-2g}-M_{gyx}$

由上述结论可知，无论是陀螺仪敏感轴约束方式还是加速度计敏感轴约束方式，通过所设计的标定位置旋转方案，都能够建立速度误差变化率的变化量与各标定参数误差的线性运算关系，从而完成各标定参数误差分离与计算。

6.4.4　系统级标定算法设计

基于对 6.4.3 节误差分离原理的分析可知，预标定参数值与观测量之间成线性关系。进一步，设计合理的滤波器并提供准确的观测信息，即可对陀螺仪与加速度计标定参数误差进行估计。本节将基于卡尔曼滤波对系统级标定算法进行具体设计。

以陀螺仪敏感轴约束方式为例，不考虑杆臂效应对标定结果的影响，建立卡尔曼滤波模型，其中系统状态方程为

$$\dot{\boldsymbol{X}}(t)=\boldsymbol{F}(t)\boldsymbol{X}(t)+\boldsymbol{G}(t)\boldsymbol{W}(t) \tag{6-85}$$

式中，$\boldsymbol{X}(t)$ 为 t 时刻系统状态向量；$\boldsymbol{F}(t)$ 和 $\boldsymbol{G}(t)$ 分别为系统状态转移矩阵和噪声分配矩阵；$\boldsymbol{W}(t)$ 为系统噪声向量。

系统的状态向量为

$$\boldsymbol{X}(t)=\begin{bmatrix}\delta L & \delta\lambda & \delta h & \delta V_E & \delta V_N & \delta V_U & \phi_x & \phi_y & \phi_z & \nabla_x & \nabla_y & \nabla_z & \varepsilon_x & \varepsilon_y & \varepsilon_z & S_{gx} & S_{gy} \\ S_{gz} & M_{gyz} & M_{gzy} & M_{gzx} & S_{ax} & S_{ay} & S_{az} & M_{axz} & M_{axy} & M_{ayz} & M_{ayx} & M_{azy} & M_{azx}\end{bmatrix}^{\mathrm{T}}$$

系统的噪声向量为

$$\boldsymbol{W}(t)=\begin{bmatrix}\omega_{\nabla x} & \omega_{\nabla y} & \omega_{\nabla z} & \omega_{\varepsilon x} & \omega_{\varepsilon y} & \omega_{\varepsilon z}\end{bmatrix}^{\mathrm{T}}$$

系统状态向量中，δL、$\delta\lambda$、δh 分别表示纬度、经度和高度误差；δV_E、δV_N、δV_U 分别表示东向、北向和天向速度误差；ϕ_x、ϕ_y、ϕ_z 分别表示东向、北向和方位失准角；其余变量为陀螺仪与加速度计待估计标定参数误差。

$$\boldsymbol{F}(t)=\begin{bmatrix}\boldsymbol{F}_{11} & \boldsymbol{F}_{12} & \boldsymbol{0}_{3\times3} & \boldsymbol{0}_{3\times3} & \boldsymbol{0}_{3\times3} & \boldsymbol{0}_{3\times6} & \boldsymbol{0}_{3\times9} \\ \boldsymbol{F}_{21} & \boldsymbol{F}_{22} & \left[\boldsymbol{f}^n\times\right] & \boldsymbol{C}_b^n & \boldsymbol{0}_{3\times3} & \boldsymbol{0}_{3\times6} & \boldsymbol{F}_{27} \\ \boldsymbol{F}_{31} & \boldsymbol{F}_{32} & -\left[\boldsymbol{\omega}_{in}^n\times\right] & \boldsymbol{0}_{3\times3} & -\boldsymbol{C}_b^n & \boldsymbol{F}_{36} & \boldsymbol{0}_{3\times9} \\ \boldsymbol{0}_{21\times3} & \boldsymbol{0}_{21\times3} & \boldsymbol{0}_{21\times3} & \boldsymbol{0}_{21\times3} & \boldsymbol{0}_{21\times3} & \boldsymbol{0}_{21\times6} & \boldsymbol{0}_{21\times9}\end{bmatrix} \tag{6-86}$$

式中

$$\boldsymbol{F}_{11}=\begin{bmatrix}0 & 0 & -\dfrac{V_N}{(R_M+h)^2} \\ \dfrac{V_E\tan L}{(R_N+h)\cos L} & 0 & -\dfrac{V_E}{(R_N+h)^2\cos L} \\ 0 & 0 & 0\end{bmatrix},\quad \boldsymbol{F}_{12}=\begin{bmatrix}0 & \dfrac{1}{R_M+h} & 0 \\ \dfrac{1}{(R_N+h)\cos L} & 0 & 0 \\ 0 & 0 & 1\end{bmatrix}$$

$$\boldsymbol{F}_{21}=\begin{bmatrix}2\omega_{ie}V_N\cos L+2\omega_{ie}V_U\sin L+\dfrac{V_EV_N\sec^2 L}{R_N+h} & 0 & \dfrac{-V_E(V_N\tan L-V_U)}{(R_N+h)^2} \\ -2\omega_{ie}V_E\cos L-\dfrac{V_E^2\sec^2 L}{R_N+h} & 0 & \dfrac{V_E^2\tan L}{(R_N+h)^2}+\dfrac{V_NV_U}{(R_M+h)^2} \\ -2\omega_{ie}V_E\sin L & 0 & -\dfrac{V_N^2}{(R_M+h)^2}-\dfrac{V_E^2}{(R_N+h)^2}\end{bmatrix}$$

$$\boldsymbol{F}_{22}=\begin{bmatrix}\dfrac{V_N\tan L-V_U}{R_N+h} & \dfrac{V_E\tan L}{R_N+h}+2\omega_{ie}\sin L & -2\omega_{ie}\cos L-\dfrac{V_E}{R_N+h} \\ \dfrac{-2V_E\tan L}{R_N+h}-2\omega_{ie}\sin L & -\dfrac{V_U}{R_M+h} & -\dfrac{V_N}{R_M+h} \\ 2\omega_{ie}\cos L+\dfrac{V_E}{R_N+h} & \dfrac{2V_N}{R_M+h} & 0\end{bmatrix}$$

$$F_{27}=C_b^n\begin{bmatrix} f_x^b & 0 & 0 & f_y^b & f_z^b & 0 & 0 & 0 & 0 \\ 0 & f_y^b & 0 & 0 & 0 & f_x^b & f_z^b & 0 & 0 \\ 0 & 0 & f_z^b & 0 & 0 & 0 & 0 & f_x^b & f_y^b \end{bmatrix}$$

$$F_{31}=\begin{bmatrix} 0 & 0 & \dfrac{V_N}{(R_M+h)^2} \\ -\omega_{ie}\sin L & 0 & -\dfrac{V_E}{(R_N+h)^2} \\ \omega_{ie}\cos L+\dfrac{V_E}{(R_N+h)\cos^2 L} & 0 & -\dfrac{V_E}{(R_N+h)^2}\tan L \end{bmatrix},\quad F_{32}=\begin{bmatrix} 0 & -\dfrac{1}{R_M+h} & 0 \\ \dfrac{1}{R_N+h} & 0 & 0 \\ \dfrac{\tan L}{R_N+h} & 0 & 0 \end{bmatrix}$$

$$F_{36}=-C_b^n\begin{bmatrix} \omega_x^b & 0 & 0 & 0 & 0 & 0 \\ 0 & \omega_y^b & 0 & \omega_y^b & 0 & 0 \\ 0 & 0 & \omega_z^b & 0 & \omega_z^b & \omega_z^b \end{bmatrix}$$

系统噪声分配矩阵为

$$G(t)=\begin{bmatrix} \mathbf{0}_{3\times3} & \mathbf{0}_{3\times3} \\ C_b^n & \mathbf{0}_{3\times3} \\ \mathbf{0}_{3\times3} & -C_b^n \\ \mathbf{0}_{21\times3} & \mathbf{0}_{21\times3} \end{bmatrix} \tag{6-87}$$

以速度误差和位置误差为观测量，建立量测方程为

$$Z_{v,p}(t)=H_{v,p}(t)X(t)+v_{v,p}(t) \tag{6-88}$$

式中，$Z_{v,p}(t)=\begin{bmatrix}\delta L & \delta\lambda & \delta h & \delta V_E & \delta V_N & \delta V_U\end{bmatrix}^{\mathrm{T}}$ 为量测量；$v_{v,p}(t)$ 为量测噪声；$H_{v,p}(t)$ 为系统量测矩阵，具体表达式为

$$H_{v,p}=\begin{bmatrix} I_{3\times3} & \mathbf{0}_{3\times3} & \mathbf{0}_{3\times3} & \mathbf{0}_{3\times21} \\ \mathbf{0}_{3\times3} & I_{3\times3} & \mathbf{0}_{3\times3} & \mathbf{0}_{3\times21} \end{bmatrix} \tag{6-89}$$

基于系统滤波方程式(6-85)与式(6-88)，利用 5.3 节的卡尔曼滤波估计算法即可实现对惯性器件标定参数误差的估计，从而进一步提高惯性测量单元标定精度。

6.5　案 例 分 析

为了验证 6.3 节的分立式标定方案在实际工程应用中的性能，以自研光纤捷联式惯性导航系统为被测对象，利用实验室高精度三轴转台进行分立式标定实验验证。该捷联式惯性导航系统中陀螺仪采样输出为角增量，其零偏稳定性 $\leqslant 0.01°/\mathrm{h}$；加速度计输出为速度增量，其零偏稳定性 $\leqslant 50\mu g$，系统采样频率为 100Hz。由于该系统中陀螺仪与加速度计静态数学模型的非线性系数较小，故在建模时均可采用 6.1.4 节所述的线性标定模型。已知实验室地

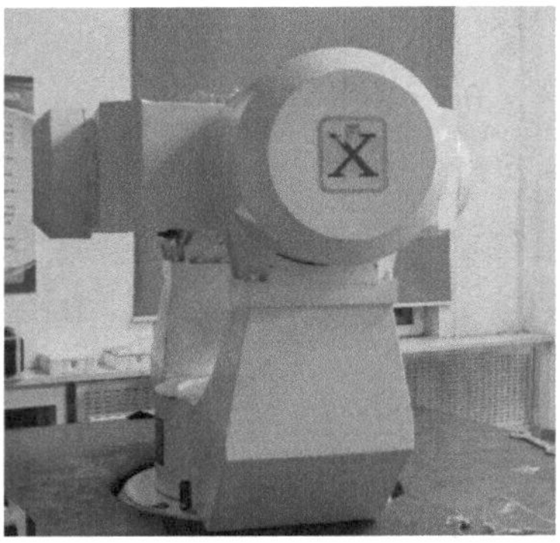

图 6-6　分立式标定实验现场

理纬度为北纬 45.7796°，海拔高度 $h=151\text{m}$。光纤捷联式惯性导航系统在三轴转台上的安装图如图 6-6 所示，启动预热准备 1h。

6.5.1　速率试验

按照 6.3.1 节所述的转位方案，设置转台旋转速率为 $20°/\text{s}$，角加速率为 $20°/\text{s}^2$，采用先正转后反转的方式匀速转动。根据转动周期记录转动整数圈内的数据，并对其分别求和后再作差。速率试验采样数据如表 6-5 所示，其中 P 表示计数值——脉冲数。

表 6-5　速率试验采样数据

转动轴		陀螺仪采样总和 $N_{\Sigma G}/P$			转角 $\Omega^b/(°)$
		x	y	z	
z	正转	3778152.00	−17840.21	1063991749.88	(0;0;360)
	反转	−3778603.39	17771.35	−1063672948.00	(0;0;−360)
	差值	7556755.38	−35611.56	2127664707.88	(0;0;720)
x	正转	1064030923.67	2609539.67	−4658117.92	(360;0;0)
	反转	−1063722867.38	−2609705.92	4656082.69	(−360;0;0)
	差值	2127753791.06	5219245.59	−9314200.61	(720;0;0)
y	正转	2210694.53	−1062735988.37	111414.17	(0;360;0)
	反转	−2210323.71	1062421830.78	−110437.64	(0;−360;0)
	差值	4421018.24	−2125157819.14	221851.82	(0;720;0)

根据表 6-5 中的速率试验采样数据和 6.3.1 节给出的速率试验标定过程进行计算，得到陀螺仪标度因数和安装误差的标定结果如表 6-6 所示。

表 6-6　速率试验标定结果

陀螺仪标度因数	$K_{gx}=820.892666$	$K_{gy}=-819.891133$	$K_{gz}=820.858298$
陀螺仪安装误差	$E_{gxz}=0.00207779$	$E_{gxy}=0.00355152$	$E_{gyz}=-0.00245593$
	$E_{gyx}=0.00001676$	$E_{gzy}=-0.00437766$	$E_{gzx}=0.00010427$

6.5.2　位置试验

按照 6.3.2 节所述的 24 位置标定方案，在每个位置上转台静止 2min，记录静止时间段内加速度计和陀螺仪的输出数据，并在该时间段内求其平均值。位置试验采样数据如表 6-7 所示。

表 6-7　位置试验采样数据

位置	加速度计平均采样 N_A/P			陀螺仪平均采样 N_G/P		
	x	y	z	x	y	z
1	6.12857662	−43.6840714	−6621.36159	8578.12959	4.25790812	8811.37959
2	9.53755105	4322.14980	−4696.43364	8586.95561	−6251.71071	6218.01428
3	−7.22355095	6132.32714	−41.0827756	8568.97474	−8869.01479	−39.0397959
4	−34.4891478	4326.26398	4617.04598	8542.48316	−6250.57346	−6287.18775
5	−56.2034846	−37.4654183	6549.70115	8517.16964	−6.34489792	−8892.31632
6	−59.5684592	−4403.05467	4624.92132	8516.47346	6255.50102	−6317.15510
7	42.6811377	−6213.34979	−29.4667602	8531.16938	8842.01836	−52.3349489
8	−15.4392500	−4407.83203	−4688.04188	8558.55306	6250.38469	6208.16964
9	7.75037252	−40.4235459	−6621.48354	−17.4801020	−8624.89821	8843.29387
10	−4439.18584	−30.6581887	−4714.28172	−6279.35408	−8640.88112	6281.05510
11	−6300.49256	−26.1055306	−66.3477857	−8895.17091	−8647.85408	37.9030612
12	−4486.03387	−29.6724846	4599.04871	−6326.37295	−8643.46785	−6234.30739
13	−59.1593163	−39.0482653	6549.67570	−82.6813775	−8628.47091	−8855.44285
14	4386.79704	−48.6323061	4642.96840	6183.75790	−8606.65510	−6297.75051
15	6248.41124	−52.9413674	−4.16534182	8800.03673	−8604.64183	−52.6760204
16	4434.69541	−49.6252653	−4670.25714	6229.96760	−8612.61556	6218.18826
17	−40.8811479	−6213.15195	−32.9335867	−44.8877551	8811.18596	8602.67346
18	−4473.37170	−4397.37678	−54.0704643	−6299.45969	6212.11045	8627.18979
19	−6300.52637	−29.2831173	−64.6669642	−8881.88903	−35.2346939	8636.26913
20	−4451.84901	4332.08326	−58.5182347	−6279.71658	−6285.72142	8633.83443
21	−10.5094235	6132.23616	−39.2823366	−23.6102040	−8866.11989	8603.58775
22	4421.44145	4316.49496	−18.0118520	6230.56785	−6265.60459	8574.72448
23	6248.38378	−51.3273826	−7.31427037	8818.69030	−9.28392855	8560.83443
24	4399.99548	−4413.08410	−13.4864082	6213.11581	6235.99438	8577.48749

根据表 6-7 中的位置试验采样数据和 6.3.2 节给出的位置试验标定过程进行计算，得到陀螺仪零位误差，加速度计零位误差、标度因数和安装误差的标定结果如表 6-8 所示。

表 6-8　位置试验标定结果

陀螺仪零位误差	$D_{0x}=-63.9738139$	$D_{0y}=-24.8564038$	$D_{0z}=-7.88749218$
加速度计零位误差	$K_{0x}=-25.2875086$	$K_{0y}=-39.9755110$	$K_{0z}=-35.7401284$
加速度计标度因数	$K_{ax}=-639.790661$	$K_{ay}=-629.423623$	$K_{az}=671.511044$
加速度计安装误差	$E_{axz}=0.00262193$	$E_{axy}=0.00515131$	$E_{ayz}=-0.00198107$
	$E_{ayx}=-0.00030941$	$E_{azy}=-0.00453760$	$E_{azx}=0.00067973$

6.5.3 标定试验结果验证

为验证上述标定结果的有效性，将上述标定结果装订至光纤捷联式惯性导航系统，转台旋转至位置试验 24 个位置中的任一位置处静止不动。采集 50s 加速度计与陀螺仪输出数据，并以该位置的陀螺仪和加速度计理论输出值为基准，三轴比力误差与角速率误差如图 6-7 所示。由图 6-7 可知，利用上述分立式标定试验获得的标定结果进行陀螺仪与加速度计输出解算时，三轴比力误差和三轴角速率误差均远小于加速度计和陀螺仪随机误差，故标定结果有效。

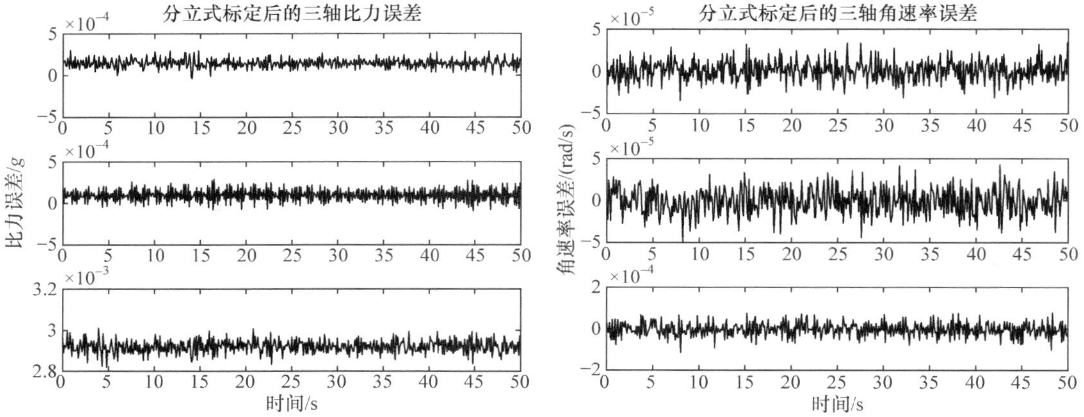

图 6-7 捷联式惯性导航系统的比力误差、角速率误差

◆ **小实践**：请根据 6.3 节的分立式标定原理，利用下载的分立式标定试验数据开展分立式标定试验验证，并与 6.5 节的试验结果对比分析。

第 7 章　阻尼惯性导航系统分析

■　**学习导言**　本章将介绍一种抑制惯性导航系统周期振荡误差的有效方法，即惯性导航系统阻尼。惯性导航系统阻尼主要包括水平阻尼、基于外速度补偿的阻尼以及方位阻尼。

■　**学习目标**　掌握水平阻尼与方位阻尼原理以及相应阻尼网络设计方法；理解阻尼惯性导航系统误差特性。

通过第 3 章与第 4 章的学习可知，无论是平台式惯性导航系统还是捷联式惯性导航系统，都存在舒勒、傅科以及地球三种周期振荡误差。其中，舒勒周期振荡误差主要表现在水平通道上，其振荡周期为 84.4min，而傅科周期振荡误差调制舒勒周期振荡误差。地球周期振荡误差主要表现在方位上，其振荡周期为 24h。对于舰船等需要长时间航行的运载体来说，如果系统中存在零均值平稳噪声输入(如陀螺仪漂移具有的随机分量)，会使惯性导航系统中存在随时间累积的误差。

为解决上述问题，需要设计合理的阻尼回路来抑制惯性导航系统中的周期振荡误差。如果对舒勒周期振荡误差进行阻尼，则称为水平阻尼；如果对地球周期振荡误差进行阻尼，则称为方位阻尼。方位阻尼是在水平阻尼的基础上进行的，即同时进行水平阻尼和方位阻尼，这种阻尼方式又称为全阻尼。

根据阻尼采取的方式不同，阻尼又分为内阻尼与外阻尼。如果是用惯性导航系统内部计算的速度进行阻尼，则称为内阻尼，具体又分为内水平阻尼与内全阻尼；如果是用外速度(如电磁计程仪速度)与惯性导航系统内部计算的速度之间的差值进行阻尼，则称为外阻尼，具体又分为外水平阻尼与外全阻尼。

需要注意的是，捷联式惯性导航系统的阻尼原理以及阻尼网络设计方法都是从平台式惯性导航系统移植而来的，所以两者基本相同。本章将主要以捷联式惯性导航系统为研究对象讨论其阻尼方法，部分章节为了使读者更加深入地理解阻尼惯性导航系统的工作机理，也会结合平台式惯性导航系统展开讨论。

7.1　水 平 阻 尼

水平阻尼是指在惯性导航系统的舒勒回路中设计合适的阻尼网络，从而消除舒勒周期振荡误差。由于傅科周期振荡调制舒勒周期振荡，所以水平阻尼也可以同时阻尼掉惯性导航系统中的傅科周期振荡误差。

本节主要讨论捷联式惯性导航系统的水平阻尼原理、水平阻尼网络设计方法以及水平阻尼惯性导航系统误差特性分析等内容。

7.1.1　水平阻尼原理

由于惯性导航系统的北向水平回路与东向水平回路基本相同，所以本节仅以单通道北向水平回路为例来阐述水平阻尼原理。在北向水平回路中，在第一个积分器后面加上串联的水平阻尼网络 $H_y(s)$。加入水平阻尼网络 $H_y(s)$ 后的北向水平回路原理框图如图 7-1 所示。

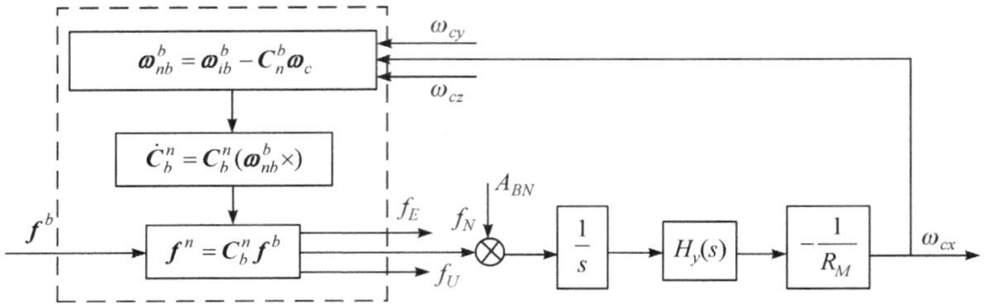

图 7-1　单通道北向水平阻尼回路原理框图

图 7-1 中，A_{BN} 表示有害加速度补偿，ω_{cx}、ω_{cy} 与 ω_{cz} 表示修正角速率。从图 7-1 可以看出，当 $H_y(s)\neq 1$ 时，即在北向水平回路中加入阻尼网络。此时，水平失准角振荡误差将由于阻尼网络的存在而被逐渐阻尼下来。但是，由于 $1-H_y(s)\neq 0$，加速度与速度将会产生导航参数误差分量。因此，选择的水平阻尼网络 $H_y(s)$ 既要对系统起到阻尼作用，又要尽可能使其接近于 1，这样就会适当削弱舰船运动对阻尼系统造成的影响。当 $H_y(s)=1$ 时，相当于没有阻尼网络加入到水平回路中，与无阻尼系统相同。此时，加速度与速度对水平失准角并无影响，但其他各项干扰量都将对水平失准角产生周期为 84.4min 的舒勒周期振荡误差分量。

根据第 3 章可知，单通道无阻尼舒勒回路是一个二阶系统。如图 7-2 所示，它的对数频率特性是：对数幅频特性有每 10 倍频程 –40dB 的恒定斜率，对数相频特性为 –180°。对数幅频特性与横轴(零分贝线)相交在舒勒角频率 $\omega_s=1.24\times10^{-3}\text{rad/s}$ 处，系统工作在临界稳定状态。如果给系统施加一个脉冲干扰，系统便会产生稳定的振荡。根据以上分析可知，阻尼就是在回路中设计合适的阻尼网络来改变系统传递函数，从而实现阻尼舒勒周期振荡。

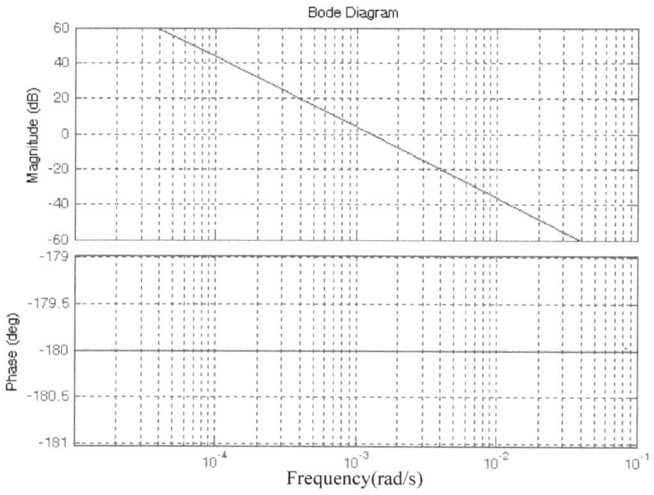

图 7-2　舒勒回路的对数频率特性

阻尼网络选择时需要考虑的另一个因素是阻尼系数 ξ 如何设置。在选取阻尼网络时，一方面要考虑减小由陀螺仪漂移随机分量等扰动所产生的误差均方根，另一方面要使舰船运动对阻尼系统的影响较小，即要使阻尼惯性导航系统对舰船运动的敏感性最小。虽然从减小陀螺仪漂移随机分量对系统的影响的角度来看，阻尼系数 ξ 大些为好，但是，随着阻尼系数 ξ 的增大，舰船运动所引起的阻尼系统误差也会增大。而且当阻尼系数 ξ 再增大时，陀螺仪漂移随机分量所产生的误差减小得并不明显。综合考虑以上两方面因素，一般设置阻尼系数 $\xi = 0.5$ 。通过仿真实验可以看到，当阻尼系数 $\xi = 0.5$ 时，由陀螺仪漂移随机分量所产生的均方根误差将减小到无阻尼时的 1/4。需要注意的是，如果惯性导航系统中的阻尼网络采用高阶传递函数，则可取其等效阻尼系数为 0.5。

从图 7-1 来看，要使阻尼惯性导航系统对舰船运动的敏感性最小，应当使 $H_y(s)$ 接近于 1，这是因为当 $H_y(s)=1$ 时，系统将变为无阻尼系统。从平台式惯性导航系统的角度来看，加上阻尼网络以后也要使陀螺仪控制角速度不变，否则平台坐标系就不能跟踪地理坐标系。除此之外，系统处于稳态时 $H_y(s)$ 的值即是放大倍数，为使惯性导航系统稳态误差不变，$H_y(s)$ 也必须为 1。

选择水平阻尼网络的最后一条原则是保证系统的稳定性，即要求 $H_y(s)$ 必须在舒勒角频率附近提供正相移，在这个区域以外 $H_y(s)$ 的变化情况对稳定性问题不是特别重要。同时，在阻尼系数 $\xi = 0.5$ 已经确定的前提下，要求阻尼网络增益在高频与低频处都为零分贝。但进一步考虑分析，低频处增益趋于零分贝要求严格，而高频处不一定要求增益为零分贝，这对阻尼网络 $H_y(s)$ 采用较简单的传递函数是有利的。

综上所述，选择水平阻尼网络的原则是：要阻尼的角频率是舒勒角频率 ω_s；阻尼系数 ξ 设置为 0.5 较为合适；尽量使 $H_y(s)=1$ 及满足系统稳定性的要求。

7.1.2　水平阻尼网络设计方法

7.1.1 节介绍了水平阻尼网络选择的基本原则，但在设计具体的阻尼网络时，为了达到较好的阻尼效果，还需要结合应用场景并根据实际经验经过多次尝试来确定相应的阻尼网络形式与阻尼参数。利用逐次尝试法，可以获得满足上述要求的水平阻尼网络，即

$$H(s)=\frac{\left(s+8.8\times10^{-4}\right)\left(s+1.97\times10^{-2}\right)^2}{\left(s+4.41\times10^{-3}\right)\left(s+8.8\times10^{-3}\right)^2} \tag{7-1}$$

式(7-1)所示的水平阻尼网络所对应的对数频率特性如图 7-3 所示。

如图 7-3 所示，在接近 $\omega=\omega_s$ 的区域有正相移，在高频与低频处增益趋于零分贝，稳态时 $H(s)$ 趋于 1。由所示增益和相位的阻尼网络 $H(s)$ 所形成的闭环增益有 1dB 的峰值，这相当于等效阻尼系数为 0.5。总之，式(7-1)所示的阻尼网络 $H(s)$ 具有所期望的性能。

虽然式(7-1)所确定的阻尼网络 $H(s)$ 具有所期望的性能，但相对来说，该网络的表达形式稍显复杂。考虑到惯性导航系统是一个低通滤波器，因此不一定要求在高频处的增益为零分贝，这样 $H(s)$ 就可以采用较为简单的传递函数。如果阻尼网络传递在高频处有非零的常值增益，在低频处具有零分贝增益，且在接近 $\omega=\omega_s$ 处有正相移，同时稳态时 $H(s)$ 趋于

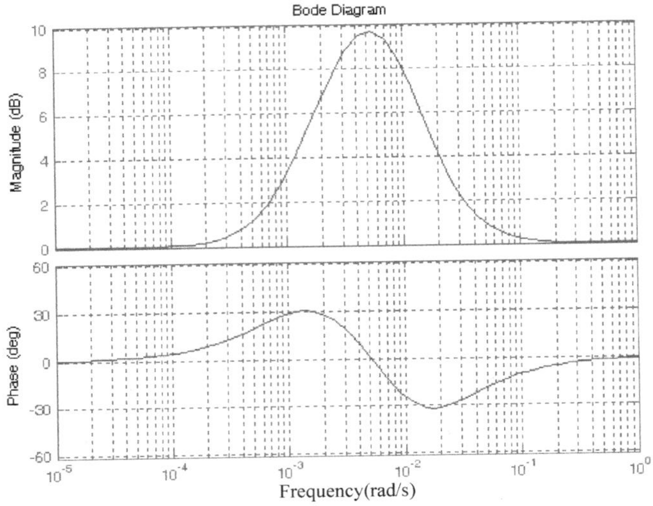

图 7-3　水平阻尼网络 $H(s)$ 的对数频率特性

1，则该阻尼网络可由简单传递函数表示，即

$$H(s)=\frac{\omega_1}{\omega_0}\cdot\frac{s+\omega_0}{s+\omega_1} \tag{7-2}$$

式(7-2)中，令参数 $\omega_0=6.00\times10^{-4}$ ， $\omega_1=1.69\times10^{-3}$ ，可以确定系统仍然具有 1dB 的闭环增益特性。

如果惯性导航系统的传递函数表示为 $G(s)=\omega_s^2/s^2$ ，则在加入如式(7-2)所示的阻尼网络 $H(s)$ 以后， $G(s)$ 、 $H(s)$ 以及 $H(s)G(s)$ 的对数幅频特性与对数相频特性如图 7-4 所示。

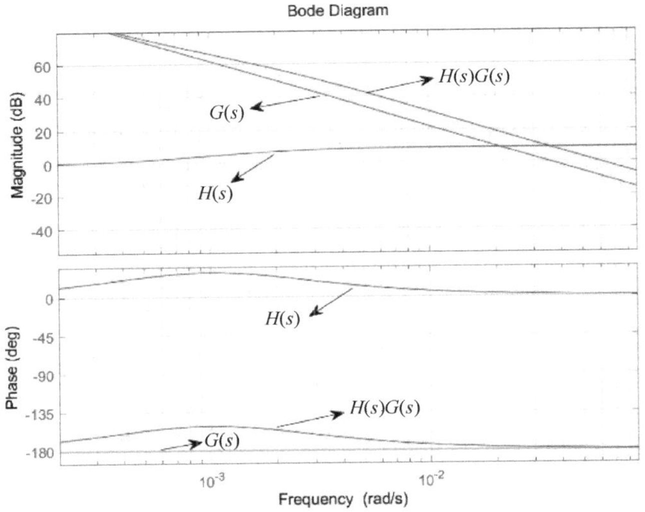

图 7-4　$G(s)$ 、 $H(s)$ 以及 $H(s)G(s)$ 的开环对数幅频与相频特性

惯性导航系统加入阻尼网络后与伺服机构所构成的闭环传递函数具有同样的形式。图 7-5 为函数 $H(s)G(s)/[1+H(s)G(s)]$ 与 $G(s)/[1+H(s)G(s)]$ 的闭环响应曲线。

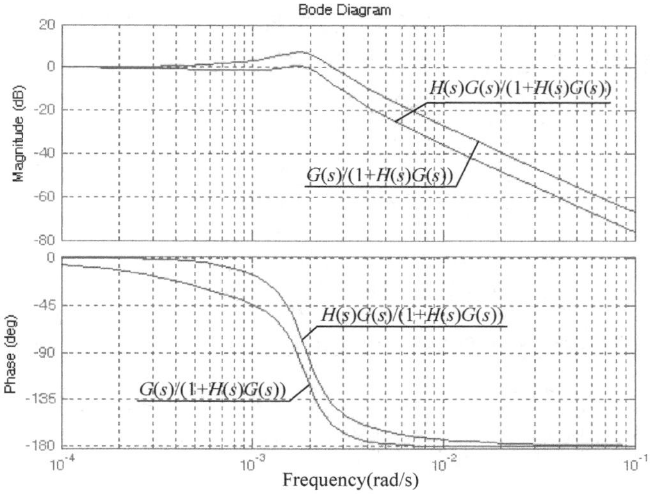

图 7-5　闭环对数幅频与相频特性

通过逐次尝试法，还可以选取 $H(s)$ 的形式和参数为

$$H(s)=\frac{\left(s+8.5\times10^{-4}\right)\left(s+9.412\times10^{-2}\right)}{\left(s+8.0\times10^{-3}\right)\left(s+1.0\times10^{-2}\right)} \tag{7-3}$$

式(7-3)所示的网络的频率特性也符合阻尼网络选择原则，经过计算机模拟，其阻尼效果也较为理想。综上所述，水平阻尼网络设计的基本流程可以归纳为：在满足阻尼网络选择原则的前提下，通过逐次尝试法，确定网络形式与参数，进一步可以通过计算机模拟择优确定出最适用于实际工程应用场景的水平阻尼网络。

7.1.3　水平阻尼惯性导航系统方程

第 3 章中，给出了平台式惯性导航系统的控制方程、运动方程以及误差方程。为了更好地理解阻尼网络对惯性导航系统产生的影响，本节以平台式惯性导航系统的这三类方程为抓手，探讨加入水平阻尼网络 $H(s)$ 以后，这三类方程发生了何种变化。

1. 阻尼控制与运动方程

控制方程是实际惯性导航系统中计算机要计算的一组方程，计算机的输入是安装在平台上的加速度计的输出(对于捷联式惯性导航系统，计算机的输入是固联于运载体上的加速度计的输出在导航坐标系的投影)，计算机的输出是陀螺仪控制角速度以及其他计算导航参量(对于捷联式惯性导航系统，计算机的输出是导航坐标系即地理坐标系的旋转角速度以及其他计算导航参量)。因为水平阻尼网络是加在舒勒回路计算速度处的，所以系统中在水平阻尼网络前的变量的形式没有变化。因此，加入水平阻尼网络后的速度控制方程仍为

$$\begin{cases}\dot{V}_{cE}=f_{px}+\left(2\omega_{ie}\sin L_c+\dfrac{V_{cE}}{R_N}\tan L_c\right)V_{cN}, & V_{cE}(0)=V_{E0}\\ \dot{V}_{cN}=f_{py}-\left(2\omega_{ie}\sin L_c+\dfrac{V_{cE}}{R_N}\tan L_c\right)V_{cE}, & V_{cN}(0)=V_{N0}\end{cases} \tag{7-4}$$

根据式(7-4)可知，阻尼惯性导航系统中的速度控制方程与无阻尼惯性导航系统一样。对于平台控制方程，考虑到陀螺仪控制角速度计算在水平阻尼网络之后，所以平台控制方程变为

$$\begin{cases}\omega_{cx}=-\dfrac{V_{cN}}{R_M}H_y\\ \omega_{cy}=\omega_{ie}\cos L_c+\dfrac{V_{cE}}{R_N}H_x\\ \omega_{cz}=\omega_{ie}\sin L_c+\dfrac{V_{cE}}{R_N}\tan L_c\cdot H_x\end{cases}\tag{7-5}$$

式中，H_x 与 H_y 分别为东向水平回路阻尼网络与北向水平回路阻尼网络。

对于捷联式惯性导航系统，式(7-5)用于计算阻尼系统捷联姿态矩阵 $\boldsymbol{C}_b^n$ 的地理坐标系旋转角速度。对于位置控制方程，由于经纬度的计算也是在水平阻尼网络之后进行的，所以阻尼系统的位置控制方程为

$$\begin{cases}\dot{L}_c=\dfrac{V_{cN}}{R_M}H_y, & L_c(0)=L_0\\ \dot{\lambda}_c=\dfrac{V_{cE}}{R_N}\sec L_c\cdot H_x, & \lambda_c(0)=\lambda_0\end{cases}\tag{7-6}$$

式(7-4)～式(7-6)构成的方程组便是水平阻尼惯性导航系统中计算机要计算的一组方程。

运动方程是用数学公式描述惯性导航系统工作原理的一组方程。在水平阻尼惯性导航系统中，平台运动基本方程、速度基本方程的形式与式(3-49)、式(3-54)一样，位置基本方程与式(7-6)一样。

2. 阻尼误差方程

误差方程是用来描述各种误差源与惯性导航系统输出量之间的关系的一组方程。结合3.3节中推导得到的各种误差方程，在相应位置引入阻尼网络之后可以得到阻尼系统的误差方程。阻尼系统的平台运动误差方程可以表示为

$$\begin{cases}\dot{\alpha}=-\dfrac{\delta V_N}{R_e}H_y-\gamma\omega_{ie}\cos L+\beta\omega_{ie}\sin L+\varepsilon_x, & \alpha(0)=\alpha_0\\ \dot{\beta}=-\delta L\omega_{ie}\sin L+\dfrac{\delta V_E}{R_e}H_x-\alpha\omega_{ie}\sin L+\varepsilon_y, & \beta(0)=\beta_0\\ \dot{\gamma}=\delta L\omega_{ie}\cos L+\dfrac{\delta V_E}{R_e}H_x\tan L+\alpha\omega_{ie}\cos L+\varepsilon_z, & \gamma(0)=\gamma_0\end{cases}\tag{7-7}$$

同理，阻尼系统的速度误差方程为

$$\begin{cases}\delta\dot{V}_E=2\omega_{ie}\delta V_N\sin L-\beta g+\Delta A_x, & \delta V_E(0)=\delta V_{E0}\\ \delta\dot{V}_N=-2\omega_{ie}\delta V_E\sin L+\alpha g+\Delta A_y, & \delta V_N(0)=\delta V_{N0}\end{cases}\tag{7-8}$$

阻尼系统的位置误差方程为

$$\begin{cases}\delta\dot{L}=\dfrac{\delta V_N}{R_e}H_y, & \delta L(0)=\delta L_0\\ \delta\dot{\lambda}=\dfrac{\delta V_E}{R_e}H_x\sec L, & \delta\lambda(0)=\delta\lambda_0\end{cases}\tag{7-9}$$

式(7-7)～式(7-9)构成的方程组便是水平阻尼惯性导航系统误差方程。

7.1.4　水平阻尼惯性导航系统误差特性分析

与无阻尼惯性导航系统一样，阻尼惯性导航系统中的经度误差也是开环的，故可单独进行考虑。同时，考虑到舒勒周期振荡被傅科周期振荡所调制，所以可以忽略傅科周期振荡。在这些假设条件下，联立式(7-7)、式(7-8)，以及式(7-9)中的第 1 式，得到

$$\begin{cases} \dot{\alpha} = -\dfrac{\delta V_N}{R_e} H_y - \gamma\omega_{ie}\cos L + \beta\omega_{ie}\sin L + \varepsilon_x, & \alpha(0) = \alpha_0 \\ \dot{\beta} = -\delta L\omega_{ie}\sin L + \dfrac{\delta V_E}{R_e} H_x - \alpha\omega_{ie}\sin L + \varepsilon_y, & \beta(0) = \beta_0 \\ \dot{\gamma} = \delta L\omega_{ie}\cos L + \dfrac{\delta V_E}{R_e} H_x \tan L + \alpha\omega_{ie}\cos L + \varepsilon_z, & \gamma(0) = \gamma_0 \\ \delta\dot{V}_E = -\beta g + \Delta A_x, & \delta V_E(0) = \delta V_{E0} \\ \delta\dot{V}_N = \alpha g + \Delta A_y, & \delta V_N(0) = \delta V_{N0} \\ \delta\dot{L} = \dfrac{\delta V_N}{R_e} H_y, & \delta L(0) = \delta L_0 \end{cases} \tag{7-10}$$

根据误差方程组式(7-10)，可以得到阻尼惯性导航系统特征方程为

$$\Delta(s) = \left(s^2 + \omega_{ie}^2\right)\left[s^2 + H_x(s)\omega_s^2\right]\left[s^2 + H_y(s)\omega_s^2\right] \tag{7-11}$$

如果两水平通道选取的阻尼网络相同，即 $H_x(s) = H_y(s)$，式(7-11)可以表示为

$$\Delta(s) = \left(s^2 + \omega_{ie}^2\right)\left[s^2 + H(s)\omega_s^2\right]^2 = 0 \tag{7-12}$$

根据式(7-12)可知，由于水平回路中加入了阻尼网络，所以舒勒周期振荡误差将被阻尼网络阻尼掉。但是，地球周期振荡误差仍然存在。当然，傅科周期振荡误差分量也将随着舒勒周期振荡的阻尼而消失，这说明前面对傅科周期振荡的忽略是合理的。

需要注意的是，引入水平阻尼网络虽然可以将舒勒周期振荡与傅科周期振荡阻尼下来，但系统的常值误差并不能因此减小或增大。这是由于所设计的水平阻尼网络在稳态时趋于 1，即

$$\lim_{s\to 0} H(s) = 1 \tag{7-13}$$

因此，陀螺仪漂移常值分量与加速度计零偏对系统的影响与无阻尼时一样，在稳态误差中并不存在因阻尼而产生的误差。

7.2　基于外速度补偿的阻尼惯性导航系统

为了使惯性导航系统中的舒勒周期振荡加以衰减，水平回路中串联了水平阻尼网络。这种阻尼方法在本质上相当于从系统本身取出速度信息以后，通过阻尼网络再将其加到系统中，从而达到阻尼的目的，因此这种阻尼方法属于一种内阻尼方式。但是，加入水

平阻尼网络将导致系统不再满足舒勒调整条件，因此系统解算将会受到运载体加速度与速度的影响。也就是说，对于阻尼惯性导航系统，舰船运动必将使惯性导航系统产生误差。这种误差随加速度以及速度增加而变大，而且一般要经过几个振荡周期之后才能逐渐衰减下来。

为了抑制阻尼网络引入的动态误差，可以利用外速度信息进行补偿。这种方法既能阻尼周期振荡误差，又能对加速度与速度产生的误差进行补偿，属于一种外阻尼方式。具体来说，如果能够从外部获得速度信息(如电磁计程仪)，则可以对外速度信息与惯性导航系统内部解算得到的速度信息进行比较，并利用其差值对系统进行阻尼。

下面，首先以单通道北向水平回路为例分析运载体速度与加速度对内阻尼惯性导航系统的影响，如图 7-6 所示。

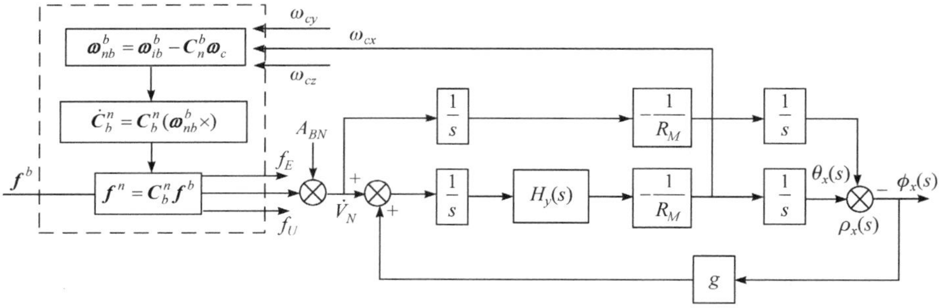

图 7-6　单通道北向水平阻尼回路误差原理图

图 7-6 中，$\theta_x(s)$ 是地理坐标系在惯性空间的旋转角度，$\rho_x(s)$ 是计算的地理坐标系在惯性空间的旋转角度(对于平台式惯性导航系统，即是平台坐标系在惯性空间的旋转角度)。因此，水平失准角 $\phi_x(s)$ 可以表示为

$$\phi_x(s)=\rho_x(s)-\theta_x(s) \tag{7-14}$$

式中

$$\begin{cases}\theta_x(s)=-\dfrac{1}{s^2R_M}\dot{V}_N(s)\\ \rho_x(s)=-\dfrac{1}{s^2R_M}H_y(s)\left[\dot{V}_N(s)+\phi_x(s)g\right]\end{cases} \tag{7-15}$$

将式(7-15)代入式(7-14)，整理得到

$$\phi_x(s)=\frac{1-H_y(s)}{s^2R_M+H_y(s)g}\dot{V}_N(s)=\frac{\left[1-H_y(s)\right]s}{s^2R_M+H_y(s)g}V_N(s) \tag{7-16}$$

式(7-16)说明水平失准角 $\phi_x(s)$ 是随加速度 $\dot{V}_N(s)$ 以及速度 $V_N(s)$ 的增长而增加的。一般情况下，舰船运动加速度及速度并不算太大，所产生的动态误差不是很大，但像飞机、导弹等高速运载体，系统动态误差会达到不允许的程度，所以通常不采用内阻尼惯性导航工作方式。除此之外，从式(7-16)也可以看出，如果 $H_y(s)$ 满足式(7-13)，系统处于稳定状态时并不存在速度与加速度引入的误差。因此，对于内阻尼惯性导航系统来说，运载体机动

只会引入动态误差。为了减小由速度与加速度引入的动态误差，可以利用运载体上配备的速度测量设备测量运载体速度，并将外速度信息引入阻尼惯性导航系统中，从而构成基于外速度补偿的阻尼惯性导航系统。

外速度信息是通过阻尼网络$1-H_y(s)$加入到系统中的，仍以单通道北向水平回路为例说明如何通过加入外速度信息实现外阻尼。单通道北向水平外阻尼系统原理图如图 7-7 所示。

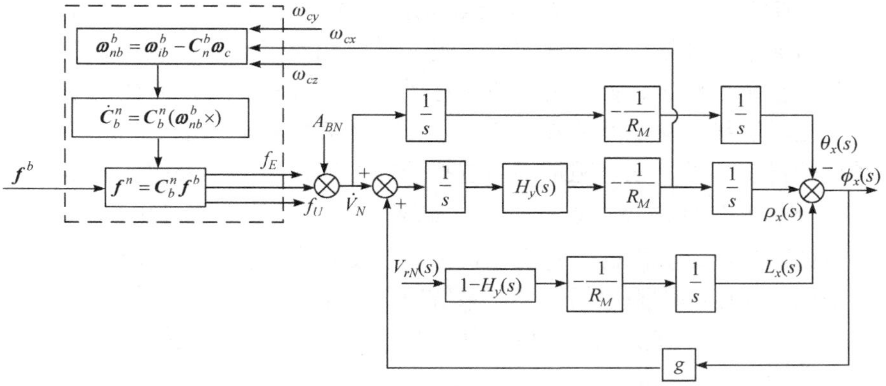

图 7-7　单通道北向水平外阻尼系统原理图

图 7-7 中，V_{rN} (s)表示外速度，外速度等于真实速度V_N (s)与外速度误差δV_{rN} (s)之和，即

$$V_{rN}(s)=V_N(s)+\delta V_{rN}(s) \tag{7-17}$$

首先，分析加速度$\dot{V}_N$对水平失准角ϕ_x的影响。根据图 7-7 可以看出，如果$H_y(s)=1$即不加阻尼网络，则系统工作于无阻尼状态。由于无阻尼系统满足舒勒调整条件，所以$\dot{V}_N$对水平失准角ϕ_x没有影响。同时，外速度V_{rN}也无法引入到惯性导航系统中(因为$1-H_y(s)=0$)。当$H_y(s)\neq 1$时，系统工作于阻尼状态，如果能够适当选择阻尼网络使外速度信息通道与其他两通道相互抵消，则加速度$\dot{V}_N$就不会再引入动态误差，这就是引入外速度信息进行补偿的目的。

根据图 7-7，可以得到如下表达式：

$$\phi_x(s)=\rho_x(s)+L_x(s)-\theta_x(s) \tag{7-18}$$

式中

$$\begin{cases}\theta_x(s)=-\dfrac{1}{s^2R_M}\dot{V}_N(s)\\ \rho_x(s)=-\dfrac{1}{s^2R_M}H_y(s)\left[\dot{V}_N(s)+\phi_x(s)g\right]\\ L_x(s)=-\dfrac{1}{sR_M}\left[1-H_y(s)\right]V_{rN}(s)\end{cases} \tag{7-19}$$

将式(7-17)与式(7-19)代入式(7-18)，整理得到

$$\phi_x(s)=-\frac{\left[1-H_y(s)\right]s}{R_M\left[s^2+H_y(s)\omega_s^2\right]}\delta V_{rN}(s) \tag{7-20}$$

式(7-20)说明 $\phi_x(s)$ 与加速度 $\dot{V}_N(s)$ 及速度 $V_N(s)$ 无关，只与外速度误差 $\delta V_{rN}(s)$ 有关。$\phi_x(s)$ 将随着外速度误差 $\delta V_{rN}(s)$ 的增加而增加，所以要求外速度精度尽可能高。

从物理意义上讲，在惯性导航系统中引入外速度信息并不能起到阻尼的作用，引入外速度信息只是给系统增加了一条补偿通道，补偿由加速度及速度引入到系统的动态误差。虽然外速度的引入会导致外速度误差对系统造成误差，但一般来说外速度误差要远远小于运载体速度。本质上来说，基于外速度补偿的阻尼惯性导航系统属于一种组合导航系统。

除外速度阻尼惯性导航工作方式以外，另一种常用的工作方式是当舰船匀速直航时惯性导航系统工作在阻尼状态，而当舰船机动运动时，通过状态切换使惯性导航系统工作在无阻尼状态。无阻尼状态满足舒勒调整条件，所以舰船加速度不会产生动态干扰误差。

关于系统的稳态误差，根据阻尼网络选择原则可知，工作于外速度通道的传递函数为 $1-H_y(s)$。此函数在低频时传递系数为零，也就是说稳态时 $1-H_y(s)=0$，说明常值外速度并不能通过此阻尼网络。因此，稳态条件下外速度信息不会引起系统误差。根据以上分析可知，当采用外速度补偿阻尼惯性导航系统时，并不需要一直连续提供外速度信息，而只需要在运载体机动速度有变化时提供外速度信息，以实现外速度阻尼惯性导航系统工作状态。

外阻尼惯性导航系统也包括控制方程、运动方程以及误差方程。对于控制方程与运动方程，外阻尼状态下，只需要将内水平阻尼控制方程与运动方程中的地理坐标系旋转角速度(对于平台式惯性导航系统即是陀螺仪控制角速度) ω_{cx}、ω_{cy}、ω_{cz} 及位置方程 $\dot{L}_c$、$\dot{\lambda}_c$ 中含有的 $V_{cE}H_x$、$V_{cN}H_y$ 变成

$$\begin{cases}\left[\left(V_{cE}-V_{rE}\right)H_x\right]/R_N+V_{rE}/R_N\\ \left[\left(V_{cN}-V_{rN}\right)H_y\right]/R_M+V_{rN}/R_M\end{cases} \tag{7-21}$$

其他项不变，即可获得基于外速度补偿的阻尼惯性导航系统控制方程与运动方程。

外阻尼惯性导航系统的误差方程只需要将式(7-7)与式(7-9)所表示的平台运动误差方程 $\dot{\alpha}$、$\dot{\beta}$、$\dot{\gamma}$ 及位置误差方程 $\delta\dot{L}$、$\delta\dot{\lambda}$ 中的 $\delta V_E H_x$、$\delta V_N H_y$ 改写成 $\left[\left(\delta V_E-\delta V_{rE}\right)H_x+\delta V_{rE}\right]$、$\left[\left(\delta V_N-\delta V_{rN}\right)H_y+\delta V_{rN}\right]$，即是外水平阻尼惯性导航系统误差方程。

● **小思考：**在推导基于外速度补偿的阻尼惯性导航系统误差方程时，也是假设静基座条件。请思考一下，静基座怎么会有外速度呢？这不矛盾吗？

7.3 方位阻尼

在水平阻尼惯性导航系统中，通过在舒勒回路引入水平阻尼网络可以抑制惯性导航系统中的舒勒周期振荡误差。由于傅科周期振荡对舒勒周期振荡调制，所以傅科周期振荡误差也会随之消除。但是，方位回路中仍然存在地球周期振荡误差。通过对无阻尼惯性导航系统分析可知，地球周期振荡主要表现在纬度误差与方位误差上，在水平失准角与速度误差上表现并不明显。为消除惯性导航系统中的地球周期振荡误差，也可以采用引入阻尼网

络的方式。由于地球周期振荡在方位误差上表现更为明显，故称其为方位阻尼。

水平阻尼与方位阻尼同时作用于系统时称为全阻尼工作状态，全阻尼工作状态又分为内全阻尼工作状态与外全阻尼工作状态。如果只用惯性导航系统内部计算的速度进行水平阻尼及方位阻尼，则称为内全阻尼；如果用外速度信息同时补偿水平阻尼及方位阻尼，则称为外全阻尼。需要注意的是，由于地球振荡周期较长(24h)，所以地球周期振荡阻尼时间也会比较长，一般需要一个半周期才能阻尼下来，也就是说需要至少 36h。要提高阻尼速度，只能通过增大阻尼系数来缩短阻尼时间，而阻尼系数越大，运载体加速度对系统的影响就越大。因此，多数情况下惯性导航系统不工作在方位阻尼状态。只有在长期无法获取外界信息进行校正的情况下，系统工作在全阻尼状态会优于工作在外水平阻尼状态。

7.3.1　方位阻尼原理

惯性导航系统方位阻尼是通过在地理坐标系旋转角速度 $\boldsymbol{\omega}_{it}^t$ 计算中引入阻尼网络 Y_x、Y_y、Y_z 来实现的(对于平台式惯性导航系统，则是在控制角速度 $\boldsymbol{\omega}_c$ 计算中引入阻尼网络)。根据第 2 章可知，地理坐标系旋转角速度包括 $\boldsymbol{\omega}_{ie}^t$ 与 $\boldsymbol{\omega}_{et}^t$ 两部分，即

$$\boldsymbol{\omega}_{it}^t = \boldsymbol{\omega}_{ie}^t + \boldsymbol{\omega}_{et}^t = \begin{bmatrix} -\dfrac{V_N}{R_M} \\ \omega_{ie}\cos L + \dfrac{V_E}{R_N} \\ \omega_{ie}\sin L + \dfrac{V_E}{R_N}\tan L \end{bmatrix} \tag{7-22}$$

一般来说，进行方位阻尼的有效方案是让阻尼网络作用于计算的地球自转角速度分量 $\boldsymbol{\omega}_{ie}^t$ 上，而不是作用于整个角速度 $\boldsymbol{\omega}_{it}^t$ 上。具体地，令 Y_y 作用于 $\omega_{ie}\cos L_c$，Y_z 作用于 $\omega_{ie}\sin L_c$。此时，地理坐标系旋转角速度计算公式变为

$$\begin{cases} \omega_{cx} = -Y_x \dfrac{V_{cN}}{R_M} H_y \\ \omega_{cy} = Y_y \omega_{ie}\cos L_c + \dfrac{V_{cE}}{R_N} H_x \\ \omega_{cz} = Y_z \omega_{ie}\sin L_c + \dfrac{V_{cE}}{R_N}\tan L_c \cdot H_x \end{cases} \tag{7-23}$$

比较式(7-23)与式(7-5)可以发现，与处于水平阻尼状态的平台式惯性导航系统陀螺仪控制角速度相比，除水平阻尼网络以外，又增加了方位阻尼网络 Y_x、Y_y、Y_z 作用于其上。

根据式(7-23)可以绘制全阻尼惯性导航系统原理图，如图 7-8 所示。

图 7-8 中，$H_x(s)$、$H_y(s)$ 分别表示东向水平回路阻尼网络与北向水平回路阻尼网络，$Y_x(s)$、$Y_y(s)$、$Y_z(s)$ 分别表示施加在方位回路上的阻尼网络。对 ω_{cy}、ω_{cz} 进一步化简可以得到

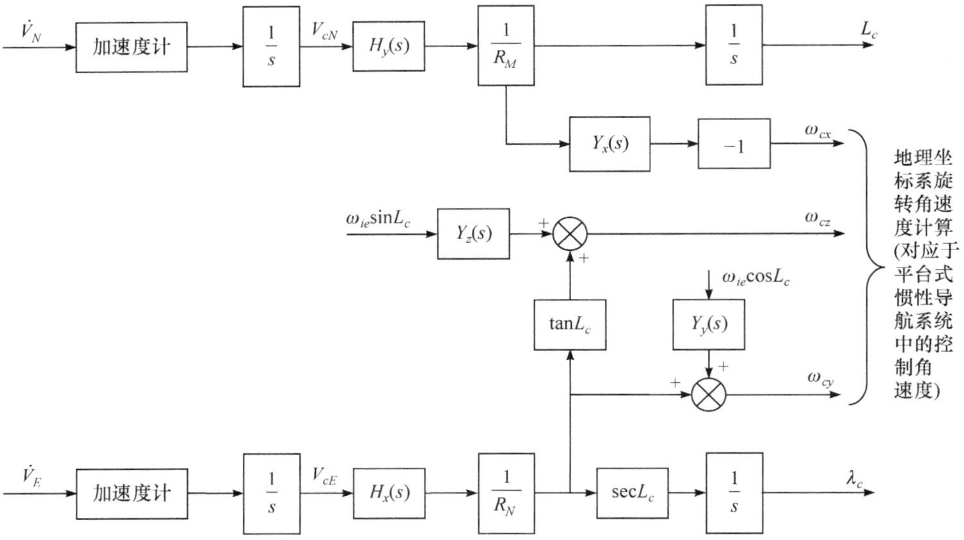

图 7-8　全阻尼惯性导航系统原理图

$$
\begin{aligned}
\omega_{cy} &= Y_y \omega_{ie} \cos L_c + \frac{V_{cE}}{R_N} H_x \\
&= -(1-Y_y)\omega_{ie}\cos L_c + \omega_{ie}\cos L_c + \frac{V_{cE}}{R_N} H_x \\
&= -\frac{\omega_{ie}}{s} s \cos L_c (1-Y_y) + \omega_{ie}\cos L_c + \frac{V_{cE}}{R_N} H_x \\
&= \frac{\omega_{ie}}{s}(1-Y_y)\sin L_c \frac{V_{cN}}{R_M} H_y + \omega_{ie}\cos L_c + \frac{V_{cE}}{R_N} H_x
\end{aligned} \tag{7-24}
$$

$$
\begin{aligned}
\omega_{cz} &= Y_z \omega_{ie} \sin L_c + \frac{V_{cE}}{R_N}\tan L_c \cdot H_x \\
&= -(1-Y_z)\omega_{ie}\sin L_c + \omega_{ie}\sin L_c + \frac{V_{cE}}{R_N}\tan L_c \cdot H_x \\
&= -\frac{\omega_{ie}}{s}(1-Y_z)\cos L_c \frac{V_{cN}}{R_M} H_y + \omega_{ie}\sin L_c + \frac{V_{cE}}{R_N}\tan L_c \cdot H_x
\end{aligned} \tag{7-25}
$$

根据式(7-24)与式(7-25)，式(7-23)可以进一步表示为

$$
\begin{cases}
\omega_{cx} = -Y_x \dfrac{V_{cN}}{R_M} H_y \\
\omega_{cy} = \omega_{ie}\cos L_c + \dfrac{V_{cE}}{R_N} H_x + \dfrac{\omega_{ie}}{s}(1-Y_y)\sin L_c \dfrac{V_{cN}}{R_M} H_y \\
\omega_{cz} = \omega_{ie}\sin L_c + \dfrac{V_{cE}}{R_N}\tan L_c \cdot H_x - \dfrac{\omega_{ie}}{s}(1-Y_z)\cos L_c \dfrac{V_{cN}}{R_M} H_y
\end{cases} \tag{7-26}
$$

若令 $Y_y = Y_z = Y_t$ ，根据式(7-26)可以将图 7-8 绘制成如图 7-9 所示形式。由图 7-9 可见，

此时方位阻尼网络转换为以 $\omega_{ie}(1-Y_t)/s$ 为传递函数的阻尼网络加在系统北向速度计算值上，把产生的信息进行适当分解后与无阻尼时施加的信息并联馈入 y 轴与 z 轴。采用这种形式的阻尼网络转换可以简化系统由阻尼状态转换为无阻尼状态的过程，且可以更加便捷地引入所输入的外速度信息。

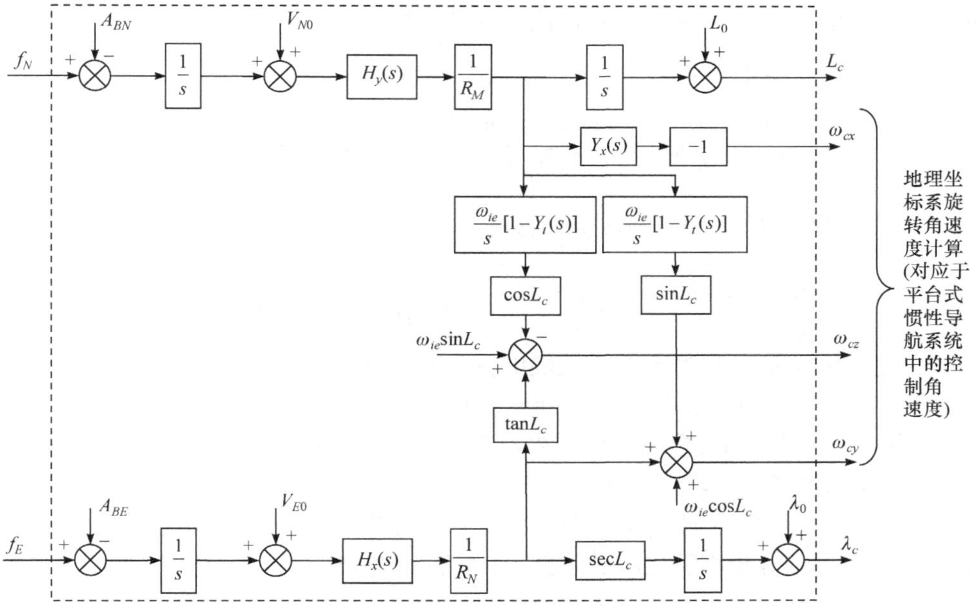

图 7-9　全阻尼惯性导航系统原理图

7.3.2　方位阻尼网络设计

由于地球周期振荡误差是方位上振荡误差的主要来源，所以方位阻尼所要阻尼的角频率是地球自转角频率，即 $\omega_{ie}=7.2921158\times10^{-5}\text{rad/s}$ 。选择方位阻尼网络的原则为：为了保证引入方位阻尼网络后系统依然保持稳定，在 $\omega=\omega_{ie}$ 的附近区域内其增益可以忽略不计，在这个区域 $Y(s)$ 必须具有正的相移。除此之外，无论是数学平台还是物理平台，为了保证其能稳定跟踪地理坐标系，要求在加入方位阻尼网络之后，地理坐标系计算旋转角速度或者陀螺仪控制角速度在稳态时与不加方位阻尼网络时一致。因此，稳态时应满足：

$$\begin{cases}Y_x(s)=1\\Y_y(s)=Y_z(s)=Y_t(s)=Y(s)=1\end{cases}\tag{7-27}$$

即

$$\lim_{s\to0}\frac{\omega_{ie}}{s}[1-Y(s)]=0\tag{7-28}$$

同时，还需要考虑阻尼系数 ξ 的合理选择，既要考虑能够较快地使地球周期振荡误差阻尼下来，又要考虑对舰船运动的敏感性最小，即在加入方位阻尼网络后，舰船运动对阻尼系统产生的动态误差应比较小。通常情况下，选择阻尼系数为 0.5 比较合适。

本质上，方位阻尼网络选择原则与水平阻尼网络基本相同，因此设计 $Y(s)$ 的一种快捷有效的方法是通过频率区域代换的方式，使 $Y(s)$ 和前面讨论的水平阻尼网络 $H(s)$ 相配合，通过代换 $H(s)$ 的频率区域来实现 $Y(s)$ 的设计，即

$$s \to \frac{\omega_s}{\omega_{ie}} s \tag{7-29}$$

假如采用式(7-3)所示的水平阻尼网络 $H(s)$ 按照式(7-29)进行频率区域代换，可以得到方位阻尼网络函数表达式为

$$Y(s) = \frac{\left(s+5.0\times10^{-5}\right)\left(s+5.5\times10^{-3}\right)}{\left(s+4.7\times10^{-4}\right)\left(s+5.88\times10^{-4}\right)} \tag{7-30}$$

如果令式(7-26)中的 $\omega_{ie}(1-Y)/s$ 为 $W(s)$，利用 $Y(s)$ 可以求得传递函数 $W(s)$ 为

$$W(s) = \frac{\omega_{ie}}{s}\left[1-Y(s)\right] = -\frac{3.3\times10^{-7}}{\left(s+4.7\times10^{-4}\right)\left(s+5.88\times10^{-4}\right)} \tag{7-31}$$

如前所述，希望阻尼惯性导航系统能够在没有外速度输入信息的条件下工作。在这种要求下，显然通过上述频率区域代换设计出来的方位阻尼网络并不能满足式(7-28)，也就是说式(7-30)并不是合适的方位阻尼网络函数表达式。因为通过式(7-31)可知，$W(s)$ 在低频处趋于−1.193。由于通过频率区域代换设计出来的方位阻尼网络并不能满足式(7-28)，可以考虑选取一个具有与式(7-30)类似的频率响应特性的函数来代替，并且此函数具有式(7-28)的性质。

假设一个分子和分母都是二阶的函数，其在低频处趋于 1，而使 $W(s)$ 在低频处为零，这样就可以保证惯性导航系统计算角速度信息不变，为此试选：

$$Y(s) = \frac{As^2+Bs+C}{Ds^2+Es+F} \tag{7-32}$$

不失一般性，令 $A=1$。可以看出，如果 $B=E$ 和 $C=F$，则式(7-28)可以得到满足，故还剩下 3 个独立参数。为了能用二阶方程的标准增益与相位曲线更加方便地绘制其特征曲线，可将式(7-32)写成

$$Y(s) = \left(\frac{\omega_2}{\omega_1}\right)^2 \frac{s^2+2\eta_1\omega_1 s+\omega_1^2}{s^2+2\eta_2\omega_2 s+\omega_2^2} \tag{7-33}$$

式中，$\eta_1/\eta_2 = \omega_1/\omega_2$。

图 7-10 表示式(7-33)所示的方位阻尼网络的对数频率特性。

将此网络设计成接近于式(7-30)的特性，故其参数为 $\omega_1 = 4.84\times10^{-5}$，$\omega_2 = 6.00\times10^{-5}$，$\eta_1 = 0.773$，$\eta_2 = 1.00$，可以得出 $Y(s)$ 函数表达式为

$$Y(s) = 1.669\frac{s^2+7.173\times10^{-5}s+21.53\times10^{-10}}{s^2+12\times10^{-5}s+36\times10^{-10}} \tag{7-34}$$

式(7-34)与式(7-30)有类似的频率响应特性。根据式(7-31)与式(7-34)，传递函数 $W(s)$ 的形式及参数为

$$W(s) = \frac{\omega_{ie}}{s}\left[1-Y(s)\right] = -\frac{4.88\times10^{-5}s}{\left(s+6.0\times10^{-5}\right)\left(s+6.0\times10^{-5}\right)} \tag{7-35}$$

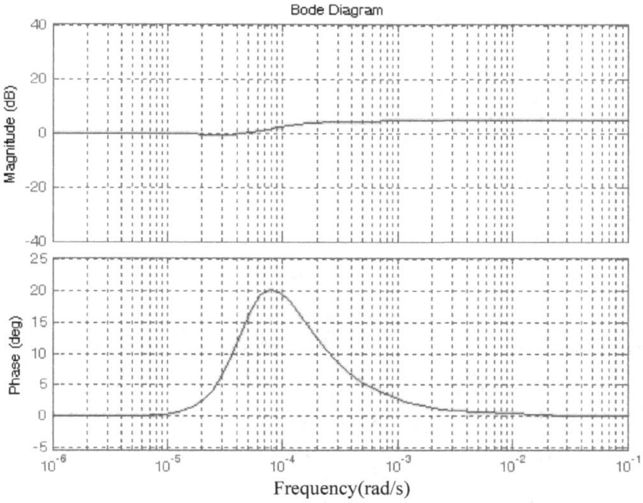

图 7-10　方位阻尼网络 $Y(s)$ 的对数频率特性

考察式(7-35)，可以发现其满足：

$$W(s)=\lim_{s\to 0}\frac{\omega_{ie}}{s}\left[1-Y(s)\right]=0 \tag{7-36}$$

式(7-36)说明在低频区域内有 $W(s)=0$，符合系统对方位阻尼网络的要求。

● **小思考：**方位阻尼必须在水平阻尼的基础上进行，请思考一下，这么要求的原因是什么？

7.3.3　全阻尼惯性导航系统方程

在一般的惯性导航系统中，水平阻尼过程大约 2h 左右就能完成，而方位阻尼过程由于受到地球自转周期的影响往往需要 30h 才能完成，所以，同时进行水平阻尼和方位阻尼只会影响方位阻尼起始时间段的过渡过程，而对整个方位阻尼过程没有太大影响，因此水平阻尼和方位阻尼不必分先后而可以同时进行。

令 $Y_x=1$，$Y_y=Y_z=Y$，根据式(7-6)与式(7-26)可以得出全阻尼惯性导航系统运动方程为

$$\begin{cases}\dot{V}_{cE}=f_E+\left(2\omega_{ie}\sin L_c+\dfrac{V_{cE}}{R_N}\tan L_c\right)V_{cN}-\beta g+\Delta A_x, \quad V_{cE}(0)=V_{E0}\\ \dot{V}_{cN}=f_N+\left(2\omega_{ie}\sin L_c+\dfrac{V_{cE}}{R_N}\tan L_c\right)V_{cE}+\alpha g+\Delta A_y, \quad V_{cN}(0)=V_{N0}\\ \omega_{cx}=-\dfrac{V_{cN}}{R_M}H_y\\ \omega_{cy}=\omega_{ie}\cos L_c+\dfrac{V_{cE}}{R_N}H_x+\dfrac{\omega_{ie}}{s}(1-Y)\sin L_c\dfrac{V_{cN}}{R_M}H_y\\ \omega_{cz}=\omega_{ie}\sin L_c+\dfrac{V_{cE}}{R_N}\tan L_cH_x-\dfrac{\omega_{ie}}{s}(1-Y)\cos L_c\dfrac{V_{cN}}{R_M}H_y\end{cases}$$

$$
\begin{cases}
\dot{\alpha}=\omega_{cx}-\omega_{itx}^{t}-\gamma\omega_{ity}^{t}+\beta\omega_{itz}^{t}+\varepsilon_{x}, & \alpha(0)=\alpha_{0}\\
\dot{\beta}=\omega_{cy}-\omega_{ity}^{t}-\alpha\omega_{itz}^{t}+\gamma\omega_{itx}^{t}+\varepsilon_{y}, & \beta(0)=\beta_{0}\\
\dot{\gamma}=\omega_{cz}-\omega_{itz}^{t}-\beta\omega_{itx}^{t}+\alpha\omega_{ity}^{t}+\varepsilon_{z}, & \gamma(0)=\gamma_{0}\\
\dot{L}_{c}=\dfrac{V_{cN}}{R_{M}}H_{y}, & L_{c}(0)=L_{0}\\
\dot{\lambda}_{c}=\dfrac{V_{cE}}{R_{N}}\sec L_{c}\cdot H_{x}, & \lambda_{c}(0)=\lambda_{0}
\end{cases}
\tag{7-37}
$$

在全阻尼惯性导航系统中，当引入外速度信息时即构成外全阻尼惯性导航系统。引入外速度信息的好处已在7.2节分析过，此处不再重述。需要注意的是，外速度信息不但需要引入到水平回路中，也要引入到方位回路中，这样才能使纬度与方位上的动态干扰误差得以减小。在引入外速度信息以后，将式(7-37)中的ω_{cx}、ω_{cy}、ω_{cz}与$\dot{L}_c$、$\dot{\lambda}_c$表达式修改即可得到外全阻尼惯性导航系统方程，具体表达式为

$$
\begin{cases}
\omega_{cx}=-\dfrac{1}{R_{M}}\left[(V_{cN}-V_{rN})H_{y}+V_{rN}\right]\\
\omega_{cy}=\omega_{ie}\cos L_{c}+\dfrac{1}{R_{N}}\left[(V_{cE}-V_{rE})H_{x}+V_{rE}\right]+\dfrac{\omega_{ie}}{s}(1-Y)\sin L_{c}\dfrac{V_{cN}-V_{rN}}{R_{M}}H_{y}\\
\omega_{cz}=\omega_{ie}\sin L_{c}+\dfrac{1}{R_{N}}\left[(V_{cE}-V_{rE})H_{x}+V_{rE}\right]\tan L_{c}-\dfrac{\omega_{ie}}{s}(1-Y)\cos L_{c}\dfrac{V_{cN}-V_{rN}}{R_{M}}H_{y}
\end{cases}
\tag{7-38}
$$

$$
\begin{cases}
\dot{L}_{c}=\dfrac{1}{R_{M}}\left[(V_{cN}-V_{rN})H_{y}+V_{rN}\right], & L_{c}(0)=L_{0}\\
\dot{\lambda}_{c}=\dfrac{1}{R_{N}}\left[(V_{cE}-V_{rE})H_{x}+V_{rE}\right]\sec L_{c}, & \lambda_{c}(0)=\lambda_{0}
\end{cases}
\tag{7-39}
$$

7.3.4　全阻尼惯性导航系统误差特性分析

在推导全阻尼惯性导航系统误差方程时，为简化分析，可以做一些近似假设。首先，假设地球是圆球体，即$R_M=R_N=R_e$，并在静基座情况下分析全阻尼惯性导航系统误差传播规律，此时有$V_E=V_N=0$，所以$\omega_{itx}^t=0$，$\omega_{ity}^t=\omega_{ie}\cos L$，$\omega_{itz}^t=\omega_{ie}\sin L$，则有

$$
\begin{aligned}
\omega_{cy}-\omega_{ity}^{t}&=\omega_{ie}\cos L_{c}-\omega_{ie}\cos L+\frac{\delta V_{E}}{R_{e}}H_{x}+\frac{\omega_{ie}}{s}(1-Y)\sin L_{c}\frac{\delta V_{N}}{R_{e}}H_{y}\\
&\approx-\delta L\omega_{ie}\sin L+\frac{\delta V_{E}}{R_{e}}H_{x}+\frac{\omega_{ie}}{s}(1-Y)\sin L_{c}\frac{\delta V_{N}}{R_{e}}H_{y}
\end{aligned}
\tag{7-40}
$$

$$
\begin{aligned}
\omega_{cz}-\omega_{itz}^{t}&=\omega_{ie}\sin L_{c}-\omega_{ie}\sin L+\frac{\delta V_{E}}{R_{e}}\tan L\cdot H_{x}-\frac{\omega_{ie}}{s}(1-Y)\cos L_{c}\frac{\delta V_{N}}{R_{e}}H_{y}\\
&\approx-\delta L\omega_{ie}\cos L+\frac{\delta V_{E}}{R_{e}}\tan L\cdot H_{x}-\frac{\omega_{ie}}{s}(1-Y)\cos L_{c}\frac{\delta V_{N}}{R_{e}}H_{y}
\end{aligned}
\tag{7-41}
$$

将式(7-40)与式(7-41)代入式(7-37)中的失准角微分方程，经过化简整理可以得到全阻尼惯性导航系统误差方程为

$$\begin{cases}\delta\dot{V}_E = 2\omega_{ie}\sin L\cdot\delta V_N - \beta g + \Delta A_x, & \delta V_E(0) = \delta V_{E0} \\ \delta\dot{V}_N = -2\omega_{ie}\sin L\cdot\delta V_E + \alpha g + \Delta A_y, & \delta V_N(0) = \delta V_{N0} \\ \dot{\alpha} = -\dfrac{\delta V_N}{R_e}H_y - \gamma\omega_{ie}\cos L + \beta\omega_{ie}\sin L + \varepsilon_x, & \alpha(0) = \alpha_0 \\ \dot{\beta} = -\delta L\omega_{ie}\sin L + \dfrac{\delta V_E}{R_e}H_x + \dfrac{\omega_{ie}}{s}(1-Y)\sin L\dfrac{\delta V_N}{R_e}H_y - \alpha\omega_{ie}\sin L + \varepsilon_y, & \beta(0) = \beta_0 \\ \dot{\gamma} = \delta L\omega_{ie}\cos L + \dfrac{\delta V_E}{R_e}H_x\tan L - \dfrac{\omega_{ie}}{s}(1-Y)\cos L\dfrac{\delta V_N}{R_e}H_y + \alpha\omega_{ie}\cos L + \varepsilon_z, & \gamma(0) = \gamma_0 \\ \delta\dot{L} = \dfrac{\delta V_N}{R_e}H_y, & \delta L(0) = \delta L_0 \\ \delta\dot{\lambda} = \dfrac{\delta V_E}{R_e}\sec L\cdot H_x, & \delta\lambda(0) = \delta\lambda_0 \end{cases} \tag{7-42}$$

对于外全阻尼惯性导航系统误差方程，其与式(7-42)的不同之处为

$$\begin{cases}\dot{\alpha} = -\dfrac{1}{R_e}\left[(\delta V_N - \delta V_{rN})H_y + \delta V_{rN}\right] - \gamma\omega_{ie}\cos L + \beta\omega_{ie}\sin L + \varepsilon_x, \quad \alpha(0) = \alpha_0 \\ \dot{\beta} = -\delta L\omega_{ie}\sin L + \dfrac{1}{R_e}\left[(\delta V_E - \delta V_{rE})H_x + \delta V_{rE}\right] + \dfrac{\omega_{ie}}{s}(1-Y)\sin L\dfrac{\delta V_N - \delta V_{rN}}{R_e}H_y \\ \qquad -\alpha\omega_{ie}\sin L + \varepsilon_y, \quad \beta(0) = \beta_0 \\ \dot{\gamma} = \delta L\omega_{ie}\cos L + \dfrac{1}{R_e}\left[(\delta V_E - \delta V_{rE})H_x + \delta V_{rE}\right]\tan L - \dfrac{\omega_{ie}}{s}(1-Y)\cos L\dfrac{\delta V_N - \delta V_{rN}}{R_e}H_y \\ \qquad +\alpha\omega_{ie}\cos L + \varepsilon_z, \quad \gamma(0) = \gamma_0 \end{cases} \tag{7-43}$$

$$\begin{cases}\delta\dot{L} = \dfrac{1}{R_e}\left[(\delta V_N - \delta V_{rN})H_y + \delta V_{rN}\right], & \delta L(0) = \delta L_0 \\ \delta\dot{\lambda} = \dfrac{1}{R_e}\left[(\delta V_E - \delta V_{rE})H_x + \delta V_{rE}\right]\sec L, & \delta\lambda(0) = \delta\lambda_0 \end{cases} \tag{7-44}$$

除式(7-43)与式(7-44)外，外全阻尼惯性导航系统误差方程与式(7-42)均相同。

进一步，基于式(7-42)分析全阻尼惯性导航系统误差特性。为简化分析，在静基座条件下认为有害加速度已经得到完全补偿，则式(7-42)可以进一步写为

$$\begin{cases}\delta\dot{V}_E = -\beta g + \Delta A_x, & \delta V_E(0) = \delta V_{E0} \\ \delta\dot{V}_N = \alpha g + \Delta A_y, & \delta V_N(0) = \delta V_{N0} \\ \dot{\alpha} = -\dfrac{\delta V_N}{R_e}H_y - \gamma\omega_{ie}\cos L + \beta\omega_{ie}\sin L + \varepsilon_x, & \alpha(0) = \alpha_0 \\ \dot{\beta} = -\delta L\omega_{ie}\sin L + \dfrac{\delta V_E}{R_e}H_x + \dfrac{\omega_{ie}}{s}(1-Y)\sin L\dfrac{\delta V_N}{R_e}H_y - \alpha\omega_{ie}\sin L + \varepsilon_y, & \beta(0) = \beta_0 \end{cases}$$

$$
\begin{cases}
\dot{\gamma} = \delta L\omega_{ie}\cos L + \dfrac{\delta V_E}{R_e}H_x\tan L - \dfrac{\omega_{ie}}{s}(1-Y)\cos L\dfrac{\delta V_N}{R_e}H_y + \alpha\omega_{ie}\cos L + \varepsilon_z, \quad \gamma(0)=\gamma_0 \\
\delta\dot{L} = \dfrac{\delta V_N}{R_e}H_y, \quad \delta L(0) = \delta L_0
\end{cases}
\tag{7-45}
$$

需要注意的是，考虑到在全阻尼惯性导航系统中，经度误差是开环的，所以式(7-45)中没有列写经度误差方程。为了便于求解式(7-45)，将其写成矩阵形式可以得到

$$
\begin{bmatrix} \delta\dot{V}_E \\ \delta\dot{V}_N \\ \delta\dot{L} \\ \dot{\alpha} \\ \dot{\beta} \\ \dot{\gamma} \end{bmatrix}
=
\begin{bmatrix}
0 & 0 & 0 & -g & 0 & 0 \\
0 & 0 & g & 0 & 0 & 0 \\
0 & \dfrac{1}{R_e}H_y & 0 & 0 & 0 & 0 \\
0 & -\dfrac{1}{R_e}H_y & 0 & \omega_{ie}\sin L & -\omega_{ie}\cos L & 0 \\
\dfrac{1}{R_e}H_x & \dfrac{\omega_{ie}}{s}(1-Y)\sin L\dfrac{1}{R_e}H_y & -\omega_{ie}\sin L & 0 & 0 & -\omega_{ie}\sin L \\
\dfrac{1}{R_e}\tan L\cdot H_x & -\dfrac{\omega_{ie}}{s}(1-Y)\cos L\dfrac{1}{R_e}H_y & \omega_{ie}\cos L & 0 & 0 & \omega_{ie}\cos L
\end{bmatrix}
\cdot
\begin{bmatrix} \delta V_E \\ \delta V_N \\ \delta L \\ \alpha \\ \beta \\ \gamma \end{bmatrix}
+
\begin{bmatrix} \Delta A_x \\ \Delta A_y \\ 0 \\ \varepsilon_x \\ \varepsilon_y \\ \varepsilon_z \end{bmatrix}
+
\begin{bmatrix} \delta V_{E0} \\ \delta V_{N0} \\ \delta L_0 \\ \alpha_0 \\ \beta_0 \\ \gamma_0 \end{bmatrix}
\tag{7-46}
$$

与第 3 章误差分析过程相似，对式(7-46)进行拉氏变换，得到系统特征方程为

$$
\varDelta(s) = \left(s^2 + Y'\omega_{ie}^2\right)\left(s^2 + H_x\omega_s^2\right)\left(s^2 + H_y\omega_s^2\right) \tag{7-47}
$$

式中

$$
Y'(s) = \frac{s^2 + H_y\omega_s^2 Y}{s^2 + H_y\omega_s^2} \tag{7-48}
$$

由式(7-47)可知，加入水平阻尼网络 H_x、H_y 以后，舒勒周期振荡误差可以得到阻尼，如果适当选取方位阻尼网络 $Y'(s)$，则可以将地球周期振荡误差也阻尼掉。

在全阻尼惯性导航系统中，水平阻尼网络与方位阻尼网络在稳态时等于 1，外速度通道无法进入系统，故系统仍然为一种无阻尼惯性导航系统。因此，全阻尼惯性导航系统的稳态误差与无阻尼惯性导航系统一致。

从式(7-46)可以得到全阻尼惯性导航系统动态误差，一般来说，虽然能够得到拉氏变换形式的动态误差，但要反变换到时域是比较困难的。这里假设只有北向速度 V_N 作为系统干扰量作用于全阻尼惯性导航系统，其余所有参数均不对系统产生影响，则由式(7-46)可以推

导得到方位误差为

$$\gamma(s)=\frac{1}{s^2+Y\omega_{ie}^2}\cdot\frac{s^2\cos L+H_x\omega_s^2}{s^2+H_x\omega_s^2}\cdot\frac{s^2+\omega_s^2}{\omega_s^2\cos L}(1-Y)\frac{\omega_{ie}}{R_e}V_N(s) \tag{7-49}$$

当输入速度为阶跃函数时，其影响可以通过式(7-49)进行检验。如果选用式(7-34)所表示的 $Y(s)$ 函数，输入速度阶跃为 1 n mile / h 时所产生的方位误差如图 7-11 所示。

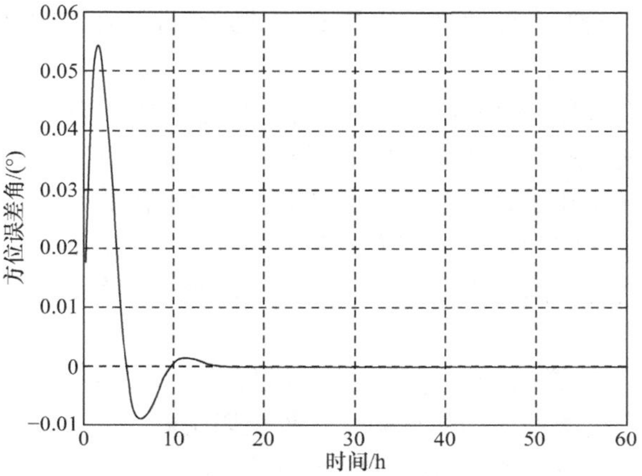

图 7-11　1 n mile / h 输入速度阶跃产生的方位误差

7.3.5　惯性导航系统五种工作状态

在前述章节中，讨论了惯性导航系统的水平阻尼与方位阻尼问题。水平阻尼的主要作用是消除舒勒周期振荡误差，方位阻尼的主要作用是消除地球周期振荡误差。两种阻尼方式都会破坏水平回路加速度无干扰条件(即舒勒调整条件)，从而引起加速度动态干扰误差。针对上述问题，两种阻尼方式中都可以采用外速度补偿的方式来降低动态干扰误差。水平阻尼通常可以单独进行，而方位阻尼一般情况下与水平阻尼同时进行。两种阻尼方式根据是否引入外速度信息又可以分为内阻尼与外阻尼，因此，惯性导航系统共有五种工作状态，即无阻尼状态、内水平阻尼状态、外水平阻尼状态、内全阻尼状态与外全阻尼状态。各种工作状态都有其自身特点，下面将这五种工作状态的基本特点进行总结。

(1) 无阻尼状态：当惯性导航系统处于无阻尼状态时，系统误差中存在三种周期振荡误差，其幅值不衰减。在随机误差源的作用下，周期振荡误差的幅值会随时间增大。这种工作状态的优点是系统满足舒勒调整条件，且不会受到运载体加速度干扰。因此，无阻尼状态大多应用于工作时间短、机动性强的运载体中。对于舰船所使用的惯性导航系统，无阻尼状态比较适合在舰船机动航行过程中使用。

(2) 内水平阻尼状态：当系统处于内水平阻尼状态时，通过在其水平回路中引入阻尼网络消除系统中的舒勒周期振荡。由于内水平阻尼的信息来自系统本身的计算速度，所以虽然舒勒周期振荡误差被阻尼下来了，但却破坏了水平回路舒勒调整条件。当运载体有加速度时，会引入动态干扰误差。也就是说，引入内水平阻尼实际上是系统通过牺牲水平回路的舒勒调整条件来使系统误差中的舒勒周期振荡误差得以衰减。对于舰船所使用的惯性导航系统，内水平阻尼状态适合在舰船低速航行或匀速直线航行时使用，也可与无阻尼状态配合使用，即当舰船机动航行时，将系统转入无阻尼状态。

(3) 外水平阻尼状态：与内水平阻尼状态的区别在于引入外速度信息。由于引入外速度信息后的阻尼网络在低频时传输系数为零，当运载体的速度为常值时，引入的外速度信息对系统并没有影响。当运载体机动时，外速度信息给水平回路增加了一条前向通道，从而起到补偿作用。这样既可以使舒勒周期振荡误差衰减，又可以补偿由于采用水平阻尼网络而引起的载体加速度动态干扰误差。当然，外速度误差(尤其是外速度误差的变化率)也会给系统带来新的误差，因此要求外速度精度要高、误差变化应小。外水平阻尼状态是舰船惯性导航系统最常用的一种工作状态。

(4) 内全阻尼状态：在内水平阻尼的同时进行方位阻尼，即构成内全阻尼。阻尼信息来自系统本身的计算速度，所以系统误差中的舒勒周期振荡与地球周期振荡都将得到抑制。和内水平阻尼一样，内全阻尼状态也存在运载体加速度干扰的问题。由于地球自转周期长，要在大于一个地球自转周期后才能见到方位阻尼效果，因此，这种工作状态应用较少，只有当惯性导航系统长期得不到外部校准，且舰船以较低速度匀速直线航行时，采用此工作状态较为适宜。

(5) 外全阻尼状态：在进行水平阻尼、方位阻尼的同时，引入外速度信息来补偿运载体加速度对系统造成的干扰误差，即外全阻尼。外全阻尼状态主要适用于舰船机动航行或以较高速度航行且长期得不到外部信息进行校准的场景。

实际应用中可以根据运载体工作环境、任务要求及各种工作状态的特点来选择并切换到合适的工作状态。对于在舰船上应用的惯性导航系统而言，其主要工作在无阻尼状态与外水平阻尼状态，且外水平阻尼状态更为常用。但是，其他使用时间较短的运载体上的惯性导航系统主要工作在无阻尼状态。惯性导航系统不同工作状态的区别在数学上主要体现在阻尼方程上，阻尼方程即是在导航计算机上运算的计算方程。实际应用中可以建立五种工作状态通用的统一阻尼方程，通过改变统一阻尼方程中的一些参数，就可以轻松实现惯性导航系统五种工作状态的任意切换。

7.4 案例分析

7.4.1 实验条件

为验证惯性导航系统阻尼算法在实际工程应用中的性能，进行海试验证。实验过程中，在船舱内搭载自研光纤捷联式惯性导航设备，利用法国 iXBlue 公司研制生产的高精度光纤捷联式惯性导航系统 PHINS 与 GPS 工作在组合导航状态下输出信息作为基准。同时，在实验船底部安装多普勒计程仪为阻尼系统提供外速度补偿。初始位置为北纬 31.3171°、东经 121.6891°，惯性设备数据更新率为 100Hz。实验设备主要性能指标如表 7-1 所示。

表 7-1　实验设备主要性能指标

实验设备	性能指标
自研光纤捷联式惯性导航设备	陀螺仪漂移约 $0.01°/\mathrm{h}$，加速度计零偏约 $1\times10^{-4}g$
PHINS/GPS 组合导航基准设备	定位精度 $<3\mathrm{m}$，航向精度 $<0.01°\sec L$，水平精度 $<0.01°$(RMS)

船载实验设备如图 7-12 所示。

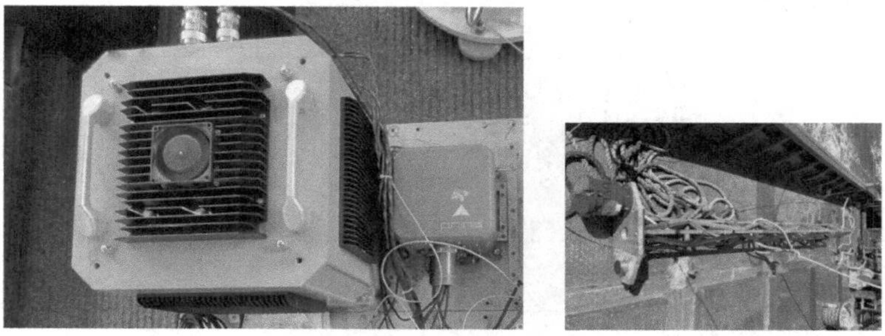

图 7-12　船载实验设备图

实验过程中，自研捷联式惯性导航设备首先进入初始对准模式，对准结束后进入导航工作模式。系统导航工作模式包括无阻尼工作模式、水平阻尼工作模式和全阻尼工作模式，水平阻尼工作模式下阻尼网络传递函数和阻尼参数为

$$H_x(s)=H_y(s)=\frac{\left(s+2.6677\times10^{-2}\right)\left(s+1.5837\times10^{-3}\right)}{\left(s+1.7247\times10^{-2}\right)\left(s+2.4496\times10^{-3}\right)} \tag{7-50}$$

全阻尼工作模式下阻尼网络传递函数和阻尼参数为

$$\begin{cases} H_x(s)=H_y(s)=\dfrac{\left(s+8.5\times10^{-4}\right)\left(s+9.412\times10^{-2}\right)}{\left(s+8.0\times10^{-3}\right)\left(s+1.0\times10^{-2}\right)} \\ W(s)=-\dfrac{4.88\times10^{-5}s}{\left(s+6.0\times10^{-5}\right)\left(s+6.0\times10^{-5}\right)} \end{cases} \tag{7-51}$$

7.4.2　实验结果分析

实验时长 48h，其中前 10h 实验船处于停靠码头的系泊状态，10h 后实验船向东北方向航行 38h，实验船轨迹如图 7-13 所示。

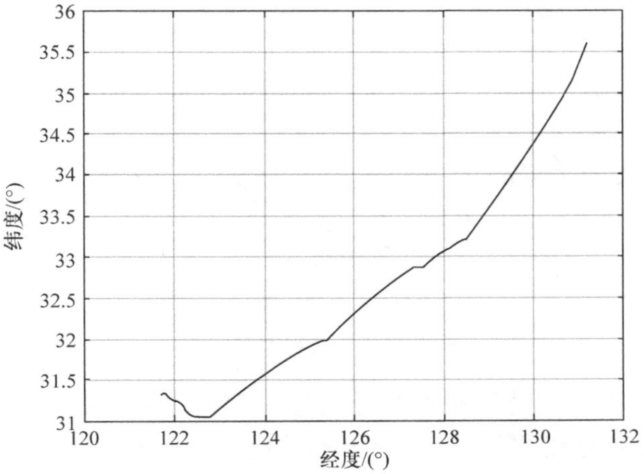

图 7-13　实验船轨迹

不同工作模式下，自研捷联式惯性导航系统姿态误差、位置误差以及速度误差如图 7-14～图 7-16 所示。

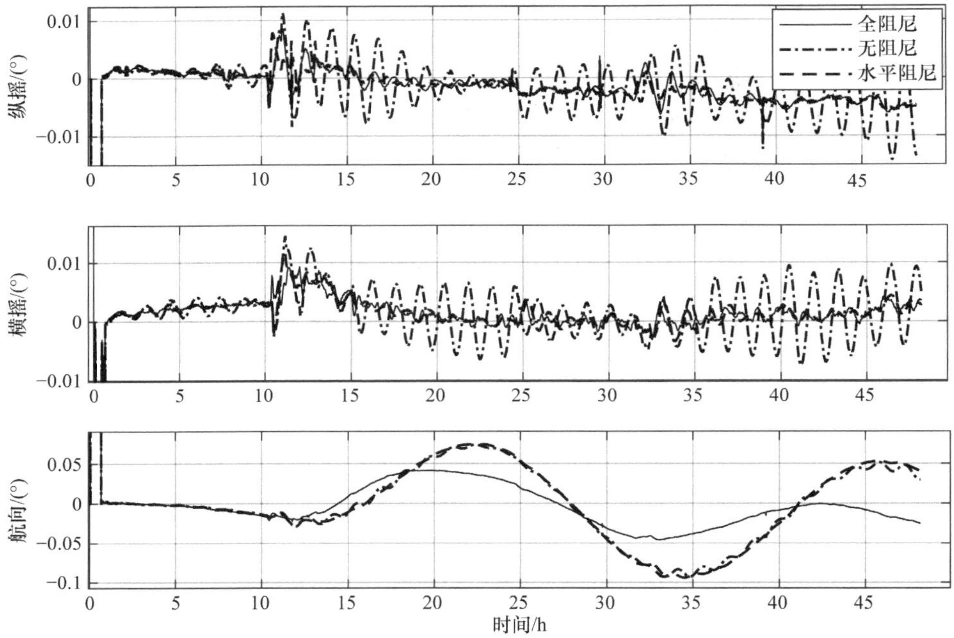

图 7-14　姿态误差对比图

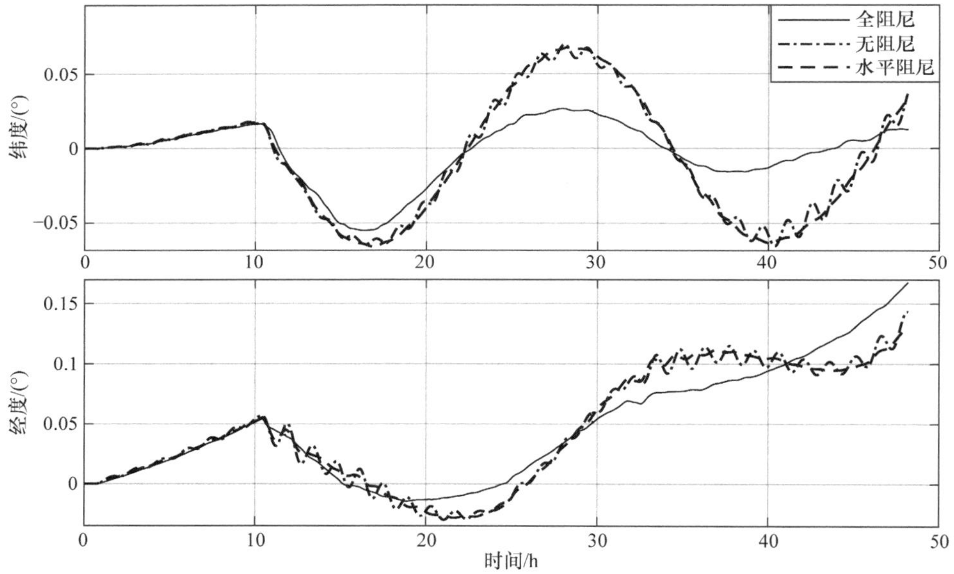

图 7-15　位置误差对比图

通过实验结果可以看出，捷联式惯性导航系统工作在无阻尼模式下，系统中存在三种周期振荡误差，分别为舒勒周期振荡误差、地球周期振荡误差和傅科周期振荡误差。通过在系

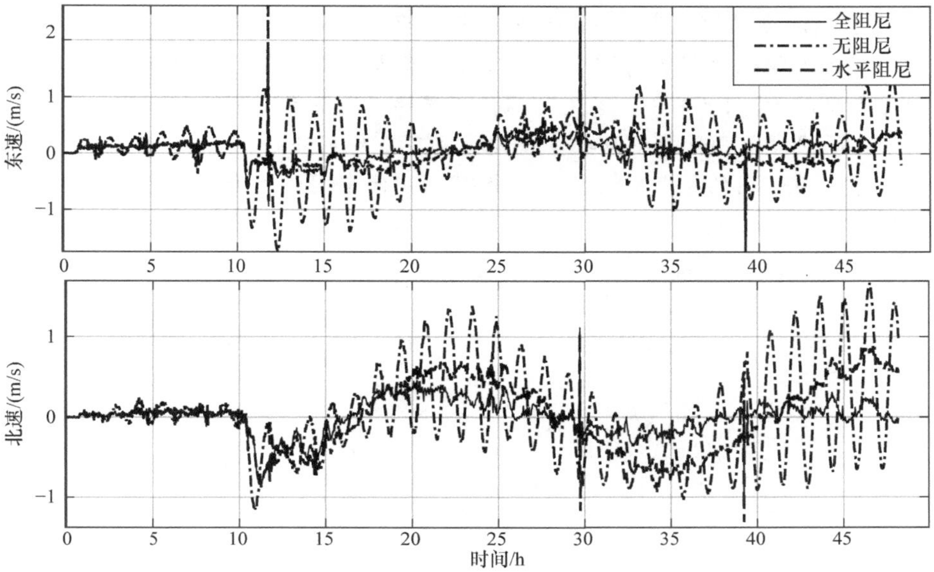

图 7-16　速度误差对比图

统中加入水平阻尼网络，可以有效消除舒勒周期振荡误差。由于傅科周期振荡调制舒勒周期振荡，与此同时傅科周期振荡误差也被消除掉了，此时系统中仍存在地球周期振荡误差。进一步，在水平阻尼网络的基础上引入方位阻尼网络，即使系统工作在全阻尼模式下，与水平阻尼工作模式相比，地球周期振荡误差明显也可以得到一定抑制，尽管抑制速度较慢。这表明引入全阻尼网络可以较好地消除三种周期振荡误差，从而有效提高系统导航定位精度。

◆　**小实践：**在第 4 章“捷联式惯性导航系统数字模拟器”MATLAB 程序的基础上，请尝试加入阻尼网络验证阻尼惯性导航系统的误差特性。

思政小故事——强军之光高伯龙院士

1960 年，美国在率先研制出世界上第一台激光器后开始激光陀螺仪的研制，在世界范围内掀起一场导航技术的革命。我国虽然起步不晚，但由于国际上技术封锁，国内基础工业力量薄弱，再加上缺乏理论指导，进展并不顺利，关键核心技术迟迟未能取得突破。至 20 世纪 70 年代，全国十几家单位最终被迫放弃。

数理功底极其深厚的高伯龙通过大量计算，反推出激光陀螺仪的若干关键理论认识和结论，提出了我国独有、完全没有任何成功经验可借鉴的四频差动陀螺仪研制方案，并一鸣惊人地提出：依照我国目前的工艺水平，如果继续仿制美国，想在 10 年内有所突破都不可能，只有四频差动陀螺仪因为降低了工艺难度，最有可能实现！理论问题解决后，工艺难题却如连绵高山，高伯龙开始了长达 20 年的攀登。几乎每一次攻关都是从零开始，而其中最难攻破的是激光陀螺仪的“命根”——光学薄膜。在对它发起“冲锋”之前，高伯龙首先要解决没有检测仪器的问题。当时，国内国外的仪器都不符合需求，高伯龙采用全新方法设计出一种符合我国实际、具有原理创新的测量仪器。

1984 年，当激光陀螺仪实验室样机通过鉴定后，一阵“凉风”却袭来：由于美国彻底放弃同类型激光陀螺仪的研制，国内质疑四起。有人说高伯龙：国外有的你们不干，国外干不成的你们反而干。1994 年，激光陀螺仪工程样机的鉴定顺利通过。有人说：现在你们竟然成功了，而且没有用国外任何技术，是大家万万想不到的。

1975～1994 年，高伯龙在冷板凳上苦坐 20 年，使中国成为世界上第四个可独立研制激光陀螺仪的国家。

第 8 章　旋转调制型惯性导航系统分析

■ **学习导言**　本章将分析旋转调制型捷联式惯性导航系统，旋转调制技术是提高惯性导航系统性能的一种有效技术途径，主要包括单轴旋转调制技术与双轴旋转调制技术。

■ **学习目标**　了解旋转调制的基本概念和旋转调制误差源；掌握单轴与双轴旋转调制型惯性导航系统的基本工作原理及误差特性。

针对构成惯性测量单元的陀螺仪与加速度计等惯性器件的持续研究推动了惯性技术的快速发展。由于器件精度越高，进一步提升器件精度的代价就越大，因此，采用误差自补偿技术来提高惯性导航系统定位精度是惯性技术发展的主要方向之一。

旋转调制技术是依靠惯性测量单元的特定转动与转位实现器件误差自补偿的一种技术。典型的误差抑制方法就是惯性测量单元的转动：通过惯性测量单元绕一个或多个轴转动，对器件误差进行调制，从而达到抑制导航误差、提高导航精度的目的。

20 世纪 80 年代，Sperry 开始单轴旋转式机械抖动激光陀螺仪惯性导航系统的研制，并于 90 年代开发了 MK39Mod3C 单轴旋转式系统，随后又在 MK39Mod3C 的基础上发展了改进型的 AN/WSN-7B 单轴旋转式系统。它们都采用了单轴 4 位置转位方案，系统自主导航精度优于 1n mile/24h，大量产品的平均导航精度约为 0.6n mile/24h。1989 年 11 月，Sperry 研制了 MK49 型双轴旋转式环形激光陀螺仪惯性导航系统，经过海试后其被选为北约组织船用惯性导航的标准系统，装备了大量潜艇与水面舰艇。该系统采用双轴旋转机构，并且旋转机构还用来对系统进行自校准、隔离外界横摇和方位运动等，20 世纪 90 年代初报道该系统可达到 0.39n mile/30h 的定位精度，其实物图如图 8-1 所示。

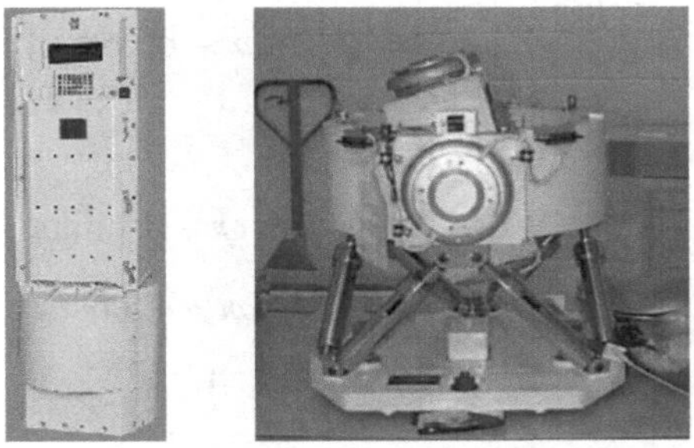

图 8-1　MK49 型双轴旋转式环形激光陀螺仪惯性导航系统实物图

8.1　旋转调制型捷联式惯性导航系统基本原理

旋转调制型捷联式惯性导航系统相当于将捷联式惯性导航系统安装于一个含有旋转机构的转台上，其导航解算采用捷联式惯性导航算法，这样导航解算出来的位置、速度信息依然是运载体的位置、速度信息，而导航解算出来的姿态信息只是惯性测量单元的姿态信息，因此需要加上惯性测量单元相对于运载体的转动角度(由旋转机构中的测角装置实时测量获得)，以得到运载体姿态信息。旋转调制型捷联式惯性导航系统工作原理框图如图 8-2 所示。

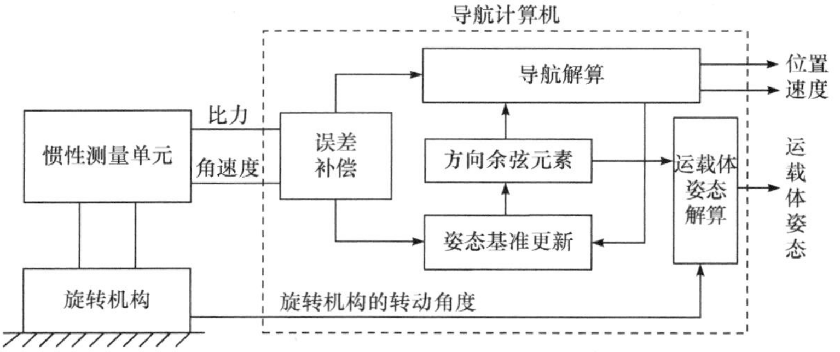

图 8-2　旋转调制型捷联式惯性导航系统工作原理框图

8.1.1　旋转调制基本原理

为分析方便，设载体坐标系 b 与导航坐标系 n 重合，即 $\boldsymbol{C}_s^n=\boldsymbol{C}_b^n\boldsymbol{C}_s^b=\boldsymbol{C}_s^b$，初始时刻惯性测量单元坐标系 s 与载体坐标系 b 重合，即 $\boldsymbol{C}_s^b=\boldsymbol{I}$，惯性测量单元绕 oz_s 轴以恒定角速率 ω 连续转动，逆时针转动为正，顺时针转动为负，则 t 时刻惯性测量单元坐标系 s 与载体坐标系 b 之间的方向余弦矩阵为

$$\boldsymbol{C}_s^b=\left(\boldsymbol{C}_b^s\right)^{\mathrm{T}}=\begin{bmatrix}\cos\omega t & -\sin\omega t & 0\\ \sin\omega t & \cos\omega t & 0\\ 0 & 0 & 1\end{bmatrix} \tag{8-1}$$

进一步，t 时刻惯性器件误差在导航坐标系上的调制结果可表示为

$$\begin{bmatrix}\varepsilon_E\\ \varepsilon_N\\ \varepsilon_U\end{bmatrix}=\boldsymbol{C}_s^n\begin{bmatrix}\varepsilon_x^s\\ \varepsilon_y^s\\ \varepsilon_z^s\end{bmatrix}=\begin{bmatrix}\varepsilon_x^s\cos\omega t-\varepsilon_y^s\sin\omega t\\ \varepsilon_x^s\sin\omega t+\varepsilon_y^s\cos\omega t\\ \varepsilon_z^s\end{bmatrix} \tag{8-2}$$

$$\begin{bmatrix}\nabla_E\\ \nabla_N\\ \nabla_U\end{bmatrix}=\boldsymbol{C}_s^n\begin{bmatrix}\nabla_x^s\\ \nabla_y^s\\ \nabla_z^s\end{bmatrix}=\begin{bmatrix}\nabla_x^s\cos\omega t-\nabla_y^s\sin\omega t\\ \nabla_x^s\sin\omega t+\nabla_y^s\cos\omega t\\ \nabla_z^s\end{bmatrix} \tag{8-3}$$

式中，ε_x^s、ε_y^s、ε_z^s 为陀螺仪漂移；∇_x^s、∇_y^s、∇_z^s 为加速度计零偏；ε_E、ε_N、ε_U 分别为调制后的东向、北向、天向等效陀螺仪漂移；∇_E、∇_N、∇_U 分别为调制后的东向、北向、天向等效加速度计零偏。假设 $\varepsilon_x^s=\varepsilon_y^s=0.01°/\mathrm{h}$，则惯性测量单元旋转和不旋转两种情况下导航坐标系上的东向与北向等效陀螺仪漂移如图 8-3 所示。

由图 8-3 可知，两个水平方向上的惯性器件误差由于惯性测量单元绕 oz_s 轴旋转被调制成周期变化信号，在一个转动周期内均值为零，因此不会影响系统导航定位精度；但旋转

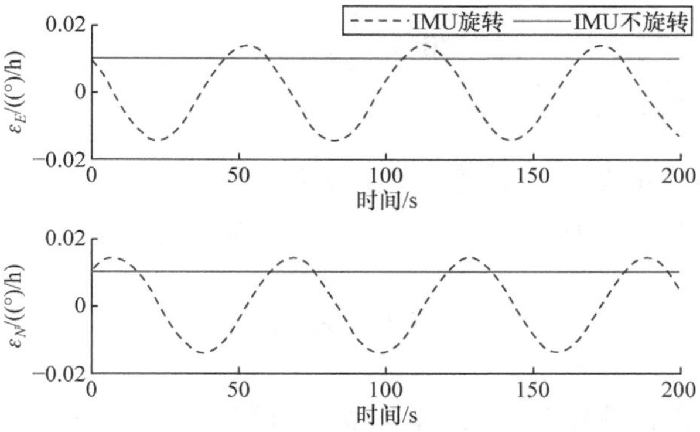

图 8-3　导航坐标系等效陀螺仪漂移

轴方向上的惯性器件误差没有被调制，还会引起系统定位误差随时间累积。因此，利用单轴旋转调制技术仅能调制与旋转轴垂直方向上的惯性器件常值误差；敏感轴沿旋转轴方向的惯性器件误差所引起的系统误差仍然按原规律传播。以此类推，如果要调制三个方向上的全部惯性器件误差，则至少需要进行双轴旋转。

由上述分析可知，旋转调制的本质是通过惯性测量单元转动实现其在对称位置上驻留相同时间，从而使误差传播方程中由陀螺仪和加速度计常值误差引起的系统误差项经过积分后为零或接近于零，以减小系统累积误差，提高导航定位精度。

8.1.2　旋转调制误差源分类

旋转机构的引入是旋转调制型捷联式惯性导航系统与非旋转捷联式惯性导航系统最大的区别。结合图 8-2 可知，与非旋转捷联式惯性导航系统相比，旋转调制型捷联式惯性导航系统中的特有误差源包括以下几个方面。

(1) 旋转机构转动精度。旋转调制过程中，旋转机构依据已经设定好的旋转方案带动 IMU 进行启停和换向运动。理想状态下的转动是平稳的，且旋转平面与运载体平面平行或垂直，但实际应用中，旋转机构的旋转是否平稳、旋转轴能否与惯性器件保持垂直等问题都会影响旋转调制精度。

(2) 旋转机构测角精度。根据旋转调制型捷联式惯性导航系统原理可知，调制过程中可以得到惯性测量单元坐标系与导航坐标系间的方向余弦矩阵 $\boldsymbol{C}_s^n$，为解算运载体姿态信息，还需要根据旋转机构提供的测角信息获得惯性测量单元坐标系与载体坐标系间的方向余弦矩阵 $\boldsymbol{C}_s^b$，从而进一步得到载体坐标系与导航坐标系间的方向余弦矩阵 $\boldsymbol{C}_b^n$。然而，旋转机构提供的测角信息是否准确、是否存在时间延迟等因素都会影响矩阵 $\boldsymbol{C}_s^b$ 的准确性，进而降低姿态解算精度。

(3) 运载体角运动。旋转调制的主要目的是通过惯性测量单元的旋转翻滚运动使一个旋转周期内惯性测量单元常值误差沿导航坐标系的累积作用为零，即方向余弦矩阵 $\boldsymbol{C}_s^n$ 积分结果为零。根据方向余弦矩阵链式准则可得

$$\boldsymbol{C}_s^n = \boldsymbol{C}_b^n \boldsymbol{C}_s^b \tag{8-4}$$

根据式(8-4)可得

$$\int_0^T \boldsymbol{C}_s^n \mathrm{d}t = \int_0^T \boldsymbol{C}_b^n \boldsymbol{C}_s^b \mathrm{d}t = 0 \tag{8-5}$$

式中，T 表示惯性测量单元旋转周期。

实质上旋转调制只能改变矩阵 $\boldsymbol{C}_s^b$ ，而矩阵 $\boldsymbol{C}_b^n$ 与运载体角运动有关。因此，运载体角运动导致 $\boldsymbol{C}_b^n$ 变化，而 $\boldsymbol{C}_b^n$ 不为常值矩阵会影响 $\boldsymbol{C}_b^n\boldsymbol{C}_s^b$ 积分结果，进而影响调制效果。

8.2　单轴旋转调制技术

旋转调制型捷联式惯性导航系统的旋转调制方案关系到系统导航定位精度、系统结构以及成本。由于旋转调制型捷联式惯性导航系统中存在多种误差因素和误差效应，所以不恰当的旋转调制方案会引起某些误差增大。考虑各种转动方式对误差的抑制效果，分析转动方式的评价标准对于设计合理的旋转调制方案具有重要的作用。合理的旋转调制方案需要满足四个条件：一是惯性测量单元的转动方式对惯性器件误差有抑制效果，二是转动方式具有可实现性，三是实现转动方式的成本低，四是转动方式不会带来其他误差。针对不同导航需求，应考虑各项评价准则，设计合理、有效、经济的旋转调制方案。

(1) 惯性测量单元的转动方式对惯性器件误差有抑制效果。不同转动方式对误差的抑制具有选择性，例如，单向连续转动方式对陀螺仪常值漂移和加速度计零偏的影响具有较好的抑制效果，但旋转角速度对沿旋转轴方向的陀螺仪标度因数误差会激发出较大的姿态误差。除此之外，转停方式虽然对陀螺仪漂移、加速度计零偏的抑制效果不如连续转动方式，但标度因数误差不会激发更为严重的姿态误差。因此，在评价和选择转动方式时，应该具体分析哪些误差项是影响系统导航定位精度的主导因素，哪些误差项是次要因素，从而设计更为合理的旋转调制方式。

(2) 转动方式具有可实现性。在满足惯性导航系统导航定位精度要求的前提下，转动方式实现的难易程度是另一个设计准则。如果两种转动方案的误差抑制效果相当，则选择更容易实现的转动方式。有些转动方式对惯性器件误差的抑制效果明显，但难以实现；有些转动方式实现简单，但对惯性器件误差的抑制效果又不明显。因此，有必要在满足系统导航定位精度的前提下，在转动方式与误差抑制效果之间寻求一个平衡。

(3) 实现转动方式的成本低。一般来说，双轴旋转调制型惯性导航系统的精度要高于单轴旋转调制型惯性导航系统，但是双轴旋转调制型惯性导航系统采用的旋转机构结构更复杂，成本也更高。因此，在惯性器件误差抑制效果相当的前提下，实现成本越低的转动方式越具有竞争力。

(4) 转动方式不会带来其他误差。采用惯性测量单元转动方案后，运载体的姿态角需要根据惯性导航系统解算的惯性测量单元姿态角与旋转机构提供的测角信息才可以求取。对于运载体航向与水平姿态精度、实时性及系统更新频率要求较高的惯性导航系统而言，旋转机构提供的测角信息一定要准确，且不可以存在时间延迟等因素，否则会影响矩阵 $\boldsymbol{C}_s^b$ 的准确性，进而影响捷联姿态矩阵 $\boldsymbol{C}_b^n$ 解算精度。

● **小思考：** 请思考在旋转调制型惯性导航系统中，载体航向角运动会给单轴旋转调制效果带来怎样的影响。

8.2.1　单轴旋转调制方案概述

正反转是单轴旋转调制系统中常用的转动方式，例如，美国研制的 AN/WSN-5L 采用的就是正反转调制方式。本章讨论的持续正反转方案为先正向旋转 720°，然后反向旋转 720°。持续正反转就是让惯性测量单元绕竖直轴正反两个方向交替旋转，如图 8-4 所示。下面分析各种误差源在持续正反转方案中被调制的情况。

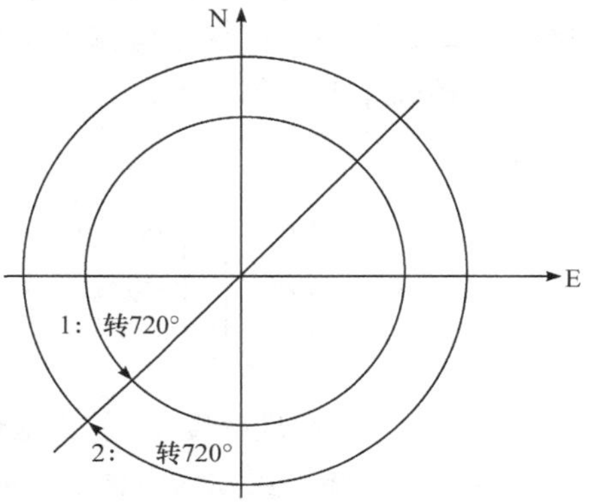

图 8-4　单轴正反转次序图

8.2.2　单轴转位方案的误差特性

理论与实践证明，对惯性导航系统性能影响较大的误差源包括陀螺仪漂移、加速度计零偏以及两者的标度因数误差与安装误差。下面主要以陀螺仪为例，分析单轴旋转调制型惯性导航系统对三种误差源的调制情况。

1. 陀螺仪漂移

假设陀螺仪常值漂移为 ε_x^s、ε_y^s、ε_z^s，初始时刻惯性测量单元坐标系和导航坐标系重合，从零时刻开始，控制惯性测量单元绕竖直轴以角速率 ω 先正向旋转 720°，然后反向旋转 720°，则正转时等效的东向、北向和天向陀螺仪常值漂移为

$$\boldsymbol{\varepsilon}^n = \begin{bmatrix} \varepsilon_E \\ \varepsilon_N \\ \varepsilon_U \end{bmatrix}_{正} = \begin{bmatrix} \cos\omega t & -\sin\omega t & 0 \\ \sin\omega t & \cos\omega t & 0 \\ 0 & 0 & 1 \end{bmatrix} \begin{bmatrix} \varepsilon_x^s \\ \varepsilon_y^s \\ \varepsilon_z^s \end{bmatrix} = \begin{bmatrix} \varepsilon_x^s\cos\omega t - \varepsilon_y^s\sin\omega t \\ \varepsilon_x^s\sin\omega t + \varepsilon_y^s\cos\omega t \\ \varepsilon_z^s \end{bmatrix} \tag{8-6}$$

在反转的时候，等效的东向、北向和天向陀螺仪常值漂移为

$$\boldsymbol{\varepsilon}^n = \begin{bmatrix} \varepsilon_E \\ \varepsilon_N \\ \varepsilon_U \end{bmatrix}_{反} = \begin{bmatrix} \cos\omega t & \sin\omega t & 0 \\ -\sin\omega t & \cos\omega t & 0 \\ 0 & 0 & 1 \end{bmatrix} \begin{bmatrix} \varepsilon_x^s \\ \varepsilon_y^s \\ \varepsilon_z^s \end{bmatrix} = \begin{bmatrix} \varepsilon_x^s\cos\omega t + \varepsilon_y^s\sin\omega t \\ -\varepsilon_x^s\sin\omega t + \varepsilon_y^s\cos\omega t \\ \varepsilon_z^s \end{bmatrix} \tag{8-7}$$

在一个持续转动周期内，对正转和反转的等效陀螺仪漂移进行积分可得

$$\left(\int_0^{T/2} \boldsymbol{\varepsilon}^n \mathrm{d}t\right)_{正} + \left(\int_{T/2}^{T} \boldsymbol{\varepsilon}^n \mathrm{d}t\right)_{反} = \begin{bmatrix} 0 \\ 0 \\ 8\pi\varepsilon_z^s/\omega \end{bmatrix} \tag{8-8}$$

从式(8-8)可以看出，绕竖直轴的持续正反转方案不能调制等效天向陀螺仪常值漂移，而水平方向的等效陀螺仪常值漂移因为被调制成正弦量而在积分后为零，从而对系统姿态角不产生影响。对于加速度计零偏的调制情况，与陀螺仪常值漂移类似，这里不做详细讨论。

2. 陀螺仪标度因数误差

陀螺仪标度因数是其重要性能指标，它是指陀螺仪输出量与输入角速率的比值，可以用某一特定直线的斜率表示。该直线一般根据整个输入角速率范围内测得的输入、输出数

据，通过最小二乘法拟合求得。陀螺仪标度因数不可能标定得绝对准确，而且标度因数还会随着时间、环境等因素而改变，所以实际系统中惯性器件总存在标度因数误差。

假设初始时刻惯性测量单元坐标系和导航坐标系重合，从零时刻开始控制旋转机构让惯性测量单元绕竖直轴以角速率 ω 匀速转动，且除旋转运动之外没有其他运动。三个陀螺仪只敏感地球自转角速度，如果不存在误差，那么 t 时刻三个陀螺仪敏感轴的理论输出应该为

$$\begin{bmatrix} \omega_{isx}^s \\ \omega_{isy}^s \\ \omega_{isz}^s \end{bmatrix} = \begin{bmatrix} \cos\omega t & \sin\omega t & 0 \\ -\sin\omega t & \cos\omega t & 0 \\ 0 & 0 & 1 \end{bmatrix} \begin{bmatrix} 0 \\ \omega_{ie}\cos L \\ \omega_{ie}\sin L + \omega \end{bmatrix} = \begin{bmatrix} \omega_{ie}\cos L\sin\omega t \\ \omega_{ie}\cos L\cos\omega t \\ \omega_{ie}\sin L + \omega \end{bmatrix} \tag{8-9}$$

式中，L 为当地地理纬度；ω_{ie} 为地球自转角速率。

考虑到陀螺仪实际输出存在误差，因此陀螺仪输出为

$$\begin{bmatrix} \tilde{\omega}_{isx}^s \\ \tilde{\omega}_{isy}^s \\ \tilde{\omega}_{isz}^s \end{bmatrix} = \begin{bmatrix} 1+S_{gx} & 0 & 0 \\ 0 & 1+S_{gy} & 0 \\ 0 & 0 & 1+S_{gz} \end{bmatrix} \begin{bmatrix} \omega_{ie}\cos L\sin\omega t \\ \omega_{ie}\cos L\cos\omega t \\ \omega_{ie}\sin L + \omega \end{bmatrix} = \begin{bmatrix} (1+S_{gx})\omega_{ie}\cos L\sin\omega t \\ (1+S_{gy})\omega_{ie}\cos L\cos\omega t \\ (1+S_{gz})(\omega_{ie}\sin L + \omega) \end{bmatrix} \tag{8-10}$$

式中，S_{gx}、S_{gy}、S_{gz} 为三个陀螺仪标度因数误差。

将陀螺仪输出误差表示为 $\delta\boldsymbol{\omega}_{is}^s = \tilde{\boldsymbol{\omega}}_{is}^s - \boldsymbol{\omega}_{is}^s$，代入式(8-9)与式(8-10)可以得到

$$\delta\boldsymbol{\omega}_{is}^s = \begin{bmatrix} (1+S_{gx})\omega_{ie}\cos L\sin\omega t \\ (1+S_{gy})\omega_{ie}\cos L\cos\omega t \\ (1+S_{gz})(\omega_{ie}\sin L + \omega) \end{bmatrix} - \begin{bmatrix} \omega_{ie}\cos L\sin\omega t \\ \omega_{ie}\cos L\cos\omega t \\ \omega_{ie}\sin L + \omega \end{bmatrix} = \begin{bmatrix} S_{gx}\omega_{ie}\cos L\sin\omega t \\ S_{gy}\omega_{ie}\cos L\cos\omega t \\ S_{gz}(\omega_{ie}\sin L + \omega) \end{bmatrix} \tag{8-11}$$

由于惯性测量单元绕竖直轴旋转，所以惯性测量单元坐标系到导航坐标系的转换矩阵为

$$\boldsymbol{C}_s^n = \begin{bmatrix} \cos\omega t & -\sin\omega t & 0 \\ \sin\omega t & \cos\omega t & 0 \\ 0 & 0 & 1 \end{bmatrix} \tag{8-12}$$

将 $\delta\boldsymbol{\omega}_{is}^s$ 转换到导航坐标系，得到

$$\begin{aligned} \delta\boldsymbol{\omega}_{is}^n = \boldsymbol{C}_s^n\delta\boldsymbol{\omega}_{is}^s &= \begin{bmatrix} \cos\omega t & -\sin\omega t & 0 \\ \sin\omega t & \cos\omega t & 0 \\ 0 & 0 & 1 \end{bmatrix} \begin{bmatrix} S_{gx}\omega_{ie}\cos L\sin\omega t \\ S_{gy}\omega_{ie}\cos L\cos\omega t \\ S_{gz}(\omega_{ie}\sin L + \omega) \end{bmatrix} \\ &= \begin{bmatrix} \omega_{ie}\cos L\sin\omega t\cos\omega t(S_{gx} - S_{gy}) \\ S_{gx}\omega_{ie}\cos L\sin^2\omega t + S_{gy}\omega_{ie}\cos L\cos^2\omega t \\ S_{gz}(\omega_{ie}\sin L + \omega) \end{bmatrix} \end{aligned} \tag{8-13}$$

将 $\delta\boldsymbol{\omega}_{is}^n$ 在这个时间段内进行积分，可以得到该时间段内累积姿态误差为

$$\int_0^{T/2}\delta\boldsymbol{\omega}_{is}^n\mathrm{d}t=\begin{bmatrix}0\\ \dfrac{T\omega_{ie}\cos L}{4}\left(S_{gx}+S_{gy}\right)\\ \dfrac{S_{gz}\left(\omega_{ie}\sin L+\omega\right)T}{2}\end{bmatrix}\tag{8-14}$$

从式(8-13)可以看出，在惯性测量单元绕竖直轴单向旋转时间段内，陀螺仪标度因数误差所引起的北向角速度误差被调制成正余弦函数的平方形式，能够平均掉部分误差；陀螺仪标度因数误差所引起的东向角速度误差是周期变化的；陀螺仪标度因数误差所引起的天向角速度误差直接与旋转角速度成正比，进行积分时会引起较大误差。

假设正向旋转时对陀螺仪标度因数误差的调制情况如式(8-13)所示，则反向旋转时对陀螺仪标度因数误差的调制情况为

$$\begin{aligned}\delta\boldsymbol{\omega}_{is}^n=\boldsymbol{C}_s^n\delta\boldsymbol{\omega}_{is}^s&=\begin{bmatrix}\cos\omega t & \sin\omega t & 0\\ -\sin\omega t & \cos\omega t & 0\\ 0 & 0 & 1\end{bmatrix}\begin{bmatrix}-S_{gx}\omega_{ie}\cos L\sin\omega t\\ S_{gy}\omega_{ie}\cos L\cos\omega t\\ S_{gz}\left(\omega_{ie}\sin L-\omega\right)\end{bmatrix}\\&=\begin{bmatrix}\omega_{ie}\cos L\sin\omega t\cos\omega t\left(S_{gy}-S_{gx}\right)\\ S_{gx}\omega_{ie}\cos L\sin^2\omega t+S_{gy}\omega_{ie}\cos L\cos^2\omega t\\ S_{gz}\left(\omega_{ie}\sin L-\omega\right)\end{bmatrix}\end{aligned}\tag{8-15}$$

将 $\delta\boldsymbol{\omega}_{is}^n$ 在这个时间段内进行积分，可以得到该时间段内累积姿态误差为

$$\int_{T/2}^{T}\delta\boldsymbol{\omega}_{is}^n\mathrm{d}t=\begin{bmatrix}0\\ \dfrac{T\omega_{ie}\cos L}{4}\left(S_{gx}+S_{gy}\right)\\ \dfrac{S_{gz}\left(\omega_{ie}\sin L-\omega\right)T}{2}\end{bmatrix}\tag{8-16}$$

在持续正反转方案中，正向和反向旋转角度都为 720°。假设一个转动周期为 T，那么由陀螺仪标度因数误差引起的姿态误差在一个转动周期内的表达式为

$$\int_0^{T}\delta\boldsymbol{\omega}_{is}^n\mathrm{d}t=\int_0^{T/2}\delta\boldsymbol{\omega}_{is}^n\mathrm{d}t+\int_{T/2}^{T}\delta\boldsymbol{\omega}_{is}^n\mathrm{d}t\tag{8-17}$$

从 0 到 $T/2$ 的过程中，惯性测量单元正向旋转；当 $t = T/2$ 时，对应的 s 系和 b 系之间的角度为 $\omega t=4\pi$；从 $T/2$ 到 T 的过程中，惯性测量单元反向旋转，当 $t=T$ 时，对应的 s 系和 b 系之间的角度为 $\omega t=0$。那么，将式(8-14)和式(8-16)代入式(8-17)，可得

$$\int_0^{T}\delta\boldsymbol{\omega}_{is}^n\mathrm{d}t=\begin{bmatrix}0\\ \dfrac{T\omega_{ie}\cos L}{2}\left(S_{gx}+S_{gy}\right)\\ TS_{gz}\omega_{ie}\sin L\end{bmatrix}\tag{8-18}$$

由式(8-18)可以看出，在一个持续正反转的转动周期内，标度因数误差引起的等效东向姿态误差为零；标度因数误差引起的等效北向和等效天向姿态误差却依然存在，但其变化率很小，与地球自转角速率有关。由于地球自转角速率很小，所以标度因数误差对姿态误差的影响可以忽略。

3. 陀螺仪安装误差

陀螺仪在 t 时刻的理想输出如式(8-9)所示，但由于安装误差的存在，陀螺仪真实输出为

$$\begin{bmatrix}\tilde{\omega}_{isx}^{s}\\ \tilde{\omega}_{isy}^{s}\\ \tilde{\omega}_{isz}^{s}\end{bmatrix}=\begin{bmatrix}1 & M_{gxz} & M_{gxy}\\ M_{gyz} & 1 & M_{gyx}\\ M_{gzy} & M_{gzx} & 1\end{bmatrix}\begin{bmatrix}\omega_{ie}\cos L\sin\omega t\\ \omega_{ie}\cos L\cos\omega t\\ \omega_{ie}\sin L+\omega\end{bmatrix}$$

$$=\begin{bmatrix}\omega_{ie}\cos L\sin\omega t+M_{gxz}\omega_{ie}\cos L\cos\omega t+M_{gxy}\omega_{ie}\sin L+M_{gxy}\omega\\ M_{gyz}\omega_{ie}\cos L\sin\omega t+\omega_{ie}\cos L\cos\omega t+M_{gyx}\omega_{ie}\sin L+M_{gyx}\omega\\ M_{gzy}\omega_{ie}\cos L\sin\omega t+M_{gzx}\omega_{ie}\cos L\cos\omega t+\omega_{ie}\sin L+\omega\end{bmatrix}\tag{8-19}$$

式中，M_{gxz}、M_{gxy}、M_{gyz}、M_{gyx}、M_{gzy}、M_{gzx} 为陀螺仪安装误差。

陀螺仪输出误差为 $\delta\boldsymbol{\omega}_{is}^{s}=\tilde{\boldsymbol{\omega}}_{is}^{s}-\boldsymbol{\omega}_{is}^{s}$，则由于安装误差存在而引起的陀螺仪输出误差为

$$\delta\boldsymbol{\omega}_{is}^{s}=\begin{bmatrix}M_{gxz}\omega_{ie}\cos L\cos\omega t+M_{gxy}\left(\omega_{ie}\sin L+\omega\right)\\ M_{gyz}\omega_{ie}\cos L\sin\omega t+M_{gyx}\left(\omega_{ie}\sin L+\omega\right)\\ M_{gzy}\omega_{ie}\cos L\sin\omega t+M_{gzx}\omega_{ie}\cos L\cos\omega t\end{bmatrix}\tag{8-20}$$

同理，将其转换到导航坐标系得到

$$\delta\boldsymbol{\omega}_{is}^{n}=\boldsymbol{C}_{s}^{n}\delta\boldsymbol{\omega}_{is}^{s}=\begin{bmatrix}\cos\omega t & -\sin\omega t & 0\\ \sin\omega t & \cos\omega t & 0\\ 0 & 0 & 1\end{bmatrix}\begin{bmatrix}M_{gxz}\omega_{ie}\cos L\cos\omega t+M_{gxy}\left(\omega_{ie}\sin L+\omega\right)\\ M_{gyz}\omega_{ie}\cos L\sin\omega t+M_{gyx}\left(\omega_{ie}\sin L+\omega\right)\\ M_{gzy}\omega_{ie}\cos L\sin\omega t+M_{gzx}\omega_{ie}\cos L\cos\omega t\end{bmatrix}$$

$$=\begin{bmatrix}\omega_{ie}\cos L\left(M_{gxz}\cos^{2}\omega t-M_{gyz}\sin^{2}\omega t\right)+\left(\omega_{ie}\sin L+\omega\right)\left(M_{gxy}\cos\omega t-M_{gyx}\sin\omega t\right)\\ \omega_{ie}\cos L\sin\omega t\cos\omega t\left(M_{gxz}+M_{gyz}\right)+\left(\omega_{ie}\sin L+\omega\right)\left(M_{gxy}\sin\omega t+M_{gyx}\cos\omega t\right)\\ M_{gzy}\omega_{ie}\cos L\sin\omega t+M_{gzx}\omega_{ie}\cos L\cos\omega t\end{bmatrix}\tag{8-21}$$

将 $\delta\boldsymbol{\omega}_{is}^{n}$ 在这个时间段内进行积分，可以得到该时间段内累积姿态误差为

$$\int_{0}^{T/2}\delta\boldsymbol{\omega}_{is}^{n}\mathrm{d}t=\begin{bmatrix}T\omega_{ie}\cos L\left(M_{gxz}-M_{gyz}\right)/4\\ 0\\ 0\end{bmatrix}\tag{8-22}$$

式(8-22)给出了陀螺仪安装误差在旋转过程中被调制的情况，可以看到，除 M_{gxz}、M_{gyz} 与时间直接相乘之外，其余安装误差均被调制。

在持续正反转方案中，假设正向旋转时安装误差调制情况如式(8-22)所示，那么反向旋转时安装误差调制情况如下：

$$\delta\boldsymbol{\omega}_{is}^{n}=\boldsymbol{C}_{s}^{n}\delta\boldsymbol{\omega}_{is}^{s}=\begin{bmatrix}\cos\omega t & \sin\omega t & 0\\ -\sin\omega t & \cos\omega t & 0\\ 0 & 0 & 1\end{bmatrix}\begin{bmatrix}M_{gxz}\omega_{ie}\cos L\cos\omega t+M_{gxy}\left(\omega_{ie}\sin L-\omega\right)\\ -M_{gyz}\omega_{ie}\cos L\sin\omega t+M_{gyx}\left(\omega_{ie}\sin L-\omega\right)\\ -M_{gzy}\omega_{ie}\cos L\sin\omega t+M_{gzx}\omega_{ie}\cos L\cos\omega t\end{bmatrix}$$
$$=\begin{bmatrix}\omega_{ie}\cos L\left(M_{gxz}\cos^{2}\omega t-M_{gyz}\sin^{2}\omega t\right)+\left(\omega_{ie}\sin L-\omega\right)\left(M_{gxy}\cos\omega t+M_{gyx}\sin\omega t\right)\\ -\omega_{ie}\cos L\sin\omega t\cos\omega t\left(M_{gxz}+M_{gyz}\right)+\left(\omega_{ie}\sin L-\omega\right)\left(-M_{gxy}\sin\omega t+M_{gyx}\cos\omega t\right)\\ -M_{gzy}\omega_{ie}\cos L\sin\omega t+M_{gzx}\omega_{ie}\cos L\cos\omega t\end{bmatrix}\tag{8-23}$$

将 $\delta\boldsymbol{\omega}_{is}^{n}$ 在这个时间段内进行积分，可以得到该时间段内累积姿态误差为

$$\int_{T/2}^{T}\delta\boldsymbol{\omega}_{is}^{n}\mathrm{d}t=\begin{bmatrix}T\omega_{ie}\cos L\left(M_{gxz}-M_{gyz}\right)/4\\ 0\\ 0\end{bmatrix}\tag{8-24}$$

与前面的分析方法类似，也假设在持续正反转方案中，正向和反向旋转角度都为 720°。假设一个转动周期为 T，那么由陀螺仪安装误差引起的姿态误差在一个转动周期内的情况同式(8-17)一样。

将式(8-22)和式(8-24)代入式(8-17)，可得

$$\int_{0}^{T}\delta\boldsymbol{\omega}_{is}^{n}\mathrm{d}t=\begin{bmatrix}T\omega_{ie}\cos L\left(M_{gxz}-M_{gyz}\right)/2\\ 0\\ 0\end{bmatrix}\tag{8-25}$$

根据式(8-25)可知，在持续正反转方案中，安装误差引起的等效东向姿态误差依然存在，与 M_{gxz} 和 M_{gyz} 之差成正比，并与旋转周期相关；安装误差引起的等效北向姿态误差与航向误差在一个转动周期内为零，也就是说在持续正反转方案中，安装误差不会引起航向误差。

8.3　双轴旋转调制技术

8.2 节分析了惯性测量单元绕竖直轴转动的单轴正反转方案，通过该方案误差调制原理及误差特性分析可以看出，单轴旋转调制方案仅可以调制与旋转轴垂直方向上的惯性器件误差，但沿旋转轴方向的惯性器件误差依然会引起系统累积误差。在惯性测量单元单轴旋转调制方案的基础上，本节介绍双轴 16 次序转停方案的误差抑制原理，该方案可以利用双轴转位抵消全部惯性器件误差。

8.3.1　双轴旋转调制方案概述

本节介绍的双轴 16 次序转停方案中，双轴旋转机构的转位方案示意图及具体转动次序分别如图 8-5 和图 8-6 所示。

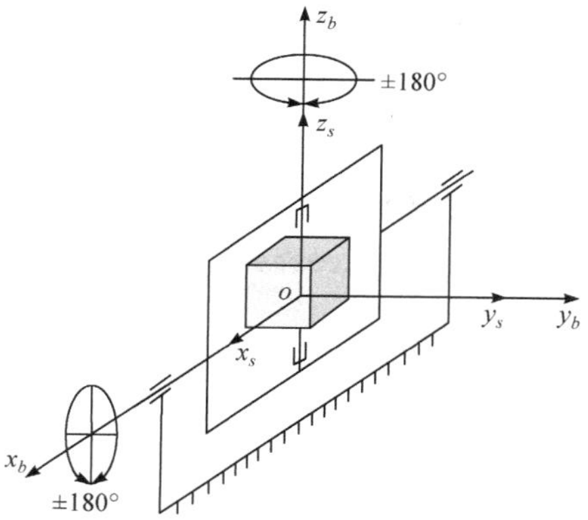

图 8-5　双轴旋转示意图

假设惯性测量单元绕各坐标轴逆时针转动为正，顺时针转动为负。如图 8-6 所示，惯性测量单元的转动过程描述如下：

(1) 次序 1，惯性测量单元从位置 A 绕 oz_b 轴正向转动 180°到达位置 B，停留时间 T_s；

(2) 次序 2，惯性测量单元从位置 B 绕 ox_b 轴正向转动 180°到达位置 C，停留时间 T_s；

(3) 次序 3，惯性测量单元从位置 C 绕 oz_b 轴反向转动 180°到达位置 D，停留时间 T_s；

(4) 次序 4，惯性测量单元从位置 D 绕 ox_b 轴反向转动 180°到达位置 A，停留时间 T_s；

(5) 次序 5，惯性测量单元从位置 A 绕 ox_b 轴反向转动 180°到达位置 D，停留时间 T_s；

(6) 次序 6，惯性测量单元从位置 D 绕 oz_b 轴反向转动 180°到达位置 C，停留时间 T_s；

(7) 次序 7，惯性测量单元从位置 C 绕 ox_b 轴正向转动 180°到达位置 B，停留时间 T_s；

(8) 次序 8，惯性测量单元从位置 B 绕 oz_b 轴正向转动 180°到达位置 A，停留时间 T_s；

(9) 次序 9～16 转动过程中，惯性测量单元按照次序 1～8 相反方向转动。

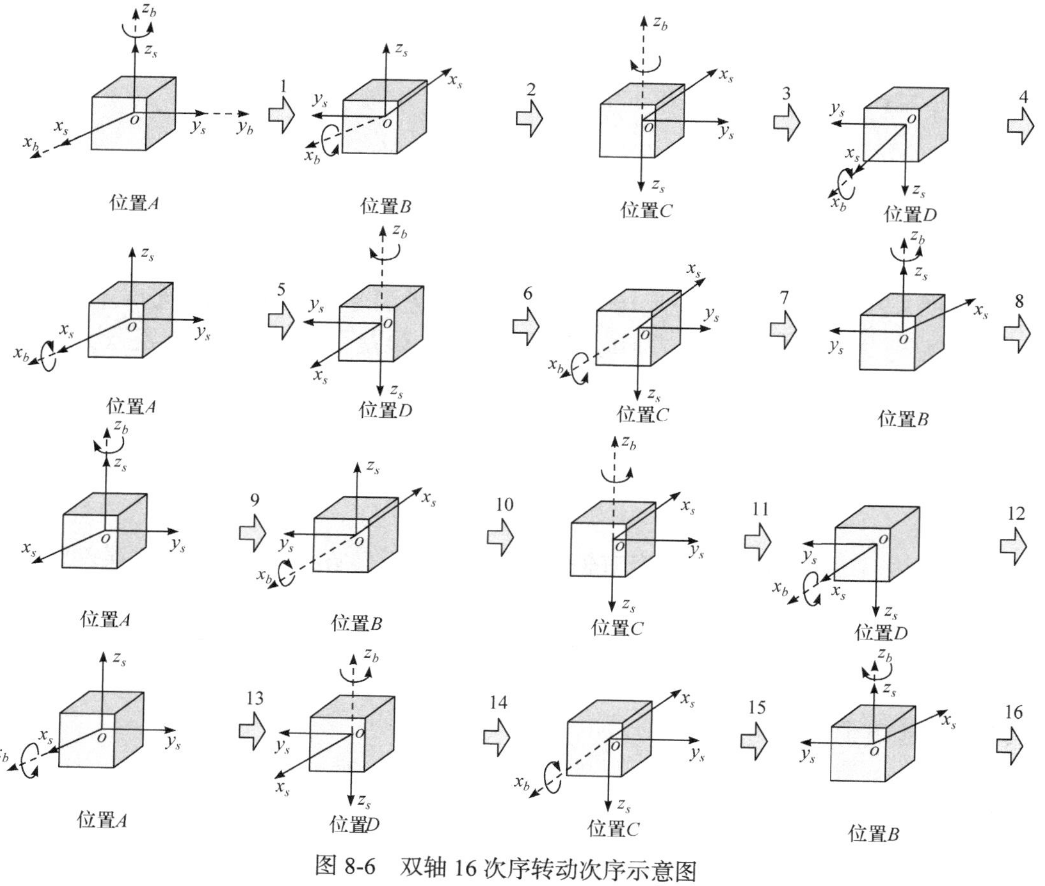

图 8-6　双轴 16 次序转动次序示意图

惯性测量单元具体转动过程中的转动轴及对应坐标系转换关系如表 8-1 所示。

表 8-1　双轴 16 次序具体转动过程

次序	转动过程	转动轴	外框坐标系与载体坐标系转换矩阵 C_d^b	内框坐标系与外框坐标系转换矩阵 C_s^d
1	$A\overset{+}{\rightarrow}B$	z_b	$\begin{bmatrix}1&0&0\\0&1&0\\0&0&1\end{bmatrix}$	$\begin{bmatrix}\cos\omega t&-\sin\omega t&0\\\sin\omega t&\cos\omega t&0\\0&0&1\end{bmatrix}$
2	$B\overset{+}{\rightarrow}C$	x_b	$\begin{bmatrix}1&0&0\\0&\cos\omega t&-\sin\omega t\\0&\sin\omega t&\cos\omega t\end{bmatrix}$	$\begin{bmatrix}-1&0&0\\0&-1&0\\0&0&1\end{bmatrix}$
3	$C\overset{-}{\rightarrow}D$	z_b	$\begin{bmatrix}1&0&0\\0&-1&0\\0&0&-1\end{bmatrix}$	$\begin{bmatrix}-\cos\omega t&\sin\omega t&0\\-\sin\omega t&-\cos\omega t&0\\0&0&1\end{bmatrix}$
4	$D\overset{-}{\rightarrow}A$	x_b	$\begin{bmatrix}1&0&0\\0&-\cos\omega t&-\sin\omega t\\0&\sin\omega t&-\cos\omega t\end{bmatrix}$	$\begin{bmatrix}1&0&0\\0&1&0\\0&0&1\end{bmatrix}$
5	$A\overset{-}{\rightarrow}D$	x_b	$\begin{bmatrix}1&0&0\\0&\cos\omega t&\sin\omega t\\0&-\sin\omega t&\cos\omega t\end{bmatrix}$	$\begin{bmatrix}1&0&0\\0&1&0\\0&0&1\end{bmatrix}$
6	$D\overset{-}{\rightarrow}C$	z_b	$\begin{bmatrix}1&0&0\\0&-1&0\\0&0&-1\end{bmatrix}$	$\begin{bmatrix}\cos\omega t&-\sin\omega t&0\\\sin\omega t&\cos\omega t&0\\0&0&1\end{bmatrix}$
7	$C\overset{+}{\rightarrow}B$	x_b	$\begin{bmatrix}1&0&0\\0&-\cos\omega t&\sin\omega t\\0&-\sin\omega t&-\cos\omega t\end{bmatrix}$	$\begin{bmatrix}-1&0&0\\0&-1&0\\0&0&1\end{bmatrix}$
8	$B\overset{+}{\rightarrow}A$	z_b	$\begin{bmatrix}1&0&0\\0&1&0\\0&0&1\end{bmatrix}$	$\begin{bmatrix}-\cos\omega t&\sin\omega t&0\\-\sin\omega t&-\cos\omega t&0\\0&0&1\end{bmatrix}$
9	$A\overset{-}{\rightarrow}B$	z_b	$\begin{bmatrix}1&0&0\\0&1&0\\0&0&1\end{bmatrix}$	$\begin{bmatrix}\cos\omega t&\sin\omega t&0\\-\sin\omega t&\cos\omega t&0\\0&0&1\end{bmatrix}$
10	$B\overset{-}{\rightarrow}C$	x_b	$\begin{bmatrix}1&0&0\\0&\cos\omega t&\sin\omega t\\0&-\sin\omega t&\cos\omega t\end{bmatrix}$	$\begin{bmatrix}-1&0&0\\0&-1&0\\0&0&1\end{bmatrix}$
11	$C\overset{+}{\rightarrow}D$	z_b	$\begin{bmatrix}1&0&0\\0&-1&0\\0&0&-1\end{bmatrix}$	$\begin{bmatrix}-\cos\omega t&-\sin\omega t&0\\\sin\omega t&-\cos\omega t&0\\0&0&1\end{bmatrix}$
12	$D\overset{+}{\rightarrow}A$	x_b	$\begin{bmatrix}1&0&0\\0&-\cos\omega t&\sin\omega t\\0&-\sin\omega t&-\cos\omega t\end{bmatrix}$	$\begin{bmatrix}1&0&0\\0&1&0\\0&0&1\end{bmatrix}$

续表

次序	转动过程	转动轴	外框坐标系与载体坐标系转换矩阵 $\boldsymbol{C}_d^b$	内框坐标系与外框坐标系转换矩阵 $\boldsymbol{C}_s^d$
13	$A\xrightarrow{+}D$	x_b	$\begin{bmatrix}1 & 0 & 0\\0 & \cos\omega t & -\sin\omega t\\0 & \sin\omega t & \cos\omega t\end{bmatrix}$	$\begin{bmatrix}1 & 0 & 0\\0 & 1 & 0\\0 & 0 & 1\end{bmatrix}$
14	$D\xrightarrow{+}C$	z_b	$\begin{bmatrix}1 & 0 & 0\\0 & -1 & 0\\0 & 0 & -1\end{bmatrix}$	$\begin{bmatrix}\cos\omega t & \sin\omega t & 0\\-\sin\omega t & \cos\omega t & 0\\0 & 0 & 1\end{bmatrix}$
15	$C\xrightarrow{-}B$	x_b	$\begin{bmatrix}1 & 0 & 0\\0 & -\cos\omega t & -\sin\omega t\\0 & \sin\omega t & -\cos\omega t\end{bmatrix}$	$\begin{bmatrix}-1 & 0 & 0\\0 & -1 & 0\\0 & 0 & 1\end{bmatrix}$
16	$B\xrightarrow{-}A$	z_b	$\begin{bmatrix}1 & 0 & 0\\0 & 1 & 0\\0 & 0 & 1\end{bmatrix}$	$\begin{bmatrix}-\cos\omega t & -\sin\omega t & 0\\\sin\omega t & -\cos\omega t & 0\\0 & 0 & 1\end{bmatrix}$

8.3.2 双轴转位方案的误差特性

与单轴转位方案类似，以陀螺仪器件误差为例，分析双轴转位方案中陀螺仪各器件误差的调制情况。

1. 陀螺仪漂移

双轴转位方案采用的仍然是惯性测量单元间歇性转停方式，所以应该分别考虑惯性测量单元静止和转动过程中的误差调制特性。一个双轴转位周期内的 A、B、C、D 四个固定位置上，陀螺仪常值漂移在导航坐标系上引起的姿态误差必然满足：

$$4\left(\int_0^{T_S}\varepsilon_E\mathrm{d}t\right)_A+4\left(\int_0^{T_S}\varepsilon_E\mathrm{d}t\right)_B+4\left(\int_0^{T_S}\varepsilon_E\mathrm{d}t\right)_C+4\left(\int_0^{T_S}\varepsilon_E\mathrm{d}t\right)_D=0 \tag{8-26}$$

$$4\left(\int_0^{T_S}\varepsilon_N\mathrm{d}t\right)_A+4\left(\int_0^{T_S}\varepsilon_N\mathrm{d}t\right)_B+4\left(\int_0^{T_S}\varepsilon_N\mathrm{d}t\right)_C+4\left(\int_0^{T_S}\varepsilon_N\mathrm{d}t\right)_D=0 \tag{8-27}$$

$$4\left(\int_0^{T_S}\varepsilon_U\mathrm{d}t\right)_A+4\left(\int_0^{T_S}\varepsilon_U\mathrm{d}t\right)_B+4\left(\int_0^{T_S}\varepsilon_U\mathrm{d}t\right)_C+4\left(\int_0^{T_S}\varepsilon_U\mathrm{d}t\right)_D=0 \tag{8-28}$$

式中，T_S 为每个停止位置的停留时间。

通过式(8-26)～式(8-28)可以看到，陀螺仪常值漂移在导航坐标系上的作用效果为零。由于惯性测量单元在双轴旋转过程中分别相对各自的旋转轴对称分布，因此 16 次序转位方案可以表述如下。

在次序 1、3、6、8 构成的转动周期内，陀螺仪漂移在导航坐标系的东向投影 ε_E 在每个转动过程中经过积分作用后为

$$\left(\int_0^{T_R}\varepsilon_E\mathrm{d}t\right)_{A\xrightarrow{+}B}=\int_0^{T_R}\left(\varepsilon_x^s\cos\omega t-\varepsilon_y^s\sin\omega t\right)\mathrm{d}t=-\frac{2}{\omega}\varepsilon_y^s \tag{8-29}$$

$$\left(\int_0^{T_R}\varepsilon_E\mathrm{d}t\right)_{C\xrightarrow{-}D}=\int_0^{T_R}\left(-\varepsilon_x^s\cos\omega t+\varepsilon_y^s\sin\omega t\right)\mathrm{d}t=\frac{2}{\omega}\varepsilon_y^s \tag{8-30}$$

$$\left(\int_0^{T_R}\varepsilon_E \mathrm{d}t\right)_{D\overset{-}{\rightarrow}C} = \int_0^{T_R}\left(\varepsilon_x^s\cos\omega t - \varepsilon_y^s\sin\omega t\right)\mathrm{d}t = -\frac{2}{\omega}\varepsilon_y^s \tag{8-31}$$

$$\left(\int_0^{T_R}\varepsilon_E \mathrm{d}t\right)_{B\overset{+}{\rightarrow}A} = \int_0^{T_R}\left(-\varepsilon_x^s\cos\omega t + \varepsilon_y^s\sin\omega t\right)\mathrm{d}t = \frac{2}{\omega}\varepsilon_y^s \tag{8-32}$$

式中，T_R 为每个转动过程的转动时间。

同理，可以得到陀螺仪漂移在导航坐标系的北向投影 ε_N 在每个转动过程中经过积分作用后的结果为

$$\left(\int_0^{T_R}\varepsilon_N \mathrm{d}t\right)_{A\overset{+}{\rightarrow}B} = \int_0^{T_R}\left(\varepsilon_x^s\sin\omega t + \varepsilon_y^s\cos\omega t\right)\mathrm{d}t = \frac{2}{\omega}\varepsilon_x^s \tag{8-33}$$

$$\left(\int_0^{T_R}\varepsilon_N \mathrm{d}t\right)_{C\overset{-}{\rightarrow}D} = \int_0^{T_R}\left(\varepsilon_x^s\sin\omega t + \varepsilon_y^s\cos\omega t\right)\mathrm{d}t = \frac{2}{\omega}\varepsilon_x^s \tag{8-34}$$

$$\left(\int_0^{T_R}\varepsilon_N \mathrm{d}t\right)_{D\overset{-}{\rightarrow}C} = \int_0^{T_R}\left(-\varepsilon_x^s\sin\omega t - \varepsilon_y^s\cos\omega t\right)\mathrm{d}t = -\frac{2}{\omega}\varepsilon_x^s \tag{8-35}$$

$$\left(\int_0^{T_R}\varepsilon_N \mathrm{d}t\right)_{B\overset{+}{\rightarrow}A} = \int_0^{T_R}\left(-\varepsilon_x^s\sin\omega t - \varepsilon_y^s\cos\omega t\right)\mathrm{d}t = -\frac{2}{\omega}\varepsilon_x^s \tag{8-36}$$

根据式(8-29)～式(8-36)，可以得到陀螺仪漂移在整周期积分过程中产生的误差为零，即

$$\left(\int_0^{T_R}\varepsilon_E \mathrm{d}t\right)_{A\overset{+}{\rightarrow}B} + \left(\int_0^{T_R}\varepsilon_E \mathrm{d}t\right)_{C\overset{-}{\rightarrow}D} + \left(\int_0^{T_R}\varepsilon_E \mathrm{d}t\right)_{D\overset{-}{\rightarrow}C} + \left(\int_0^{T_R}\varepsilon_E \mathrm{d}t\right)_{B\overset{+}{\rightarrow}A} = 0 \tag{8-37}$$

$$\left(\int_0^{T_R}\varepsilon_N \mathrm{d}t\right)_{A\overset{+}{\rightarrow}B} + \left(\int_0^{T_R}\varepsilon_N \mathrm{d}t\right)_{C\overset{-}{\rightarrow}D} + \left(\int_0^{T_R}\varepsilon_N \mathrm{d}t\right)_{D\overset{-}{\rightarrow}C} + \left(\int_0^{T_R}\varepsilon_N \mathrm{d}t\right)_{B\overset{+}{\rightarrow}A} = 0 \tag{8-38}$$

同理，可以得到在次序 2、4、5、7 构成的转动周期内，陀螺仪漂移在积分过程中产生的误差为零，即

$$\left(\int_0^{T_R}\varepsilon_E \mathrm{d}t\right)_{B\overset{+}{\rightarrow}C} + \left(\int_0^{T_R}\varepsilon_E \mathrm{d}t\right)_{D\overset{-}{\rightarrow}A} + \left(\int_0^{T_R}\varepsilon_E \mathrm{d}t\right)_{A\overset{-}{\rightarrow}D} + \left(\int_0^{T_R}\varepsilon_E \mathrm{d}t\right)_{C\overset{+}{\rightarrow}B} = 0 \tag{8-39}$$

$$\left(\int_0^{T_R}\varepsilon_U \mathrm{d}t\right)_{B\overset{+}{\rightarrow}C} + \left(\int_0^{T_R}\varepsilon_U \mathrm{d}t\right)_{D\overset{-}{\rightarrow}A} + \left(\int_0^{T_R}\varepsilon_U \mathrm{d}t\right)_{A\overset{-}{\rightarrow}D} + \left(\int_0^{T_R}\varepsilon_U \mathrm{d}t\right)_{C\overset{+}{\rightarrow}B} = 0 \tag{8-40}$$

在次序 9、11、14、16 构成的转动周期内，陀螺仪漂移在积分过程中产生的误差为零，即

$$\left(\int_0^{T_R}\varepsilon_E \mathrm{d}t\right)_{A\overset{-}{\rightarrow}B} + \left(\int_0^{T_R}\varepsilon_E \mathrm{d}t\right)_{C\overset{+}{\rightarrow}D} + \left(\int_0^{T_R}\varepsilon_E \mathrm{d}t\right)_{D\overset{+}{\rightarrow}C} + \left(\int_0^{T_R}\varepsilon_E \mathrm{d}t\right)_{B\overset{-}{\rightarrow}A} = 0 \tag{8-41}$$

$$\left(\int_0^{T_R}\varepsilon_N \mathrm{d}t\right)_{A\overset{-}{\rightarrow}B} + \left(\int_0^{T_R}\varepsilon_N \mathrm{d}t\right)_{C\overset{+}{\rightarrow}D} + \left(\int_0^{T_R}\varepsilon_N \mathrm{d}t\right)_{D\overset{+}{\rightarrow}C} + \left(\int_0^{T_R}\varepsilon_N \mathrm{d}t\right)_{B\overset{-}{\rightarrow}A} = 0 \tag{8-42}$$

在次序 10、12、13、15 构成的转动周期内，陀螺仪漂移在积分过程中产生的误差为零，即

$$\left(\int_0^{T_R}\varepsilon_E \mathrm{d}t\right)_{B\overset{-}{\rightarrow}C} + \left(\int_0^{T_R}\varepsilon_E \mathrm{d}t\right)_{D\overset{+}{\rightarrow}A} + \left(\int_0^{T_R}\varepsilon_E \mathrm{d}t\right)_{A\overset{+}{\rightarrow}D} + \left(\int_0^{T_R}\varepsilon_E \mathrm{d}t\right)_{C\overset{-}{\rightarrow}B} = 0 \tag{8-43}$$

$$\left(\int_0^{T_R}\varepsilon_U \mathrm{d}t\right)_{B\overset{-}{\rightarrow}C} + \left(\int_0^{T_R}\varepsilon_U \mathrm{d}t\right)_{D\overset{+}{\rightarrow}A} + \left(\int_0^{T_R}\varepsilon_U \mathrm{d}t\right)_{A\overset{+}{\rightarrow}D} + \left(\int_0^{T_R}\varepsilon_U \mathrm{d}t\right)_{C\overset{-}{\rightarrow}B} = 0 \tag{8-44}$$

通过以上分析可知，根据图 8-6 描述的转动次序周期性地改变惯性测量单元位置，使三个陀螺仪的敏感轴在一个转动周期内沿转动中心对称分布，即可将陀螺仪常值漂移完全调制掉。

2. 陀螺仪标度因数误差

在惯性测量单元静止状态下，陀螺仪标度因数误差导致的陀螺仪输出误差为

$$\delta\boldsymbol{\omega}_{is}^{s}=\mathrm{diag}\left(\boldsymbol{S}_{g}\right)\boldsymbol{C}_{n}^{s}\boldsymbol{\omega}_{ie}^{n}=\begin{bmatrix}S_{gx}&0&0\\0&S_{gy}&0\\0&0&S_{gz}\end{bmatrix}\boldsymbol{C}_{b}^{s}\boldsymbol{C}_{n}^{b}\begin{bmatrix}0\\\omega_{ie}\cos L\\\omega_{ie}\sin L\end{bmatrix}\tag{8-45}$$

为分析方便，假设载体坐标系和导航坐标系重合，即 $\boldsymbol{C}_{n}^{b}=\boldsymbol{I}$。结合表 8-1 中陀螺仪在 A、B、C、D 四个位置的坐标转换关系，可以得到陀螺仪输出误差表达式为

$$\left(\delta\boldsymbol{\omega}_{is}^{s}\right)_{A}=\begin{bmatrix}0\\S_{gy}\omega_{ie}\cos L\\S_{gz}\omega_{ie}\sin L\end{bmatrix}\tag{8-46}$$

$$\left(\delta\boldsymbol{\omega}_{is}^{s}\right)_{B}=\begin{bmatrix}0\\-S_{gy}\omega_{ie}\cos L\\S_{gz}\omega_{ie}\sin L\end{bmatrix}\tag{8-47}$$

$$\left(\delta\boldsymbol{\omega}_{is}^{s}\right)_{C}=\begin{bmatrix}0\\S_{gy}\omega_{ie}\cos L\\-S_{gz}\omega_{ie}\sin L\end{bmatrix}\tag{8-48}$$

$$\left(\delta\boldsymbol{\omega}_{is}^{s}\right)_{D}=\begin{bmatrix}0\\-S_{gy}\omega_{ie}\cos L\\-S_{gz}\omega_{ie}\sin L\end{bmatrix}\tag{8-49}$$

进一步，可以得到在 A、B、C、D 四个位置由陀螺仪标度因数误差引起的姿态误差表达式为

$$\left(\delta\boldsymbol{\omega}_{is}^{b}\right)_{A}=\left(\delta\boldsymbol{\omega}_{is}^{b}\right)_{B}=\left(\delta\boldsymbol{\omega}_{is}^{b}\right)_{C}=\left(\delta\boldsymbol{\omega}_{is}^{b}\right)_{D}=\begin{bmatrix}0\\S_{gy}\omega_{ie}\cos L\\S_{gz}\omega_{ie}\sin L\end{bmatrix}\tag{8-50}$$

一个完整周期内，惯性测量单元 16 次停留过程中陀螺仪标度因数误差引起的姿态误差表达式为

$$4\left(\int_{0}^{T_S}\delta\boldsymbol{\omega}_{is}^{b}\mathrm{d}t\right)_{A}+4\left(\int_{0}^{T_S}\delta\boldsymbol{\omega}_{is}^{b}\mathrm{d}t\right)_{B}+4\left(\int_{0}^{T_S}\delta\boldsymbol{\omega}_{is}^{b}\mathrm{d}t\right)_{C}+4\left(\int_{0}^{T_S}\delta\boldsymbol{\omega}_{is}^{b}\mathrm{d}t\right)_{D}=\begin{bmatrix}0\\16T_S S_{gy}\omega_{ie}\cos L\\16T_S S_{gz}\omega_{ie}\sin L\end{bmatrix}\tag{8-51}$$

考虑到惯性测量单元转动过程的复杂性，解算时先将载体坐标系转换到每次转动的起始位置。根据表 8-1 描述的双轴 16 次序转动过程，将惯性测量单元处于停留位置时其坐标系与载体坐标系之间的转换矩阵作为初始转换矩阵，从而分析 16 个转动过程中陀螺仪标度因数误差引起的姿态误差。

次序 1：从位置 A 逆时针转动到位置 B 的过程中，陀螺仪标度因数误差引起的角速度误差在导航坐标系的投影为

$$\begin{aligned}\left(\delta\boldsymbol{\omega}_{is}^{n}\right)_{A\overset{+}{\to}B}&=\boldsymbol{C}_{s}^{n}\mathrm{diag}\left(\boldsymbol{S}_{g}\right)\boldsymbol{C}_{n}^{s}\omega_{ie}^{n}\\&=\begin{bmatrix}\cos\omega t&-\sin\omega t&0\\\sin\omega t&\cos\omega t&0\\0&0&1\end{bmatrix}\begin{bmatrix}S_{gx}&0&0\\0&S_{gy}&0\\0&0&S_{gz}\end{bmatrix}\begin{bmatrix}\cos\omega t&\sin\omega t&0\\-\sin\omega t&\cos\omega t&0\\0&0&1\end{bmatrix}\begin{bmatrix}0\\\omega_{ie}\cos L\\\omega_{ie}\sin L+\omega\end{bmatrix}\\&=\begin{bmatrix}\left(S_{gx}-S_{gy}\right)\omega_{ie}\cos L\sin\omega t\cos\omega t\\\left(S_{gx}\sin^{2}\omega t+S_{gy}\cos^{2}\omega t\right)\omega_{ie}\cos L\\S_{gz}\left(\omega_{ie}\sin L+\omega\right)\end{bmatrix}\end{aligned}\tag{8-52}$$

进一步，对导航坐标系下的角速度误差在转动过程中进行积分，得到次序 1 中由陀螺仪标度因数误差引起的姿态误差表达式为

$$\left(\int_{0}^{T_R}\delta\omega_{isx}^{n}\mathrm{d}t\right)_{A\overset{+}{\to}B}=\int_{0}^{T_R}\left(S_{gx}-S_{gy}\right)\omega_{ie}\cos L\sin\omega t\cos\omega t\mathrm{d}t=0\tag{8-53}$$

$$\left(\int_{0}^{T_R}\delta\omega_{isy}^{n}\mathrm{d}t\right)_{A\overset{+}{\to}B}=\int_{0}^{T_R}\left(S_{gx}\sin^{2}\omega t+S_{gy}\cos^{2}\omega t\right)\omega_{ie}\cos L\mathrm{d}t=\frac{\pi\omega_{ie}\cos L}{2\omega}\left(S_{gx}+S_{gy}\right)\tag{8-54}$$

$$\left(\int_{0}^{T_R}\delta\omega_{isz}^{n}\mathrm{d}t\right)_{A\overset{+}{\to}B}=\int_{0}^{T_R}S_{gz}\left(\omega_{ie}\sin L+\omega\right)\mathrm{d}t=S_{gz}\omega_{ie}\sin L\frac{\pi}{\omega}+S_{gz}\pi\tag{8-55}$$

次序 2：从位置 B 逆时针转动到位置 C 的过程中，陀螺仪标度因数误差引起的角速度误差在导航坐标系的投影为

$$\begin{aligned}\left(\delta\boldsymbol{\omega}_{is}^{n}\right)_{B\overset{+}{\to}C}&=\boldsymbol{C}_{s}^{n}\mathrm{diag}\left(\boldsymbol{S}_{g}\right)\boldsymbol{C}_{n}^{s}\boldsymbol{\omega}_{ie}^{n}\\&=\begin{bmatrix}-1&0&0\\0&-\cos\omega t&-\sin\omega t\\0&-\sin\omega t&\cos\omega t\end{bmatrix}\begin{bmatrix}S_{gx}&0&0\\0&S_{gy}&0\\0&0&S_{gz}\end{bmatrix}\begin{bmatrix}-1&0&0\\0&-\cos\omega t&-\sin\omega t\\0&-\sin\omega t&\cos\omega t\end{bmatrix}\begin{bmatrix}\omega\\\omega_{ie}\cos L\\\omega_{ie}\sin L\end{bmatrix}\\&=\begin{bmatrix}S_{gx}\omega\\\omega_{ie}\cos L\left(S_{gy}\cos^{2}\omega t+S_{gz}\sin^{2}\omega t\right)+\omega_{ie}\sin L\sin\omega t\cos\omega t\left(S_{gy}-S_{gz}\right)\\\omega_{ie}\cos L\sin\omega t\cos\omega t\left(S_{gy}-S_{gz}\right)+\omega_{ie}\sin L\left(S_{gy}\sin^{2}\omega t+S_{gz}\cos^{2}\omega t\right)\end{bmatrix}\end{aligned}\tag{8-56}$$

进一步，对导航坐标系下的角速度误差在转动过程中进行积分，得到次序 2 中由陀螺仪标度因数误差引起的姿态误差表达式为

$$\left(\int_0^{T_R}\delta\omega_{isx}^n\mathrm{d}t\right)_{B\xrightarrow{+}C}=\int_0^{T_R}S_{gx}\omega\mathrm{d}t=\pi S_{gx} \tag{8-57}$$

$$\begin{aligned}\left(\int_0^{T_R}\delta\omega_{isy}^n\mathrm{d}t\right)_{B\xrightarrow{+}C}&=\int_0^{T_R}\left[\omega_{ie}\cos L\left(S_{gy}\cos^2\omega t+S_{gz}\sin^2\omega t\right)+\omega_{ie}\sin L\sin\omega t\cos\omega t\left(S_{gy}-S_{gz}\right)\right]\mathrm{d}t\\&=\frac{\pi}{2\omega}\omega_{ie}\cos L\left(S_{gy}+S_{gz}\right)\end{aligned} \tag{8-58}$$

$$\begin{aligned}\left(\int_0^{T_R}\delta\omega_{isz}^n\mathrm{d}t\right)_{B\xrightarrow{+}C}&=\int_0^{T_R}\left[\omega_{ie}\cos L\sin\omega t\cos\omega t\left(S_{gy}-S_{gz}\right)+\omega_{ie}\sin L\left(S_{gy}\sin^2\omega t+S_{gz}\cos^2\omega t\right)\right]\mathrm{d}t\\&=\frac{\pi}{2\omega}\omega_{ie}\sin L\left(S_{gy}+S_{gz}\right)\end{aligned} \tag{8-59}$$

以此类推，标度因数误差在历次转动中引起的姿态误差如下。

次序 3：

$$\left(\int_0^{T_R}\delta\omega_{isx}^n\mathrm{d}t\right)_{C\xrightarrow{-}D}=0 \tag{8-60}$$

$$\left(\int_0^{T_R}\delta\omega_{isy}^n\mathrm{d}t\right)_{C\xrightarrow{-}D}=\frac{\pi\omega_{ie}\cos L}{2\omega}\left(S_{gx}+S_{gy}\right) \tag{8-61}$$

$$\left(\int_0^{T_R}\delta\omega_{isz}^n\mathrm{d}t\right)_{C\xrightarrow{-}D}=S_{gz}\omega_{ie}\sin L\frac{\pi}{\omega}-S_{gz}\pi \tag{8-62}$$

次序 4：

$$\left(\int_0^{T_R}\delta\omega_{isx}^n\mathrm{d}t\right)_{D\xrightarrow{-}A}=-\pi S_{gx} \tag{8-63}$$

$$\left(\int_0^{T_R}\delta\omega_{isy}^n\mathrm{d}t\right)_{D\xrightarrow{-}A}=\frac{\pi}{2\omega}\omega_{ie}\cos L\left(S_{gy}+S_{gz}\right) \tag{8-64}$$

$$\left(\int_0^{T_R}\delta\omega_{isz}^n\mathrm{d}t\right)_{D\xrightarrow{-}A}=\frac{\pi}{2\omega}\omega_{ie}\sin L\left(S_{gy}+S_{gz}\right) \tag{8-65}$$

次序 5：

$$\left(\int_0^{T_R}\delta\omega_{isx}^n\mathrm{d}t\right)_{A\xrightarrow{-}D}=-\pi S_{gx} \tag{8-66}$$

$$\left(\int_0^{T_R}\delta\omega_{isy}^n\mathrm{d}t\right)_{A\xrightarrow{-}D}=\frac{\pi}{2\omega}\omega_{ie}\cos L\left(S_{gy}+S_{gz}\right) \tag{8-67}$$

$$\left(\int_0^{T_R}\delta\omega_{isz}^n\mathrm{d}t\right)_{A\xrightarrow{-}D}=\frac{\pi}{2\omega}\omega_{ie}\sin L\left(S_{gy}+S_{gz}\right) \tag{8-68}$$

次序 6：

$$\left(\int_0^{T_R}\delta\omega_{isx}^n\mathrm{d}t\right)_{D\xrightarrow{-}C}=0 \tag{8-69}$$

$$\left(\int_0^{T_R}\delta\omega_{isy}^n\mathrm{d}t\right)_{\bar{D\to C}}=\frac{\pi}{2\omega}\omega_{ie}\cos L\left(S_{gx}+S_{gy}\right) \tag{8-70}$$

$$\left(\int_0^{T_R}\delta\omega_{isz}^n\mathrm{d}t\right)_{\bar{D\to C}}=S_{gz}\omega_{ie}\sin L\frac{\pi}{\omega}-S_{gz}\pi \tag{8-71}$$

次序 7：

$$\left(\int_0^{T_R}\delta\omega_{isx}^n\mathrm{d}t\right)_{C\overset{+}{\to}B}=\pi S_{gx} \tag{8-72}$$

$$\left(\int_0^{T_R}\delta\omega_{isy}^n\mathrm{d}t\right)_{C\overset{+}{\to}B}=\frac{\pi}{2\omega}\omega_{ie}\cos L\left(S_{gy}+S_{gz}\right) \tag{8-73}$$

$$\left(\int_0^{T_R}\delta\omega_{isz}^n\mathrm{d}t\right)_{C\overset{+}{\to}B}=\frac{\pi}{2\omega}\omega_{ie}\sin L\left(S_{gy}+S_{gz}\right) \tag{8-74}$$

次序 8：

$$\left(\int_0^{T_R}\delta\omega_{isx}^n\mathrm{d}t\right)_{B\overset{+}{\to}A}=0 \tag{8-75}$$

$$\left(\int_0^{T_R}\delta\omega_{isy}^n\mathrm{d}t\right)_{B\overset{+}{\to}A}=\frac{\pi}{2\omega}\omega_{ie}\cos L\left(S_{gx}+S_{gy}\right) \tag{8-76}$$

$$\left(\int_0^{T_R}\delta\omega_{isz}^n\mathrm{d}t\right)_{B\overset{+}{\to}A}=S_{gz}\omega_{ie}\sin L\frac{\pi}{\omega}+S_{gz}\pi \tag{8-77}$$

次序 9：

$$\left(\int_0^{T_R}\delta\omega_{isx}^n\mathrm{d}t\right)_{A\overset{-}{\to}B}=0 \tag{8-78}$$

$$\left(\int_0^{T_R}\delta\omega_{isy}^n\mathrm{d}t\right)_{A\overset{-}{\to}B}=\frac{\pi}{2\omega}\omega_{ie}\cos L\left(S_{gx}+S_{gy}\right) \tag{8-79}$$

$$\left(\int_0^{T_R}\delta\omega_{isz}^n\mathrm{d}t\right)_{A\overset{-}{\to}B}=S_{gz}\omega_{ie}\sin L\frac{\pi}{\omega}-S_{gz}\pi \tag{8-80}$$

次序 10：

$$\left(\int_0^{T_R}\delta\omega_{isx}^n\mathrm{d}t\right)_{B\overset{-}{\to}C}=-\pi S_{gx} \tag{8-81}$$

$$\left(\int_0^{T_R}\delta\omega_{isy}^n\mathrm{d}t\right)_{B\overset{-}{\to}C}=\frac{\pi}{2\omega}\omega_{ie}\cos L\left(S_{gy}+S_{gz}\right) \tag{8-82}$$

$$\left(\int_0^{T_R}\delta\omega_{isz}^n\mathrm{d}t\right)_{B\overset{-}{\to}C}=\frac{\pi}{2\omega}\omega_{ie}\sin L\left(S_{gy}+S_{gz}\right) \tag{8-83}$$

次序 11：

$$\left(\int_0^{T_R}\delta\omega_{isx}^n\mathrm{d}t\right)_{C\overset{+}{\to}D}=0 \tag{8-84}$$

$$\left(\int_0^{T_R}\delta\omega_{isy}^n\mathrm{d}t\right)_{C\overset{+}{\to}D}=\frac{\pi}{2\omega}\omega_{ie}\cos L\left(S_{gx}+S_{gy}\right) \tag{8-85}$$

$$\left(\int_0^{T_R}\delta\omega_{isz}^n\mathrm{d}t\right)_{C\overset{+}{\rightarrow}D}=S_{gz}\omega_{ie}\sin L\frac{\pi}{\omega}+S_{gz}\pi \tag{8-86}$$

次序 12：

$$\left(\int_0^{T_R}\delta\omega_{isx}^n\mathrm{d}t\right)_{D\overset{+}{\rightarrow}A}=\pi S_{gx} \tag{8-87}$$

$$\left(\int_0^{T_R}\delta\omega_{isy}^n\mathrm{d}t\right)_{D\overset{+}{\rightarrow}A}=\frac{\pi}{2\omega}\omega_{ie}\cos L\left(S_{gy}+S_{gz}\right) \tag{8-88}$$

$$\left(\int_0^{T_R}\delta\omega_{isz}^n\mathrm{d}t\right)_{D\overset{+}{\rightarrow}A}=\frac{\pi}{2\omega}\omega_{ie}\sin L\left(S_{gy}+S_{gz}\right) \tag{8-89}$$

次序 13：

$$\left(\int_0^{T_R}\delta\omega_{isx}^n\mathrm{d}t\right)_{A\overset{+}{\rightarrow}D}=\pi S_{gx} \tag{8-90}$$

$$\left(\int_0^{T_R}\delta\omega_{isy}^n\mathrm{d}t\right)_{A\overset{+}{\rightarrow}D}=\frac{\pi}{2\omega}\omega_{ie}\cos L\left(S_{gy}+S_{gz}\right) \tag{8-91}$$

$$\left(\int_0^{T_R}\delta\omega_{isz}^n\mathrm{d}t\right)_{A\overset{+}{\rightarrow}D}=\frac{\pi}{2\omega}\omega_{ie}\sin L\left(S_{gy}+S_{gz}\right) \tag{8-92}$$

次序 14：

$$\left(\int_0^{T_R}\delta\omega_{isx}^n\mathrm{d}t\right)_{D\overset{+}{\rightarrow}C}=0 \tag{8-93}$$

$$\left(\int_0^{T_R}\delta\omega_{isy}^n\mathrm{d}t\right)_{D\overset{+}{\rightarrow}C}=\frac{\pi}{2\omega}\omega_{ie}\cos L\left(S_{gx}+S_{gy}\right) \tag{8-94}$$

$$\left(\int_0^{T_R}\delta\omega_{isz}^n\mathrm{d}t\right)_{D\overset{+}{\rightarrow}C}=S_{gz}\omega_{ie}\sin L\frac{\pi}{\omega}+S_{gz}\pi \tag{8-95}$$

次序 15：

$$\left(\int_0^{T_R}\delta\omega_{isx}^n\mathrm{d}t\right)_{C\overset{-}{\rightarrow}B}=-\pi S_{gx} \tag{8-96}$$

$$\left(\int_0^{T_R}\delta\omega_{isy}^n\mathrm{d}t\right)_{C\overset{-}{\rightarrow}B}=\frac{\pi}{2\omega}\omega_{ie}\cos L\left(S_{gy}+S_{gz}\right) \tag{8-97}$$

$$\left(\int_0^{T_R}\delta\omega_{isz}^n\mathrm{d}t\right)_{C\overset{-}{\rightarrow}B}=\frac{\pi}{2\omega}\omega_{ie}\sin L\left(S_{gy}+S_{gz}\right) \tag{8-98}$$

次序 16：

$$\left(\int_0^{T_R}\delta\omega_{isx}^n\mathrm{d}t\right)_{B\overset{-}{\rightarrow}A}=0 \tag{8-99}$$

$$\left(\int_0^{T_R}\delta\omega_{isy}^n\mathrm{d}t\right)_{B\overset{-}{\rightarrow}A}=\frac{\pi}{2\omega}\omega_{ie}\cos L\left(S_{gx}+S_{gy}\right) \tag{8-100}$$

$$\left(\int_0^{T_R}\delta\omega_{isz}^n\mathrm{d}t\right)_{B\overset{-}{\rightarrow}A}=S_{gz}\omega_{ie}\sin L\frac{\pi}{\omega}-S_{gz}\pi \tag{8-101}$$

在一个完整的转动周期内，分别将上述 16 个转动次序中三个敏感轴方向上的积分结果

相加，可以得到陀螺仪标度因数误差引起的姿态误差表达式为

$$\sum_{j=1}^{16}\int_0^{T_R}\delta\boldsymbol{\omega}_{is_j}^n\mathrm{d}t=\frac{\pi}{\omega}\begin{bmatrix}0\\ \omega_{ie}\cos L\left(4S_{gx}+8S_{gy}+4S_{gz}\right)\\ \omega_{ie}\sin L\left(4S_{gy}+12S_{gz}\right)\end{bmatrix} \tag{8-102}$$

若设 $S_{gx}=S_{gy}=S_{gz}=S_g$，结合式(8-51)与式(8-102)描述的惯性测量单元静止与转动过程中的误差特性，可以得到完整的 16 次序双轴转动方案下，陀螺仪标度因数误差引起的姿态误差表达式为

$$\int_0^{16(T_R+T_S)}\delta\omega_{is}^n\mathrm{d}t=\begin{bmatrix}0\\ S_g\omega_{ie}\cos L\left(16T_R+16T_S\right)\\ S_g\omega_{ie}\sin L\left(16T_R+16T_S\right)\end{bmatrix} \tag{8-103}$$

根据式(8-103)可知，陀螺仪标度因数误差不会引起东向姿态误差，但会引起北向姿态误差与方位误差。

通过以上分析可知，惯性测量单元双轴 16 次序转停方案中，陀螺仪标度因数误差对系统的影响与未采用旋转调制技术时一致，即标度因数误差 S_{gx}、S_{gy}、S_{gz} 与地球自转角速度耦合后随转动和停留时间积累引起北向姿态误差与方位误差。

◆ **小实践**：次序 3 旋转过程中，由陀螺仪标度因数误差引起的姿态误差如式(8-60)～式(8-62)所示，请参考次序 1 推导过程，给出式(8-60)～式(8-62)的推导过程。

3. 陀螺仪安装误差

为分析方便，假设载体坐标系和导航坐标系重合，即 $\boldsymbol{C}_n^b=\boldsymbol{I}$。同时，根据表 8-1 可以得到 A、B、C、D 四个位置上陀螺仪安装误差引起的陀螺仪输出误差表达式为

$$\begin{aligned}\left(\delta\boldsymbol{\omega}_{is}^n\right)_A&=\boldsymbol{C}_s^n\boldsymbol{M}\boldsymbol{C}_n^s\boldsymbol{\omega}_{ie}^n=\begin{bmatrix}1&0&0\\0&1&0\\0&0&1\end{bmatrix}\begin{bmatrix}0&M_{gxz}&M_{gxy}\\M_{gyz}&0&M_{gyx}\\M_{gzy}&M_{gzx}&0\end{bmatrix}\begin{bmatrix}1&0&0\\0&1&0\\0&0&1\end{bmatrix}\begin{bmatrix}0\\ \omega_{ie}\cos L\\ \omega_{ie}\sin L\end{bmatrix}\\&=\begin{bmatrix}M_{gxz}\omega_{ie}\cos L+M_{gxy}\omega_{ie}\sin L\\ M_{gyx}\omega_{ie}\sin L\\ M_{gzx}\omega_{ie}\cos L\end{bmatrix}\end{aligned} \tag{8-104}$$

$$\left(\delta\boldsymbol{\omega}_{is}^n\right)_B=\begin{bmatrix}M_{gxz}\omega_{ie}\cos L-M_{gxy}\omega_{ie}\sin L\\ -M_{gyx}\omega_{ie}\sin L\\ -M_{gzx}\omega_{ie}\cos L\end{bmatrix} \tag{8-105}$$

$$\left(\delta\boldsymbol{\omega}_{is}^n\right)_C=\begin{bmatrix}-M_{gxz}\omega_{ie}\cos L+M_{gxy}\omega_{ie}\sin L\\ -M_{gyx}\omega_{ie}\sin L\\ -M_{gzx}\omega_{ie}\cos L\end{bmatrix} \tag{8-106}$$

$$\left(\delta\boldsymbol{\omega}_{is}^{n}\right)_D=\begin{bmatrix}-M_{gxz}\omega_{ie}\cos L-M_{gxy}\omega_{ie}\sin L\\ M_{gyx}\omega_{ie}\sin L\\ M_{gzx}\omega_{ie}\cos L\end{bmatrix}\tag{8-107}$$

根据式(8-104)～式(8-107)，可以得到一个双轴转停周期内 A、B、C、D 四个位置上陀螺仪安装误差引起的姿态误差表达式为

$$4\left(\int_0^{T_S}\delta\boldsymbol{\omega}_{is}^{n}\mathrm{d}t\right)_A+4\left(\int_0^{T_S}\delta\boldsymbol{\omega}_{is}^{n}\mathrm{d}t\right)_B+4\left(\int_0^{T_S}\delta\boldsymbol{\omega}_{is}^{n}\mathrm{d}t\right)_C+4\left(\int_0^{T_S}\delta\boldsymbol{\omega}_{is}^{n}\mathrm{d}t\right)_D=\begin{bmatrix}0\\0\\0\end{bmatrix}\tag{8-108}$$

当惯性测量单元转动时，根据表 8-1 描述的双轴 16 次序转动过程，分析每一次序转动过程中陀螺仪安装误差引起的姿态误差如下。

次序 1：从位置 A 逆时针转动到位置 B 的过程中，陀螺仪安装误差引起的角速度误差在导航坐标系的投影为

$$\begin{aligned}\left(\delta\boldsymbol{\omega}_{is}^{n}\right)_{A\xrightarrow{+}B}&=\boldsymbol{C}_s^n\boldsymbol{M}\boldsymbol{C}_n^s\boldsymbol{\omega}_{ie}^{n}\\&=\begin{bmatrix}\cos\omega t&-\sin\omega t&0\\\sin\omega t&\cos\omega t&0\\0&0&1\end{bmatrix}\begin{bmatrix}0&M_{gxz}&M_{gxy}\\M_{gyz}&0&M_{gyx}\\M_{gzy}&M_{gzx}&0\end{bmatrix}\begin{bmatrix}\cos\omega t&\sin\omega t&0\\-\sin\omega t&\cos\omega t&0\\0&0&1\end{bmatrix}\begin{bmatrix}0\\\omega_{ie}\cos L\\\omega_{ie}\sin L+\omega\end{bmatrix}\\&=\begin{bmatrix}\omega_{ie}\cos L\left(M_{gxz}\cos^2\omega t-M_{gyz}\sin^2\omega t\right)+\left(\omega_{ie}\sin L+\omega\right)\left(M_{gxy}\cos\omega t-M_{gyx}\sin\omega t\right)\\\omega_{ie}\cos L\sin\omega t\cos\omega t\left(M_{gxz}+M_{gyz}\right)+\left(\omega_{ie}\sin L+\omega\right)\left(M_{gxy}\sin\omega t+M_{gyx}\cos\omega t\right)\\\omega_{ie}\cos L\left(M_{gzy}\sin\omega t+M_{gzx}\cos\omega t\right)\end{bmatrix}\end{aligned}\tag{8-109}$$

进一步，对导航坐标系下的角速度误差在转动过程中进行积分，得到次序 1 中由陀螺仪安装误差引起的姿态误差表达式为

$$\left(\int_0^{T_R}\delta\boldsymbol{\omega}_{is}^{n}\mathrm{d}t\right)_{A\xrightarrow{+}B}=\begin{bmatrix}\pi\left(M_{gxz}-M_{gyz}\right)\omega_{ie}\cos L/(2\omega)-2M_{gyx}\omega_{ie}\sin L/\omega-2M_{gyx}\\2M_{gxy}\omega_{ie}\sin L/\omega+2M_{gxy}\\2M_{gzy}\omega_{ie}\cos L/\omega\end{bmatrix}\tag{8-110}$$

次序 2：从位置 B 逆时针转动到位置 C 的过程中，陀螺仪安装误差引起的角速度误差在导航坐标系的投影为

$$\begin{aligned}\left(\delta\boldsymbol{\omega}_{is}^{n}\right)_{B\xrightarrow{+}C}&=\boldsymbol{C}_s^n\boldsymbol{M}\boldsymbol{C}_n^s\boldsymbol{\omega}_{ie}^{n}\\&=\begin{bmatrix}-1&0&0\\0&-\cos\omega t&-\sin\omega t\\0&-\sin\omega t&\cos\omega t\end{bmatrix}\begin{bmatrix}0&M_{gxz}&M_{gxy}\\M_{gyz}&0&M_{gyx}\\M_{gzy}&M_{gzx}&0\end{bmatrix}\begin{bmatrix}-1&0&0\\0&-\cos\omega t&-\sin\omega t\\0&-\sin\omega t&\cos\omega t\end{bmatrix}\begin{bmatrix}\omega\\\omega_{ie}\cos L\\\omega_{ie}\sin L\end{bmatrix}\\&=\begin{bmatrix}\omega_{ie}\cos L\left(M_{gxz}\cos\omega t+M_{gxy}\sin\omega t\right)+\omega_{ie}\sin L\left(M_{gxz}\sin\omega t-M_{gxy}\cos\omega t\right)\\\omega\left(M_{gyz}\cos\omega t+M_{gzy}\sin\omega t\right)+\omega_{ie}\cos L\sin\omega t\cos\omega t\left(M_{gzx}+M_{gyx}\right)-\omega_{ie}\sin L\left(-M_{gzx}\sin^2\omega t+M_{gyx}\cos^2\omega t\right)\\\omega\left(M_{gyz}\sin\omega t-M_{gzy}\cos\omega t\right)+\omega_{ie}\cos L\left(M_{gyx}\sin^2\omega t-M_{gzx}\cos^2\omega t\right)-\omega_{ie}\sin L\sin\omega t\cos\omega t\left(M_{gzx}+M_{gyx}\right)\end{bmatrix}\end{aligned}\tag{8-111}$$

同理，对导航坐标系下的角速度误差在转动过程中进行积分，得到次序 2 中由陀螺仪安装误差引起的姿态误差表达式为

$$\left(\int_0^{T_R}\delta\boldsymbol{\omega}_{is}^n \mathrm{d}t\right)_{\overset{+}{B\to C}}=\begin{bmatrix}2\left(M_{gxy}\omega_{ie}\cos L+M_{gxz}\omega_{ie}\sin L\right)/\omega\\ \pi\omega_{ie}\sin L\left(M_{gzx}-M_{gyx}\right)/(2\omega)+2M_{gzy}\\ -\pi\omega_{ie}\cos L\left(M_{gzx}-M_{gyx}\right)/(2\omega)+2M_{gyz}\end{bmatrix} \tag{8-112}$$

以此类推，安装误差在历次转动中引起的姿态误差如下。

次序 3：

$$\left(\int_0^{T_R}\delta\boldsymbol{\omega}_{is}^n \mathrm{d}t\right)_{\overset{-}{C\to D}}=\begin{bmatrix}\pi\omega_{ie}\cos L\left(M_{gyz}-M_{gxz}\right)/(2\omega)-2M_{gyx}\omega_{ie}\sin L/\omega+2M_{gyx}\\ -2M_{gxy}\omega_{ie}\sin L/\omega+2M_{gxy}\\ -2M_{gzy}\omega_{ie}\cos L/\omega\end{bmatrix} \tag{8-113}$$

次序 4：

$$\left(\int_0^{T_R}\delta\boldsymbol{\omega}_{is}^n \mathrm{d}t\right)_{\overset{-}{D\to A}}=\begin{bmatrix}2\left(M_{gxz}\omega_{ie}\sin L-M_{gxy}\omega_{ie}\cos L\right)/\omega\\ -\pi\omega_{ie}\sin L\left(M_{gzx}-M_{gyx}\right)/(2\omega)+2M_{gzy}\\ \pi\omega_{ie}\cos L\left(M_{gzx}-M_{gyx}\right)/(2\omega)-2M_{gyz}\end{bmatrix} \tag{8-114}$$

次序 5：

$$\left(\int_0^{T_R}\delta\boldsymbol{\omega}_{is}^n \mathrm{d}t\right)_{\overset{-}{A\to D}}=\begin{bmatrix}2\left(M_{gxy}\omega_{ie}\cos L-M_{gxz}\omega_{ie}\sin L\right)/\omega\\ -\pi\omega_{ie}\sin L\left(M_{gzx}-M_{gyx}\right)/(2\omega)-2M_{gzy}\\ \pi\omega_{ie}\cos L\left(M_{gzx}-M_{gyx}\right)/(2\omega)+2M_{gyz}\end{bmatrix} \tag{8-115}$$

次序 6：

$$\left(\int_0^{T_R}\delta\boldsymbol{\omega}_{is}^n \mathrm{d}t\right)_{\overset{-}{D\to C}}=\begin{bmatrix}\pi\omega_{ie}\cos L\left(M_{gyz}-M_{gxz}\right)/(2\omega)+2M_{gyx}\omega_{ie}\sin L/\omega-2M_{gyx}\\ 2M_{gxy}\omega_{ie}\sin L/\omega-2M_{gxy}\\ 2M_{gzy}\omega_{ie}\cos L/\omega\end{bmatrix} \tag{8-116}$$

次序 7：

$$\left(\int_0^{T_R}\delta\boldsymbol{\omega}_{is}^n \mathrm{d}t\right)_{\overset{+}{C\to B}}=\begin{bmatrix}-2\left(M_{gxy}\omega_{ie}\cos L+M_{gxz}\omega_{ie}\sin L\right)/\omega\\ \pi\omega_{ie}\sin L\left(M_{gzx}-M_{gyx}\right)/(2\omega)-2M_{gzy}\\ -\pi\omega_{ie}\cos L\left(M_{gzx}-M_{gyx}\right)/(2\omega)-2M_{gyz}\end{bmatrix} \tag{8-117}$$

次序 8：

$$\left(\int_0^{T_R}\delta\boldsymbol{\omega}_{is}^n \mathrm{d}t\right)_{\overset{+}{B\to A}}=\begin{bmatrix}\pi\omega_{ie}\cos L\left(M_{gxz}-M_{gyz}\right)/(2\omega)+2M_{gyx}\omega_{ie}\sin L/\omega+2M_{gyx}\\ -2M_{gxy}\omega_{ie}\sin L/\omega-2M_{gxy}\\ -2M_{gzy}\omega_{ie}\cos L/\omega\end{bmatrix} \tag{8-118}$$

次序 9：

$$\left(\int_0^{T_R}\delta\boldsymbol{\omega}_{is}^n\mathrm{d}t\right)_{\bar{A\to B}}=\begin{bmatrix}\pi\omega_{ie}\cos L\left(M_{gxz}-M_{gyz}\right)/(2\omega)+2M_{gyx}\omega_{ie}\sin L/\omega-2M_{gyx}\\-2M_{gxy}\omega_{ie}\sin L/\omega+2M_{gxy}\\-2M_{gzy}\omega_{ie}\cos L/\omega\end{bmatrix}\tag{8-119}$$

次序 10：

$$\left(\int_0^{T_R}\delta\boldsymbol{\omega}_{is}^n\mathrm{d}t\right)_{\bar{B\to C}}=\begin{bmatrix}-2\left(M_{gxy}\omega_{ie}\cos L+M_{gxz}\omega_{ie}\sin L\right)/\omega\\\pi\omega_{ie}\sin L\left(M_{gzx}-M_{gyx}\right)/(2\omega)+2M_{gzy}\\-\pi\omega_{ie}\cos L\left(M_{gzx}-M_{gyx}\right)/(2\omega)+2M_{gyz}\end{bmatrix}\tag{8-120}$$

次序 11：

$$\left(\int_0^{T_R}\delta\boldsymbol{\omega}_{is}^n\mathrm{d}t\right)_{\overset{+}{C\to D}}=\begin{bmatrix}\pi\omega_{ie}\cos L\left(M_{gyz}-M_{gxz}\right)/(2\omega)+2M_{gyx}\omega_{ie}\sin L/\omega+2M_{gyx}\\2M_{gxy}\omega_{ie}\sin L/\omega+2M_{gxy}\\2M_{gzy}\omega_{ie}\cos L/\omega\end{bmatrix}\tag{8-121}$$

次序 12：

$$\left(\int_0^{T_R}\delta\boldsymbol{\omega}_{is}^n\mathrm{d}t\right)_{\overset{+}{D\to A}}=\begin{bmatrix}2\left(M_{gxy}\omega_{ie}\cos L-M_{gxz}\omega_{ie}\sin L\right)/\omega\\-\pi\omega_{ie}\sin L\left(M_{gzx}-M_{gyx}\right)/(2\omega)+2M_{gzy}\\\pi\omega_{ie}\cos L\left(M_{gzx}-M_{gyx}\right)/(2\omega)-2M_{gyz}\end{bmatrix}\tag{8-122}$$

次序 13：

$$\left(\int_0^{T_R}\delta\boldsymbol{\omega}_{is}^n\mathrm{d}t\right)_{\overset{+}{A\to D}}=\begin{bmatrix}2\left(M_{gxz}\omega_{ie}\sin L-M_{gxy}\omega_{ie}\cos L\right)/\omega\\-\pi\omega_{ie}\sin L\left(M_{gzx}-M_{gyx}\right)/(2\omega)-2M_{gzy}\\\pi\omega_{ie}\cos L\left(M_{gzx}-M_{gyx}\right)/(2\omega)+2M_{gyz}\end{bmatrix}\tag{8-123}$$

次序 14：

$$\left(\int_0^{T_R}\delta\boldsymbol{\omega}_{is}^n\mathrm{d}t\right)_{\overset{+}{D\to C}}=\begin{bmatrix}\pi\omega_{ie}\cos L\left(M_{gyz}-M_{gxz}\right)/(2\omega)-2M_{gyx}\omega_{ie}\sin L/\omega-2M_{gyx}\\-2M_{gxy}\omega_{ie}\sin L/\omega-2M_{gxy}\\-2M_{gzy}\omega_{ie}\cos L/\omega\end{bmatrix}\tag{8-124}$$

次序 15：

$$\left(\int_0^{T_R}\delta\boldsymbol{\omega}_{is}^n\mathrm{d}t\right)_{\bar{C\to B}}=\begin{bmatrix}2\left(M_{gxy}\omega_{ie}\cos L+M_{gxz}\omega_{ie}\sin L\right)/\omega\\\pi\omega_{ie}\sin L\left(M_{gzx}-M_{gyx}\right)/(2\omega)-2M_{gzy}\\-\pi\omega_{ie}\cos L\left(M_{gzx}-M_{gyx}\right)/(2\omega)-2M_{gyz}\end{bmatrix}\tag{8-125}$$

次序 16：

$$\left(\int_0^{T_R} \delta\boldsymbol{\omega}_{is}^n \mathrm{d}t\right)_{\bar{B}\to A} = \begin{bmatrix} \pi\omega_{ie}\cos L\left(M_{gxz} - M_{gyz}\right)/(2\omega) - 2M_{gyx}\omega_{ie}\sin L/\omega + 2M_{gyx} \\ 2M_{gxy}\omega_{ie}\sin L/\omega - 2M_{gxy} \\ 2M_{gzy}\omega_{ie}\cos L/\omega \end{bmatrix} \tag{8-126}$$

在一个完整的转动周期内，将上述 16 个转动次序中的积分结果相加，得到陀螺仪安装误差引起的姿态误差表达式为

$$\sum_{j=1}^{16}\int_0^{T_R} \delta\boldsymbol{\omega}_{is_j}^n \mathrm{d}t = \begin{bmatrix}0 & 0 & 0\end{bmatrix}^{\mathrm{T}} \tag{8-127}$$

通过式(8-127)可以看出，在一个完整的转停周期内进行惯性测量单元双轴 16 次序转停运动时，陀螺仪安装误差引起的姿态误差累积为零。

◆　**小实践：** 次序 3 转动过程中由陀螺仪安装误差引起的姿态误差如式(8-113)所示，请参考次序 1 的推导过程，给出式(8-113)的推导过程。

第 9 章　极区惯性导航技术

■　**学习导言**　本章将讨论惯性导航技术领域中一个新的研究方向——极区惯性导航技术。本章内容主要包括常用惯性导航系统机械编排在极区的工作性能分析、横坐标系捷联式惯性导航系统机械编排及其误差特性。

■　**学习目标**　了解常用惯性导航系统机械编排在极区工作存在的问题；掌握横坐标系捷联式惯性导航系统机械编排及其误差特性。

2018 年 1 月 26 日，国务院新闻办公室正式发表我国首部北极政策文件《中国的北极政策》白皮书。白皮书指出，“北极的未来关乎北极国家的利益，关乎北极域外国家和全人类的福祉，北极治理需要各利益攸关方的参与和贡献。”为开展极区科学考察、资源勘探等活动，需要高性能的极区导航系统实现各类运载器极区安全航行和高精度作业。

舰船常用导航设备包括磁罗经、地球物理场导航设备、计程仪、卫星导航设备、惯性导航系统等。在非极区工作时，上述导航设备可以通过数据融合形成组合导航系统以提高导航定位精度。但在极区工作时，由于极区特有环境，一些导航设备使用受限。表 9-1 为常用导航设备在极区工作时可提供的导航信息及存在的缺点。

表 9-1　导航设备极区性能分析

导航设备	可提供的导航信息	缺点
磁罗经	航向信息	磁极位置漂移
地球物理场导航设备	高精度位置信息	需要先验信息，且仅适用于地理特征变化大的区域
多普勒计程仪	对水或对地速度	需要向外辐射信号
电磁计程仪	对水速度	精度不高
卫星导航设备	高精度位置信息	极区覆盖有盲区且信号易受干扰和欺骗
惯性导航系统	信息种类丰富	常规机械编排无法在极点附近正常工作，误差存在累积

如表 9-1 所示，除惯性导航系统以外，其他导航设备在极区工作时受环境或自身工作特性限制，通常无法为舰船提供高精度、长航时导航定位信息。惯性导航系统可以高频输出种类丰富的导航信息，同时，它既不需要接收外部信号，也不向外辐射能量，是一种最可靠的自主导航方式。但是，目前舰船上的惯性导航系统普遍采用当地水平固定指北机械编排，即采用东-北-天地理坐标系作为导航坐标系。这种机械编排的导航坐标系 y 轴要始终指向真北方向，当舰船通过极点附近时，真北方向很快变化 180°，此时导航坐标系 y 轴指向的变化速率将会无穷大。在捷联式惯性导航系统机械编排中，计算导航坐标系相对地球的角速度时，在地理极点附近会出现奇点，无法进行捷联解算。因此，常规模式下的惯性导航系统机械编排无法进行极区正常导航。为克服上述惯性导航系统机械编排无法在极区正常进行导航这一缺点，研究人员设计出自由方位与游动方位惯性导航系统机械编排，它们

可以解决舰船惯性导航系统高纬度导航问题，但在地理极点附近，由于北向失去定义而导致自由方位角与游动方位角失去定义，航向同样无法给出，同时，在极区子午线快速汇聚也会导致位置矩阵误差。因此，现有惯性导航系统机械编排只可以在高纬度区域使用，而在地理极点附近无法使用。

9.1　当地水平固定指北惯性导航系统极区工作性能

在当地水平固定指北惯性导航系统中，导航坐标系 y 轴需要一直“跟踪”地理北向。对于平台式惯性导航系统，当舰船在极区航行时，特别是跨极点航行时，实体物理平台的 y 轴必须快速转动，以保持它指向真北方向。如图 9-1 所示，在极点附近时真北方向迅速变化 180°，此时对方位轴陀螺仪的施矩将会变得无穷大。

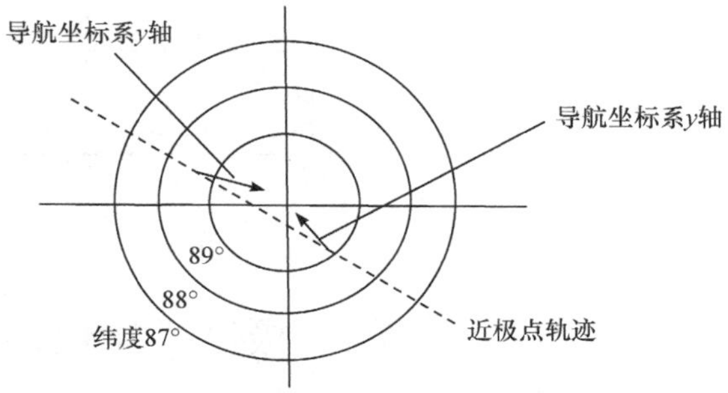

图 9-1　运载体过极点时真北方向变化

对于捷联式惯性导航系统，在导航解算过程中需要实时计算导航坐标系牵连角速度，如下：

$$\boldsymbol{\omega}_{en}^{n}=\begin{bmatrix}-\dfrac{V_N}{R_M}\\ \dfrac{V_E}{R_N}\\ \dfrac{V_E}{R_N}\tan L\end{bmatrix}\tag{9-1}$$

式中，V_E、V_N 为地理东向与北向速度；L 为地理纬度。

从式(9-1)可以看出，在地理极点处计算牵连角速度的第三项 $V_E\tan L/R_N$ 时将出现奇点，从而导致计算溢出。

除此之外，根据当地水平固定指北惯性导航系统误差特性分析(3.3 节)可知，由陀螺仪漂移引起的系统稳态误差为(以方位失准角为例)

$$\gamma_s=\frac{1}{\omega_{ie}\cos L}\varepsilon_x\tag{9-2}$$

式中，ε_x 为等效东向陀螺仪漂移。

从式(9-2)可以看出，方位失准角稳态值与纬度成正比，即随着纬度升高，由等效东向陀螺仪漂移引起的方位失准角越来越大。以 0.01°/h 的陀螺仪漂移为例，当运载体位置从纬度 60°递增变为 89°时，由陀螺仪漂移引起的方位失准角变化如图 9-2 所示。

从图 9-2 可以看出，随着纬度升高，方位失准角不断变大，特别是在纬度 89°接近极点处方位失准角达到 2.189°，此时当地水平固定指北惯性导航系统已经不能保证高精度正常工作。

通过以上分析可知，无论是平台式惯性导航系统还是捷联式惯性导航系统，当采用当地水平固定指北惯性导航系统机械编排时都不适于极区使用，特别是在极点附近会出现导航精度下降甚至无法工作的问题。

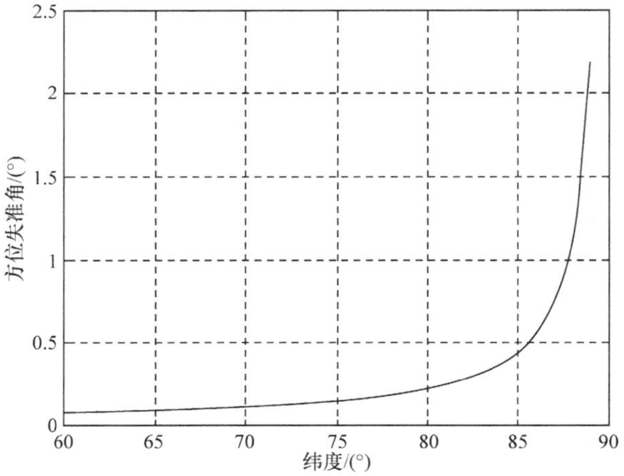

图 9-2　方位失准角与纬度关系

9.2　极区常用惯性导航系统机械编排

为了解决当地水平固定指北惯性导航系统机械编排在极区工作时存在的问题，可以使用自由方位惯性导航系统机械编排与游动方位惯性导航系统机械编排代替当地水平固定指北惯性导航系统机械编排。

9.2.1　自由方位惯性导航系统机械编排

在自由方位惯性导航系统中，选取导航坐标系时令

$$\omega_{inz}^{n}=0 \tag{9-3}$$

即导航坐标系相对惯性坐标系绕 z 轴不转动。这样，平台式惯性导航系统方位轴陀螺仪就不需要施矩；捷联式惯性导航系统则可以避免计算牵连角速度在 z 轴上的投影，从而克服当地水平固定指北惯性导航系统在极区使用时遇到的困难。但是，由于导航坐标系相对惯性坐标系绕 z 轴不转动，相对地理坐标系 $ox_ty_tz_t$ 就存在着表观运动，即导航坐标系 y_n 轴不再指北，而是与 y_t 轴之间存在自由方位角 α，如图 9-3 所示。

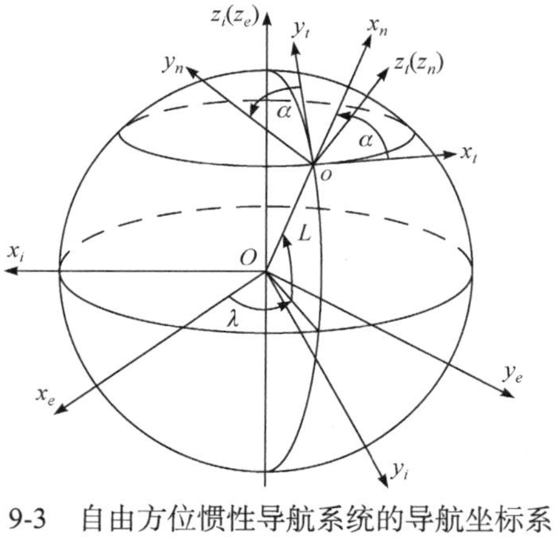

图 9-3　自由方位惯性导航系统的导航坐标系

根据图 9-3，可以得到导航坐标系 $ox_ny_nz_n$ 与地球坐标系 $Ox_ey_ez_e$ 之间的转换关系，即

$$\begin{bmatrix} x_n \\ y_n \\ z_n \end{bmatrix}=\boldsymbol{C}_e^n\begin{bmatrix} x_e \\ y_e \\ z_e \end{bmatrix} \tag{9-4}$$

式中，$\boldsymbol{C}_e^n$ 为描述地球坐标系与导航坐标系角位置关系的方向余弦矩阵，具体表达式为

$$\boldsymbol{C}_e^n=\begin{bmatrix} -\sin\alpha\sin L\cos\lambda-\cos\alpha\sin\lambda & -\sin\alpha\sin L\sin\lambda+\cos\lambda\cos\alpha & \sin\alpha\cos L \\ -\cos\alpha\sin L\cos\lambda+\sin\alpha\sin\lambda & -\cos\alpha\sin L\sin\lambda-\sin\alpha\cos\lambda & \cos\alpha\cos L \\ \cos L\cos\lambda & \cos L\sin\lambda & \sin L \end{bmatrix} \tag{9-5}$$

根据式(9-5)可知，矩阵 $\boldsymbol{C}_e^n$ 是纬度 L、经度 λ 与自由方位角 α 的函数，所以由 $\boldsymbol{C}_e^n$ 可以单值地确定纬度 L、经度 λ 以及自由方位角 α，即

$$\begin{cases} L = \arcsin(C_{33}) \\ \lambda = \arctan\left(\dfrac{C_{32}}{C_{31}}\right) \\ \alpha = \arctan\left(\dfrac{C_{13}}{C_{23}}\right) \end{cases} \tag{9-6}$$

式中，$C_{ij}\left(i,j=1,2,3\right)$ 为矩阵 $\boldsymbol{C}_e^n$ 中第 i 行、j 列的元素。

根据纬度、经度及自由方位角与反三角函数的定义域，即可进一步确定其真值。下面来分析自由方位惯性导航系统机械编排。根据矩阵 $\boldsymbol{C}_e^n$ 可以得到地球自转角速度在导航坐标系的投影为

$$\boldsymbol{\omega}_{ie}^n = \boldsymbol{C}_e^n \boldsymbol{\omega}_{ie}^e = \begin{bmatrix} C_{11} & C_{12} & C_{13} \\ C_{21} & C_{22} & C_{23} \\ C_{31} & C_{32} & C_{33} \end{bmatrix} \begin{bmatrix} 0 \\ 0 \\ \omega_{ie} \end{bmatrix} = \begin{bmatrix} C_{13}\omega_{ie} \\ C_{23}\omega_{ie} \\ C_{33}\omega_{ie} \end{bmatrix} = \begin{bmatrix} \omega_{ie}\sin\alpha\cos L \\ \omega_{ie}\cos\alpha\cos L \\ \omega_{ie}\sin L \end{bmatrix} \tag{9-7}$$

由于在自由方位惯性导航系统中，存在如式(9-3)所示的关系，所以有

$$\omega_{inz}^n = \omega_{iez}^n + \omega_{enz}^n = 0 \tag{9-8}$$

根据式(9-7)、式(9-8)可以得到导航坐标系相对地球坐标系的角速度分量在 z_n 轴上的投影分量为

$$\omega_{enz}^n = -\omega_{ie}\sin L \tag{9-9}$$

另外，根据导航坐标系与地理坐标系之间的关系可知，运载体速度在导航坐标系上的投影 V_x^n、V_y^n 与在地理坐标系上的投影 V_E、V_N 之间存在如下关系：

$$\begin{bmatrix} V_E \\ V_N \end{bmatrix} = \begin{bmatrix} \cos\alpha & -\sin\alpha \\ \sin\alpha & \cos\alpha \end{bmatrix} \begin{bmatrix} V_x^n \\ V_y^n \end{bmatrix} \tag{9-10}$$

下面推导平台控制角速度(对于捷联式惯性导航系统是数学平台的旋转角速度)。根据图 9-3，可知 $\boldsymbol{\omega}_{en}^n$ 与 $\boldsymbol{\omega}_{et}^t$ 之间存在下列关系：

$$\begin{bmatrix} \omega_{enx}^n \\ \omega_{eny}^n \end{bmatrix} = \begin{bmatrix} \cos\alpha & \sin\alpha \\ -\sin\alpha & \cos\alpha \end{bmatrix} \begin{bmatrix} \omega_{etx}^t \\ \omega_{ety}^t \end{bmatrix} \tag{9-11}$$

式中，地理坐标系相对地球坐标系的旋转角速度为

$$\begin{bmatrix} \omega_{etx}^t & \omega_{ety}^t \end{bmatrix}^{\mathrm{T}} = \begin{bmatrix} -\dfrac{V_N}{R_M} & \dfrac{V_E}{R_N} \end{bmatrix}^{\mathrm{T}} \tag{9-12}$$

将式(9-10)、式(9-12)代入式(9-11)，可以得到

$$\begin{bmatrix}\omega_{enx}^n\\ \omega_{eny}^n\end{bmatrix}=\begin{bmatrix}\cos\alpha & \sin\alpha\\ -\sin\alpha & \cos\alpha\end{bmatrix}\begin{bmatrix}-\dfrac{V_N}{R_M}\\ \dfrac{V_E}{R_N}\end{bmatrix}=\begin{bmatrix}\cos\alpha & \sin\alpha\\ -\sin\alpha & \cos\alpha\end{bmatrix}\begin{bmatrix}\dfrac{-V_x^n\sin\alpha-V_y^n\cos\alpha}{R_M}\\ \dfrac{V_x^n\cos\alpha-V_y^n\sin\alpha}{R_N}\end{bmatrix}$$
$$=\begin{bmatrix}-\left(\dfrac{1}{R_M}-\dfrac{1}{R_N}\right)\sin\alpha\cos\alpha & -\left(\dfrac{\cos^2\alpha}{R_M}+\dfrac{\sin^2\alpha}{R_N}\right)\\ \dfrac{\sin^2\alpha}{R_M}+\dfrac{\cos^2\alpha}{R_N} & \left(\dfrac{1}{R_M}-\dfrac{1}{R_N}\right)\sin\alpha\cos\alpha\end{bmatrix}\begin{bmatrix}V_x^n\\ V_y^n\end{bmatrix} \tag{9-13}$$

联立式(9-3)、式(9-7)以及式(9-13)，可以得到导航坐标系相对惯性坐标系的旋转角速度 $\boldsymbol{\omega}_{in}^n$ 表达式：

$$\boldsymbol{\omega}_{in}^n=\boldsymbol{\omega}_{ie}^n+\boldsymbol{\omega}_{en}^n$$
$$=\begin{bmatrix}\omega_{ie}\sin\alpha\cos L-\left(\dfrac{1}{R_M}-\dfrac{1}{R_N}\right)V_x^n\sin\alpha\cos\alpha-\left(\dfrac{\cos^2\alpha}{R_M}+\dfrac{\sin^2\alpha}{R_N}\right)V_y^n\\ \omega_{ie}\cos\alpha\cos L+\left(\dfrac{\sin^2\alpha}{R_M}+\dfrac{\cos^2\alpha}{R_N}\right)V_x^n+\left(\dfrac{1}{R_M}-\dfrac{1}{R_N}\right)V_y^n\sin\alpha\cos\alpha\\ 0\end{bmatrix} \tag{9-14}$$

另外，可以利用式(9-13)对方向余弦矩阵 $\boldsymbol{C}_e^n$ 进行即时修正，同时考虑到在自由方位惯性导航系统中 $\omega_{enz}^n=-\omega_{ie}\sin L$，方向余弦矩阵 $\boldsymbol{C}_e^n$ 的微分方程为

$$\begin{bmatrix}\dot C_{11} & \dot C_{12} & \dot C_{13}\\ \dot C_{21} & \dot C_{22} & \dot C_{23}\\ \dot C_{31} & \dot C_{32} & \dot C_{33}\end{bmatrix}=-\begin{bmatrix}0 & \omega_{ie}\sin L & \omega_{eny}^n\\ -\omega_{ie}\sin L & 0 & -\omega_{enx}^n\\ -\omega_{eny}^n & \omega_{enx}^n & 0\end{bmatrix}\begin{bmatrix}C_{11} & C_{12} & C_{13}\\ C_{21} & C_{22} & C_{23}\\ C_{31} & C_{32} & C_{33}\end{bmatrix} \tag{9-15}$$

利用式(9-15)即可对方向余弦矩阵 $\boldsymbol{C}_e^n$ 进行即时修正，从而可以进一步根据式(9-6)得到纬度、经度及自由方位角。

对于自由方位惯性导航系统，比力方程具有相同的形式，即

$$\dot{\boldsymbol{V}}^n=\boldsymbol{f}^n-\left(2\boldsymbol{\omega}_{ie}^n+\boldsymbol{\omega}_{en}^n\right)\times\boldsymbol{V}^n+\boldsymbol{g}^n \tag{9-16}$$

将式(9-7)、式(9-13)代入式(9-16)，同时忽略高度通道，可以得到自由方位惯性导航系统的比力方程，即

$$\begin{cases}\dot V_x^n=f_x^n+\omega_{ie}C_{33}V_y^n\\ \dot V_y^n=f_y^n-\omega_{ie}C_{33}V_x^n\end{cases} \tag{9-17}$$

式中，f_x^n、f_y^n 分别为加速度计比力输出在导航坐标系 x 轴与 y 轴的投影。

对于捷联式惯性导航系统，还需要计算捷联姿态矩阵 $\boldsymbol{C}_b^n$，用来获得比力输出 $\boldsymbol{f}^b$ 在导航坐标系上的投影 $\boldsymbol{f}^n$，捷联姿态矩阵 $\boldsymbol{C}_b^n$ 微分方程为

$$\dot{\boldsymbol{C}}_b^n = \boldsymbol{C}_b^n\left(\boldsymbol{\omega}_{nb}^b \times\right) \tag{9-18}$$

式中，$\left(\boldsymbol{\omega}_{nb}^b \times\right)$为数学平台旋转角速度$\boldsymbol{\omega}_{nb}^b$的反对称阵，$\boldsymbol{\omega}_{nb}^b$的计算公式为

$$\boldsymbol{\omega}_{nb}^b = \boldsymbol{\omega}_{ib}^b - \boldsymbol{\omega}_{in}^b = \boldsymbol{\omega}_{ib}^b - \boldsymbol{C}_n^b\left(\boldsymbol{\omega}_{ie}^n + \boldsymbol{\omega}_{en}^n\right) \tag{9-19}$$

利用更新得到的捷联姿态矩阵$\boldsymbol{C}_b^n$可以获得运载体姿态角θ、γ及航向角ψ_α，由于航向角ψ_α是载体坐标系y_b轴与导航坐标系y_n轴之间的夹角，而导航坐标系y_n轴与地理坐标系y_t轴之间相差自由方位角α，因此运载体真正的航向角ψ为

$$\psi = \psi_\alpha + \alpha \tag{9-20}$$

综上所述，可以得到自由方位惯性导航系统机械编排框图如图 9-4 所示。

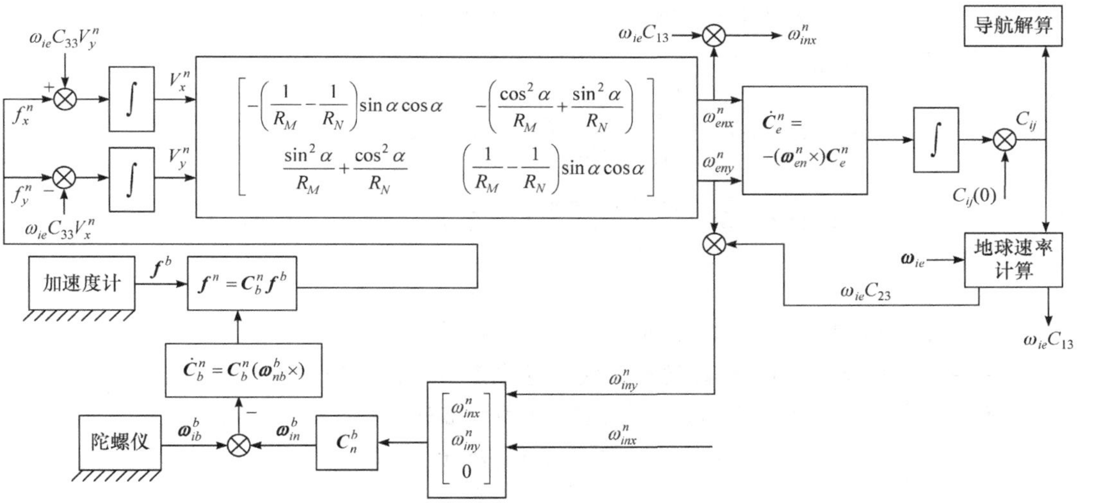

图 9-4　自由方位惯性导航系统机械编排框图

另外，给出自由方位角的数学模型，即

$$\dot{\alpha} = \omega_{tnz}^n = \omega_{inz}^n - \omega_{itz}^n = -\omega_{ie}\sin L - \frac{V_E}{R_N}\tan L \tag{9-21}$$

根据自由方位惯性导航系统工作原理可知，对于平台式惯性导航系统来说，自由方位惯性导航系统机械编排由于方位轴陀螺仪不需要施矩，所以可以部分解决当地水平固定指北惯性导航系统在高纬度地区遇到的问题。但是，由于在地理极点处已经失去了北向基准，所以自由方位角也同样失去了意义，从式(9-21)也可以看出当$L = 90°$时自由方位角在极点处的变化率为无穷大，所以自由方位惯性导航系统与当地水平固定指北惯性导航系统一样不能在地理极点附近使用。特别是对于捷联式惯性导航系统来说，自由方位惯性导航系统机械编排的改变并没有真正解决当地水平固定指北惯性导航系统在极区遇到的问题。

9.2.2　游动方位惯性导航系统机械编排

在极区采用自由方位惯性导航系统机械编排虽然可以避免方位轴陀螺仪施矩困难的问题，但是导航坐标系相对地理坐标系存在着表观运动。为此，游动方位惯性导航系统在选取导航坐标系时令

$$\omega_{enz}^n = 0 \tag{9-22}$$

在游动方位惯性导航系统中，导航坐标系的方位轴既不稳定在北向，也不稳定在惯性空间，而是相对地球没有绕 z_n 轴的转动，则 y_n 轴与北向之间的夹角不为零，而是一个随时间变化的游动方位角 α 。从理论上说，游动方位惯性导航系统与自由方位惯性导航系统属于一类，其工作原理也相似。但是，由于游动方位惯性导航系统中导航坐标系相对地球绕 z_n 轴不转动，所以方向余弦矩阵 $\boldsymbol{C}_e^n$ 微分方程式(9-15)可以化简为

$$\begin{bmatrix} \dot{C}_{11} & \dot{C}_{12} & \dot{C}_{13} \\ \dot{C}_{21} & \dot{C}_{22} & \dot{C}_{23} \\ \dot{C}_{31} & \dot{C}_{32} & \dot{C}_{33} \end{bmatrix} = -\begin{bmatrix} 0 & 0 & \omega_{eny}^n \\ 0 & 0 & -\omega_{enx}^n \\ -\omega_{eny}^n & \omega_{enx}^n & 0 \end{bmatrix} \begin{bmatrix} C_{11} & C_{12} & C_{13} \\ C_{21} & C_{22} & C_{23} \\ C_{31} & C_{32} & C_{33} \end{bmatrix} \tag{9-23}$$

另外，导航坐标系相对惯性坐标系的旋转角速度 $\boldsymbol{\omega}_{in}^n$ 表达式为

$$\begin{aligned} \boldsymbol{\omega}_{in}^n &= \boldsymbol{\omega}_{ie}^n + \boldsymbol{\omega}_{en}^n \\ &= \begin{bmatrix} \omega_{ie}\sin\alpha\cos L - \left(\dfrac{1}{R_M} - \dfrac{1}{R_N}\right)V_x^n \sin\alpha\cos\alpha - \left(\dfrac{\cos^2\alpha}{R_M} + \dfrac{\sin^2\alpha}{R_N}\right)V_y^n \\ \omega_{ie}\cos\alpha\cos L + \left(\dfrac{\sin^2\alpha}{R_M} + \dfrac{\cos^2\alpha}{R_N}\right)V_x^n + \left(\dfrac{1}{R_M} - \dfrac{1}{R_N}\right)V_y^n \sin\alpha\cos\alpha \\ \omega_{ie}\sin L \end{bmatrix} \end{aligned} \tag{9-24}$$

由式(9-24)中的第 3 分量 $\omega_{inz}^n = \omega_{ie}\sin L$ 可知，在游动方位惯性导航系统中方位不再相对惯性坐标系 z 轴不动，而是跟踪地球旋转，这也是游动方位惯性导航系统与自由方位惯性导航系统的主要不同之处。在游动方位惯性导航系统中，比力方程可以化简为

$$\begin{cases} \dot{V}_x^n = f_x^n + 2\omega_{ie}C_{33}V_y^n \\ \dot{V}_y^n = f_y^n - 2\omega_{ie}C_{33}V_x^n \end{cases} \tag{9-25}$$

游动方位惯性导航系统中的其他导航参数处理方法与 9.2.1 节中的自由方位惯性导航系统一样，这里不再赘述，游动方位惯性导航系统机械编排框图如图 9-5 所示。

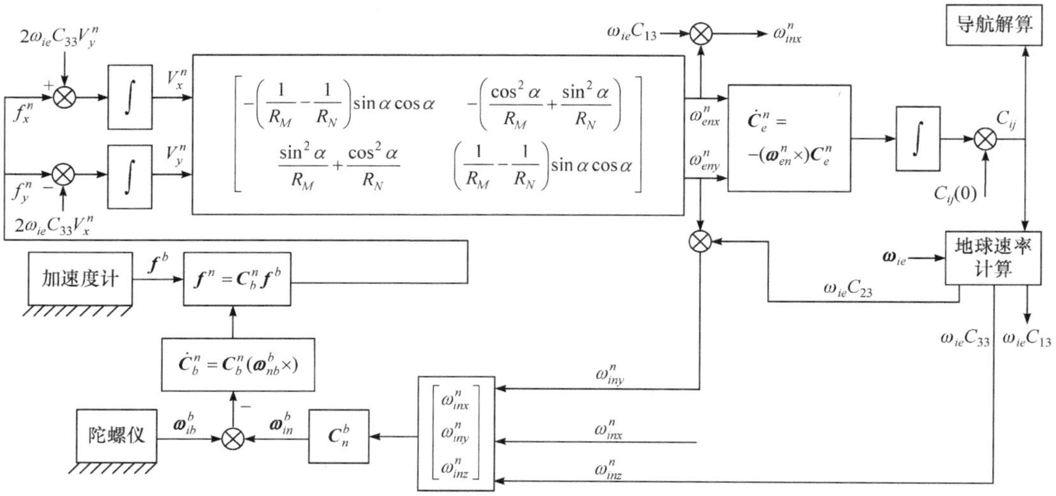

图 9-5　游动方位惯性导航系统机械编排框图

比较式(9-15)与式(9-23)可以看出，在计算方向余弦矩阵 $\boldsymbol{C}_e^n$ 时，游动方位惯性导航系统的计算量比自由方位惯性导航系统的计算量小，所以游动方位惯性导航系统机械编排相对自由方位惯性导航系统机械编排更常用。

另外，给出游动方位角的数学模型，即

$$\dot{\alpha} = \omega_{tnz}^n = \omega_{inz}^n - \omega_{itz}^n = \omega_{ie}\sin L - \left(\omega_{ie}\sin L + \frac{V_E}{R_N}\tan L\right) = -\frac{V_E}{R_N}\tan L \tag{9-26}$$

由式(9-26)可以看出，当运载体只存在北向速度或静止时，游动方位角保持不变；只有当运载体存在东向速度时，游动方位角才会变化(赤道面除外)。另外，与自由方位惯性导航系统中的自由方位角相同，游动方位角在极点处也无意义，因此游动方位惯性导航系统在极点处也无法使用。

◆ **小实践**：除本节介绍的自由方位系统、游动方位系统以及接下来要介绍的横坐标系统以外，研究人员还提出了格网坐标系统用于解决极区惯性导航问题，请查找基于格网坐标系统的惯性导航系统机械编排相关文献，了解格网坐标系统是如何解决惯性导航系统在极区存在的问题的。

9.3　横坐标系捷联式惯性导航系统极区导航原理

9.3.1　横坐标系统建立

横坐标系又称为逆坐标系，也可以称为横地球坐标系。麻省理工惯性导航类专著 *Inertial Navigation System* 在介绍横坐标系的同时，给出了横地理坐标系的概念。通常将横地理坐标系与横地球坐标系称为横坐标系统。

在横坐标系统中，横地球坐标系与横地理坐标系的定义与常规坐标系统中的地球坐标系与地理坐标系有所不同，具体定义在 2.2 节已经给出。如图 9-6 所示，横地球坐标系 $Ox_{\bar{e}}y_{\bar{e}}z_{\bar{e}}$ 是将地球坐标系 $Ox_ey_ez_e$ 经过两次旋转以后得到的，横地球坐标系的 $x_{\bar{e}}$ 轴与原 z_e 轴重合，$y_{\bar{e}}$ 轴与原 x_e 轴重合，$z_{\bar{e}}$ 轴与原 y_e 轴重合。

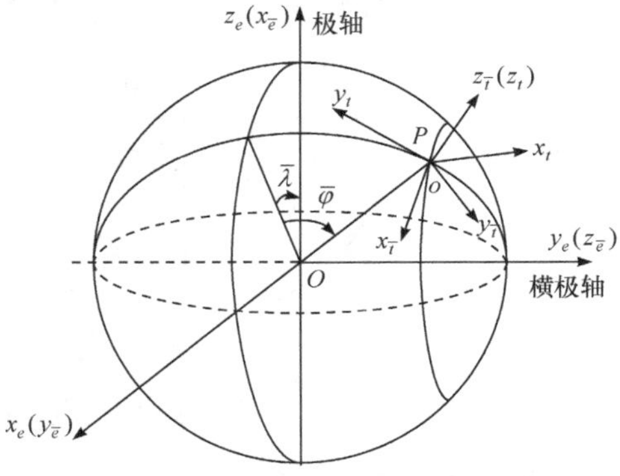

图 9-6　横坐标系统定义

根据横地球坐标系 $Ox_{\bar{e}}y_{\bar{e}}z_{\bar{e}}$ 与地球坐标系 $Ox_ey_ez_e$ 之间的关系，可以得到如图 9-7 所示的旋转关系。

$$Ox_ey_ez_e \xrightarrow[-90^\circ]{x_e} Ox_e'y_e'z_e' \xrightarrow[-90^\circ]{z_e'} Ox_{\bar{e}}y_{\bar{e}}z_{\bar{e}}$$

图 9-7　横地球坐标系与地球坐标系的旋转关系

根据以上旋转关系，可以利用方向余弦矩阵推导得到横地球坐标系 $Ox_{\bar{e}}y_{\bar{e}}z_{\bar{e}}$ 与地球坐标系 $Ox_ey_ez_e$ 之间的转换关系为

$$
\boldsymbol{C}_e^{\bar{e}} = \begin{bmatrix} \cos\left(-\dfrac{\pi}{2}\right) & \sin\left(-\dfrac{\pi}{2}\right) & 0 \\ -\sin\left(-\dfrac{\pi}{2}\right) & \cos\left(-\dfrac{\pi}{2}\right) & 0 \\ 0 & 0 & 1 \end{bmatrix} \begin{bmatrix} 1 & 0 & 0 \\ 0 & \cos\left(-\dfrac{\pi}{2}\right) & \sin\left(-\dfrac{\pi}{2}\right) \\ 0 & -\sin\left(-\dfrac{\pi}{2}\right) & \cos\left(-\dfrac{\pi}{2}\right) \end{bmatrix} = \begin{bmatrix} 0 & 0 & 1 \\ 1 & 0 & 0 \\ 0 & 1 & 0 \end{bmatrix} \tag{9-27}
$$

横地理坐标系 $ox_{\bar{t}}y_{\bar{t}}z_{\bar{t}}$ 、横经度 $\bar{\lambda}$ 、横纬度 $\bar{\varphi}$ 的定义已在 2.2 节给出，本节不再赘述。需要注意的是，本书在讨论横坐标系捷联式惯性导航系统机械编排时认为地球为圆球体模型，所以横纬度 $\bar{\varphi}$ 指横地理纬度，等于横地心纬度。同理，地理纬度 φ 与地心纬度 L 也不做区分。

9.3.2 横坐标系统中各导航参数转化关系

当舰船在低纬度地区航行时，一般仍然使用基于常规坐标系统的当地水平固定指北惯性导航系统机械编排。当舰船由低纬度地区向极区航行时，需要将该机械编排切换至横坐标系惯性导航系统机械编排。为保证系统在机械编排切换时不发生超调现象，使系统在两种机械编排间平稳过渡，需要将两种机械编排中的导航参数进行精确转化。

1. 经纬度转换

首先，分析常规坐标系统中的经度 λ 、纬度 φ 与横坐标系统中的横经度 $\bar{\lambda}$ 、横纬度 $\bar{\varphi}$ 之间的转换关系。图 9-8 为常规坐标系统中的经纬度定义与横坐标系统中的横经纬度定义。

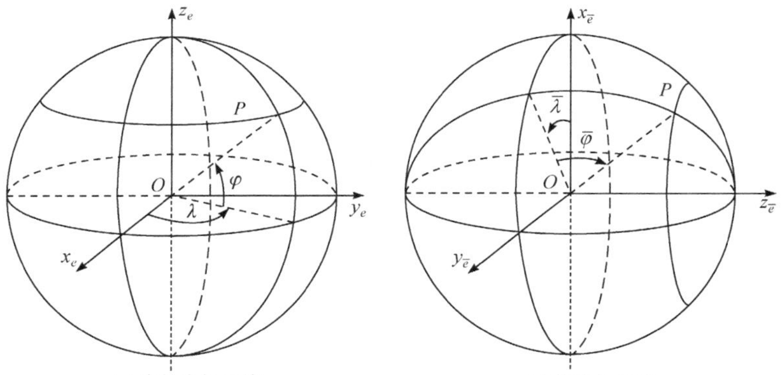

图 9-8　常规坐标系统和横坐标系统中的经纬度定义

如图 9-8 所示，图(a)是常规坐标系统中利用经纬度 λ、φ 表示的运载体位置 P，运载体与地心的连线距离为 $\|OP\|$，则 $\|OP\|$ 在常规地球坐标系 $Ox_ey_ez_e$ 中的三轴投影分别为

$$
\begin{cases} x_e = \|OP\|\cos\varphi\cos\lambda \\ y_e = \|OP\|\cos\varphi\sin\lambda \\ z_e = \|OP\|\sin\varphi \end{cases} \tag{9-28}
$$

图 9-8(b)为横坐标系统中利用横经纬度 $\bar{\lambda}$、$\bar{\varphi}$ 表示的运载体位置 P，同样可以得到运载体地心距离 $\|OP\|$ 在横地球坐标系 $Ox_{\bar{e}}y_{\bar{e}}z_{\bar{e}}$ 中的三轴投影分别为

$$\begin{cases} x_{\bar{e}} = \|OP\| \cos\bar{\varphi}\cos\bar{\lambda} \\ y_{\bar{e}} = \|OP\| \cos\bar{\varphi}\sin\bar{\lambda} \\ z_{\bar{e}} = \|OP\| \sin\bar{\varphi} \end{cases} \tag{9-29}$$

由地球坐标系 $Ox_e y_e z_e$ 与横地球坐标系 $Ox_{\bar{e}} y_{\bar{e}} z_{\bar{e}}$ 之间的关系可知，$\|OP\|$ 在两个坐标系统中的投影存在如下关系：

$$\begin{cases} x_{\bar{e}} = z_e \\ y_{\bar{e}} = x_e \\ z_{\bar{e}} = y_e \end{cases} \tag{9-30}$$

将式(9-28)、式(9-29)代入式(9-30)，得到

$$\begin{cases} \cos\bar{\varphi}\cos\bar{\lambda} = \sin\varphi \\ \cos\bar{\varphi}\sin\bar{\lambda} = \cos\varphi\cos\lambda \\ \sin\bar{\varphi} = \cos\varphi\sin\lambda \end{cases} \tag{9-31}$$

进一步由反三角函数推导可得，利用横经纬度 $\bar{\lambda}$ 、$\bar{\varphi}$ 计算得到的常规经纬度主值为

$$\begin{cases} \varphi = \arcsin\left(\cos\bar{\varphi}\cos\bar{\lambda}\right) \\ \lambda = \arctan\dfrac{\sin\bar{\varphi}}{\cos\bar{\varphi}\sin\bar{\lambda}} \end{cases} \tag{9-32}$$

由于反正弦函数的主值域与纬度的定义域一致，所以纬度的主值即是真值，而反正切函数的主值域是$(-90°,90°)$，与经度的定义域$(-180°,180°)$不一致，因此需要在经度的定义域内确定经度的真值：

$$\lambda = \begin{cases} \arctan\left(\dfrac{\sin\bar{\varphi}}{\cos\bar{\varphi}\sin\bar{\lambda}}\right), & \bar{\varphi} < 0 \\ \left.\begin{array}{ll} \arctan\left(\dfrac{\sin\bar{\varphi}}{\cos\bar{\varphi}\sin\bar{\lambda}}\right) + 180°, & \bar{\lambda} \geqslant 0 \\ \arctan\left(\dfrac{\sin\bar{\varphi}}{\cos\bar{\varphi}\sin\bar{\lambda}}\right) - 180°, & \bar{\lambda} < 0 \end{array}\right\} & \bar{\varphi} \geqslant 0 \end{cases} \tag{9-33}$$

同理，根据式(9-31)也可以得到利用经纬度 λ、φ 计算得到的横经纬度 $\bar{\lambda}$、$\bar{\varphi}$ 的主值为

$$\begin{cases} \bar{\varphi} = \arcsin\left(\cos\varphi\sin\lambda\right) \\ \bar{\lambda} = \arctan\dfrac{\cos\varphi\cos\lambda}{\sin\varphi} \end{cases} \tag{9-34}$$

同理，需要在横经度的定义域内确定横经度真值：

$$\bar{\lambda} = \begin{cases} \arctan\left(\dfrac{\cos\varphi\cos\lambda}{\sin\varphi}\right), & \varphi \geqslant 0 \\ \left.\begin{array}{ll} \arctan\left(\dfrac{\cos\varphi\cos\lambda}{\sin\varphi}\right) - 180°, & \lambda \geqslant 0 \\ \arctan\left(\dfrac{\cos\varphi\cos\lambda}{\sin\varphi}\right) + 180°, & \lambda < 0 \end{array}\right\} & \varphi < 0 \end{cases} \tag{9-35}$$

这样，通过式(9-32)与式(9-34)就可以将横坐标系统中的横经纬度 $\bar{\lambda}$、$\bar{\varphi}$ 与常规坐标系统中的经纬度 λ、φ 进行相互转换。

2. 地理坐标系转换

由于常规坐标系统中的速度与姿态都是相对于地理坐标系定义的，所以这些导航信息的转换即意味着地理坐标系的转换。地理坐标系与横地理坐标系之间的转换关系可以利用方向余弦矩阵 $\boldsymbol{C}_t^{\bar{t}}$ 表示，进一步分解方向余弦矩阵 $\boldsymbol{C}_t^{\bar{t}}$ 可以得到

$$\boldsymbol{C}_t^{\bar{t}} = \boldsymbol{C}_e^{\bar{t}} \boldsymbol{C}_t^e = \boldsymbol{C}_{\bar{e}}^{\bar{t}} \boldsymbol{C}_e^{\bar{e}} \boldsymbol{C}_t^e \tag{9-36}$$

式中，$\boldsymbol{C}_t^e$ 为常规坐标系统中的位置矩阵；$\boldsymbol{C}_{\bar{e}}^{\bar{t}}$ 为横坐标系统中的位置矩阵，具体表达式如式(9-37)与式(9-38)所示。

$$\boldsymbol{C}_t^e = \begin{bmatrix} -\sin\lambda & -\sin\varphi\cos\lambda & \cos\varphi\cos\lambda \\ \cos\lambda & -\sin\varphi\sin\lambda & \cos\varphi\sin\lambda \\ 0 & \cos\varphi & \sin\varphi \end{bmatrix} \tag{9-37}$$

$$\boldsymbol{C}_{\bar{e}}^{\bar{t}} = \begin{bmatrix} -\sin\bar{\lambda} & \cos\bar{\lambda} & 0 \\ -\sin\bar{\varphi}\cos\bar{\lambda} & -\sin\bar{\varphi}\sin\bar{\lambda} & \cos\bar{\varphi} \\ \cos\bar{\varphi}\cos\bar{\lambda} & \cos\bar{\varphi}\sin\bar{\lambda} & \sin\bar{\varphi} \end{bmatrix} \tag{9-38}$$

将式(9-27)、式(9-37)以及式(9-38)代入式(9-36)，即可得到横地理坐标系与常规东-北-天地理坐标系之间的方向余弦矩阵 $\boldsymbol{C}_t^{\bar{t}}$ 。

3. 速度信息转换

在计算得到横地理坐标系 $ox_{\bar{t}}y_{\bar{t}}z_{\bar{t}}$ 与常规东-北-天地理坐标系 $ox_ty_tz_t$ 之间的方向余弦矩阵 $\boldsymbol{C}_t^{\bar{t}}$ 后，可以进一步得到横坐标系统中的速度信息 $\boldsymbol{V}^{\bar{t}}$ 与常规坐标系统中的基于东-北-天地理坐标系的速度信息 $\boldsymbol{V}^t$ 之间的转换关系，即

$$\boldsymbol{V}^t = \boldsymbol{C}_{\bar{t}}^t \boldsymbol{V}^{\bar{t}} \tag{9-39}$$

式中，$\boldsymbol{V}^{\bar{t}} = \begin{bmatrix} V_{\bar{E}} & V_{\bar{N}} & V_{\bar{U}} \end{bmatrix}^{\mathrm{T}}$；$\boldsymbol{V}^t = \begin{bmatrix} V_E & V_N & V_U \end{bmatrix}^{\mathrm{T}}$ 。

4. 姿态信息转换

在横坐标系捷联式惯性导航系统中，运载体俯仰角 $\bar{\theta}$ 、横滚角 $\bar{\gamma}$ 以及航向角 $\bar{\psi}$ 可以由捷联姿态矩阵 $\boldsymbol{C}_b^{\bar{t}}$ 得到，捷联姿态矩阵 $\boldsymbol{C}_b^{\bar{t}}$ 和姿态角、航向角之间的关系为

$$\boldsymbol{C}_b^{\bar{t}} = \begin{bmatrix} \cos\bar{\gamma}\cos\bar{\psi} - \sin\bar{\gamma}\sin\bar{\theta}\sin\bar{\psi} & -\cos\bar{\theta}\sin\bar{\psi} & \sin\bar{\gamma}\cos\bar{\psi} + \cos\bar{\gamma}\sin\bar{\theta}\sin\bar{\psi} \\ \cos\bar{\gamma}\sin\bar{\psi} + \sin\bar{\gamma}\sin\bar{\theta}\cos\bar{\psi} & \cos\bar{\theta}\cos\bar{\psi} & \sin\bar{\gamma}\sin\bar{\psi} - \cos\bar{\gamma}\sin\bar{\theta}\cos\bar{\psi} \\ -\sin\bar{\gamma}\cos\bar{\theta} & \sin\bar{\theta} & \cos\bar{\gamma}\cos\bar{\theta} \end{bmatrix} \tag{9-40}$$

在惯性导航系统机械编排切换时，横坐标系捷联式惯性导航系统中的捷联姿态矩阵 $\boldsymbol{C}_b^{\bar{t}}$ 可以由基于常规坐标系统的当地水平固定指北捷联式惯性导航系统中的捷联姿态矩阵 $\boldsymbol{C}_b^t$ 获得，即

$$\boldsymbol{C}_b^{\bar{t}} = \boldsymbol{C}_t^{\bar{t}} \boldsymbol{C}_b^t \tag{9-41}$$

式中，$\boldsymbol{C}_t^{\bar{t}}$ 可由式(9-36)得到。

● **小思考**：请结合 9.3.2 节内容思考在旋转椭球体地球模型上，各导航参数转换关系与圆球体地球模型上的转换关系有什么不同之处。

9.3.3 横坐标系捷联式惯性导航系统机械编排

在捷联式惯性导航系统中，需要计算地理坐标系的旋转角速度，然后将其输入到数学平台的计算程序中，从而模拟数学平台跟踪地理坐标系。但是，在横坐标系捷联式惯性导航系统中，由于原东-北-天地理坐标系 $ox_ty_tz_t$ 被横地理坐标系 $ox_{\bar{t}}y_{\bar{t}}z_{\bar{t}}$ 所取代，所以需要重新计算横地理坐标系的旋转角速度 $\boldsymbol{\omega}_{i\bar{t}}^{\bar{t}}$ 。

横地理坐标系相对于惯性空间的旋转角速度 $\boldsymbol{\omega}_{i\bar{t}}^{\bar{t}}$ 分为由运载体运动引起的角速度 $\boldsymbol{\omega}_{\bar{e}\bar{t}}^{\bar{t}}$ 与由地球转动引起的角速度 $\boldsymbol{\omega}_{i\bar{e}}^{\bar{t}}$ 两部分。其中，由于横地理坐标系与横地球坐标系之间的相对位置关系不变，所以由运载体运动引起的横地理坐标系相对横地球坐标系的旋转角速度 $\boldsymbol{\omega}_{\bar{e}\bar{t}}^{\bar{t}}$ 与常规坐标系统中的表达形式一致，即

$$\boldsymbol{\omega}_{\bar{e}\bar{t}}^{\bar{t}} = \begin{bmatrix} -\dfrac{V_{\bar{N}}}{R_e} & \dfrac{V_{\bar{E}}}{R_e} & \dfrac{V_{\bar{E}}}{R_e}\tan\bar{\varphi} \end{bmatrix}^{\mathrm{T}} \tag{9-42}$$

为了分析由于地球转动而引起的横地理坐标系 $ox_{\bar{t}}y_{\bar{t}}z_{\bar{t}}$ 的旋转角速度 $\boldsymbol{\omega}_{i\bar{e}}^{\bar{t}}$ ，绘制投影关系示意图，如图 9-9 所示。

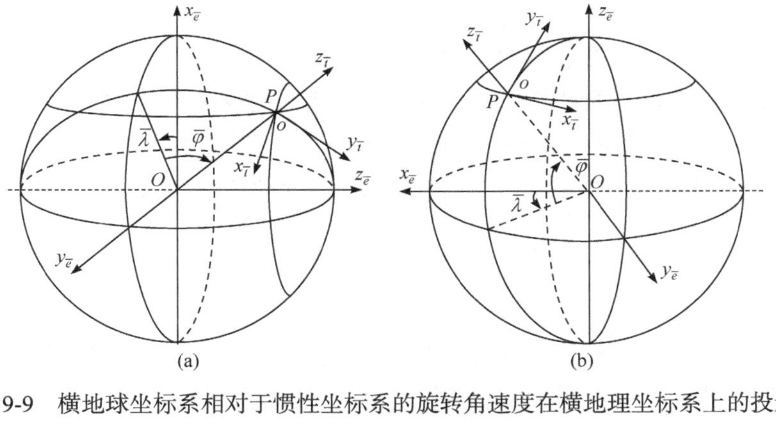

图 9-9　横地球坐标系相对于惯性坐标系的旋转角速度在横地理坐标系上的投影

图 9-9(b)是通过将图 9-9(a)中的地球模型沿垂直于纸面的轴向逆时针旋转 90°得到的。由于 z_t 轴与 $z_{\bar{t}}$ 轴重合，所以横地球坐标系旋转角速度在 $z_{\bar{t}}$ 轴上的投影为

$$\omega_{i\bar{e}z}^{\bar{t}} = \omega_{iez}^{t} = \omega_{ie}\sin\varphi \tag{9-43}$$

将式(9-32)代入式(9-43)，得到

$$\omega_{i\bar{e}z}^{\bar{t}} = \omega_{ie}\cos\bar{\varphi}\cos\bar{\lambda} \tag{9-44}$$

将地球自转角速度与 $ox_{\bar{t}}$ 轴同时投影到横赤道面上，绘制图 9-9(b)的俯视图，如图 9-10

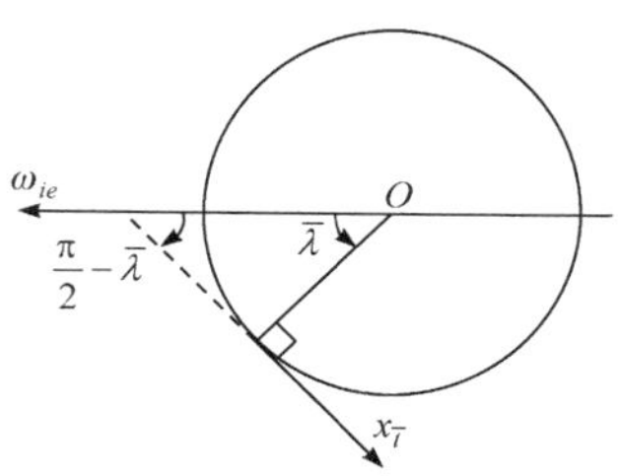

图 9-10　图 9-9(b)的俯视图

所示。

根据图 9-10 可以得到

$$\omega_{ie x}^{\bar{t}}=-\omega_{ie}\cos\left(\frac{\pi}{2}-\bar{\lambda}\right)=-\omega_{ie}\sin\bar{\lambda} \tag{9-45}$$

最后，将 $\boldsymbol{\omega}_{ie}$ 在 $Py_{\bar{t}}z_{\bar{t}}$ 平面上的投影 $\omega_{ie}\cos\bar{\lambda}$ 投影到 $y_{\bar{t}}$ 轴，得到

$$\omega_{ie y}^{\bar{t}}=-\omega_{ie}\cos\bar{\lambda}\sin\bar{\varphi} \tag{9-46}$$

根据式(9-44)～式(9-46)，可以得到由地球转动引起的角速度 $\boldsymbol{\omega}_{i\bar{e}}^{\bar{t}}$ 为

$$\boldsymbol{\omega}_{i\bar{e}}^{\bar{t}}=\begin{bmatrix}-\omega_{ie}\sin\bar{\lambda}\\ -\omega_{ie}\cos\bar{\lambda}\sin\bar{\varphi}\\ \omega_{ie}\cos\bar{\lambda}\cos\bar{\varphi}\end{bmatrix} \tag{9-47}$$

根据式(9-42)与式(9-47)可以得到横地理坐标系的旋转角速度，即数学平台的旋转角速度 $\boldsymbol{\omega}_{i\bar{t}}^{\bar{t}}$：

$$\boldsymbol{\omega}_{i\bar{t}}^{\bar{t}}=\begin{bmatrix}-\omega_{ie}\sin\bar{\lambda}-\dfrac{V_{\bar{N}}}{R_e}\\ -\omega_{ie}\cos\bar{\lambda}\sin\bar{\varphi}+\dfrac{V_{\bar{E}}}{R_e}\\ \omega_{ie}\cos\bar{\lambda}\cos\bar{\varphi}+\dfrac{V_{\bar{E}}}{R_e}\tan\bar{\varphi}\end{bmatrix} \tag{9-48}$$

由式(9-48)可见，在横坐标系捷联式惯性导航系统中，横地理坐标系旋转角速度与基于常规坐标系统的捷联式惯性导航系统中东-北-天地理坐标系旋转角速度最大的不同之处在于引入了运载体的横经度坐标，这必然导致系统的机械编排与误差特性发生变化。在得到数学平台旋转角速度 $\boldsymbol{\omega}_{i\bar{t}}^{\bar{t}}$ 后，绘制横坐标系捷联式惯性导航系统机械编排框图，如图 9-11 所示。

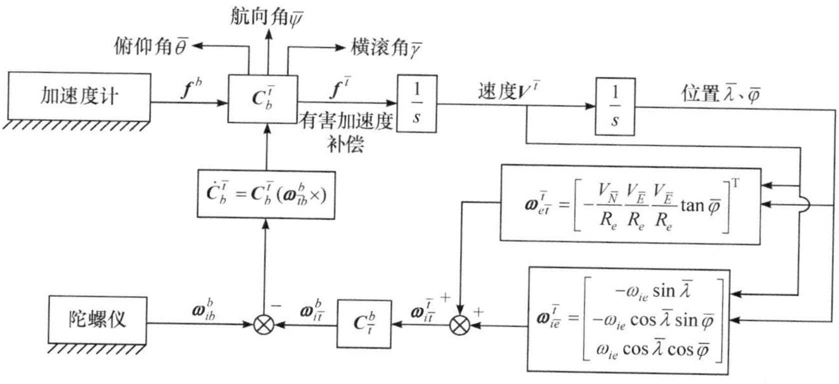

图 9-11　横坐标系捷联式惯性导航系统机械编排框图

9.4　横坐标系捷联式惯性导航系统误差特性

9.4.1　横坐标系捷联式惯性导航系统误差方程

通过前面的分析可知，在横坐标系捷联式惯性导航系统中，数学平台的旋转角速度 $\boldsymbol{\omega}_{i\bar{t}}^{\bar{t}}$ 发生了改变，这必然导致其系统误差特性较常规当地水平固定指北惯性导航系统有所不同。本节将仿照 3.3 节当地水平固定指北惯性导航系统误差方程的推导过程，对横坐标系捷联式惯性导航系统误差方程进行推导与分析。

1. 姿态误差方程

对于横坐标系捷联式惯性导航系统，失准角基本方程仍为

$$\begin{cases}\dot{\phi}_{\bar{E}}=\omega_{i\bar{t}xc}^{\bar{t}}-\omega_{i\bar{t}x}^{\bar{t}}-\phi_{\bar{U}}\omega_{i\bar{t}y}^{\bar{t}}+\phi_{\bar{N}}\omega_{i\bar{t}z}^{\bar{t}}+\varepsilon_{\bar{E}}\\ \dot{\phi}_{\bar{N}}=\omega_{i\bar{t}yc}^{\bar{t}}-\omega_{i\bar{t}y}^{\bar{t}}-\phi_{\bar{E}}\omega_{i\bar{t}z}^{\bar{t}}+\phi_{\bar{U}}\omega_{i\bar{t}x}^{\bar{t}}+\varepsilon_{\bar{N}}\\ \dot{\phi}_{\bar{U}}=\omega_{i\bar{t}zc}^{\bar{t}}-\omega_{i\bar{t}z}^{\bar{t}}-\phi_{\bar{N}}\omega_{i\bar{t}x}^{\bar{t}}+\phi_{\bar{E}}\omega_{i\bar{t}y}^{\bar{t}}+\varepsilon_{\bar{U}}\end{cases} \tag{9-49}$$

式中，$\phi_{\bar{E}}$、$\phi_{\bar{N}}$、$\phi_{\bar{U}}$ 分别为横东向、横北向和横方位失准角，其定义为计算横地理坐标系 $ox_{\bar{t}'}y_{\bar{t}'}z_{\bar{t}'}$ 与真实横地理坐标系 $ox_{\bar{t}}y_{\bar{t}}z_{\bar{t}}$ 之间的夹角；$\varepsilon_{\bar{E}}$、$\varepsilon_{\bar{N}}$、$\varepsilon_{\bar{U}}$ 为陀螺仪漂移在横地理坐标系上的投影；$\boldsymbol{\omega}_{i\bar{t}}^{\bar{t}}=\begin{bmatrix}\omega_{i\bar{t}x}^{\bar{t}} & \omega_{i\bar{t}y}^{\bar{t}} & \omega_{i\bar{t}z}^{\bar{t}}\end{bmatrix}^{\mathrm{T}}$ 和 $\boldsymbol{\omega}_{i\bar{t}c}^{\bar{t}}=\begin{bmatrix}\omega_{i\bar{t}xc}^{\bar{t}} & \omega_{i\bar{t}yc}^{\bar{t}} & \omega_{i\bar{t}zc}^{\bar{t}}\end{bmatrix}^{\mathrm{T}}$ 分别为真实横地理坐标系 $ox_{\bar{t}}y_{\bar{t}}z_{\bar{t}}$ 旋转角速度与计算横地理坐标系 $ox_{\bar{t}'}y_{\bar{t}'}z_{\bar{t}'}$ 旋转角速度。

将式(9-48)代入式(9-49)中第 1 式，可以得到

$$\begin{aligned}\omega_{i\bar{t}xc}^{\bar{t}}-\omega_{i\bar{t}x}^{\bar{t}}&=-\omega_{ie}\sin\bar{\lambda}_c-\frac{V_{c\bar{N}}}{R_e}-\left(-\omega_{ie}\sin\bar{\lambda}-\frac{V_{\bar{N}}}{R_e}\right)\\&=-2\omega_{ie}\cos\frac{\bar{\lambda}_c+\bar{\lambda}}{2}\sin\frac{\bar{\lambda}_c-\bar{\lambda}}{2}-\frac{1}{R_e}\delta V_{\bar{N}}=-\delta\bar{\lambda}\omega_{ie}\cos\bar{\lambda}-\frac{1}{R_e}\delta V_{\bar{N}}\end{aligned} \tag{9-50}$$

式中，$V_{c\bar{N}}$、$V_{\bar{N}}$ 分别为计算横北向速度和真实横北向速度；$\bar{\lambda}_c$、$\bar{\lambda}$ 分别为计算横经度和真实横经度；$\delta V_{\bar{N}}=V_{c\bar{N}}-V_{\bar{N}}$ 表示横北向速度误差，同时认为 $\bar{\lambda}_c$ 与 $\bar{\lambda}$ 之间差别很小，所以存在

$$\cos\frac{\bar{\lambda}_c+\bar{\lambda}}{2}\approx\cos\bar{\lambda},\quad \sin\frac{\bar{\lambda}_c-\bar{\lambda}}{2}=\frac{\delta\bar{\lambda}}{2} \tag{9-51}$$

将式(9-50)代入式(9-49)第 1 式，得到

$$\dot{\phi}_{\bar{E}}=-\delta\bar{\lambda}\omega_{ie}\cos\bar{\lambda}-\frac{1}{R_e}\delta V_{\bar{N}}+\phi_{\bar{U}}\omega_{ie}\cos\bar{\lambda}\sin\bar{\varphi}-\phi_{\bar{U}}\frac{V_{\bar{E}}}{R_e}+\phi_{\bar{N}}\omega_{ie}\cos\bar{\lambda}\cos\bar{\varphi}+\phi_{\bar{N}}\frac{V_{\bar{E}}}{R_e}\tan\bar{\varphi}+\varepsilon_{\bar{E}} \tag{9-52}$$

为简化分析，假设运载体处于静基座，得到

$$\dot{\phi}_{\bar{E}}=-\delta\bar{\lambda}\omega_{ie}\cos\bar{\lambda}-\frac{1}{R_e}\delta V_{\bar{N}}+\phi_{\bar{U}}\omega_{ie}\cos\bar{\lambda}\sin\bar{\varphi}+\phi_{\bar{N}}\omega_{ie}\cos\bar{\lambda}\cos\bar{\varphi}+\varepsilon_{\bar{E}} \tag{9-53}$$

同理，可以得到

$$
\begin{aligned}
\omega_{i\bar{t}yc}^{\bar{t}} - \omega_{i\bar{t}y}^{\bar{t}} &= -\omega_{ie}\cos\bar{\lambda}_c\sin\bar{\varphi}_c + \frac{V_{c\bar{E}}}{R_e} - \left(-\omega_{ie}\cos\bar{\lambda}\sin\bar{\varphi} + \frac{V_{\bar{E}}}{R_e}\right) \\
&= -\omega_{ie}\left(\cos\bar{\lambda}_c\sin\bar{\varphi}_c - \cos\bar{\lambda}\sin\bar{\varphi}\right) + \frac{1}{R_e}\delta V_{\bar{E}}
\end{aligned} \tag{9-54}
$$

式中

$$
\begin{aligned}
&\cos\bar{\lambda}_c\sin\bar{\varphi}_c - \cos\bar{\lambda}\sin\bar{\varphi} \\
&= \left(\cos\bar{\lambda}\cos\delta\bar{\lambda} - \sin\bar{\lambda}\sin\delta\bar{\lambda}\right)\left(\sin\bar{\varphi}\cos\delta\bar{\varphi} + \cos\bar{\varphi}\sin\delta\bar{\varphi}\right) - \cos\bar{\lambda}\sin\bar{\varphi}
\end{aligned} \tag{9-55}
$$

考虑到$\delta\bar{\lambda}$、$\delta\bar{\varphi}$为小量，所以令$\cos\delta\bar{\lambda} = \cos\delta\bar{\varphi} = 1$，$\sin\delta\bar{\lambda} = \delta\bar{\lambda}$，$\sin\delta\bar{\varphi} = \delta\bar{\varphi}$，同时忽略二阶小量，得到

$$
\cos\bar{\lambda}_c\sin\bar{\varphi}_c - \cos\bar{\lambda}\sin\bar{\varphi} = \delta\bar{\varphi}\cos\bar{\lambda}\cos\bar{\varphi} - \delta\bar{\lambda}\sin\bar{\lambda}\sin\bar{\varphi} \tag{9-56}
$$

将式(9-55)代入式(9-54)，得到

$$
\omega_{i\bar{t}yc}^{\bar{t}} - \omega_{i\bar{t}y}^{\bar{t}} = -\omega_{ie}\left(\delta\bar{\varphi}\cos\bar{\lambda}\cos\bar{\varphi} - \delta\bar{\lambda}\sin\bar{\lambda}\sin\bar{\varphi}\right) + \frac{\delta V_{\bar{E}}}{R_e} \tag{9-57}
$$

将式(9-57)代入式(9-49)第 2 式，得到

$$
\begin{aligned}
\dot{\phi}_{\bar{N}} &= -\omega_{ie}\left(\delta\bar{\varphi}\cos\bar{\lambda}\cos\bar{\varphi} - \delta\bar{\lambda}\sin\bar{\lambda}\sin\bar{\varphi}\right) \\
&\quad + \frac{\delta V_{\bar{E}}}{R_e} - \phi_{\bar{E}}\left(\omega_{ie}\cos\bar{\lambda}\cos\bar{\varphi} + \frac{V_{\bar{E}}}{R_e}\tan\bar{\varphi}\right) + \phi_{\bar{U}}\left(-\omega_{ie}\sin\bar{\lambda} - \frac{V_{\bar{N}}}{R_e}\right) + \varepsilon_{\bar{N}}
\end{aligned} \tag{9-58}
$$

同理，假设静基座情况，得到

$$
\dot{\phi}_{\bar{N}} = -\omega_{ie}\left(\delta\bar{\varphi}\cos\bar{\lambda}\cos\bar{\varphi} - \delta\bar{\lambda}\sin\bar{\lambda}\sin\bar{\varphi}\right) + \frac{\delta V_{\bar{E}}}{R_e} - \phi_{\bar{E}}\omega_{ie}\cos\bar{\lambda}\cos\bar{\varphi} - \phi_{\bar{U}}\omega_{ie}\sin\bar{\lambda} + \varepsilon_{\bar{N}} \tag{9-59}
$$

对于方位失准角，由式(9-48)可以得到

$$
\omega_{i\bar{t}zc}^{\bar{t}} - \omega_{i\bar{t}z}^{\bar{t}} = \omega_{ie}\left(\cos\bar{\lambda}_c\cos\bar{\varphi}_c - \cos\bar{\lambda}\cos\bar{\varphi}\right) + \frac{V_{c\bar{E}}\tan\bar{\varphi}_c - V_{\bar{E}}\tan\bar{\varphi}}{R_e} \tag{9-60}
$$

式中

$$
\cos\bar{\lambda}_c\cos\bar{\varphi}_c - \cos\bar{\lambda}\cos\bar{\varphi} = -\delta\bar{\varphi}\cos\bar{\lambda}\sin\bar{\varphi} - \delta\bar{\lambda}\sin\bar{\lambda}\cos\bar{\varphi} \tag{9-61}
$$

将式(9-61)代入式(9-60)可以得到

$$
\omega_{i\bar{t}zc}^{\bar{t}} - \omega_{i\bar{t}z}^{\bar{t}} = \omega_{ie}\left(-\delta\bar{\varphi}\cos\bar{\lambda}\sin\bar{\varphi} - \delta\bar{\lambda}\sin\bar{\lambda}\cos\bar{\varphi}\right) + \frac{\tan\bar{\varphi}}{R_e}\delta V_{\bar{E}} + \frac{V_{\bar{E}}\sec^2\bar{\varphi}}{R_e}\delta\bar{\varphi} \tag{9-62}
$$

将式(9-62)代入式(9-49)第 3 式，可以得到

$$
\begin{aligned}
\dot{\phi}_{\bar{U}} &= \omega_{ie}\left(-\delta\bar{\varphi}\cos\bar{\lambda}\sin\bar{\varphi} - \delta\bar{\lambda}\sin\bar{\lambda}\cos\bar{\varphi}\right) + \frac{\delta V_{\bar{E}}\tan\bar{\varphi}}{R_e} + \frac{V_{\bar{E}}\sec^2\bar{\varphi}}{R_e}\delta\bar{\varphi} \\
&\quad - \phi_{\bar{N}}\left(-\omega_{ie}\sin\bar{\lambda} - \frac{V_{\bar{N}}}{R_e}\right) + \phi_{\bar{E}}\left(-\omega_{ie}\cos\bar{\lambda}\sin\bar{\varphi} + \frac{V_{\bar{E}}}{R_e}\right) + \varepsilon_{\bar{U}}
\end{aligned} \tag{9-63}
$$

同样假设静基座情况，可以得到

$$\dot{\phi}_{\bar{U}} = \omega_{ie}\left(-\delta\bar{\varphi}\cos\bar{\lambda}\sin\bar{\varphi} - \delta\bar{\lambda}\sin\bar{\lambda}\cos\bar{\varphi}\right) + \frac{\delta V_{\bar{E}}\tan\bar{\varphi}}{R_e} + \phi_{\bar{N}}\omega_{ie}\sin\bar{\lambda} - \phi_{\bar{E}}\omega_{ie}\cos\bar{\lambda}\sin\bar{\varphi} + \varepsilon_{\bar{U}} \tag{9-64}$$

2. 速度误差方程

在横坐标系捷联式惯性导航系统中，速度微分方程和计算速度微分方程如下：

$$\begin{cases} \dot{V}_{\bar{E}} = f_{\bar{E}} + \left(2\omega_{ie}\cos\bar{\lambda}\cos\bar{\varphi} + \dfrac{V_{\bar{E}}}{R_e}\tan\bar{\varphi}\right)V_{\bar{N}} \\ \dot{V}_{\bar{N}} = f_{\bar{N}} - \left(2\omega_{ie}\cos\bar{\lambda}\cos\bar{\varphi} + \dfrac{V_{\bar{E}}}{R_e}\tan\bar{\varphi}\right)V_{\bar{E}} \end{cases} \tag{9-65}$$

$$\begin{cases} \dot{V}_{c\bar{E}} = f_{\bar{E}} + \left(2\omega_{ie}\cos\bar{\lambda}_c\cos\bar{\varphi}_c + \dfrac{V_{c\bar{E}}}{R_e}\tan\bar{\varphi}_c\right)V_{c\bar{N}} - \phi_{\bar{N}}g + \phi_{\bar{U}}f_{\bar{N}} + \Delta A_{\bar{E}} \\ \dot{V}_{c\bar{N}} = f_{\bar{N}} - \left(2\omega_{ie}\cos\bar{\lambda}_c\cos\bar{\varphi}_c + \dfrac{V_{c\bar{E}}}{R_e}\tan\bar{\varphi}_c\right)V_{c\bar{E}} + \phi_{\bar{E}}g - \phi_{\bar{U}}f_{\bar{E}} + \Delta A_{\bar{N}} \end{cases} \tag{9-66}$$

式中，$f_{\bar{E}}$、$f_{\bar{N}}$ 分别为加速度计输出在横东向、横北向上的投影；$\Delta A_{\bar{E}}$、$\Delta A_{\bar{N}}$ 分别为加速度计零偏在横东向、横北向上的投影。

利用式(9-66)减去式(9-65)，得到横东向速度误差方程为

$$\begin{aligned} \delta\dot{V}_{\bar{E}} &= \dot{V}_{c\bar{E}} - \dot{V}_{\bar{E}} \\ &= 2\omega_{ie}\left(\cos\bar{\lambda}_c\cos\bar{\varphi}_c V_{c\bar{N}} - \cos\bar{\lambda}\cos\bar{\varphi}V_{\bar{N}}\right) \\ &\quad + \frac{1}{R_e}\left(V_{c\bar{E}}V_{c\bar{N}}\tan\bar{\varphi}_c - V_{\bar{E}}V_{\bar{N}}\tan\bar{\varphi}\right) - \phi_{\bar{N}}g + \phi_{\bar{U}}f_{\bar{N}} + \Delta A_{\bar{E}} \end{aligned} \tag{9-67}$$

式中

$$\cos\bar{\lambda}_c\cos\bar{\varphi}_c V_{c\bar{N}} - \cos\bar{\lambda}\cos\bar{\varphi}V_{\bar{N}} = \delta V_{\bar{N}}\cos\bar{\lambda}\cos\bar{\varphi} - \delta\bar{\varphi}\cos\bar{\lambda}\sin\bar{\varphi}V_{\bar{N}} - \delta\bar{\lambda}\sin\bar{\lambda}\cos\bar{\varphi}V_{\bar{N}} \tag{9-68}$$

另外，根据 $\tan\bar{\varphi}_c = \tan\bar{\varphi} + \sec^2\bar{\varphi}\cdot\delta\bar{\varphi}$ ，得到

$$V_{c\bar{E}}V_{c\bar{N}}\tan\bar{\varphi}_c - V_{\bar{E}}V_{\bar{N}}\tan\bar{\varphi} = V_{\bar{E}}\delta V_{\bar{N}}\tan\bar{\varphi} + V_{\bar{N}}\delta V_{\bar{E}}\tan\bar{\varphi} + V_{\bar{E}}V_{\bar{N}}\sec^2\bar{\varphi}\cdot\delta\bar{\varphi} \tag{9-69}$$

为简化分析，上述推导过程中对二阶小量进行了忽略。在此基础上，将式(9-68)、式(9-69)代入式(9-67)，得到

$$\begin{aligned} \delta\dot{V}_{\bar{E}} &= \left(\frac{1}{R_e}V_{\bar{E}}V_{\bar{N}}\sec^2\bar{\varphi} - 2\omega_{ie}\cos\bar{\lambda}\sin\bar{\varphi}V_{\bar{N}}\right)\delta\bar{\varphi} - 2\omega_{ie}\sin\bar{\lambda}\cos\bar{\varphi}V_{\bar{N}}\delta\bar{\lambda} \\ &\quad + \frac{1}{R_e}V_{\bar{N}}\tan\bar{\varphi}\delta V_{\bar{E}} + \left(\frac{1}{R_e}V_{\bar{E}}\tan\bar{\varphi} + 2\omega_{ie}\cos\bar{\lambda}\cos\bar{\varphi}\right)\delta V_{\bar{N}} - \phi_{\bar{N}}g + \phi_{\bar{U}}f_{\bar{N}} + \Delta A_{\bar{E}} \end{aligned} \tag{9-70}$$

为简化分析，同样假设静基座情况，并忽略交叉耦合项 $\phi_{\bar{U}}f_{\bar{N}}$ ，得到

$$\delta\dot{V}_{\bar{E}} = 2\omega_{ie}\cos\bar{\lambda}\cos\bar{\varphi}\delta V_{\bar{N}} - \phi_{\bar{N}}g + \Delta A_{\bar{E}} \tag{9-71}$$

对于横北向速度误差，同样可以得到

$$\delta\dot{V}_{\bar{N}} = \dot{V}_{c\bar{N}} - \dot{V}_{\bar{N}} = 2\omega_{ie}\left(\cos\bar{\lambda}\cos\bar{\varphi}V_{\bar{E}} - \cos\bar{\lambda}_c\cos\bar{\varphi}_c V_{c\bar{E}}\right) + \frac{1}{R_e}\left(\tan\bar{\varphi}V_{\bar{E}}V_{\bar{E}} - \tan\bar{\varphi}_c V_{c\bar{E}}V_{c\bar{E}}\right) + \phi_{\bar{E}}g - \phi_{\bar{U}}f_{\bar{E}} + \Delta A_{\bar{N}} \tag{9-72}$$

式中

$$\begin{aligned}&\cos\bar{\lambda}\cos\bar{\varphi}V_{\bar{E}} - \cos\bar{\lambda}_c\cos\bar{\varphi}_c V_{c\bar{E}}\\ &= -\delta V_{\bar{E}}\cos\bar{\lambda}\cos\bar{\varphi} + \delta\bar{\varphi}\cos\bar{\lambda}\sin\bar{\varphi}V_{\bar{E}} + \delta\bar{\lambda}\sin\bar{\lambda}\cos\bar{\varphi}V_{\bar{E}}\end{aligned} \tag{9-73}$$

$$\tan\bar{\varphi}V_{\bar{E}}V_{\bar{E}} - \tan\bar{\varphi}_c V_{c\bar{E}}V_{c\bar{E}} = -2\tan\bar{\varphi}V_{\bar{E}}\delta V_{\bar{E}} - \sec^2\bar{\varphi}\cdot\delta\bar{\varphi}V_{\bar{E}}V_{\bar{E}} \tag{9-74}$$

将式(9-73)与式(9-74)代入式(9-72)，得到

$$\begin{aligned}\delta\dot{V}_{\bar{N}} =& \left(2\omega_{ie}\cos\bar{\lambda}\sin\bar{\varphi}V_{\bar{E}} - \frac{1}{R_e}\sec^2\bar{\varphi}V_{\bar{E}}V_{\bar{E}}\right)\delta\bar{\varphi} + 2\omega_{ie}\sin\bar{\lambda}\cos\bar{\varphi}V_{\bar{E}}\delta\bar{\lambda}\\ &+ \left(-2\omega_{ie}\cos\bar{\lambda}\cos\bar{\varphi} - \frac{2V_{\bar{E}}}{R_e}\tan\bar{\varphi}\right)\delta V_{\bar{E}} + \phi_{\bar{E}}g - \phi_{\bar{U}}f_{\bar{E}} + \Delta A_{\bar{N}}\end{aligned} \tag{9-75}$$

同样考虑静基座情况，并忽略交叉耦合项 $\phi_{\bar{U}}f_{\bar{E}}$ ，得到

$$\delta\dot{V}_{\bar{N}} = -2\omega_{ie}\cos\bar{\lambda}\cos\bar{\varphi}\delta V_{\bar{E}} + \phi_{\bar{E}}g + \Delta A_{\bar{N}} \tag{9-76}$$

3. *位置误差方程*

在横坐标系捷联式惯性导航系统中，位置基本方程同样只与速度有关，所以位置误差方程与常规当地水平固定指北惯性导航系统中的位置误差方程一致，即

$$\delta\dot{\bar{\varphi}} = \frac{\delta V_{\bar{N}}}{R_e},\quad \delta\dot{\bar{\lambda}} = \frac{\delta V_{\bar{E}}}{R_e}\sec\bar{\varphi} + \frac{V_{\bar{E}}}{R_e}\delta\bar{\varphi}\tan\bar{\varphi}\sec\bar{\varphi} \tag{9-77}$$

同样，假设静基座情况，可以得到

$$\delta\dot{\bar{\varphi}} = \frac{\delta V_{\bar{N}}}{R_e},\quad \delta\dot{\bar{\lambda}} = \frac{\delta V_{\bar{E}}}{R_e}\sec\bar{\varphi} \tag{9-78}$$

9.4.2　横坐标系捷联式惯性导航系统误差特性分析

9.4.1 节推导了横坐标系捷联式惯性导航系统误差方程，本节在此基础上对系统误差特性进行分析。根据式(9-53)、式(9-59)、式(9-64)、式(9-71)、式(9-76)以及式(9-78)，可以得到横坐标系捷联式惯性导航系统静基座情况下的系统误差方程组为

$$\begin{cases}\delta\dot{V}_{\bar{E}} = 2\omega_{ie}\cos\bar{\lambda}\cos\bar{\varphi}\delta V_{\bar{N}} - \phi_{\bar{N}}g + \Delta A_{\bar{E}}\\ \delta\dot{V}_{\bar{N}} = -2\omega_{ie}\cos\bar{\lambda}\cos\bar{\varphi}\delta V_{\bar{E}} + \phi_{\bar{E}}g + \Delta A_{\bar{N}}\\ \delta\dot{\bar{\varphi}} = \dfrac{\delta V_{\bar{N}}}{R_e}\\ \delta\dot{\bar{\lambda}} = \dfrac{\delta V_{\bar{E}}}{R_e}\sec\bar{\varphi}\end{cases}$$

$$
\begin{cases}
\dot{\phi}_{\bar{E}} = -\delta\bar{\lambda}\omega_{ie}\cos\bar{\lambda} - \dfrac{1}{R_e}\delta V_{\bar{N}} + \phi_{\bar{U}}\omega_{ie}\cos\bar{\lambda}\sin\bar{\varphi} + \phi_{\bar{N}}\omega_{ie}\cos\bar{\lambda}\cos\bar{\varphi} + \varepsilon_{\bar{E}} \\
\dot{\phi}_{\bar{N}} = -\omega_{ie}\left(\delta\bar{\varphi}\cos\bar{\lambda}\cos\bar{\varphi} - \delta\bar{\lambda}\sin\bar{\lambda}\sin\bar{\varphi}\right) + \dfrac{\delta V_{\bar{E}}}{R_e} - \phi_{\bar{E}}\omega_{ie}\cos\bar{\lambda}\cos\bar{\varphi} - \phi_{\bar{U}}\omega_{ie}\sin\bar{\lambda} + \varepsilon_{\bar{N}} \\
\dot{\phi}_{\bar{U}} = -\omega_{ie}\left(\delta\bar{\varphi}\cos\bar{\lambda}\sin\bar{\varphi} + \delta\bar{\lambda}\sin\bar{\lambda}\cos\bar{\varphi}\right) + \dfrac{\delta V_{\bar{E}}\tan\bar{\varphi}}{R_e} + \phi_{\bar{N}}\omega_{ie}\sin\bar{\lambda} - \phi_{\bar{E}}\omega_{ie}\cos\bar{\lambda}\sin\bar{\varphi} + \varepsilon_{\bar{U}}
\end{cases}
\tag{9-79}
$$

观察式(9-79)可以发现，与当地水平固定指北惯性导航系统误差方程组不同，横坐标系捷联式惯性导航系统中横经度误差 $\delta\bar{\lambda}$ 不再是独立的，而是耦合到其他误差项中。这主要是由于 $ox_{\bar{t}}y_{\bar{t}}z_{\bar{t}}$ 旋转角速度不仅与 $\bar{\varphi}$ 有关，同时还与 $\bar{\lambda}$ 有关。根据误差方程组(9-79)，可以绘制横坐标系捷联式惯性导航系统静基座误差方框图，如图 9-12 所示。

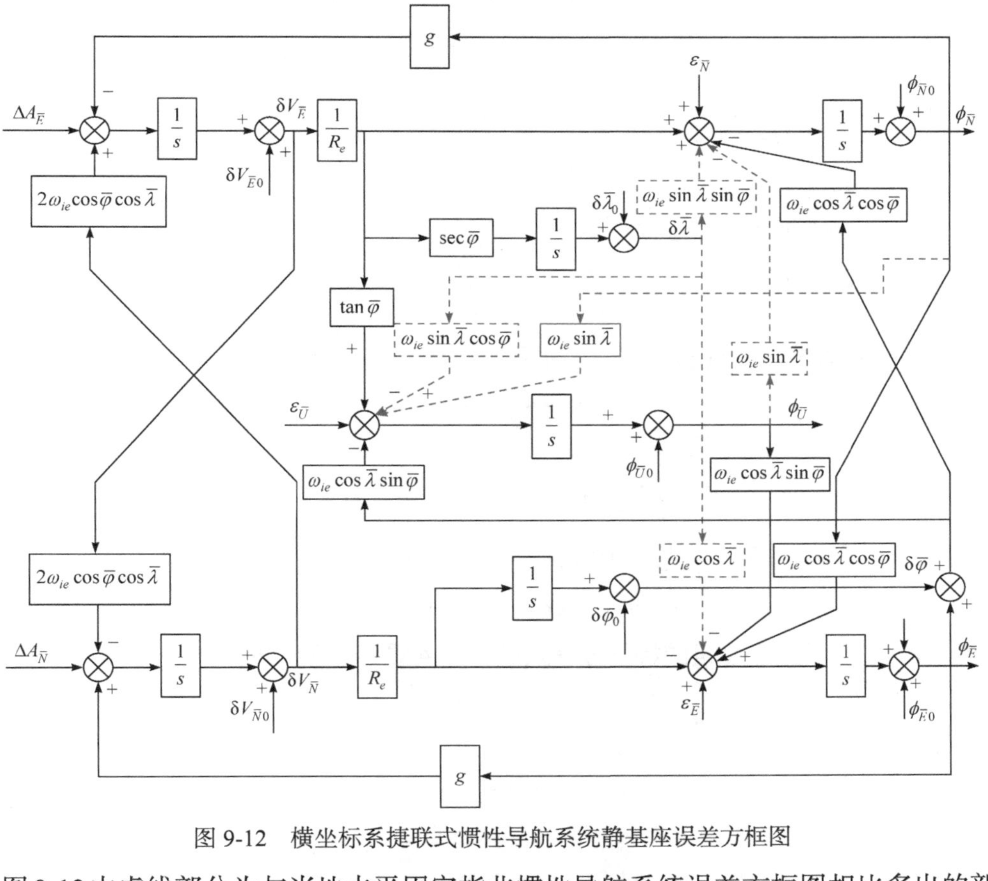

图 9-12　横坐标系捷联式惯性导航系统静基座误差方框图

图 9-12 中虚线部分为与当地水平固定指北惯性导航系统误差方框图相比多出的部分，可见横经度误差通过 $\omega_{ie}\cos\bar{\lambda}$ 、$\omega_{ie}\sin\bar{\lambda}\sin\bar{\varphi}$ 、$\omega_{ie}\sin\bar{\lambda}\cos\bar{\varphi}$ 分别作用于 $\phi_{\bar{E}}$、$\phi_{\bar{N}}$、$\phi_{\bar{U}}$ 上，从而导致横经度误差不再开环，这使系统更加复杂，其误差特性与当地水平固定指北惯性导航系统相比也发生较大变化。对式(9-79)中 7 个微分方程进行拉氏变换，然后写成矩阵形式：

$$
\begin{bmatrix} s\delta V_{\bar{E}}(s) \\ s\delta V_{\bar{N}}(s) \\ s\delta\bar{\varphi}(s) \\ s\delta\bar{\lambda}(s) \\ s\phi_{\bar{E}}(s) \\ s\phi_{\bar{N}}(s) \\ s\phi_{\bar{U}}(s) \end{bmatrix}
= \begin{bmatrix}
0 & 2\omega_{ie}\cos\bar{\lambda}\cos\bar{\varphi} & 0 & 0 & 0 & -g & 0 \\
-2\omega_{ie}\cos\bar{\lambda}\cos\bar{\varphi} & 0 & 0 & 0 & g & 0 & 0 \\
0 & \dfrac{1}{R_e} & 0 & 0 & 0 & 0 & 0 \\
\dfrac{\sec\bar{\varphi}}{R_e} & 0 & 0 & 0 & 0 & 0 & 0 \\
0 & -\dfrac{1}{R_e} & 0 & -\omega_{ie}\cos\bar{\lambda} & 0 & \omega_{ie}\cos\bar{\lambda}\cos\bar{\varphi} & \omega_{ie}\cos\bar{\lambda}\sin\bar{\varphi} \\
\dfrac{1}{R_e} & 0 & -\omega_{ie}\cos\bar{\lambda}\cos\bar{\varphi} & \omega_{ie}\sin\bar{\lambda}\sin\bar{\varphi} & -\omega_{ie}\cos\bar{\lambda}\cos\bar{\varphi} & 0 & -\omega_{ie}\sin\bar{\lambda} \\
\dfrac{\tan\bar{\varphi}}{R_e} & 0 & -\omega_{ie}\cos\bar{\lambda}\sin\bar{\varphi} & -\omega_{ie}\sin\bar{\lambda}\cos\bar{\varphi} & -\omega_{ie}\cos\bar{\lambda}\sin\bar{\varphi} & \omega_{ie}\sin\bar{\lambda} & 0
\end{bmatrix}
$$

$$
\cdot\begin{bmatrix} \delta V_{\bar{E}}(s) \\ \delta V_{\bar{N}}(s) \\ \delta\bar{\varphi}(s) \\ \delta\bar{\lambda}(s) \\ \phi_{\bar{E}}(s) \\ \phi_{\bar{N}}(s) \\ \phi_{\bar{U}}(s) \end{bmatrix}
+ \begin{bmatrix} \delta V_{\bar{E}0} \\ \delta V_{\bar{N}0} \\ \delta\bar{\varphi}_0 \\ \delta\bar{\lambda}_0 \\ \phi_{\bar{E}0} \\ \phi_{\bar{N}0} \\ \phi_{\bar{U}0} \end{bmatrix}
+ \begin{bmatrix} \Delta A_{\bar{E}} \\ \Delta A_{\bar{N}} \\ 0 \\ 0 \\ \varepsilon_{\bar{E}} \\ \varepsilon_{\bar{N}} \\ \varepsilon_{\bar{U}} \end{bmatrix}
\tag{9-80}
$$

用矩阵符号表示式(9-80)为

$$
s\boldsymbol{X} = \boldsymbol{A}\boldsymbol{X} + \boldsymbol{X}_0 + \boldsymbol{W} \tag{9-81}
$$

式中

$$
\boldsymbol{X} = \begin{bmatrix} \delta V_{\bar{E}} & \delta V_{\bar{N}} & \delta\bar{\varphi} & \delta\bar{\lambda} & \phi_{\bar{E}} & \phi_{\bar{N}} & \phi_{\bar{U}} \end{bmatrix}^{\mathrm{T}}
$$

$$
\boldsymbol{X}_0 = \begin{bmatrix} \delta V_{\bar{E}0} & \delta V_{\bar{N}0} & \delta\bar{\varphi}_0 & \delta\bar{\lambda}_0 & \phi_{\bar{E}0} & \phi_{\bar{N}0} & \phi_{\bar{U}0} \end{bmatrix}^{\mathrm{T}}
$$

$$
\boldsymbol{W} = \begin{bmatrix} \Delta A_{\bar{E}} & \Delta A_{\bar{N}} & 0 & 0 & \varepsilon_{\bar{E}} & \varepsilon_{\bar{N}} & \varepsilon_{\bar{U}} \end{bmatrix}^{\mathrm{T}}
$$

式(9-81)中，误差方程组的特征方程式是其行列式等于零，即

$$
\Delta(s) = |\boldsymbol{I}s - \boldsymbol{A}|
$$

$$
= \begin{vmatrix}
s & -2\omega_{ie}\cos\bar{\lambda}\cos\bar{\varphi} & 0 & 0 & 0 & g & 0 \\
2\omega_{ie}\cos\bar{\lambda}\cos\bar{\varphi} & s & 0 & 0 & -g & 0 & 0 \\
0 & -\dfrac{1}{R_e} & s & 0 & 0 & 0 & 0 \\
-\dfrac{\sec\bar{\varphi}}{R_e} & 0 & 0 & s & 0 & 0 & 0 \\
0 & \dfrac{1}{R_e} & 0 & \omega_{ie}\cos\bar{\lambda} & s & -\omega_{ie}\cos\bar{\lambda}\cos\bar{\varphi} & -\omega_{ie}\cos\bar{\lambda}\sin\bar{\varphi} \\
-\dfrac{1}{R_e} & 0 & \omega_{ie}\cos\bar{\lambda}\cos\bar{\varphi} & -\omega_{ie}\sin\bar{\lambda}\sin\bar{\varphi} & \omega_{ie}\cos\bar{\lambda}\cos\bar{\varphi} & s & \omega_{ie}\sin\bar{\lambda} \\
-\dfrac{\tan\bar{\varphi}}{R_e} & 0 & \omega_{ie}\cos\bar{\lambda}\sin\bar{\varphi} & \omega_{ie}\sin\bar{\lambda}\cos\bar{\varphi} & \omega_{ie}\cos\bar{\lambda}\sin\bar{\varphi} & -\omega_{ie}\sin\bar{\lambda} & s
\end{vmatrix} = 0
\tag{9-82}
$$

式(9-82)所表示的行列式较复杂，可以利用 MATLAB 计算其大小并求其根，得到 7 个特征根分别为

$$s_1=0 \tag{9-83}$$

$$s_{2,3}=\pm \mathrm{i}\omega_{ie} \tag{9-84}$$

$$\begin{aligned} s_{4,5}&=\pm\sqrt{-\left[\frac{g}{R_e}+2\left(\omega_{ie}\cos\bar{\lambda}\cos\bar{\varphi}\right)^2-2\sqrt{\left(\omega_{ie}\cos\bar{\lambda}\cos\bar{\varphi}\right)^4+\frac{g}{R_e}\left(\omega_{ie}\cos\bar{\lambda}\cos\bar{\varphi}\right)^2}\right]} \\ &=\pm\sqrt{-\left[\omega_s^2+2\left(\omega_{ie}\cos\bar{\lambda}\cos\bar{\varphi}\right)^2-2\left(\omega_{ie}\cos\bar{\lambda}\cos\bar{\varphi}\right)\sqrt{\left(\omega_{ie}\cos\bar{\lambda}\cos\bar{\varphi}\right)^2+\omega_s^2}\right]} \\ &\approx\pm\sqrt{-\left[\omega_s^2+\left(\omega_{ie}\cos\bar{\lambda}\cos\bar{\varphi}\right)^2-2\left(\omega_{ie}\cos\bar{\lambda}\cos\bar{\varphi}\right)\omega_s\right]} \\ &\approx\pm\mathrm{i}\left(\omega_s-\omega_{ie}\cos\bar{\lambda}\cos\bar{\varphi}\right) \end{aligned} \tag{9-85}$$

$$\begin{aligned} s_{6,7}&=\pm\sqrt{-\left[\frac{g}{R_e}+2\left(\omega_{ie}\cos\bar{\lambda}\cos\bar{\varphi}\right)^2+2\sqrt{\left(\omega_{ie}\cos\bar{\lambda}\cos\bar{\varphi}\right)^4+\frac{g}{R_e}\left(\omega_{ie}\cos\bar{\lambda}\cos\bar{\varphi}\right)^2}\right]} \\ &\approx\pm\mathrm{i}\left(\omega_s+\omega_{ie}\cos\bar{\lambda}\cos\bar{\varphi}\right) \end{aligned} \tag{9-86}$$

在计算特征根 $s_{4,5}$ 与 $s_{6,7}$ 时，由于舒勒角频率 $\omega_s=\sqrt{g/R_e}=1.24\times10^{-3}\ \mathrm{rad/s}$ 远远大于地球自转角速度，为简化分析，所以忽略了 $\left(\omega_{ie}\cos\bar{\lambda}\cos\bar{\varphi}\right)^2$ 项，得到式(9-85)与式(9-86)的近似结果。

从系统特征根可以看出，系统包含 3 对共轭虚根与 1 个零根，由控制系统原理可知，该系统为临界稳定系统。从系统特征根可知，与当地水平固定指北惯性导航系统相同，横坐标系捷联式惯性导航系统中同样存在舒勒、地球以及傅科三种周期振荡误差。注意，横坐标系捷联式惯性导航系统中，傅科振荡角频率不仅与 $\bar{\varphi}$ 有关，还与 $\bar{\lambda}$ 有关。但是根据式(9-32)可知：

$$\omega_{ie}\cos\bar{\lambda}\cos\bar{\varphi}=\omega_{ie}\sin\varphi \tag{9-87}$$

所以，当把横坐标系捷联式惯性导航系统中的傅科振荡角频率用常规经纬度坐标表示时，与当地水平固定指北惯性导航系统中的傅科振荡角频率一致。

1. 陀螺仪漂移引起的系统误差

为简化分析，不考虑傅科周期振荡，矩阵方程(9-81)的解可以写成

$$\boldsymbol{X}=\left(\boldsymbol{I}s-\boldsymbol{A}\right)^{-1}\left(\boldsymbol{X}_0+\boldsymbol{W}\right) \tag{9-88}$$

选取不同的误差源作为系统输入，则可以计算得到各误差源输入对系统输出的传递函数。在讨论陀螺仪漂移引起的系统误差时，假设陀螺仪漂移为常值，即陀螺仪漂移原函数与象函数的关系为

$$\varepsilon(s)=\frac{\varepsilon}{s} \tag{9-89}$$

由于系统输出表达式较复杂，这里仅分析陀螺仪漂移对横纬度误差 $\delta\bar{\varphi}$ 、横经度误差 $\delta\bar{\lambda}$

以及横方位失准角 $\phi_{\bar{U}}$ 的影响。根据式(9-88)，可以得到横纬度误差 $\delta\bar{\varphi}$ 与陀螺仪漂移之间的传递函数为

$$\begin{cases}\dfrac{\delta\bar{\varphi}(s)}{\varepsilon_{\bar{E}}(s)}=\dfrac{s^4\omega_s^2+s^2\omega_s^2\omega_{ie}^2\sin^2\bar{\lambda}+s^2\omega_s^4+\omega_{ie}^2\omega_s^4\sin^2\bar{\lambda}}{\varDelta(s)}\\ \dfrac{\delta\bar{\varphi}(s)}{\varepsilon_{\bar{N}}(s)}=\dfrac{\omega_{ie}\cos\bar{\lambda}\left(s^3\omega_s^2\cos\bar{\varphi}+s^2\omega_s^2\omega_{ie}\sin\bar{\lambda}\sin\bar{\varphi}-s\omega_s^4\cos\bar{\varphi}+\omega_s^4\omega_{ie}\sin\bar{\lambda}\sin\bar{\varphi}\right)}{\varDelta(s)}\\ \dfrac{\delta\bar{\varphi}(s)}{\varepsilon_{\bar{U}}(s)}=\dfrac{\omega_{ie}\cos\bar{\lambda}\left(-s^2\omega_s^2\omega_{ie}\sin\bar{\lambda}\cos\bar{\varphi}+s^3\omega_s^2\sin\bar{\varphi}+s\omega_s^4\sin\bar{\varphi}-\omega_{ie}\omega_s^4\sin\bar{\lambda}\cos\bar{\varphi}\right)}{\varDelta(s)}\end{cases}\tag{9-90}$$

式中，$\varDelta(s)=s^7+2s^5\omega_s^2+s^5\omega_{ie}^2+2s^3\omega_s^2\omega_{ie}^2+s^3\omega_s^4+s\omega_s^4\omega_{ie}^2$。

将式(9-89)代入式(9-90)中，然后进行拉氏反变换，可以得到横东向陀螺仪漂移输入时 $\delta\bar{\varphi}$ 的时域表达式为

$$\delta\bar{\varphi}_{gyro\bar{E}}(t)=\varepsilon_{\bar{E}}\sin^2\bar{\lambda}\cdot t+\varepsilon_{\bar{E}}\frac{\omega_s^2\left(\sin^2\bar{\lambda}-1\right)\sin\omega_{ie}t}{\omega_{ie}\left(\omega_{ie}^2-\omega_s^2\right)}+\varepsilon_{\bar{E}}\frac{\left(\omega_s^2-\omega_{ie}^2\sin^2\bar{\lambda}\right)\sin\omega_s t}{\omega_s\left(\omega_{ie}^2-\omega_s^2\right)}\tag{9-91}$$

横北向陀螺仪漂移输入时 $\delta\bar{\varphi}$ 的时域表达式为

$$\begin{aligned}\delta\bar{\varphi}_{gyro\bar{N}}(t)&=\varepsilon_{\bar{N}}\cos\bar{\lambda}\sin\bar{\lambda}\sin\bar{\varphi}\cdot t+\varepsilon_{\bar{N}}\frac{\cos\bar{\lambda}\sin\bar{\lambda}\sin\bar{\varphi}\left(\omega_s^3\sin\omega_{ie}t-\omega_{ie}^3\sin\omega_s t\right)}{\omega_{ie}\omega_s\left(\omega_{ie}^2-\omega_s^2\right)}\\&\quad-\varepsilon_{\bar{N}}\frac{\cos\bar{\varphi}\cos\bar{\lambda}\left(\omega_{ie}^4+\omega_s^4\right)}{\omega_{ie}\left(\omega_{ie}^2-\omega_s^2\right)^2}+\varepsilon_{\bar{N}}\frac{\cos\bar{\varphi}\cos\bar{\lambda}\omega_s^2\left(\omega_{ie}^2+\omega_s^2\right)\cos\omega_{ie}t}{\omega_{ie}\left(\omega_{ie}^2-\omega_s^2\right)^2}\\&\quad+\varepsilon_{\bar{N}}\frac{\omega_{ie}\cos\bar{\varphi}\cos\bar{\lambda}\left[2\omega_s^2+\left(\omega_{ie}^2-3\omega_s^2\right)\cos\omega_s t+t\omega_s\left(\omega_{ie}^2-\omega_s^2\right)\sin\omega_s t\right]}{\left(\omega_{ie}^2-\omega_s^2\right)^2}\end{aligned}\tag{9-92}$$

天向陀螺仪漂移输入时 $\delta\bar{\varphi}$ 的时域表达式为

$$\begin{aligned}\delta\bar{\varphi}_{gyro\bar{U}}(t)&=-\varepsilon_{\bar{U}}\cos\bar{\lambda}\sin\bar{\lambda}\cos\bar{\varphi}\cdot t+\varepsilon_{\bar{U}}\frac{\cos\bar{\lambda}\sin\bar{\lambda}\cos\bar{\varphi}\left(\omega_{ie}^3\sin\omega_s t-\omega_s^3\sin\omega_{ie}t\right)}{\omega_{ie}\omega_s\left(\omega_{ie}^2-\omega_s^2\right)}\\&\quad+\varepsilon_{\bar{U}}\frac{\sin\bar{\varphi}\cos\bar{\lambda}\left[\left(1-\cos\omega_s t\right)\omega_{ie}^2+\omega_s^2\left(\cos\omega_{ie}t-1\right)\right]}{\omega_{ie}\left(\omega_{ie}^2-\omega_s^2\right)}\end{aligned}\tag{9-93}$$

从式(9-91)～式(9-93)可以看出，横纬度误差 $\delta\bar{\varphi}$ 中含有舒勒周期振荡以及地球周期振荡，进一步将振荡项去掉，得到横纬度误差稳态值为

$$\begin{cases}\delta\bar{\varphi}_{gyro\bar{E}}(\infty)=\varepsilon_{\bar{E}}\sin^2\bar{\lambda}\cdot t\\ \delta\bar{\varphi}_{gyro\bar{N}}(\infty)=\varepsilon_{\bar{N}}\cos\bar{\lambda}\sin\bar{\lambda}\sin\bar{\varphi}\cdot t-\varepsilon_{\bar{N}}\dfrac{\cos\bar{\varphi}\cos\bar{\lambda}}{\omega_{ie}}\\ \delta\bar{\varphi}_{gyro\bar{U}}(\infty)=-\varepsilon_{\bar{U}}\cos\bar{\lambda}\sin\bar{\lambda}\cos\bar{\varphi}\cdot t+\varepsilon_{\bar{U}}\dfrac{\sin\bar{\varphi}\cos\bar{\lambda}}{\omega_{ie}}\end{cases}\tag{9-94}$$

从式(9-94)可以看出，陀螺仪常值漂移引起的横纬度误差除具有舒勒周期振荡与地球周

期振荡以外(傅科周期振荡调制舒勒周期振荡)，横北向陀螺仪漂移和天向陀螺仪漂移还会使 $\delta\bar{\varphi}$ 产生常值偏差。最重要的是，三轴陀螺仪漂移还会使 $\delta\bar{\varphi}$ 随时间增长而产生累积误差。

利用同样的分析方法，可以得到横经度误差 $\delta\bar{\lambda}$ 与陀螺仪漂移之间的传递函数为

$$\begin{cases}\dfrac{\delta\bar{\lambda}(s)}{\varepsilon_{\bar{E}}(s)}=\dfrac{\left(s\cos\bar{\varphi}-\omega_{ie}\sin\bar{\lambda}\sin\bar{\varphi}\right)\omega_s^2\omega_{ie}\cos\bar{\lambda}\sec\bar{\varphi}}{\Delta'(s)}\\ \dfrac{\delta\bar{\lambda}(s)}{\varepsilon_{\bar{N}}(s)}=\dfrac{-\left(s^2+\omega_{ie}^2\cos^2\bar{\lambda}\sin^2\bar{\varphi}\right)\omega_s^2\sec\bar{\varphi}}{\Delta'(s)}\\ \dfrac{\delta\bar{\lambda}(s)}{\varepsilon_{\bar{U}}(s)}=\dfrac{\left(s\sin\bar{\lambda}+\omega_{ie}\cos^2\bar{\lambda}\cos\bar{\varphi}\sin\bar{\varphi}\right)\omega_s^2\omega_{ie}\sec\bar{\varphi}}{\Delta'(s)}\end{cases} \tag{9-95}$$

式中， $\Delta'(s)=s^5+s^3\omega_{ie}^2+s^3\omega_s^2+s\omega_s^2\omega_{ie}^2$ 。

将式(9-89)代入式(9-95)，然后进行拉氏反变换，可以得到横东向陀螺仪漂移输入时 $\delta\bar{\lambda}$ 的时域表达式为

$$\begin{aligned}\delta\bar{\lambda}_{gyro\bar{E}}(t)=&-\varepsilon_{\bar{E}}\cos\bar{\lambda}\sin\bar{\lambda}\tan\bar{\varphi}\cdot t+\varepsilon_{\bar{E}}\frac{\cos\bar{\lambda}\left[(1-\cos\omega_s t)\omega_{ie}^2+\omega_s^2(\cos\omega_{ie}t-1)\right]}{\omega_{ie}\left(\omega_{ie}^2-\omega_s^2\right)}\\ &+\varepsilon_{\bar{E}}\frac{\sin\bar{\lambda}\cos\bar{\lambda}\tan\bar{\varphi}\left(\omega_{ie}^3\sin\omega_s t-\omega_s^3\sin\omega_{ie}t\right)}{\omega_s\omega_{ie}\left(\omega_{ie}^2-\omega_s^2\right)}\end{aligned} \tag{9-96}$$

横北向陀螺仪漂移输入时 $\delta\bar{\lambda}$ 的时域表达式为

$$\begin{aligned}\delta\bar{\lambda}_{gyro\bar{N}}(t)=&-\varepsilon_{\bar{N}}\sec\bar{\varphi}\cos^2\bar{\lambda}\sin^2\bar{\varphi}\cdot t+\varepsilon_{\bar{N}}\frac{-\omega_s\sec\bar{\varphi}\sin\omega_s t}{\omega_{ie}^2-\omega_s^2}\\ &+\varepsilon_{\bar{N}}\frac{\omega_s^2\sec\bar{\varphi}\sin\omega_{ie}t}{\omega_{ie}\left(\omega_{ie}^2-\omega_s^2\right)}+\varepsilon_{\bar{N}}\frac{\cos^2\bar{\lambda}\sin^2\bar{\varphi}\sec\bar{\varphi}\left(\omega_{ie}^3\sin\omega_s t-\omega_s^3\sin\omega_{ie}t\right)}{\omega_s\omega_{ie}\left(\omega_{ie}^2-\omega_s^2\right)}\end{aligned} \tag{9-97}$$

天向陀螺仪漂移输入时 $\delta\bar{\lambda}$ 的时域表达式为

$$\begin{aligned}\delta\bar{\lambda}_{gyro\bar{U}}(t)=&\,\varepsilon_{\bar{U}}\frac{\sec\bar{\varphi}\sin\bar{\lambda}\left[\omega_{ie}^2(1-\cos\omega_s t)+\omega_s^2(\cos\omega_{ie}t-1)\right]}{\omega_{ie}\left(\omega_{ie}^2-\omega_s^2\right)}\\ &+\varepsilon_{\bar{U}}\frac{\cos^2\bar{\lambda}\sin\bar{\varphi}\left[\omega_s^3(\sin\omega_{ie}t-\omega_{ie}t)+\omega_{ie}^3(\omega_s t-\sin\omega_s t)\right]}{\omega_s\omega_{ie}\left(\omega_{ie}^2-\omega_s^2\right)}\end{aligned} \tag{9-98}$$

从式(9-96)～式(9-98)可以看出，$\delta\bar{\lambda}$ 中含有舒勒周期振荡以及地球周期振荡，进一步将振荡项去掉，得到横经度误差稳态值为

$$\begin{cases}\delta\bar{\lambda}_{gyro\bar{E}}(\infty)=-\varepsilon_{\bar{E}}\cos\bar{\lambda}\sin\bar{\lambda}\tan\bar{\varphi}\cdot t+\varepsilon_{\bar{E}}\dfrac{\cos\bar{\lambda}}{\omega_{ie}}\\ \delta\bar{\lambda}_{gyro\bar{N}}(\infty)=-\varepsilon_{\bar{N}}\sec\bar{\varphi}\cos^2\bar{\lambda}\sin^2\bar{\varphi}\cdot t\\ \delta\bar{\lambda}_{gyro\bar{U}}(\infty)=\varepsilon_{\bar{U}}\cos^2\bar{\lambda}\sin\bar{\varphi}\cdot t+\varepsilon_{\bar{U}}\dfrac{\sec\bar{\varphi}\sin\bar{\lambda}}{\omega_{ie}}\end{cases} \tag{9-99}$$

从式(9-99)可以看出，陀螺仪常值漂移引起的$\delta\bar{\lambda}$除具有舒勒周期振荡以及地球周期振荡以外，横东向陀螺仪漂移与天向陀螺仪漂移还会使$\delta\bar{\lambda}$产生常值偏差。最重要的是，三轴陀螺仪漂移还会使$\delta\bar{\lambda}$随时间增长而产生累积误差。

利用同样的分析方法，可以得到横方位失准角$\phi_{\bar{U}}$输出与陀螺仪漂移之间的传递函数为

$$\begin{cases}\dfrac{\phi_{\bar{U}}(s)}{\varepsilon_{\bar{E}}(s)}=\dfrac{-\omega_{ie}\cos\bar{\lambda}\left(s^3\omega_s^2\sin\bar{\varphi}+s^2\omega_s^2\omega_{ie}\sin\bar{\lambda}\cos\bar{\varphi}+\omega_s^4\omega_{ie}\sin\bar{\lambda}\sec\bar{\varphi}\right)}{\Delta''(s)}\\ \dfrac{\phi_{\bar{U}}(s)}{\varepsilon_{\bar{N}}(s)}=\dfrac{s^3\omega_{ie}\omega_s^2\sin\bar{\lambda}-s^2\omega_s^2\omega_{ie}^2\cos^2\bar{\lambda}\cos\bar{\varphi}\sin\bar{\varphi}-s^2\omega_s^4\tan\bar{\varphi}}{\Delta''(s)}+\dfrac{s\omega_s^4\omega_{ie}\sin\bar{\lambda}-\omega_s^4\omega_{ie}^2\cos^2\bar{\lambda}\tan\bar{\varphi}}{\Delta''(s)}\\ \dfrac{\phi_{\bar{U}}(s)}{\varepsilon_{\bar{U}}(s)}=\dfrac{s^4\omega_s^2+s^2\omega_s^2\omega_{ie}^2\cos^2\bar{\lambda}\cos^2\bar{\varphi}+s^2\omega_s^4+s\omega_s^4\omega_{ie}\sin\bar{\lambda}\sin\bar{\varphi}\sec\bar{\varphi}+\omega_s^4\omega_{ie}^2\cos^2\bar{\lambda}}{\Delta''(s)}\end{cases}\tag{9-100}$$

式中，$\Delta''(s)=s^5\omega_s^2+s^3\omega_s^2\omega_{ie}^2+s^3\omega_s^4+s\omega_s^4\omega_{ie}^2$。

将式(9-89)代入式(9-100)，然后进行拉氏反变换，可以得到横东向陀螺仪漂移输入时$\phi_{\bar{U}}$的时域表达式为

$$\begin{aligned}\phi_{\bar{U}\_gyro\bar{E}}(t)=&-\varepsilon_{\bar{E}}\cos\bar{\lambda}\sin\bar{\lambda}\sec\bar{\varphi}\cdot t+\frac{\varepsilon_{\bar{E}}\cos\bar{\lambda}\sin\bar{\varphi}\omega_{ie}\left(\cos\omega_{ie}t-\cos\omega_s t\right)}{\omega_{ie}^2-\omega_s^2}\\&+\frac{\varepsilon_{\bar{E}}\cos\bar{\lambda}\sin\bar{\lambda}\left(\omega_{ie}^2\cos\bar{\varphi}-\omega_s^2\sec\bar{\varphi}\right)\sin\omega_{ie}t}{\omega_{ie}\left(\omega_{ie}^2-\omega_s^2\right)}+\frac{\varepsilon_{\bar{E}}\omega_{ie}^2\cos\bar{\lambda}\sin\bar{\lambda}(\sec\bar{\varphi}-\cos\bar{\varphi})\sin\omega_s t}{\omega_s\left(\omega_{ie}^2-\omega_s^2\right)}\end{aligned}\tag{9-101}$$

横北向陀螺仪漂移输入时$\phi_{\bar{U}}$的时域表达式为

$$\begin{aligned}\phi_{\bar{U}\_gyro\bar{N}}(t)=&-\varepsilon_{\bar{N}}\cos^2\bar{\lambda}\tan\bar{\varphi}\cdot t+\frac{\varepsilon_{\bar{N}}\sin\bar{\lambda}\left(1-\cos\omega_{ie}t\right)}{\omega_{ie}}\\&+\varepsilon_{\bar{N}}\frac{\cos^2\bar{\lambda}\tan\bar{\varphi}\left(\omega_{ie}^3\sin\omega_s t-\omega_s^3\sin\omega_{ie}t\right)}{\omega_{ie}\omega_s\left(\omega_{ie}^2-\omega_s^2\right)}+\frac{\varepsilon_{\bar{N}}\omega_s\tan\bar{\varphi}\left(\omega_s\sin\omega_{ie}t-\omega_{ie}\sin\omega_s t\right)}{\omega_{ie}\left(\omega_{ie}^2-\omega_s^2\right)}\\&+\frac{\varepsilon_{\bar{N}}\cos^2\bar{\lambda}\sin\bar{\varphi}\cos\bar{\varphi}\omega_{ie}\left(\omega_s\sin\omega_{ie}t-\omega_{ie}\sin\omega_s t\right)}{\omega_s\left(\omega_{ie}^2-\omega_s^2\right)}\end{aligned}\tag{9-102}$$

天向陀螺仪漂移输入时$\phi_{\bar{U}}$的时域表达式为

$$\begin{aligned}\phi_{\bar{U}\_gyro\bar{U}}(t)=&\varepsilon_{\bar{U}}\cos^2\bar{\lambda}\cdot t+\frac{-\varepsilon_{\bar{U}}\omega_{ie}^2\sin^2\bar{\varphi}\cos^2\bar{\lambda}\sin\omega_s t}{\omega_s\left(\omega_{ie}^2-\omega_s^2\right)}+\frac{\varepsilon_{\bar{U}}\omega_{ie}\sin\bar{\lambda}\tan\bar{\varphi}(1-\cos\omega_s t)}{\omega_{ie}^2-\omega_s^2}\\&+\frac{\varepsilon_{\bar{U}}\sin\omega_{ie}t}{\omega_{ie}}+\frac{\varepsilon_{\bar{U}}\cos^2\bar{\lambda}\left(\omega_s^2-\omega_{ie}^2\cos^2\bar{\varphi}\right)\sin\omega_{ie}t}{\omega_{ie}\left(\omega_{ie}^2-\omega_s^2\right)}+\frac{\varepsilon_{\bar{U}}\omega_s^2\sin\bar{\lambda}\tan\bar{\varphi}\left(\cos\omega_{ie}t-1\right)}{\omega_{ie}\left(\omega_{ie}^2-\omega_s^2\right)}\end{aligned}\tag{9-103}$$

从式(9-101)～式(9-103)可以看出，$\phi_{\bar{U}}$ 中含有舒勒周期振荡以及地球周期振荡，进一步将振荡项去掉，得到横方位失准角稳态值为

$$\begin{cases}\phi_{\bar{U}\_gyro\bar{E}}(\infty)=-\varepsilon_{\bar{E}}\cos\bar{\lambda}\sin\bar{\lambda}\sec\bar{\varphi}\cdot t\\ \phi_{\bar{U}\_gyro\bar{N}}(\infty)=-\varepsilon_{\bar{N}}\cos^2\bar{\lambda}\tan\bar{\varphi}\cdot t+\varepsilon_{\bar{N}}\dfrac{\sin\bar{\lambda}}{\omega_{ie}}\\ \phi_{\bar{U}\_gyro\bar{U}}(\infty)=\varepsilon_{\bar{U}}\cos^2\bar{\lambda}\cdot t+\varepsilon_{\bar{U}}\dfrac{\sin\bar{\lambda}\tan\bar{\varphi}}{\omega_{ie}}\end{cases} \tag{9-104}$$

从式(9-104)可以看出，陀螺仪常值漂移引起的 $\phi_{\bar{U}}$ 除具有舒勒周期振荡以及地球周期振荡以外，横北向陀螺仪漂移与天向陀螺仪漂移还会使 $\phi_{\bar{U}}$ 产生常值偏差。最重要的是，三轴陀螺仪漂移还会使 $\phi_{\bar{U}}$ 随时间增长而产生累积误差。

根据以上推导可以看出，在横坐标系捷联式惯性导航系统中，陀螺仪漂移引起的系统误差与当地水平固定指北惯性导航系统不同。在当地水平固定指北惯性导航系统中，只有经度误差是发散的。但是，在横坐标系捷联式惯性导航系统中，陀螺仪漂移会引起 $\delta\bar{\lambda}$ 、$\delta\bar{\varphi}$ 以及 $\phi_{\bar{U}}$ 发散。

2. 加速度计零偏引起的系统误差

与陀螺仪漂移引起的系统误差的分析过程类似，根据式(9-88)可以推导出横纬度误差 $\delta\bar{\varphi}$ 和加速度计零偏之间的传递函数为

$$\begin{cases}\dfrac{\delta\bar{\varphi}(s)}{\Delta A_{\bar{E}}(s)}=0\\ \dfrac{\delta\bar{\varphi}(s)}{\Delta A_{\bar{N}}(s)}=\dfrac{1/R_e}{s^2+\omega_s^2}\end{cases} \tag{9-105}$$

假设加速度计零位误差为常值，则其原函数与象函数之间的关系为

$$\Delta A(s)=\frac{\Delta A}{s} \tag{9-106}$$

将式(9-106)代入式(9-105)，再进行拉氏反变换，可以得到加速度计零偏输入时 $\delta\bar{\varphi}$ 的时域表达式为

$$\delta\bar{\varphi}(t)=\frac{1-\cos\omega_s t}{R_e\omega_s^2}\Delta A_{\bar{N}} \tag{9-107}$$

从式(9-107)可以看出，加速度计零偏会导致 $\delta\bar{\varphi}$ 中含有舒勒周期振荡。进一步，将振荡项去掉，得到加速度计零偏引起的横纬度误差稳态值为

$$\delta\bar{\varphi}(\infty)=\frac{\Delta A_{\bar{N}}}{g} \tag{9-108}$$

从式(9-108)可以看出，横北向加速度计零偏会对 $\delta\bar{\varphi}$ 造成常值偏差。利用同样的分析方法，可以得到横经度误差 $\delta\bar{\lambda}$ 和加速度计零偏之间的传递函数为

$$\begin{cases}\dfrac{\delta\bar{\lambda}(s)}{\Delta A_{\bar{E}}(s)}=\dfrac{s\left(s^2+\omega_{ie}^2\right)\sec\bar{\varphi}}{R_e\Delta'''(s)}\\ \dfrac{\delta\bar{\lambda}(s)}{\Delta A_{\bar{N}}(s)}=0\end{cases} \tag{9-109}$$

式中，$\Delta'''(s)=s^5+s^3\omega_{ie}^2+s\omega_s^2\omega_{ie}^2+s^3\omega_s^2$。

同理，可以得到加速度计零偏输入时 $\delta\bar{\lambda}$ 的时域表达式为

$$\delta\bar{\lambda}(t)=\frac{1-\cos\omega_s t}{\cos\bar{\varphi}g}\Delta A_{\bar{E}} \tag{9-110}$$

将式(9-110)中的振荡项去掉，进而得到横经度误差稳态值为

$$\delta\bar{\lambda}(\infty)=\frac{\Delta A_{\bar{E}}}{g}\sec\bar{\varphi} \tag{9-111}$$

从式(9-111)可以看出，横东向加速度计零偏会对 $\delta\bar{\lambda}$ 造成常值偏差。利用同样的分析方法，可以得到横方位失准角 $\phi_{\bar{U}}$ 与加速度计零偏之间的传递函数为

$$\begin{cases}\dfrac{\phi_{\bar{U}}(s)}{\Delta A_{\bar{E}}(s)}=\dfrac{s\omega_{ie}^2\tan\bar{\varphi}+s^3\tan\bar{\varphi}}{\Delta'''(s)R_e}\\ \dfrac{\phi_{\bar{U}}(s)}{\Delta A_{\bar{N}}(s)}=0\end{cases} \tag{9-112}$$

加速度计零偏输入时 $\phi_{\bar{U}}$ 的时域表达式为

$$\phi_{\bar{U}}(t)=\frac{\tan\bar{\varphi}}{g}(1-\cos\omega_s t)\Delta A_{\bar{E}} \tag{9-113}$$

将式(9-113)中的振荡项去掉，进而得到横方位失准角稳态值为

$$\phi_{\bar{U}}(\infty)=\frac{\Delta A_{\bar{E}}}{g}\tan\bar{\varphi} \tag{9-114}$$

从式(9-114)可以看出，横东向加速度计零偏会对 $\phi_{\bar{U}}$ 造成常值偏差，且该偏差与横纬度有关。根据以上推导可以看出，在横坐标系捷联式惯性导航系统中，加速度计零偏引起的系统误差形式与当地水平固定指北惯性导航系统一致。

◆ **小实践**：这一节分析了惯性器件误差对横坐标系捷联式惯性导航系统的影响，请在此基础上仿照 3.3 节初始值误差影响分析过程，尝试分析初始值误差对横坐标系捷联式惯性导航系统的影响。

9.5　仿真实验与分析

为验证横坐标系捷联式惯性导航系统机械编排的极区工作性能，进行仿真实验。设静基座条件下运载体初始位置为 $\varphi=70°$，$\lambda=120°$，初始航向角为 45°，初始水平姿态角为 0°。仿真时间为 72h，2h 后将系统机械编排由当地水平固定指北惯性导航系统机械编排转换为横坐标系捷联式惯性导航系统机械编排。首先，只考虑陀螺仪漂移对系统误差的影响，设 $\varepsilon_x=\varepsilon_y=\varepsilon_z=0.01°/\mathrm{h}$，忽略其他误差，仿真实验结果如图 9-13～图 9-16 所示。

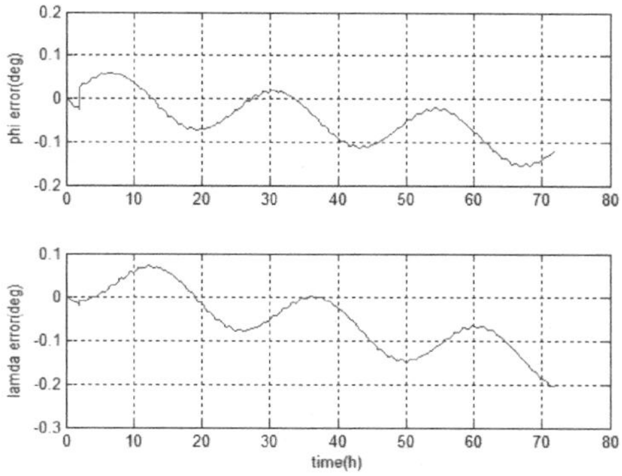

图 9-13　陀螺仪漂移引入的横经度与横纬度误差

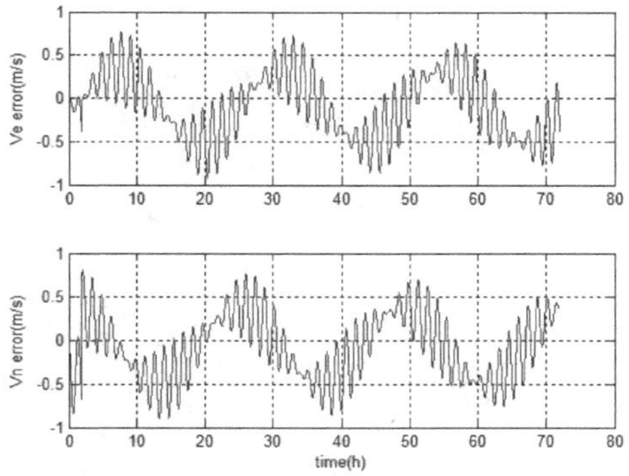

图 9-14　陀螺仪漂移引入的横东向与横北向速度误差

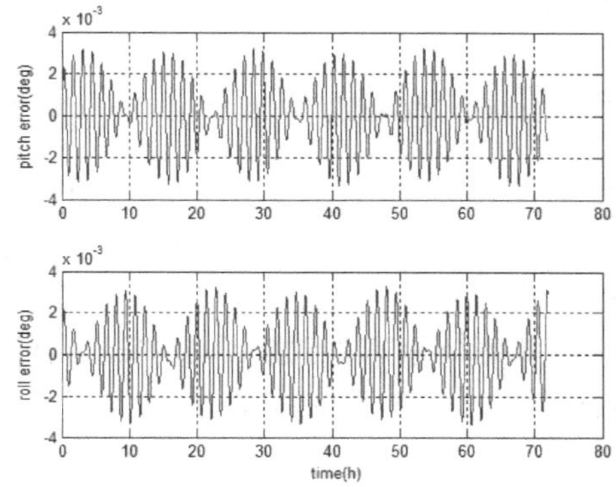

图 9-15　陀螺仪漂移引入的横姿态误差

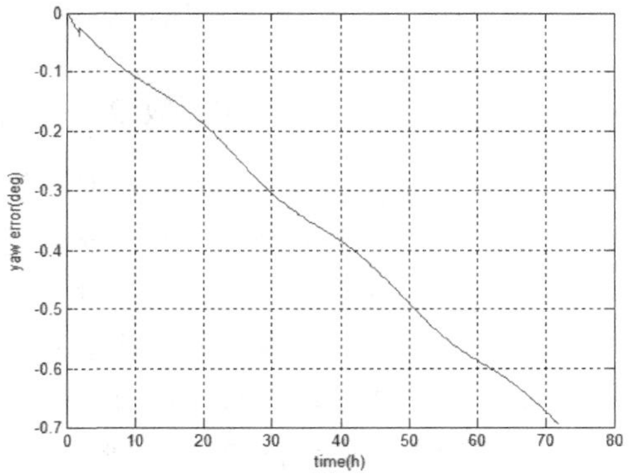

图 9-16　陀螺仪漂移引入的横航向角误差

从图 9-13～图 9-16 可以看出，与理论分析结果一致，陀螺仪漂移不仅会引起系统中存在周期振荡误差与常值误差，还会引起横经纬度误差与航向角误差发散。

下面通过仿真实验验证加速度计零偏对横坐标系捷联式惯性导航系统的影响。主要仿真条件与前面相同，这里的误差源只考虑加速度计零偏，设 $\Delta A_x = \Delta A_y = \Delta A_z = 1\times10^{-4}g$，忽略其他误差，仿真结果如图 9-17～图 9-20 所示。可以看出，与理论分析一致，加速度计零偏只会引起横坐标系捷联式惯性导航系统中存在常值误差与周期振荡误差。

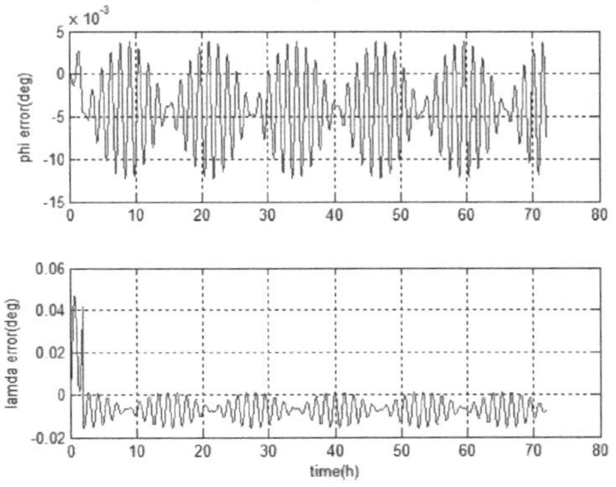

图 9-17　加速度计零偏引入的横经度与横纬度误差

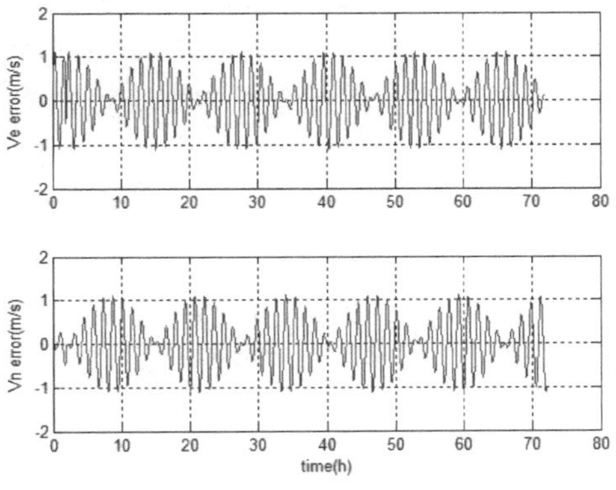

图 9-18　加速度计零偏引入的横东向与横北向速度误差

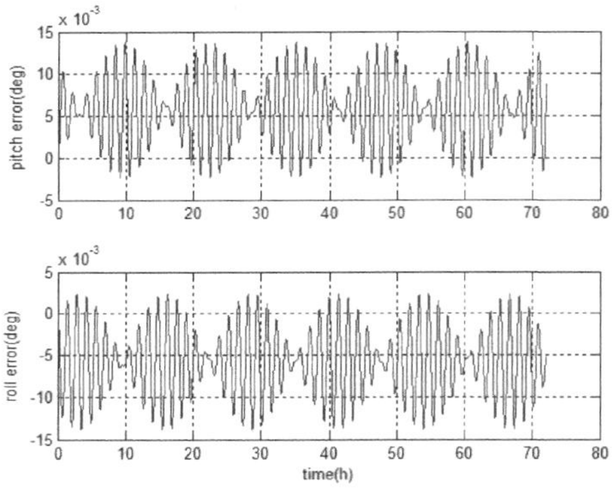

图 9-19　加速度计零偏引入的横姿态误差

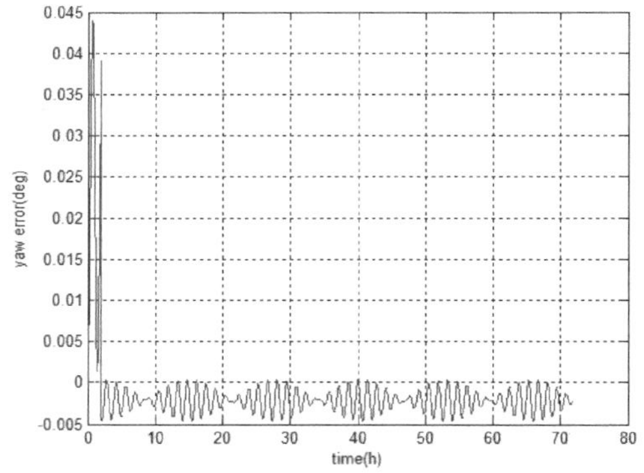

图 9-20　加速度计零偏引入的横航向角误差

思政小故事——极区惯性导航技术的重要性

近年来，由于全球气候变暖加剧，导致冰层也加速融化。根据科学家预测，2040 年北极地区的冰层将会完全融化，届时北极地区也将成为一片汪洋大海，为人类呈现出两条海上新航线即东北航线与西北航线。这两条航线将缩短欧、亚、美三个大陆之间的航程，具有重要的航道价值。众多科学研究数据显示，在北极厚厚的冰层下蕴藏着丰富的石油、天然气以及矿物质等重要战略资源。在极区竞争趋向白热化的背景下，我国在2017年发布《“一带一路”建设海上合作设想》，将北极航道及其沿线能源与基础设施项目纳入“一带一路”规划，旨在加快“冰上丝路”建设步伐。2018 年 1 月 26 日，《中国的北极政策》白皮书指出，中国的北极政策目标是：认识北极、保护北极、利用北极和参与治理北极，维护各国和国际社会在北极的共同利益，推动北极的可持续发展。

为维护中国在极区的能源、环境、经济等各方利益，我国加快了对极区的考察进度。自 1984 年我国首次组织开展南极考察以来，目前我国已经成功组织了多次南极科学考察与北冰洋科学考察。对于极地考察而言，实现舰船在极区安全航行和精确定位至关重要。由于极区环境的复杂性，目前极区航行舰船较多使用 GNSS 进行导航，其他导航设备受到自身工作原理制约或极区环境影响而在极区使用受限，但 GNSS 在特殊时期、特殊环境下也易受到干扰而失效。因此，实现极区惯性导航对于我国舰船实现全球化导航至关重要，这需要相关科研人员通过自身不懈努力来突破技术瓶颈。

附录Ⅰ 哥 氏 定 理

哥氏定理又称科里奥利定理。通常情况下，将矢量在定坐标系中的变化率称为绝对变率，而将矢量在动坐标系中的变化率称为相对变率。如图Ⅰ-1 所示，$ox_iy_iz_i$ 为定坐标系，$oxyz$ 为动坐标系，动坐标系与定坐标系原点重合，但是动坐标系相对定坐标系做定点转动，则旋转角速度 $\boldsymbol{\omega}$ 与空间中任一矢量 $\boldsymbol{R}$ 可以利用动坐标系单位矢量 $\boldsymbol{e}_1$、$\boldsymbol{e}_2$、$\boldsymbol{e}_3$ 表示为

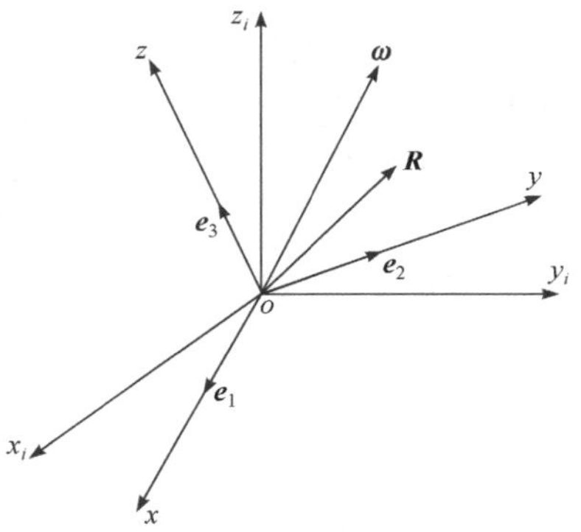

图Ⅰ-1　哥氏定理

$$\begin{cases}\boldsymbol{R}=R_x\boldsymbol{e}_1+R_y\boldsymbol{e}_2+R_z\boldsymbol{e}_3\\ \boldsymbol{\omega}=\omega_x\boldsymbol{e}_1+\omega_y\boldsymbol{e}_2+\omega_z\boldsymbol{e}_3\end{cases} \tag{Ⅰ-1}$$

考虑到 R_x、R_y、R_z、$\boldsymbol{e}_1$、$\boldsymbol{e}_2$、$\boldsymbol{e}_3$ 相对定系都在随时间变化，所以矢量 $\boldsymbol{R}$ 的绝对变率表示为

$$\begin{aligned}\left.\frac{\mathrm{d}\boldsymbol{R}}{\mathrm{d}t}\right|_i&=\frac{\mathrm{d}}{\mathrm{d}t}\left(R_x\boldsymbol{e}_1+R_y\boldsymbol{e}_2+R_z\boldsymbol{e}_3\right)\\&=\frac{\mathrm{d}R_x}{\mathrm{d}t}\boldsymbol{e}_1+\frac{\mathrm{d}R_y}{\mathrm{d}t}\boldsymbol{e}_2+\frac{\mathrm{d}R_z}{\mathrm{d}t}\boldsymbol{e}_3+R_x\frac{\mathrm{d}\boldsymbol{e}_1}{\mathrm{d}t}+R_y\frac{\mathrm{d}\boldsymbol{e}_2}{\mathrm{d}t}+R_z\frac{\mathrm{d}\boldsymbol{e}_3}{\mathrm{d}t}\end{aligned} \tag{Ⅰ-2}$$

式(Ⅰ-2)中，前三项与动坐标系运动无关，只表示矢量 $\boldsymbol{R}$ 相对动坐标系随时间的变化率，故将其称为相对变率，即

$$\left.\frac{\mathrm{d}\boldsymbol{R}}{\mathrm{d}t}\right|_r=\frac{\mathrm{d}R_x}{\mathrm{d}t}\boldsymbol{e}_1+\frac{\mathrm{d}R_y}{\mathrm{d}t}\boldsymbol{e}_2+\frac{\mathrm{d}R_z}{\mathrm{d}t}\boldsymbol{e}_3 \tag{Ⅰ-3}$$

式(Ⅰ-2)中后三项与动坐标系旋转角速度 $\boldsymbol{\omega}$ 有关。由于可以将 $\boldsymbol{e}_1$、$\boldsymbol{e}_2$、$\boldsymbol{e}_3$ 看作定坐标系中运动的矢量，而以角速度 $\boldsymbol{\omega}$ 运动的矢量 $\boldsymbol{r}$ 的变化率可以表示为

$$\frac{\mathrm{d}\boldsymbol{r}}{\mathrm{d}t}=\boldsymbol{\omega}\times\boldsymbol{r} \tag{Ⅰ-4}$$

因此，可以得到

$$\begin{cases}\dfrac{\mathrm{d}\boldsymbol{e}_1}{\mathrm{d}t}=\boldsymbol{\omega}\times\boldsymbol{e}_1\\ \dfrac{\mathrm{d}\boldsymbol{e}_2}{\mathrm{d}t}=\boldsymbol{\omega}\times\boldsymbol{e}_2\\ \dfrac{\mathrm{d}\boldsymbol{e}_3}{\mathrm{d}t}=\boldsymbol{\omega}\times\boldsymbol{e}_3\end{cases} \tag{Ⅰ-5}$$

将式(Ⅰ-5)代入式(Ⅰ-2)后三项，得到

$$R_x \frac{\mathrm{d}\boldsymbol{e}_1}{\mathrm{d}t} + R_y \frac{\mathrm{d}\boldsymbol{e}_2}{\mathrm{d}t} + R_z \frac{\mathrm{d}\boldsymbol{e}_3}{\mathrm{d}t} = R_x \boldsymbol{\omega} \times \boldsymbol{e}_1 + R_y \boldsymbol{\omega} \times \boldsymbol{e}_2 + R_z \boldsymbol{\omega} \times \boldsymbol{e}_3$$
$$= \boldsymbol{\omega} \times \left(R_x \boldsymbol{e}_1 + R_y \boldsymbol{e}_2 + R_z \boldsymbol{e}_3 \right) = \boldsymbol{\omega} \times \boldsymbol{R} \tag{Ⅰ-6}$$

将式(Ⅰ-3)、式(Ⅰ-6)代入式(Ⅰ-2)中，得到

$$\left.\frac{\mathrm{d}\boldsymbol{R}}{\mathrm{d}t}\right|_i = \left.\frac{\mathrm{d}\boldsymbol{R}}{\mathrm{d}t}\right|_r + \boldsymbol{\omega} \times \boldsymbol{R} \tag{Ⅰ-7}$$

哥氏定理描述了绝对变率与相对变率之间的关系，式(Ⅰ-7)表示在定坐标系中某一矢量随时间的变化率(绝对变率)等于该矢量在动坐标系中随时间的变化率(相对变率)加上旋转角速度叉乘该矢量。

附录Ⅱ　龙格-库塔算法

设有微分方程：

$$\dot{y}(t)=f\left[w(t),y,t\right] \tag{Ⅱ-1}$$

式中，t 为表示时间的自变量；$w(t)$ 为随时间变化的量。

给定 $w(t)$ 在一系列时间离散点的取值，即 $w_0=w(t_0)$，$w_1=w(t_1)$，…，$w_n=w(t_n)$，以及初始值 $y(t_0)=y_0$，需要利用龙格-库塔算法求解 $y_1=y(t_1)$，$y_2=y(t_2)$，…，$y_n=y(t_n)$ 这一系列时间离散点的取值。

如图Ⅱ-1 所示，在 $y=y(t)$ 函数曲线上 t_i 与 t_{i+1} 时刻所对应的点分别为 A 与 B，则根据拉格朗日中值定理可知，在曲线 $\overset{\frown}{AB}$ 上必然存在至少一点 C，过该点的切线斜率 K 和连接 A、B 两点的割线斜率相同。如果已知 A、B 两点取值分别为 $y(t_i)$、$y(t_{i+1})$，则可以计算斜率 K 为

$$K=\frac{y(t_{i+1})-y(t_i)}{t_{i+1}-t_i} \tag{Ⅱ-2}$$

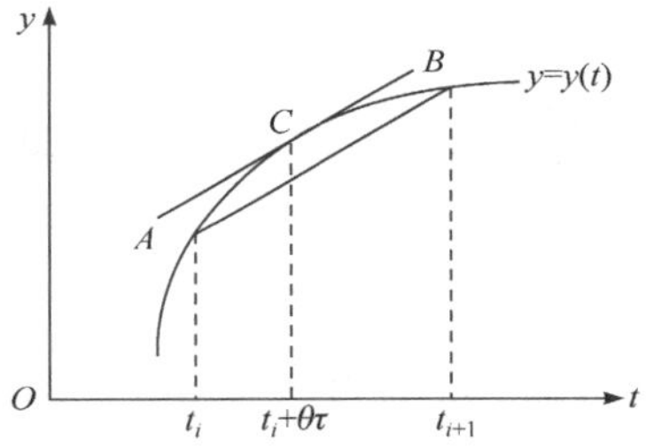

图Ⅱ-1

反之，如果已知 A 点取值以及斜率 K，可以计算得到 B 点取值，即

$$y(t_{i+1})=y(t_i)+K(t_{i+1}-t_i) \tag{Ⅱ-3}$$

利用龙格-库塔算法求解微分方程的本质就是寻找 C 点，确定平均斜率 K，从而利用式(Ⅱ-3)由 $y(t_i)$ 求解 $y(t_{i+1})$。显然，平均斜率 K 越精确，$y(t_{i+1})$ 求解越精确。

1) 一阶龙格-库塔算法

一阶龙格-库塔算法即一阶欧拉算法。在一阶欧拉算法中，将 A 点斜率近似为平均斜率，即

$$K=\dot{y}(t_i)=f(w_i,y_i,t_i) \tag{Ⅱ-4}$$

根据式(Ⅱ-3)可以计算 $y(t_{i+1})$ 为

$$y_{i+1}=y(t_{i+1})=y_i+\tau f(w_i,y_i,t_i) \tag{Ⅱ-5}$$

式中，$\tau=t_{i+1}-t_i$ 为积分步长。

2) 二阶龙格-库塔算法

在二阶龙格-库塔算法中，首先利用一阶欧拉算法获得 B 点预测值，即

$$\tilde{y}_{i+1}=y_i+\tau f(w_i,y_i,t_i) \tag{Ⅱ-6}$$

进一步，将 B 点预测值代入微分方程 $\dot{y}(t)=f\left[w(t),y,t\right]$ 可以求得 B 点斜率，即

$$K_2=\dot{y}(t_{i+1})=f(w_{i+1},\tilde{y}_{i+1},t_{i+1}) \tag{Ⅱ-7}$$

同时，考虑到 A 点斜率 $K_1=\dot{y}(t_i)=f(w_i,y_i,t_i)$，可以求解 A、B 两点平均斜率为

$$K=\frac{K_1+K_2}{2} \tag{Ⅱ-8}$$

最后，利用平均斜率 K 再次计算 B 点取值，即

$$y_{i+1}=y_i+\frac{\tau}{2}(K_1+K_2) \tag{Ⅱ-9}$$

3) 四阶龙格-库塔算法

四阶龙格-库塔算法的本质就是在 (t_i,t_{i+1}) 之间求解多个斜率值，并予以加权平均，从而得到更精确的平均斜率。为此，在 t_i 与 t_{i+1} 的中点增加一个计算点，即

$$t_{i+\frac{1}{2}}=t_i+\frac{\tau}{2} \tag{Ⅱ-10}$$

首先，求斜率 K_1，根据 t_i 点的 y_i 值可计算点 (t_i,y_i) 处的斜率为

$$K_1=f(\omega_i,y_i,t_i) \tag{Ⅱ-11}$$

其次，根据 K_1 对 $t_{i+1/2}$ 点的值进行一次预报，即

$$\tilde{y}_{i+\frac{1}{2}}=y_i+\frac{\tau}{2}K_1 \tag{Ⅱ-12}$$

计算 $t_{i+1/2}$ 点处的斜率 K_2，即

$$K_2=f\left(\omega_{i+\frac{1}{2}},y_i+\frac{\tau}{2}K_1,t_{i+\frac{1}{2}}\right) \tag{Ⅱ-13}$$

利用斜率 K_2 再次对 $t_{i+1/2}$ 点的值进行预报，即

$$\tilde{y}'_{i+\frac{1}{2}}=y_i+\frac{\tau}{2}K_2 \tag{Ⅱ-14}$$

再次，求 $t_{i+1/2}$ 点处的斜率 K_3，即

$$K_3=f\left(\omega_{i+\frac{1}{2}},y_i+\frac{\tau}{2}K_2,t_{i+\frac{1}{2}}\right) \tag{Ⅱ-15}$$

进一步，以斜率 K_3 对 t_{i+1} 点的值进行预报，即

$$\tilde{y}_{i+1}=y_i+\tau K_3 \tag{Ⅱ-16}$$

计算 t_{i+1} 点处的斜率 K_4，即

$$K_4=f(\omega_{i+1},y_i+\tau K_3,t_{i+1}) \tag{Ⅱ-17}$$

在求取平均斜率时，认为 K_2 和 K_3 对平均斜率的影响较强，因此将 K_2 和 K_3 的加权系数取为 2，而将 K_1 和 K_4 的加权系数取为 1，从而可以得到四阶龙格-库塔算法斜率的加权平均值即平均斜率为

$$K=\frac{1}{6}(K_1+2K_2+2K_3+2K_4) \tag{Ⅱ-18}$$

最后，可得 t_{i+1} 点的即时值为

$$y_{i+1}=y_i+\frac{\tau}{6}(K_1+2K_2+2K_3+2K_4) \tag{Ⅱ-19}$$

参考文献

曹通, 2012. 光纤陀螺捷联惯导系统在线对准及标定技术研究[D]. 哈尔滨: 哈尔滨工程大学.

柴永利, 2010. 捷联惯导系统误差调制技术研究[D]. 哈尔滨: 哈尔滨工程大学.

陈哲, 1986. 捷联惯导系统原理[M]. 北京: 宇航出版社.

邓志红, 付梦印, 张继伟, 等, 2012. 惯性器件与惯性导航系统[M]. 北京: 科学出版社.

付梦印, 2015. 神奇的惯性世界[M]. 北京: 北京理工大学出版社.

高伟, 奔粤阳, 李倩, 2014. 捷联惯性导航系统初始对准技术[M]. 北京: 国防工业出版社.

高钟毓, 2012. 惯性导航系统技术[M]. 北京: 清华大学出版社.

黄德鸣, 程禄, 1986. 惯性导航系统[M]. 北京: 国防工业出版社.

李春静, 2015. 惯导/DVL 水下动基座初始对准方法研究[D]. 北京: 北京理工大学.

李倩, 2014. 横坐标系捷联惯导系统极区导航及其误差抑制技术研究[D]. 哈尔滨: 哈尔滨工程大学.

李仔冰, 2011. 双轴旋转式光纤捷联惯导系统的误差特性研究[D]. 哈尔滨: 哈尔滨工程大学.

刘晓庆, 2008. 捷联式惯导系统误差标定方法研究[D]. 哈尔滨: 哈尔滨工程大学.

罗莉, 2017. 水下航行器捷联惯导系统粗对准方法研究[D]. 哈尔滨: 哈尔滨工程大学.

秦永元, 严恭敏, 顾冬晴, 等, 2005. 摇摆基座上基于信息的捷联惯导粗对准研究[J]. 西北工业大学学报, 23(5): 681-684.

任顺清, 陈希军, 王常虹, 2017. 惯导测试设备的检测及试验技术[M]. 北京: 科学出版社.

阮双双, 2015. 捷联惯导系统误差抑制技术的研究[D]. 哈尔滨: 哈尔滨工程大学.

孙骞, 2013. 双轴旋转式光纤陀螺捷联惯导系统技术[D]. 哈尔滨: 哈尔滨工程大学.

万德钧, 房建成, 1998. 惯性导航初始对准[M]. 南京: 东南大学出版社.

魏国, 2013. 二频机抖激光陀螺双轴旋转惯性导航系统若干关键技术研究[D]. 长沙: 国防科学技术大学.

严恭敏, 李四海, 秦永元, 2012. 惯性仪器测试与数据分析[M]. 北京: 国防工业出版社.

严恭敏, 翁浚, 2019. 捷联惯导算法与组合导航原理[M]. 西安: 西北工业大学出版社.

袁保伦, 2007. 四频激光陀螺旋转式惯导系统研究[D]. 长沙: 国防科学技术大学.

张瑞民, 杨其, 魏诗卉, 等, 2017. 捷联惯测组合标定及误差补偿技术[M]. 北京: 国防工业出版社.

赵琳, 程建华, 赵玉新, 2011. 船舶导航定位系统[M]. 哈尔滨: 哈尔滨工程大学出版社.

赵涛, 2017. 双轴旋转光纤捷联惯导系统在线标定技术研究[D]. 哈尔滨: 哈尔滨工程大学.

朱家海, 2008. 惯性导航[M]. 北京: 国防工业出版社.

邹海军, 2015. 光纤陀螺捷联惯导系统初始对准技术研究[D]. 南京: 东南大学.

FARAGHER R, 2012. Understanding the basis of the Kalman filter via a simple and intuitive derivation [J]. IEEE signal processing magazine, 29(5): 128-132.

WU Y X, WANG P, HU X P, 2003. Algorithm of Earth-centered Earth-fixed coordinates to geodetic coordinates[J]. IEEE transactions on aerospace and electronic systems, 39(4): 1457-1461.